# 亚麻研究

李　明等　著

科学出版社
北　京

## 内 容 简 介

本书是作者在 1994~2013 年开展纤维亚麻和油用亚麻研究的总结，全书围绕亚麻产量和品质形成与调控这个主题，分 13 个部分，包括亚麻的生长发育规律、亚麻纤维的生长发育规律、亚麻产量形成的生理生化基础、环境条件对纤维亚麻产量的影响、栽培措施对纤维亚麻产量的调控规律、亚麻温水沤制特点、亚麻纤维品质形成与调控、亚麻开花及籽粒发育特点与油分积累规律、亚麻籽产量的调控等，还涉及了亚麻下胚轴不定芽及体胚发生规律、亚麻 EST-SSR 分子标记开发、基于 SRAP 分子标记的遗传图谱及 QTL 研究、亚麻品种的遗传多样性、栽培亚麻的分子进化及其与近缘种关系等方面。

本书可为国内从事亚麻研究的人士及农学专业的学生提供参考。

**图书在版编目（CIP）数据**

亚麻研究/李明等著. —北京：科学出版社, 2019.6
ISBN 978-7-03-061329-5

Ⅰ. ①亚… Ⅱ. ①李… Ⅲ. ①亚麻–研究 Ⅳ.①S563.2

中国版本图书馆 CIP 数据核字(2019)第 098572 号

责任编辑：李 迪 田明霞 / 责任校对：严 娜
责任印制：吴兆东 / 封面设计：刘新新

科 学 出 版 社 出版
北京东黄城根北街 16 号
邮政编码：100717
http://www.sciencep.com
北京建宏印刷有限公司 印刷
科学出版社发行 各地新华书店经销
*
2019 年 6 月第 一 版 开本：720×1000 1/16
2019 年 6 月第一次印刷 印张：18 1/4
字数：370 000
**定价：148.00 元**

# 前　言

亚麻是人类最早驯化的作物之一，中东的考古结果表明至少在 10000 年前就有亚麻栽培。亚麻原产于中东和地中海沿岸地区，引入我国的年代有待进一步考证，有人提出是在汉代张骞出使西域时被带回的，在宋代的《图经本草》中已有记载，将其称为鸦麻，以收获亚麻种子为目的，因此我国种植亚麻的历史约 2000 年（Stevens et al.，2016）。我国的油用亚麻种植主要在华北北部和西北地区，包括甘肃、内蒙古西部、山西北部、河北北部、陕西北部等。纤维亚麻引入我国很晚，一般认为是 1905 年从日本引进到奉天（今沈阳）种植的，20 世纪 30 年代日本占领我国东北，纤维亚麻作为战略物资开始在东北大面积种植，纤维亚麻种植区域北移到吉林和黑龙江南部。新中国成立初期，我国的纤维亚麻生产主要集中在黑龙江，吉林有少量种植。20 世纪 90 年代内蒙古、新疆开始纤维亚麻的种植，湖南、云南、四川等南方省份利用冬闲田种植少量纤维亚麻。

东北农学院（现东北农业大学）作物栽培学教研室最先在国内开设纤维亚麻栽培课程，董一忱教授在 20 世纪 50 年代根据苏联和西欧的资料编写了首部亚麻栽培教材；20 世纪 60 年代曾寒冰教授对亚麻的生长发育规律特别是亚麻的纤维发育进行了系统研究，然后根据自己的研究成果编写了新的纤维亚麻栽培教材；20 世纪 80 年代中期王克荣教授承担了我校亚麻栽培研究与教学的工作，在王老师的鼓励下，1993 年我考取了她的在职研究生，开始了亚麻栽培生理研究。2001 年，我开始招收研究生，前期的硕士和博士研究生多以亚麻为研究对象。随着亚麻研究从产量转入品质，开展了亚麻脱胶研究。2006 年我到加拿大农业食品部植物基因资源中心进修，学习分子技术并开展亚麻遗传多样性研究，从该中心引进上百份各种类型的亚麻品种资源和几十份野生种质资源，研究扩展到油用亚麻和亚麻分子生物学方面。

本书各章的作者分别为：第 1 章李明、周亚东、华强，第 2 章李明、付兴、李冬梅、于琳、冷超，第 3 章付兴、于琳、周亚东、李明，第 4 章李明、李冬梅，第 5 章李冬梅、于琳、付兴、李明，第 6 章李明、周亚东，第 7 章贾新禹、李明，第 8 章李明、付兴、李冬梅、贾新禹、于琳、于艳红，第 9 章李明、周亚东，第 10 章李明、周亚东、朱有利，第 11 章王克臣、冷超、李明，第 12 章姜硕、苏钰、魏文、李明，第 13 章李冬梅、李明。全书由李明统稿。由于作者水平有限，书中不当之处不可避免，敬请读者批评指正。

李 明

2018 年 12 月

# 目　　录

# 1　亚麻的生长发育规律研究

由于生产目的不同，栽培亚麻一般被分成2个类型：纤维亚麻和油用亚麻。有时也会增加一个油纤兼用型，不同类型亚麻的生长发育阶段相似，但是各有其特点。

## 1.1　纤维亚麻的生长发育规律

纤维亚麻的一生分为5个阶段：苗期、枞形期（缓慢生长期）、快速生长期（快长期）、开花期和成熟期。其生长规律主要体现在叶面积变化、干物质积累与分配、株高生长和纤维积累等方面。

### 1.1.1　纤维亚麻的生长动态

1995年在东北农业大学校内试验地进行小区和框栽试验。试验选用了3个品种做试验材料，即黑亚7号（高产、中低纤、中晚熟品种）、双亚5号（高产、中纤、中熟品种）、Ariane（低产、高纤、早熟品种）。在3种氮肥水平（零氮：0kg/hm$^2$；中氮：22.5kg/hm$^2$；高氮：45kg/hm$^2$）下种植，氮肥为尿素，同时施用过磷酸钙（$P_2O_5$ 45kg/hm$^2$）和硫酸钾（$K_2O$ 22.5kg/hm$^2$）。小区长3m，宽1.2m，8行区，重复6次，随机区组设计。播种密度为有效种子2000粒/m$^2$，计划保苗1500株/m$^2$。在枞形期、快速生长期、开花期、开花后1周、开花后2周和工艺成熟期分别取样，将植株分解成茎、叶和花序3个部分，调查有关性状。

#### 1.1.1.1　纤维亚麻株高的变化规律

对不同时期测定的株高结果根据品种进行拟合，变异范围反映氮肥的影响，结果表明，纤维亚麻的生长符合逻辑斯谛方程，其理论生长曲线见图1-1。生育前期品种间差异不大，但是到了现蕾期前后，差异日益明显，黑亚7号和双亚5号株高接近，Ariane明显偏矮。纤维亚麻的生长明显受到氮肥的影响，在进入快速生长期后，各处理间的差异出现，且随着生育进程更加明显。

#### 1.1.1.2　纤维亚麻干物质积累与分配

叶片是亚麻的重要光合器官，它的生长好坏直接关系到亚麻光合产物的积累和生物产量，也必然影响到纤维的产量。随着亚麻的生长，叶片数量的增加，单

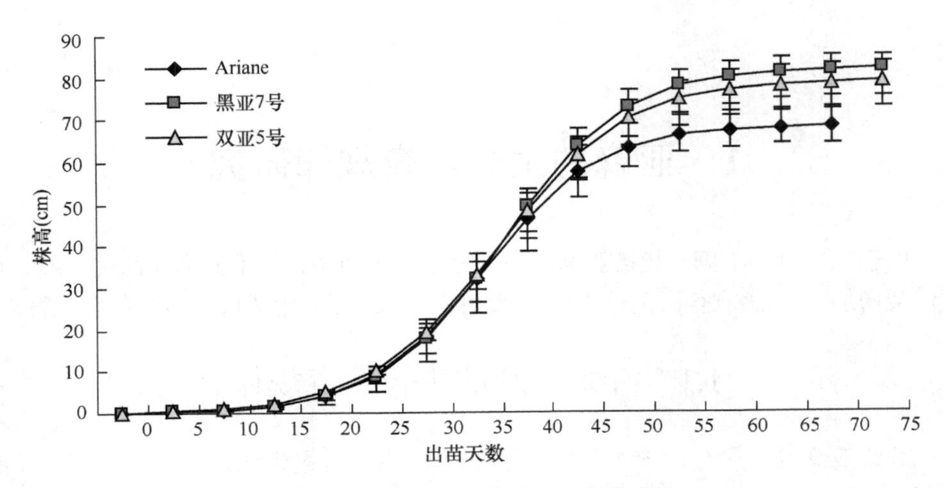


图 1-1　不同亚麻品种的理论生长曲线

株叶面积和叶片干重逐渐增加，到开花期前后开始下降，这主要是下部叶片逐步死亡和脱落造成的。结果表明，在此期间纤维亚麻的单株叶面积和叶片干重均表现出先增加后减少的变化趋势（图 1-2，图 1-3，表 1-1）。品种间差异明显，Ariane 比国内 2 个品种单株叶面积和叶片干重略高。氮肥的影响很大，零氮处理叶面积和叶片干重最低，高氮处理叶面积、叶片寿命和叶片干重大幅度增加。氮肥处理间的差异超过品种间的差异。

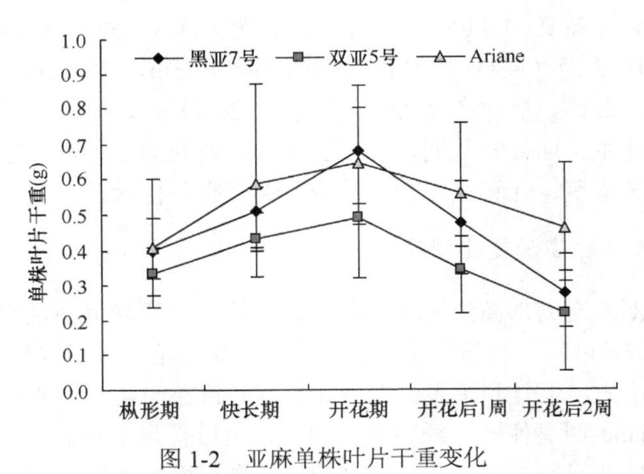


图 1-2　亚麻单株叶片干重变化

在亚麻生长初期，形成的光合产物主要用于叶片和根系的生长，而茎的生长较为缓慢，到快速生长期以后，茎的生长速度加快，分配到茎的光合产物比例增加，同时地上部的总干物质增加，开花后由于叶面积的减少，干物质积累减慢，茎干重增长率降低（图 1-4，图 1-5，表 1-1）。施用氮肥促使亚麻吸氮量提高，叶

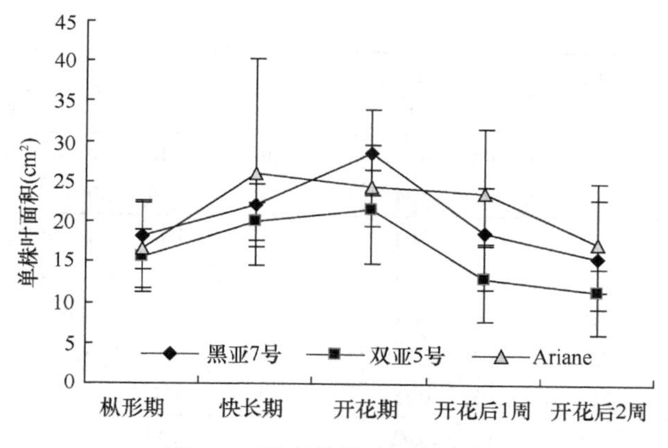


图 1-3 亚麻单株叶面积变化

**表 1-1 纤维亚麻地上部干物质积累与分配**

| 品种 | 处理 | 日期（月.日） | 干物质积累量（g/株） | | | | 叶/茎 | 花/茎 | 干物质分配（%） | | |
|---|---|---|---|---|---|---|---|---|---|---|---|
| | | | 叶片 | 茎 | 花序 | 全株 | | | 叶片 | 茎 | 花序 |
| 黑亚 7 号 | 零氮 | 6.10 | 0.03 | 0.02 | | 0.05 | 1.46 | | 59.3 | 40.7 | |
| | | 6.21 | 0.04 | 0.08 | | 0.12 | 0.51 | | 33.6 | 66.4 | |
| | | 7.7 | 0.05 | 0.22 | 0.02 | 0.29 | 0.22 | 0.09 | 16.7 | 76.2 | 7.1 |
| | | 7.14 | 0.03 | 0.25 | 0.04 | 0.32 | 0.13 | 0.18 | 10.2 | 76.4 | 13.5 |
| | | 7.21 | 0.02 | 0.26 | 0.06 | 0.34 | 0.07 | 0.22 | 5.3 | 77.6 | 17.0 |
| | 中氮 | 6.10 | 0.04 | 0.03 | | 0.07 | 1.23 | | 55.1 | 44.9 | |
| | | 6.21 | 0.05 | 0.12 | | 0.17 | 0.45 | | 30.9 | 69.1 | |
| | | 7.5 | 0.07 | 0.33 | 0.04 | 0.44 | 0.22 | 0.12 | 16.1 | 74.7 | 9.2 |
| | | 7.12 | 0.05 | 0.33 | 0.13 | 0.51 | 0.15 | 0.38 | 10.0 | 65.4 | 24.6 |
| | | 7.19 | 0.03 | 0.34 | 0.15 | 0.52 | 0.08 | 0.45 | 5.2 | 65.2 | 29.6 |
| | 高氮 | 6.10 | 0.05 | 0.04 | | 0.09 | 1.11 | | 52.7 | 47.3 | |
| | | 6.21 | 0.06 | 0.13 | | 0.19 | 0.44 | | 30.5 | 69.5 | |
| | | 7.5 | 0.09 | 0.40 | 0.06 | 0.55 | 0.22 | 0.15 | 16.2 | 72.7 | 11.1 |
| | | 7.12 | 0.06 | 0.41 | 0.14 | 0.61 | 0.14 | 0.34 | 9.7 | 67.5 | 22.8 |
| | | 7.19 | 0.04 | 0.39 | 0.18 | 0.61 | 0.10 | 0.48 | 6.4 | 63.4 | 30.2 |
| 双亚 5 号 | 零氮 | 6.10 | 0.02 | 0.02 | | 0.04 | 1.41 | | 58.5 | 41.5 | |
| | | 6.21 | 0.04 | 0.07 | | 0.11 | 0.56 | | 35.7 | 64.3 | |
| | | 7.7 | 0.03 | 0.17 | 0.01 | 0.21 | 0.18 | 0.05 | 15.0 | 81.3 | 3.7 |
| | | 7.14 | 0.02 | 0.18 | 0.04 | 0.24 | 0.12 | 0.20 | 9.1 | 75.5 | 15.4 |
| | | 7.21 | 0.01 | 0.21 | 0.05 | 0.27 | 0.03 | 0.22 | 2.3 | 79.8 | 17.9 |
| | 中氮 | 6.10 | 0.04 | 0.03 | | 0.07 | 1.17 | | 53.9 | 46.1 | |
| | | 6.21 | 0.04 | 0.10 | | 0.14 | 0.39 | | 27.8 | 72.2 | |
| | | 7.5 | 0.05 | 0.29 | 0.02 | 0.36 | 0.18 | 0.07 | 14.3 | 80.2 | 5.5 |

续表

| 品种 | 处理 | 日期（月.日） | 干物质积累量（g/株） | | | | 叶/茎 | 花/茎 | 干物质分配（%） | | |
|---|---|---|---|---|---|---|---|---|---|---|---|
| | | | 叶片 | 茎 | 花序 | 全株 | | | 叶片 | 茎 | 花序 |
| 双亚5号 | 中氮 | 7.12 | 0.04 | 0.31 | 0.09 | 0.44 | 0.12 | 0.28 | 8.6 | 71.3 | 20.0 |
| | | 7.19 | 0.03 | 0.34 | 0.11 | 0.48 | 0.08 | 0.33 | 5.4 | 71.0 | 23.6 |
| | 高氮 | 6.10 | 0.04 | 0.04 | | 0.08 | 1.17 | | 54.0 | 46.0 | |
| | | 6.21 | 0.05 | 0.13 | | 0.18 | 0.39 | | 28.2 | 71.8 | |
| | | 7.5 | 0.06 | 0.34 | 0.03 | 0.43 | 0.19 | 0.08 | 14.9 | 78.9 | 6.3 |
| | | 7.12 | 0.04 | 0.36 | 0.10 | 0.50 | 0.12 | 0.28 | 8.8 | 71.5 | 19.7 |
| | | 7.19 | 0.03 | 0.35 | 0.12 | 0.50 | 0.1 | 0.35 | 6.7 | 69.3 | 24.0 |
| Ariane | 零氮 | 6.10 | 0.03 | 0.02 | | 0.05 | 1.42 | | 58.7 | 41.3 | |
| | | 6.21 | 0.03 | 0.06 | | 0.09 | 0.36 | | 36.3 | 63.7 | |
| | | 7.2 | 0.05 | 0.21 | 0.02 | 0.28 | 0.26 | 0.1 | 19.1 | 73.7 | 7.2 |
| | | 7.09 | 0.04 | 0.20 | 0.05 | 0.29 | 0.21 | 0.26 | 14.1 | 68.3 | 17.6 |
| | | 7.16 | 0.03 | 0.20 | 0.07 | 0.30 | 0.16 | 0.33 | 10.6 | 67.2 | 22.2 |
| | 中氮 | 6.10 | 0.04 | 0.03 | | 0.07 | 1.2 | | 54.6 | 45.4 | |
| | | 6.21 | 0.06 | 0.13 | | 0.19 | 0.45 | | 31.2 | 68.8 | |
| | | 6.30 | 0.06 | 0.26 | 0.03 | 0.35 | 0.24 | 0.12 | 17.3 | 74.1 | 8.6 |
| | | 7.7 | 0.05 | 0.28 | 0.08 | 0.41 | 0.19 | 0.28 | 12.9 | 68.3 | 18.8 |
| | | 7.14 | 0.04 | 0.28 | 0.14 | 0.46 | 0.15 | 0.49 | 9.3 | 61 | 29.7 |
| | 高氮 | 6.10 | 0.05 | 0.04 | | 0.09 | 1.19 | | 54.3 | 45.7 | |
| | | 6.21 | 0.09 | 0.18 | | 0.27 | 0.48 | | 32.5 | 67.5 | |
| | | 6.30 | 0.08 | 0.31 | 0.05 | 0.44 | 0.26 | 0.16 | 18.2 | 70.5 | 11.4 |
| | | 7.7 | 0.08 | 0.38 | 0.14 | 0.60 | 0.2 | 0.36 | 12.8 | 64.3 | 23.0 |
| | | 7.14 | 0.07 | 0.42 | 0.24 | 0.73 | 0.15 | 0.56 | 9.0 | 58.3 | 32.7 |

面积变大，同时形成较多的叶绿素，茎叶色泽深绿，有利于光合作用，形成更多的光合产物，从而为最终原茎产量的提高奠定基础。在整个生育期，不同氮肥水平之间叶面积的差异始终存在，3 个品种对增加氮肥的反应一致。

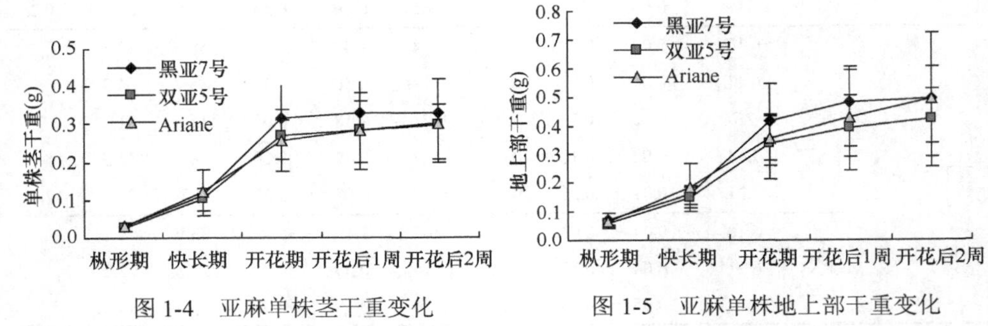


图 1-4　亚麻单株茎干重变化　　图 1-5　亚麻单株地上部干重变化

开花后亚麻花序成为重要的生长中心，是光合产物的主要分配地，花序部分干重增加很快。花序生长受氮素的影响较大，增加氮素能明显促进花枝的分化和生长（表 1-1）。考种结果显示，氮肥增加了亚麻的分枝数和蒴果数，提高了亚麻的种子产量。

在亚麻的生长初期，光合作用形成的干物质主要用于叶片和根系的生长。从地上部来看，50%以上的干物质被分配到叶片中，叶茎比均超过 1，而增加氮素促进了光合作用，并使更多的光合产物被分配到茎中，促进茎的生长，叶茎比略有下降。到开花期，随着花序的生长，对养分的竞争更加激烈，下部的叶片逐步变黄脱落，叶片在地上部干物质中所占的比例逐步大幅度降低，同时茎在地上部干物质中的比例也有所下降，而花序的干重迅速增长，使花茎比大幅度提高。增加氮素使较多的光合产物用于花序的生长，使其在地上部干物质中的比例有所增加。

随着亚麻的逐步成熟，其干茎制成率、出麻率和纤维含量逐渐提高，不同品种间完全一致。这显示了亚麻体内可溶性物质（主要是光合产物）逐渐转化为不溶性物质，特别是转化为纤维素和半纤维素等物质，用于纤维的生长，从而使出麻率和纤维含量逐步提高。高纤品种的出麻率和纤维含量始终高于低纤品种（表 1-2），显示了品种间的遗传差异。

**表 1-2　不同时期亚麻干茎制成率、出麻率和纤维含量**

| | 黑亚 7 号 | | | | 双亚 5 号 | | | | Ariane | | | |
|---|---|---|---|---|---|---|---|---|---|---|---|---|
| | 6 月 28 日 | 7 月 5 日 | 7 月 12 日 | 7 月 21 日 | 6 月 28 日 | 7 月 5 日 | 7 月 12 日 | 7 月 21 日 | 6 月 28 日 | 7 月 5 日 | 7 月 12 日 | 7 月 21 日 |
| 干茎制成率（%） | 74.3 | 79.8 | 79.3 | 84.1 | 75.7 | 79.3 | 80.4 | 83 | 78.1 | 80.2 | 80 | 82.5 |
| 出麻率（%） | 20.1 | 22.2 | 23.6 | 24.3 | 21.9 | 23.6 | 25.3 | 25.4 | 27.3 | 27.8 | 29.7 | 29 |
| 纤维含量（%） | 15 | 17.7 | 18.7 | 20.4 | 16.7 | 18.7 | 20.4 | 21.1 | 21.3 | 22.3 | 23.8 | 23.9 |

### 1.1.2　纤维亚麻花后干物质积累与分配规律

光合产物的积累与分配是作物产量形成的基础，增加光合产物的积累和提高向收获器官分配的比例是获得高产的保证。有关亚麻花后的干物质积累、分配与纤维生长发育关系的研究十分重要，为此选用了出麻率不同的 5 个品种：Viking、Opaline、Ariane、双亚 3 号和黑亚 11 号。开花期选择同一天开第一朵花的单株挂牌，同时取 3 株，并将工艺长度分成 5 段，以后每 4~6 天取样一次。各茎段统一在温箱内沤麻，人工剥麻。

#### 1.1.2.1　亚麻花后各器官的干物质积累与分配

当亚麻开第一朵花时，其营养生长并未停止，而是继续进行。到工艺成熟期，其株高要增加 8%~21%，而干重是开花时的 2 倍左右。其中花序的干重由开花时全株重的 3.9%~8.2%增加到 28.3%~43.4%，而叶片的干重由开花时全株重的 15%~18%降低到 0~3.9%，茎的干重由开花时全株重的 74%~80.1%降低到 54.1%~71.7%，但是茎的绝对干重增加了近 1 倍（表 1-3）。从各茎段来看，基部增加 1 倍左右，而上部增加 2 倍以上（图 1-6）。

表 1-3 亚麻开花期与工艺成熟期部分性状

| 日期（月.日） | 品种 | 株高（cm） | 工艺长度（cm） | 光合产物积累量或干重（g） | | | | 茎/总 | 花/总 | 叶/总 |
|---|---|---|---|---|---|---|---|---|---|---|
| | | | | 花序 | 茎 | 叶 | 地上部 | | | |
| 6.19 | Viking | 58.6 | 52 | 0.024 | 0.219 | 0.052 | 0.295 | 0.74 | 0.082 | 0.177 |
| 7.14 | Viking | 70.5 | 57.1 | 0.343 | 0.428 | 0.02 | 0.79 | 0.541 | 0.434 | 0.025 |
| 6.19 | Opaline | 68.7 | 61.7 | 0.033 | 0.373 | 0.089 | 0.495 | 0.754 | 0.066 | 0.18 |
| 7.13 | Opaline | 77 | 65.6 | 0.389 | 0.514 | 0.034 | 0.938 | 0.548 | 0.415 | 0.037 |
| 6.25 | Ariane | 71 | 64.5 | 0.019 | 0.271 | 0.055 | 0.345 | 0.786 | 0.055 | 0.159 |
| 7.15 | Ariane | 83.7 | 66 | 0.345 | 0.496 | 0.034 | 0.874 | 0.567 | 0.395 | 0.039 |
| 6.27 | 双亚 3 号 | 85 | 78.5 | 0.014 | 0.29 | 0.058 | 0.362 | 0.801 | 0.039 | 0.16 |
| 7.17 | 双亚 3 号 | 103 | 87.7 | 0.396 | 0.772 | 0.037 | 1.205 | 0.641 | 0.329 | 0.03 |
| 6.27 | 黑亚 11 号 | 83.5 | 76.1 | 0.019 | 0.259 | 0.049 | 0.327 | 0.791 | 0.058 | 0.15 |
| 7.23 | 黑亚 11 号 | 95 | 84.5 | 0.176 | 0.446 | 0 | 0.622 | 0.717 | 0.283 | 0 |

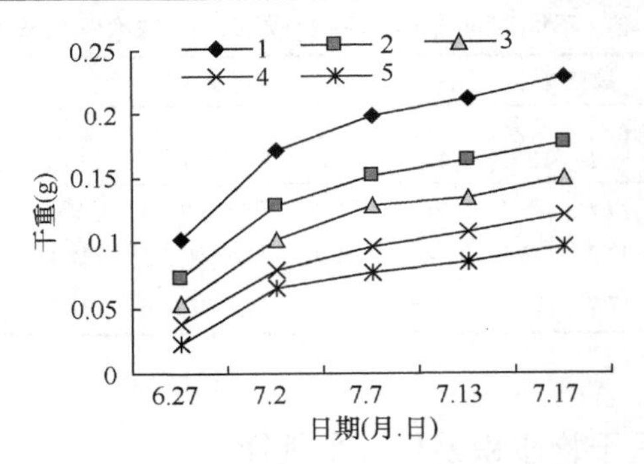


图 1-6 双亚 3 号花后茎段干重变化

1~5 表示从下到上的茎段

### 1.1.2.2 亚麻花后纤维生长发育

开花后各亚麻品种的纤维含量均随时间的推移呈增加趋势，而且品种间有差异（图 1-7）。根据不同茎段的纤维含量变化，可以判断干物质在茎中的分配变化。各品种基部茎段的纤维含量在开花后仅略微增加，但是其绝对量增加幅度较大，表明增加的干物质基本按原有的比例进行分配；而上部茎段的纤维含量迅速增加，工艺成熟期达到开花时的 3~5 倍，显示花后积累的光合产物向纤维中分配的比例较高（表 1-4，表 1-5）。

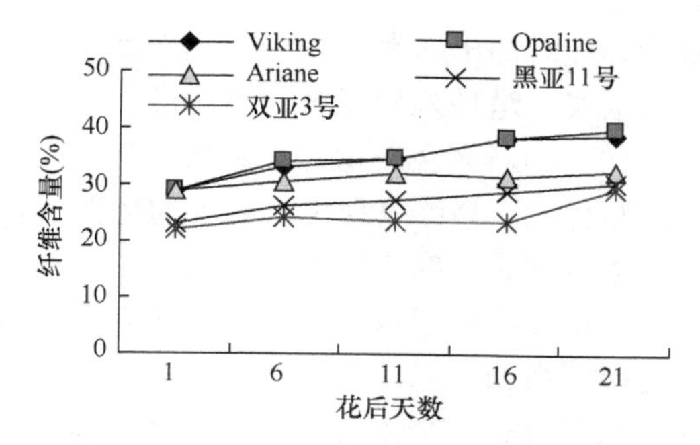


图 1-7　不同品种花后纤维含量变化

1 为开花期，6 为 5 天后，11 为 10 天后，16 为 15 天后，21 为 20 天后

**表 1-4　亚麻花后不同茎段纤维含量变化**

| 日期（月.日） | 品种 | 1 | 2 | 3 | 4 | 5 | 全茎 |
|---|---|---|---|---|---|---|---|
| 6.19 | Viking | 0.315 | 0.351 | 0.291 | 0.245 | 0.088 | 0.291 |
| 6.24 | Viking | 0.325 | 0.362 | 0.330 | 0.326 | 0.276 | 0.331 |
| 6.29 | Viking | 0.336 | 0.354 | 0.344 | 0.367 | 0.362 | 0.348 |
| 7.4 | Viking | 0.356 | 0.409 | 0.385 | 0.408 | 0.382 | 0.385 |
| 7.9 | Viking | 0.339 | 0.400 | 0.419 | 0.419 | 0.404 | 0.388 |
| 7.14 | Viking | 0.364 | 0.417 | 0.407 | 0.412 | 0.401 | 0.396 |
| 6.27 | 黑亚 11 号 | 0.220 | 0.252 | 0.279 | 0.279 | 0.093 | 0.234 |
| 7.2 | 黑亚 11 号 | 0.240 | 0.272 | 0.285 | 0.269 | 0.257 | 0.262 |
| 7.7 | 黑亚 11 号 | 0.258 | 0.276 | 0.292 | 0.286 | 0.285 | 0.274 |
| 7.13 | 黑亚 11 号 | 0.260 | 0.297 | 0.323 | 0.305 | 0.285 | 0.290 |
| 7.17 | 黑亚 11 号 | 0.267 | 0.323 | 0.339 | 0.326 | 0.305 | 0.306 |

注：1~5 表示从下到上的茎段

**表 1-5　不同品种开花期与工艺成熟期各茎段纤维重量**

| 日期（月.日） | 品种 | 1 | 2 | 3 | 4 | 5 |
|---|---|---|---|---|---|---|
| 6.19 | Viking | 0.0207 | 0.0203 | 0.0133 | 0.0077 | 0.0017 |
| 7.14 | Viking | 0.0463 | 0.0397 | 0.0327 | 0.0283 | 0.0223 |
| 6.19 | Opaline | 0.026 | 0.039 | 0.0257 | 0.0147 | 0.002 |
| 7.13 | Opaline | 0.0403 | 0.037 | 0.037 | 0.0347 | 0.0283 |
| 6.25 | Ariane | 0.0283 | 0.0207 | 0.0163 | 0.0107 | 0.002 |
| 7.15 | Ariane | 0.0367 | 0.036 | 0.0333 | 0.0313 | 0.0243 |
| 6.27 | 双亚 3 号 | 0.023 | 0.017 | 0.014 | 0.008 | 0.002 |
| 7.17 | 双亚 3 号 | 0.0515 | 0.047 | 0.0435 | 0.0385 | 0.03 |
| 6.27 | 黑亚 11 号 | 0.018 | 0.0155 | 0.0135 | 0.011 | 0.0025 |
| 7.17 | 黑亚 11 号 | 0.0323 | 0.0297 | 0.0253 | 0.0213 | 0.017 |

注：1~5 表示从下到上的茎段

从不同品种来看，开花时高出麻率的品种其基部茎段的纤维含量高于低出麻率的品种，随着高度的上移，这种差异逐渐缩小，最上部的茎段差异不明显。但是随着时间的推移（5~10 天），光合产物的积累和分配，品种间上部茎段的差异迅速出现，而且差距逐渐拉大，最终表现出其品种的特性（表 1-4）。

亚麻开花期至工艺成熟期是亚麻生殖生长和营养生长的关键时期，其地上部干重成倍增长。随着茎干重和花序干重的增加，其茎中纤维含量持续增加，表明光合产物向纤维的分配持续增加。

亚麻茎上纤维的生长发育是一个依次进行的连续过程，花后各茎段的干重和纤维重量均持续增加。但是不同茎段其纤维重量增加倍数不同，上部茎段高于下部茎段，这与不同空间位置的茎段发育阶段不一致有关，即上部茎段发育晚于下部。开花时品种间上部茎段的纤维含量差异不明显，但是 5~10 天后即出现明显的差异，显示高纤品种的光合产物向纤维的分配较多。

### 1.1.3 亚麻茎上纤维含量变化规律

黑龙江省亚麻生产存在的主要技术问题之一是纤维含量低、纤维产量低，导致经济效益也较低。提高亚麻出麻率及纤维产量，首先要弄清亚麻茎上纤维的分布规律。Н. Д. Матвеев 于 1936 年指出，纤维随株高在茎上的分布有两个最高极限点：从茎基部向上约达株高 1/4 的部位和从茎的顶端向下约达株高 1/4 的部位，茎中部的纤维含量较低（罗卡士，1967）。为了弄清楚亚麻茎上纤维的分布特点，明确亚麻不同部位茎段对纤维产量的贡献大小，我们对 1995 年收获的 4 个品种，即 Ariane、Armos、双亚 5 号、黑亚 7 号，1997 年收获的 9 个品种，即 Argos（V2）、Opaline（V3）、Viking（V5）、Ariane（V7）、Evelin（V8）、双亚 1 号（V12）、双亚 2 号（V13）、黑亚 3 号（V16）、黑亚 6 号（V19）进行了分析。将每个单株工艺长度 10 等分，并分别称重。室内用恒温箱（28℃）温水沤麻 5 天，利用干燥箱烘干后称干茎重，人工剥麻后称纤维重，计算茎上不同茎段的干茎制成率、出麻率及纤维含量等。

#### 1.1.3.1 不同茎段出麻率的变化

由图 1-8 可以看出，9 个品种各个茎段上出麻率的变化趋势相同，均呈抛物线状，由基部茎段向上出麻率增加，到中部 5 和 6 段最高，而后至梢部又逐渐下降，但仍高于基部。以高纤和低纤各一品种为例，拟合曲线方程如下。低纤品种 V19：$Y=0.0896+0.075\,66X-0.006\,41X^2$（$F=20.67^{**}$）[$F_{0.01(2,7)}=9.55$]。高纤品种 V2：$Y=0.1433+0.1237X-0.010\,53X^2$（$F=47.71^{**}$）。$F$ 检验表明，其变化均符合抛物线方程。从图 1-8 中还可以看到，出麻率高的品种，其各个茎段的出麻率均明显高于出麻率低的品种，从其曲线方程也可看出，高纤品种的常数项 $A$ 和一次项系数 $B$ 均高于低纤品种。

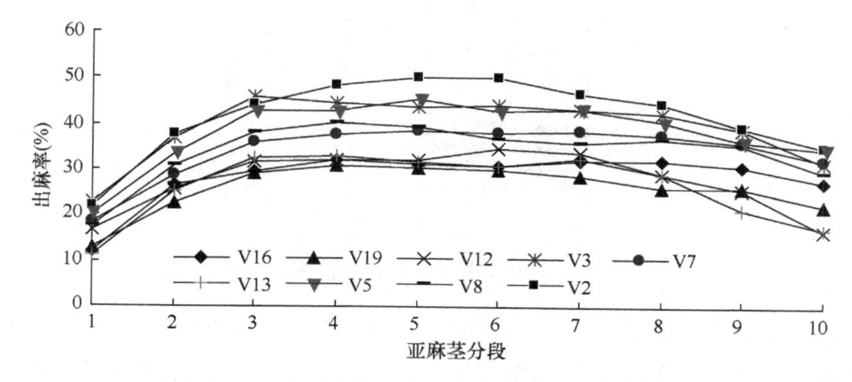


图 1-8 不同品种亚麻茎上出麻率的变化（1997 年）

从图 1-9 可以看出，亚麻茎上的出麻率同样呈抛物线变化，如 Ariane：$Y$=0.2229+0.0517$X$−0.0027$X^2$（$F$=76.05$^{**}$）。但是与图 1-8 不同的是，其梢部明显高于基部，即 8、9 两段的出麻率最高，这与年份间降雨的不同有关。1997 年出现伏旱，影响了梢部的纤维发育，使相应茎段的出麻率明显降低。

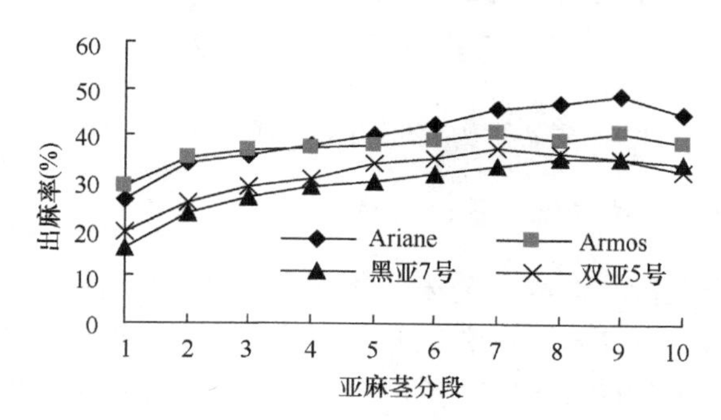


图 1-9 不同品种亚麻茎上出麻率的变化（1995 年）

#### 1.1.3.2 不同茎段纤维含量的变化

1995 年和 1997 年的纤维含量变化均与其出麻率相似，由图 1-10 可以看出，9 个品种各个茎段上纤维含量的变化同样呈抛物线状。

以 1997 年高纤和低纤各一品种为例，拟合曲线方程如下。高纤品种 V2：$Y$=0.1147+ 0.1005$X$−0.009 33$X^2$（$F$=27.24$^{**}$）。低纤品种 V19：$Y$=0.0801+0.005 73$X$−0.005 22$X^2$（$F$=16.41$^{**}$）。$F$ 检验表明，纤维含量的变化也符合抛物线方程。影响纤维含量的主要因素是出麻率，干茎制成率的影响相对较小。由图 1-11 可以发现，

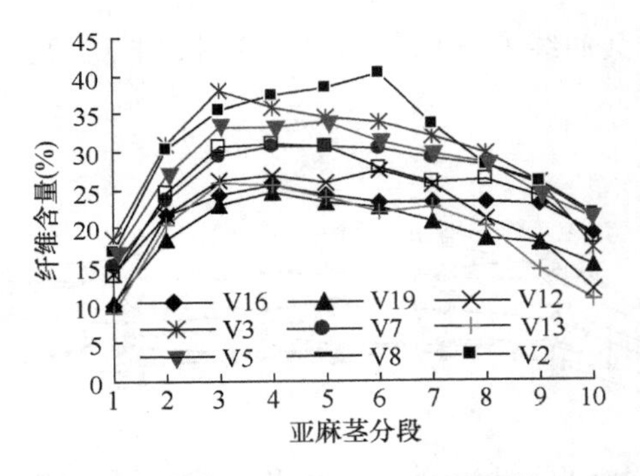


图 1-10　不同品种亚麻茎上纤维含量的变化（1997 年）

从基部到梢部干茎制成率逐渐下降，且近乎于直线，而且所有品种各个茎段的干茎制成率均相似，即梢部低于基部，主要是因为梢部的可溶性物质多，在沤麻时损失的多。

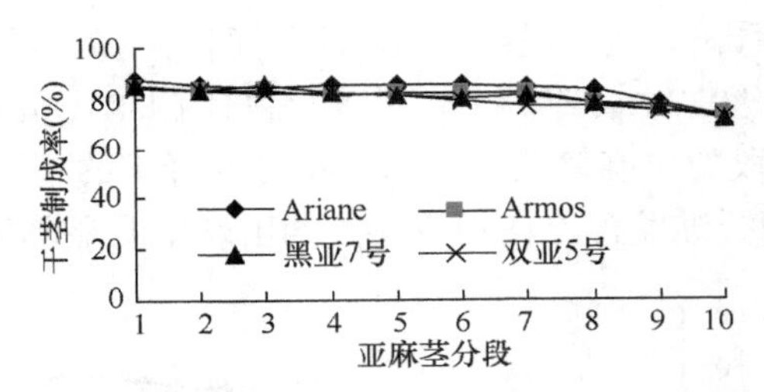


图 1-11　不同品种亚麻茎上干茎制成率变化（1995 年）

### 1.1.3.3　各段纤维占全株纤维重量比例的变化

两年材料各个茎段上纤维占全株纤维重量比例的变化相似，均呈非对称抛物线状（图 1-12）。以 1997 年高纤和低纤各一品种为例，拟合曲线方程如下。V2：$Y$=0.088 47+0.019 44$X$−0.002 546$X^2$（$F$=36.41$^{**}$）。V19：$Y$=0.092 63+0.016 28$X$−0.002 174$X^2$（$F$=23.25$^{**}$）。不同茎段纤维占全株纤维重量的比例，先升后降，中下部较高，最高的是第 3 段，梢部低于基部。从图 1-12 可以看出，由基部开始第 2~6 段纤维重量之和占全株纤维重量的比例高于 60%，品种间中间几段的差别较小，而基部和梢部的差别较大。尽管两年的气候存在差异，而且茎上出麻率的最高点不同，但是各茎段纤维占总纤维重量的比例变化相似，由此可看出，全株纤维重量主要集中于中下部，即单株纤维产量主要是由中下部贡献的。

### 1.1.3.4　不同茎段原茎和干茎重量所占比例的变化

纤维亚麻不同茎段原茎和干茎重量所占比例，从基部到梢部各段所占比例逐渐下降，而且品种间差异也很小，基本重合（图 1-13）。这与亚麻茎的粗细变化有关，也与茎秆干物质积累不同有关。

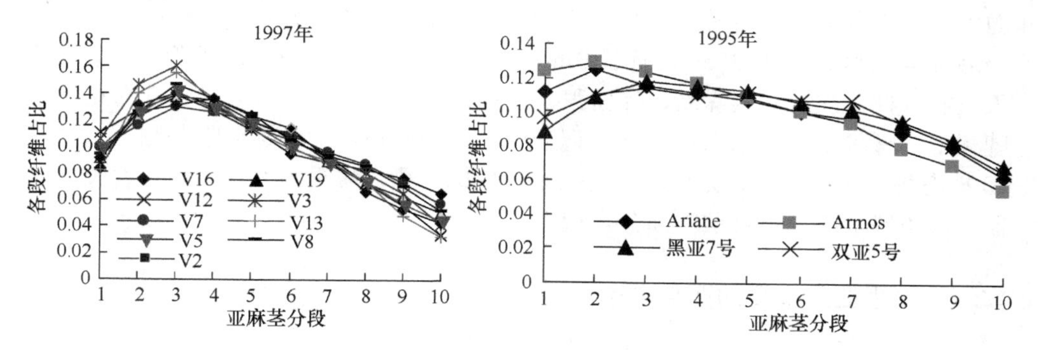


图 1-12　不同品种亚麻各段纤维重所占比例（1997 年、1995 年）

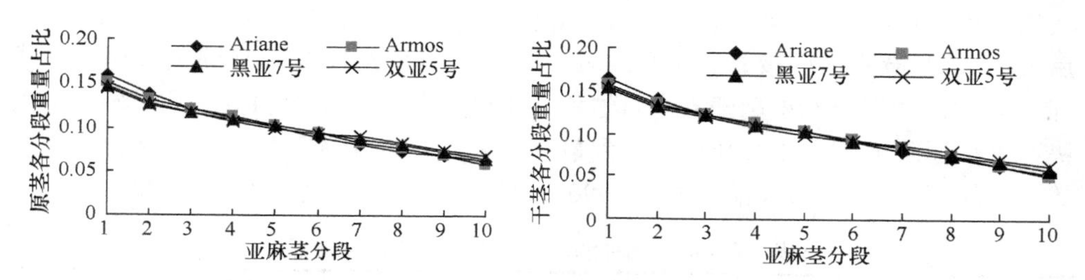


图 1-13　不同品种亚麻原茎和干茎各分段重量所占比例

研究结果表明，亚麻茎上纤维含量变化呈非对称的抛物线状，茎中下部（2~6 段）的纤维贡献率超过 60%，表明亚麻茎上纤维集中分布在中下部。不同基因型亚麻不同茎段出麻率及纤维含量的变化规律相似，均呈抛物线状，可用 $Y=A+BX-CX^2$ 表示，但是年度间略有差异，即最高出麻率与纤维含量的茎段位置不同。这与 Н.Д.Матвеев 的马鞍状结果有很大的区别，这可能是由不同环境条件的差异造成的。高纤亚麻品种不同茎段的出麻率与纤维含量均高于低纤品种，其变化曲线的常数项 $A$ 和一次项系数 $B$ 均高于低纤品种。而品种间亚麻原茎与干茎各分段重量占比变化一致。

## 1.2　油用亚麻的生长发育规律

油用亚麻与纤维亚麻的区别在于，前者的株高偏低，花序分枝多，开花数量和蒴果数量多，有的基部有分枝，种子产量高，种子偏大，而茎中纤维含量低、纤维品质差。

2008 年在东北农业大学植物类试验实习基地设置田间试验，选用 4 个品种：

伊亚 1 号（引自新疆伊犁州农业科学研究所，种子褐色）、内 075（引自内蒙古自治区农牧业科学院，种子黄色）、CN18996 和 CN19002（引自加拿大植物基因资源中心，前者褐色，后者黄色）。4 月 24 日播种，每平方米种植 500 粒种子，每个品种 4 行区，行距 30cm，行长 3m，随机排列，3 次重复。从枞形期开始每 7 天左右取样一次，调查株高、叶面积、干重等性状，开花后对同一天开的花枝系牌标记，每隔 7 天左右取样一次，调查籽粒干物质积累。成熟期收获测产，并取 10 株考种，调查株高、分枝数、蒴果数、单株产量、粒重等性状。利用索氏提取器，采用残余法测定籽粒中油分含量。

### 1.2.1 油用亚麻株高的变化动态

对调查的数据进行拟合，建立各品种的株高变化曲线回归方程，结果表明，其株高可以用逻辑斯谛方程 $Y=K/[1+\exp(a-bX)]$表示（式中，$Y$ 为株高；$X$ 为苗后天数），$F$ 检验均达极显著水平（表 1-6），并据此绘制几个品种生长理论曲线（图 1-14）。油用亚麻株高随着生育进程而不断变化，开始增加得非常缓慢，进入快速生长期后迅速增加，开花期达到最高，以后基本保持不变。不同品种间株高随时间的变化略有差异，品种 CN18996 前期生长较快，达到最大速率的时间最早，

表 1-6　不同品种油用亚麻株高变化理论方程

| 品种 | 方程 | $F$ 值 | $P$ 值 | 决定系数 | $Tv_{max}$(天) | $v_{max}$(cm/d) | $T_1$(天) | $T_2$(天) |
|---|---|---|---|---|---|---|---|---|
| CN18996 | $Y=38.1/[1+\exp(5.383-0.213X)]$ | 488.51 | 0.0003 | 0.99 | 25.3 | 2.03 | 19.1 | 31.5 |
| 内 075 | $Y=55.0/[1+\exp(5.477-0.167X)]$ | 280.65 | 0.0005 | 0.98 | 32.8 | 2.34 | 24.9 | 40.7 |
| CN19002 | $Y=53.4/[1+\exp(4.819-0.156X)]$ | 198.22 | 0.0032 | 0.97 | 30.9 | 2.08 | 22.4 | 39.3 |
| 伊亚 1 号 | $Y=49.1/[1+\exp(5.083-0.175X)]$ | 849.45 | 0.0009 | 0.99 | 29.0 | 2.15 | 21.5 | 36.6 |

注：$Tv_{max}$ 达到最大速率的时间；$v_{max}$ 最大速率；$T_1$ 开始时间；$T_2$ 结束时间

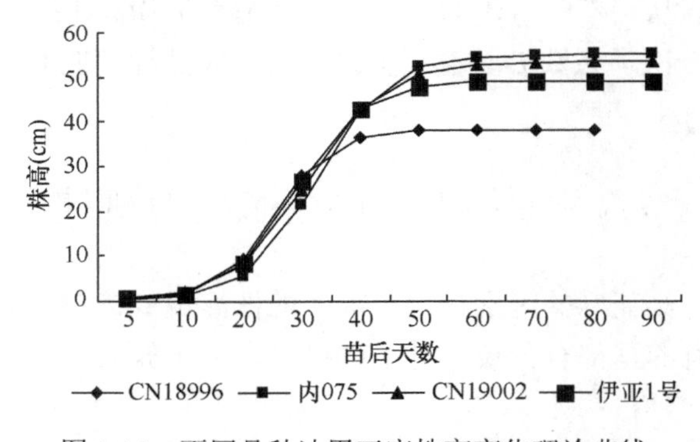


图 1-14　不同品种油用亚麻株高变化理论曲线

为苗后 25.3 天，比其他品种提早 3.7~7.5 天，但其株高线性生长的阶段为 19.1~31.5 天，持续 12 天左右，明显比其他品种少 3~5 天，最终株高比其他品种矮了大约 20cm，这与其生育期较短有关；而其他品种在 50 天后表现出类似趋势，由于直线生长阶段时间略长，株高更高。

### 1.2.2　油用亚麻叶面积的变化动态

油用亚麻叶面积的变化趋势与纤维亚麻相似，都呈抛物线形，开花期叶面积达最大值。对 4 个品种不同生育期叶面积数据进行抛物线方程 $Y=A+BX-CX^2$ 拟合，式中，$Y$ 为叶面积，$X$ 为出苗天数，$F$ 检验达显著和极显著水平，表明拟合得很好（表 1-7）。油用亚麻单株叶面积在苗期、枞形期增加比较缓慢，进入快速生长期后迅速增加，开花期达到最高，持续约 20 天后逐渐降低，到籽粒完全成熟时达到最低值。由图 1-15 可以看出，伊亚 1 号的叶面积始终大于其他品种，特别在 50 天左右与各品种间叶面积差异最大，CN18996 的叶面积最小，其达到最大叶面积的时间也稍早，生长中后期，干旱严重导致提前落叶，使所有品种叶面积迅速减小。开花前各品种叶面积平均增长率：伊亚 1 号为 1.47cm$^2$/d、内 075 为 1.03cm$^2$/d、CN19002 为 0.92cm$^2$/d、CN18996 为 0.8cm$^2$/d。开花后叶面积减小率：伊亚 1 号为 1.36cm$^2$/d、内 075 为 1.19cm$^2$/d、CN19002 为 1.05cm$^2$/d、CN18996 为 0.74cm$^2$/d。

**表 1-7　不同品种油用亚麻单株叶面积变化理论方程**

| 品种 | 方程 | $F$ 值 | $P$ 值 | 决定系数 |
|---|---|---|---|---|
| CN18996 | $Y=-8.048+2.315X-0.0254X^2$ | 230.42 | 0.0021 | 0.97 |
| 内 075 | $Y=-8.814+2.691X-0.0276X^2$ | 156.76 | 0.0033 | 0.93 |
| CN19002 | $Y=-29.471+3.098X-0.030X^2$ | 222.56 | 0.0078 | 0.96 |
| 伊亚 1 号 | $Y=-18.256+3.595X-0.0353X^2$ | 257.69 | 0.0056 | 0.97 |

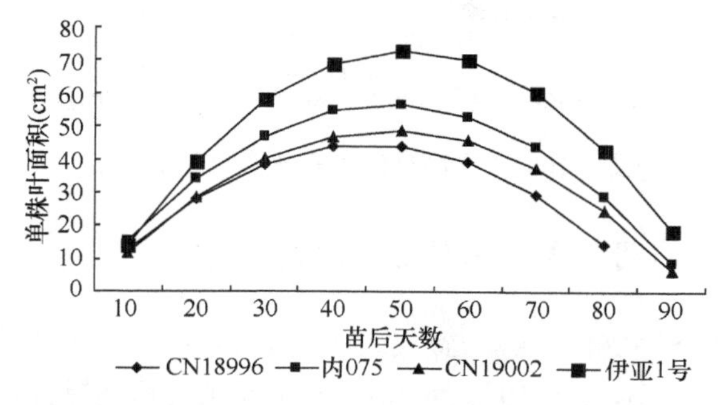


图 1-15　不同品种油用亚麻单株叶面积变化理论曲线

### 1.2.3 油用亚麻地上部干物质积累动态

用逻辑斯谛方程 $Y=K/[1+\exp(a-bX)]$（式中，$Y$ 为干重；$X$ 为苗后天数）拟合各品种的干重变化回归方程，$F$ 检验达极显著水平（表 1-8），由理论曲线（图 1-16）可以看出，油用亚麻苗期地上部分增长缓慢，植株干物质积累能力弱，到枞形期底部有侧枝出现，干物质积累速率了有一定的提高。进入快速生长期（6 月 12~19 日），这段时间整个植株迅速生长，叶面积不断增大，光合能力不断增强，干物质积累迅速提高。开花期（6 月 20 日）干重继续增长，进入籽粒成熟期后干重增加速率有所降低。进入籽粒成熟末期（80~90 天），植株干重变化不大。不同品种间干重变化有差别但不太明显，CN18996、CN19002 和内 075 的最大干物质积累速率略高于伊亚 1 号，达到最大速率的时间内 075 较晚，内 075 线性积累的时间为 34.7~55.2 天，明显晚于其他品种，其前期干重较小，但后期最大。CN18996 尽管株高最小，叶面积最小，但是其干物质积累较多，特别是生育中期快速生长阶段，明显超过其他品种。

**表 1-8 不同品种油用亚麻植株干重变化动态方程**

| 品种 | 方程 | $F$ 值 | $P$ 值 | 决定系数 | $Tv_{max}$(天) | $v_{max}$(g/d) | $T_1$(天) | $T_2$(天) |
|---|---|---|---|---|---|---|---|---|
| CN18996 | $Y=1.401/[1+\exp(6.078-0.152X)]$ | 91.17 | 0.0069 | 0.86 | 40.0 | 0.05 | 31.3 | 48.6 |
| 内 075 | $Y=1.401/[1+\exp(5.798-0.129X)]$ | 89.94 | 0.0076 | 0.85 | 44.9 | 0.05 | 34.7 | 55.2 |
| CN19002 | $Y=1.301/[1+\exp(6.491-0.156X)]$ | 103.09 | 0.0004 | 0.91 | 41.6 | 0.05 | 33.2 | 50.0 |
| 伊亚 1 号 | $Y=1.358/[1+\exp(5.157-0.130X)]$ | 112.39 | 0.0003 | 0.92 | 39.7 | 0.04 | 29.5 | 49.8 |

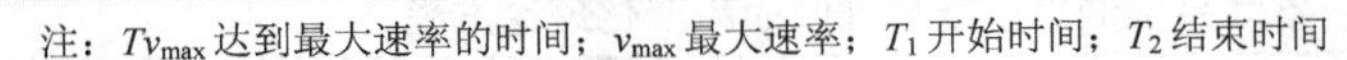
注：$Tv_{max}$ 达到最大速率的时间；$v_{max}$ 最大速率；$T_1$ 开始时间；$T_2$ 结束时间

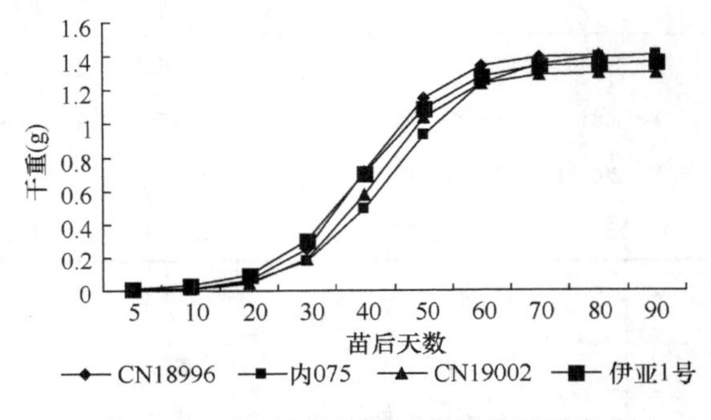


图 1-16 不同品种油用亚麻植株干重变化

### 1.2.4 油用亚麻光合势与净同化率变化特点

4 个品种的光合势变化趋势一致（表 1-9）。1~10 天由于植株矮小，叶片又小又少，因此光合势较小，20~40 天各品种光合势都大幅度提升，同时接近最大光合势值；40~60 天各品种光合势达到最大值，并维持在高值附近 20 多天；60 天以后，各品种光合势开始下降，一直持续到生育期末期达到一个较低的水平。两个国内品种的光合势明显高于两个国外品种，在生育进程 40~50 天，CN18996、内075、CN19002 光合势达到最大值，50~60 天，伊亚 1 号光合势达到最大值，为 193 451$m^2 \cdot d/hm^2$。

表 1-9 不同品种油用亚麻光合势变化 （单位：$m^2 \cdot d/hm^2$）

| 品种 | 1~10 天 | 10~20 天 | 20~30 天 | 30~40 天 | 40~50 天 | 50~60 天 | 60~70 天 | 70~80 天 | 80~90 天 |
|---|---|---|---|---|---|---|---|---|---|
| CN18996 | 16 956 | 54 860 | 89 884 | 111 163 | 118 696 | 112 483 | 92 525 | 58 821 | |
| 内 075 | 20 696 | 66 507 | 109 261 | 137 058 | 149 899 | 147 782 | 130 708 | 98 677 | 51 690 |
| CN19002 | 15 883 | 54 227 | 92 491 | 117 434 | 129 058 | 127 363 | 112 348 | 84 013 | 42 358 |
| 伊亚 1 号 | 19 123 | 72 468 | 131 361 | 171 156 | 191 852 | 193 451 | 175 951 | 139 353 | 83 657 |

4 个品种净同化率变化趋势基本相同，10~20 天时，叶片净同化率低下，20~40 天进入快速生长期，净同化率迅速提高（图 1-17），其中 CN18996 的净同化率增长最快，到 40 天时达到最大值 11g/（$m^2 \cdot d$），而伊亚 1 号净同化率增长最慢，最大值为 6.25g/（$m^2 \cdot d$）；40~50 天时各品种净同化率持续稳定在一个较高的水平；50 天后，各品种同化率开始纷纷下降，并持续到生育期结束，但品种间下降速度有所不同，两个国外品种下降略快于国内品种。

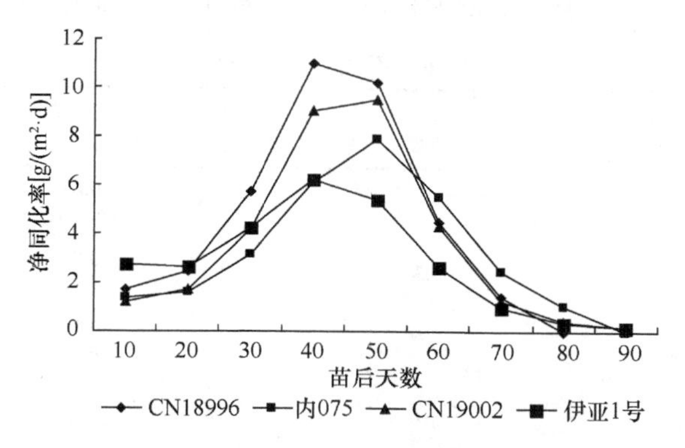


图 1-17 不同品种油用亚麻净同化率变化动态

油用亚麻的生长动态、干物质的积累都符合“S”形曲线变化规律，而叶面积变化符合抛物线规律，光合势和净同化率的变化也是先增加后降低。但是品种间的生长特点是不同的，其中品种 CN18996 的叶面积最小，株高最矮，但是净同化率最高，最终干物质积累并不少。

## 1.3 不同类型亚麻干物质积累与分配比较

为了掌握不同类型亚麻生长发育的差别，2011~2012年在哈尔滨市东北农业大学教学实习基地，选取了5个品种进行比较研究，其中 CN98816是一个基部多分枝、植株矮小、具有原始类型特点的农家种，CN44316是一个典型的油用亚麻品种，黑亚11号（H11）、阿卡塔和 CN101268都是典型的纤维亚麻品种，但是彼此的纤维含量有所不同，前者为中纤品种，后两者是高纤品种。每个品种按两种密度种植，即有效种子500粒/m$^2$（适合油用亚麻）和2000粒/m$^2$（适合纤维亚麻），前者行距0.3m，4行区，后者行距0.15m，6行区，试验共10个处理，3次重复，采用随机区组设计。4月底播种，8月初收获。从枞形期开始调查，每个品种取10株，7天左右调查一次，直至成熟。

### 1.3.1 不同类型间的差异比较

对收获的亚麻部分性状进行差异显著性分析，结果表明不同类型间同一性状明显不同（表 1-10）。从株高上看，CN98816 与 CN44316 之间，以及二者与 3 个纤维亚麻之间的差异达到显著或极显著水平。在工艺长度上表现出同样的差异，纤维亚麻的株高和工艺长度较大。纤维亚麻蒴果数量较少，是油用亚麻的一半左右，而 CN98816 最多，是 CN44316 的一倍左右。从单株原茎重看，品种间的差异不大，特别是在密植条件下较为接近。单株种子重以油用亚麻 CN44316 最高，

表 1-10 不同处理考种结果

| 品种 | 密度 | 株高（cm） | 工艺长度（cm） | 上部分枝数 | 基部分枝数 | 蒴果数量（个） | 单株原茎重（g） | 单株种子重（g） | 千粒重（g） |
|---|---|---|---|---|---|---|---|---|---|
| CN98816 | 稀植 | 32 f E | 17.3 e D | — | 2 | 28.6 | 0.67 bc ABC | 0.594 | 3.88 d D |
| CN44316 | 稀植 | 60.7 d C | 45 d C | 5.3 | 0.6 | 15.8 | 0.96 a A | 0.634 | 6.48 a A |
| H11 | 稀植 | 73.3 ab AB | 62.7 ab AB | 3.9 | 0 | 7.3 | 0.86 ab AB | 0.233 | 4.86 b B |
| 阿卡塔 | 稀植 | 76 a A | 64.7 a A | 4.1 | 0 | 7.3 | 1.03 a A | 0.237 | 4.79 b B |
| CN101268 | 稀植 | 68 bc ABC | 60 abc AB | 4.5 | 0 | 6.3 | 0.87 ab AB | 0.118 | 4.31 c C |
| CN98816 | 密植 | 30.3 f E | 18.3 e D | — | 1.8 | 14.6 | 0.37 c C | 0.164 | 3.85 d D |
| CN44316 | 密植 | 51.7 e D | 42 d C | 3.8 | 0 | 7.1 | 0.41 c C | 0.228 | 6.38 a A |
| H11 | 密植 | 66.3 cd BC | 58 bc AB | 3.4 | 0 | 4.2 | 0.48 c BC | 0.124 | 4.75 b B |
| 阿卡塔 | 密植 | 70 abc AB | 62.3 ab AB | 3.3 | 0 | 3.2 | 0.53 c BC | 0.093 | 4.88 b B |
| CN101268 | 密植 | 64.3 cd BC | 55.7 c B | 3.2 | 0 | 2.4 | 0.54 c BC | 0.052 | 5.07 b B |

注：大小写英文字母不同分别表示在 1%和 5%水平处理间差异显著

其次是分枝类型 CN98816，纤维亚麻中高纤品种低于中纤品种。通过表 1-10 还可以发现，相同品种亚麻在不同密度下的农艺性状都有少许差异，除了千粒重外稀植亚麻的性状明显高于密植亚麻。

### 1.3.2　不同类型亚麻的生长特点

亚麻的株高变化动态符合逻辑斯谛方程（表 1-11）。从其理论曲线可以看出，亚麻前期株高增长缓慢，品种间差异很小，到了 20~50 天时增长迅速，品种间的株高明显不同，50 天以后稍有增加。20 天后纤维亚麻和油用亚麻的生长明显加快，与分枝型的 CN98816 拉开距离，30 天后纤维亚麻和油用亚麻 CN44316 间拉开距离，40 天后纤维亚麻间也表现出差异。类型间最大生长速率差异明显。种植密度对所有类型的株高影响一致，稀植条件下更有利于亚麻的生长，最大生长速率明显高于密植下的最大生长速率（图 1-18）。

**表 1-11　不同处理株高变化理论方程**

| 处理 | 方程 | $F$ 值 | $P$ 值 | $R^2$ | $Tv_{max}$(天) | $v_{max}$(cm/d) | $T_1$(天) | $T_2$(天) |
|---|---|---|---|---|---|---|---|---|
| CN98816 稀植 | $Y$=32.9/[1+exp(6.08−0.186$X$)] | 823.7 | 0.0001 | 0.9958 | 32.7 | 1.53 | 25.6 | 39.8 |
| CN44316 稀植 | $Y$=59.7/[1+exp(6.51−0.193$X$)] | 851.5 | 0.0001 | 0.9959 | 33.7 | 2.88 | 26.9 | 40.6 |
| H11 稀植 | $Y$=74.4/[1+exp(7.67−0.225$X$)] | 1158.5 | 0.0001 | 0.9970 | 34.1 | 4.19 | 28.2 | 39.9 |
| 阿卡塔 稀植 | $Y$=74.4/[1+exp(7.07-0.209$X$)] | 636.9 | 0.0001 | 0.9945 | 33.8 | 3.89 | 27.5 | 40.1 |
| CN101268 稀植 | $Y$=65.2/[1+exp(6.95−0.218$X$)] | 293.1 | 0.0001 | 0.9882 | 31.9 | 3.55 | 25.8 | 37.9 |
| CN98816 密植 | $Y$=32.7/[1+exp(5.06−0.156$X$)] | 214.6 | 0.0001 | 0.9840 | 32.4 | 1.28 | 24.0 | 40.9 |
| CN44316 密植 | $Y$=52.9/[1+exp(6.93−0.221$X$)] | 434.3 | 0.0001 | 0.9920 | 31.4 | 2.92 | 25.4 | 37.3 |
| H11 密植 | $Y$=64.8/[1+exp(6.53−0.201$X$)] | 1532.4 | 0.0001 | 0.9977 | 32.5 | 3.26 | 25.9 | 39.0 |
| 阿卡塔 密植 | $Y$=62.4/[1+exp(6.48−0.199$X$)] | 885.5 | 0.0001 | 0.9961 | 32.6 | 3.10 | 25.9 | 39.2 |
| CN101268 密植 | $Y$=60.3/[1+exp(6.63−0.209$X$)] | 1690.0 | 0.0001 | 0.9979 | 31.7 | 3.15 | 25.4 | 38.0 |

注：$Tv_{max}$ 达到最大速率的时间；$v_{max}$ 最大速率；$T_1$ 开始时间；$T_2$ 结束时间

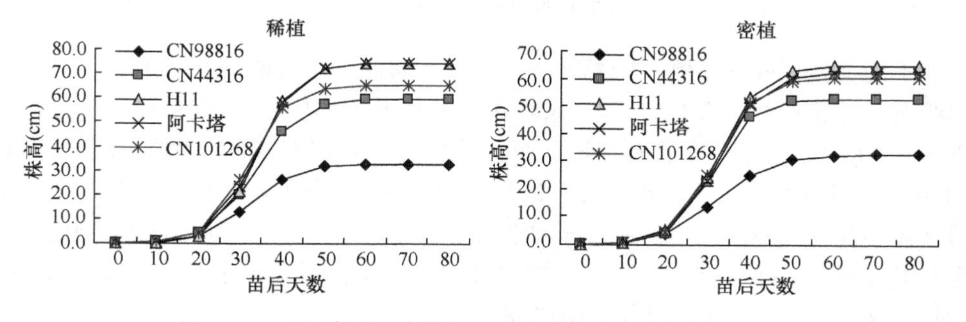


图 1-18　不同类型亚麻株高生长理论曲线（稀植和密植）

不同类型亚麻中后期单株叶面积变化均符合抛物线方程（表 1-12，图 1-19），分枝型 CN98816 和油用亚麻 CN44316 的单株叶面积前期增加速度明显快于纤维亚麻，且最大叶面积比纤维亚麻高 50%以上，4 个品种的最高值在 50 天附近，仅稀植的 CN98816 是在 60 天，油用亚麻后期单株叶面积降低很快，密植条件下甚至低于纤维亚麻。稀植亚麻的单株叶面积比密植亚麻的大，二者相差 1 倍左右。

**表 1-12　不同处理单株叶面积变化理论方程**

| 处理 | 方程 | $F$ 值 | $P$ 值 | $R^2$ |
|---|---|---|---|---|
| CN98816 稀植 | $Y$=−147.6+7.90$X$−0.066$X^2$ | 30.56 | 0.0007 | 0.9106 |
| CN44316 稀植 | $Y$=−147.9+8.45$X$−0.078$X^2$ | 16.03 | 0.0039 | 0.8424 |
| H11 稀植 | $Y$=−75.7+5.19$X$−0.049$X^2$ | 5.94 | 0.0378 | 0.6644 |
| 阿卡塔 稀植 | $Y$=−77.8+5.12$X$−0.049$X^2$ | 15.89 | 0.0040 | 0.8412 |
| CN101268 稀植 | $Y$=−51.5+3.69$X$−0.034$X^2$ | 4.82 | 0.0565 | 0.6164 |
| CN98816 密植 | $Y$=−92.8+5.69$X$−0.056$X^2$ | 15.76 | 0.0041 | 0.8401 |
| CN44316 密植 | $Y$=−48.8+3.78$X$−0.039$X^2$ | 10.45 | 0.0111 | 0.7770 |
| H11 密植 | $Y$=−6.66+1.34$X$−0.013$X^2$ | 5.73 | 0.0286 | 0.5889 |
| 阿卡塔 密植 | $Y$=−29.5+2.42$X$−0.023$X^2$ | 6.61 | 0.0540 | 0.7677 |
| CN101268 密植 | $Y$=−4.28+1.03$X$−0.0096$X^2$ | 9.05 | 0.0088 | 0.6935 |

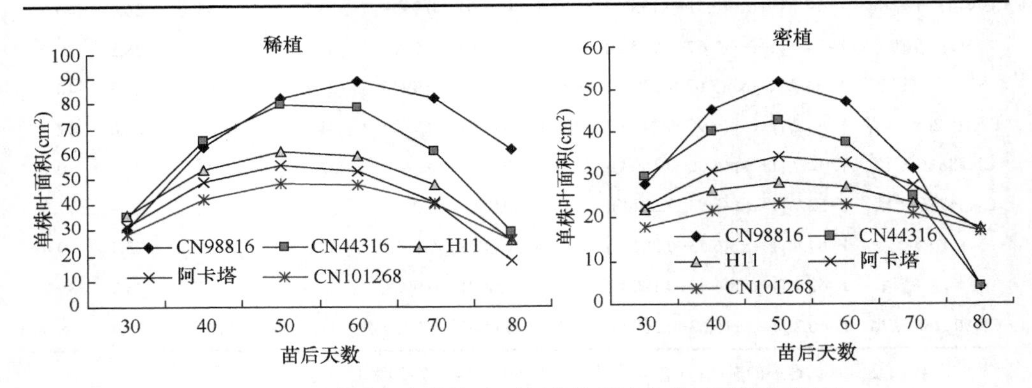


图 1-19　不同类型亚麻单株叶面积变化理论曲线（稀植和密植）

不同类型亚麻的干物质积累（10株干重）均符合逻辑斯谛方程（表1-13），据此绘制了理论曲线（图1-20），结果表明，前30天干物质增长缓慢，30~60天增长迅速，60天以后密植的增加有限，而稀植条件下油用亚麻的干物质持续积累。30~40天（稀植）是一个分水岭，纤维亚麻的干物质积累开始比油用亚麻的缓慢（图1-20）。单株油用亚麻比纤维亚麻积累的干物质多，稀植的比密植的多，这与其单株叶面积大有密切关系。在密植条件下，总干重大小依次是 CN98816、CN44316、H11、阿卡塔和 CN101268。

表 1-13　不同处理干物质积累理论方程

| 处理 | 方程 | *F* 值 | *P* 值 | $R^2$ | $Tv_{max}$(天) | $v_{max}$(g/天) | $T_1$(天) | $T_2$(天) |
|---|---|---|---|---|---|---|---|---|
| CN98816 稀植 | $Y$=30.23/[1+exp(5.70–0.106$X$)] | 141.9 | 0.0001 | 0.9726 | 53.8 | 0.801 | 41.3 | 66.2 |
| CN44316 稀植 | $Y$=26.27/[1+exp(5.44–0.103$X$)] | 108.4 | 0.0001 | 0.9644 | 52.8 | 0.676 | 40.0 | 65.6 |
| H11 稀植 | $Y$=13.99/[1+exp(4.35–0.093$X$)] | 144.0 | 0.0001 | 0.9730 | 46.8 | 0.325 | 32.6 | 60.9 |
| 阿卡塔 稀植 | $Y$=14.06/[1+exp(5.47–0.123$X$)] | 114.8 | 0.0001 | 0.9663 | 44.5 | 0.432 | 33.8 | 55.2 |
| CN101268 稀植 | $Y$=9.86/[1+exp(5.33–0.136$X$)] | 86.7 | 0.0001 | 0.9612 | 39.2 | 0.335 | 29.5 | 48.9 |
| CN98816 密植 | $Y$=11.21/[1+exp(6.12–0.148$X$)] | 100.3 | 0.0001 | 0.9663 | 41.4 | 0.415 | 32.5 | 50.2 |
| CN44316 密植 | $Y$=7.07/[1+exp(7.10–0.185$X$)] | 84.7 | 0.0001 | 0.9549 | 38.4 | 0.327 | 31.3 | 45.5 |
| H11 密植 | $Y$=6.38/[1+exp(4.03–0.093$X$)] | 132.0 | 0.0001 | 0.9742 | 43.3 | 0.148 | 29.2 | 57.5 |
| 阿卡塔 密植 | $Y$=5.47/[1+exp(4.77–0.126$X$)] | 72.4 | 0.0001 | 0.9477 | 37.9 | 0.172 | 27.4 | 48.3 |
| CN101268 密植 | $Y$=5.34/[1+exp(4.97–0.133$X$)] | 123.5 | 0.0001 | 0.9686 | 37.4 | 0.178 | 27.5 | 47.3 |

注：$Tv_{max}$ 达到最大速率的时间；$v_{max}$ 最大速率；$T_1$ 开始时间；$T_2$ 结束时间

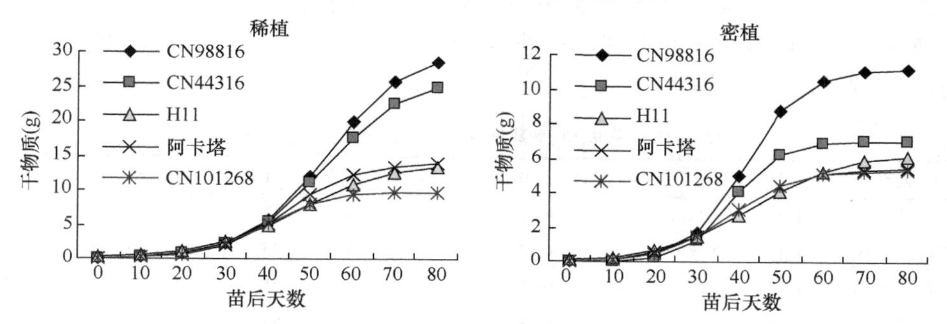


图 1-20　不同类型亚麻地上部干物质积累理论曲线（稀植和密植）

### 1.3.3　不同类型亚麻干物质分配特点

亚麻出苗后首先是叶片的生长，叶片重量占地上部总重的比例随着生育进程呈降低趋势（表 1-14）。枞形期（5 月 27 日）叶重占比最高，各品种为 0.79~0.88，到快速生长期（6 月 11 日）叶重占比降低到 0.51~0.69，其中纤维亚麻明显低于其他 2 个类型。但是到了开花后（7 月 3 日）品种间差异明显变小，此后缓慢降低，且表现出纤维品种的叶重占比高于其他 2 个类型，与开花前相反。

表 1-14　不同处理叶重占地上部总重的比例变化

| 处理 | 5 月 27 日 | 6 月 4 日 | 6 月 11 日 | 6 月 20 日 | 6 月 26 日 | 7 月 3 日 | 7 月 11 日 | 7 月 16 日 | 7 月 23 日 | 8 月 1 日 |
|---|---|---|---|---|---|---|---|---|---|---|
| CN98816 稀植 | 0.86 | 0.79 | 0.69 | 0.56 | 0.41 | 0.08 | 0.05 | 0.04 | 0.02 | 0.04 |
| CN44316 稀植 | 0.82 | 0.76 | 0.65 | 0.43 | 0.32 | 0.13 | 0.10 | 0.06 | 0.03 | 0.01 |
| H11 稀植 | 0.81 | 0.72 | 0.60 | 0.37 | 0.27 | 0.14 | 0.11 | 0.09 | 0.06 | 0.05 |
| 阿卡塔 稀植 | 0.82 | 0.66 | 0.56 | 0.27 | 0.21 | 0.13 | 0.09 | 0.07 | 0.05 | 0.04 |
| CN101268 稀植 | 0.80 | 0.70 | 0.51 | 0.28 | 0.16 | 0.11 | 0.10 | 0.08 | 0.07 | 0.07 |
| CN98816 密植 | 0.88 | 0.73 | 0.67 | 0.47 | 0.35 | 0.12 | 0.07 | 0.04 | 0.03 | 0.04 |

续表

| 处理 | 5月27日 | 6月4日 | 6月11日 | 6月20日 | 6月26日 | 7月3日 | 7月11日 | 7月16日 | 7月23日 | 8月1日 |
|---|---|---|---|---|---|---|---|---|---|---|
| CN44316 密植 | 0.83 | 0.73 | 0.57 | 0.35 | 0.25 | 0.12 | 0.08 | 0.07 | 0.04 | 0.00 |
| H11 密植 | 0.83 | 0.64 | 0.55 | 0.26 | 0.24 | 0.15 | 0.10 | 0.07 | 0.06 | 0.07 |
| 阿卡塔 密植 | 0.79 | 0.62 | 0.53 | 0.22 | 0.21 | 0.11 | 0.10 | 0.07 | 0.05 | 0.05 |
| CN101268 密植 | 0.83 | 0.65 | 0.46 | 0.27 | 0.18 | 0.11 | 0.10 | 0.07 | 0.07 | 0.06 |

随着亚麻的生长发育，亚麻茎重占地上部总重的比例逐渐增加，到开花前后达到最大(6 月 26 日)，占到 0.59~0.84，此后逐渐降低，各品种表现一致(表 1-15)。多分枝的 CN98816 茎重占比始终是最低的，完熟期它的茎重占比明显低于其他品种，仅是其他类型的 1/3~1/2。而纤维亚麻进入快速生长期后（6 月 4 日）茎重占比即明显高于油用品种，纤维品种中高纤品种在快速生长中期以后茎重比最高。密植对干物质向茎中分配有利，自进入快速生长期后密植的茎重占比就高于稀植的，5 个品种表现一致。

**表 1-15 不同处理茎重占地上部总重的比例变化**

| 处理 | 5月27日 | 6月4日 | 6月11日 | 6月20日 | 6月26日 | 7月3日 | 7月11日 | 7月16日 | 7月23日 | 8月1日 |
|---|---|---|---|---|---|---|---|---|---|---|
| CN98816 稀植 | 0.14 | 0.21 | 0.31 | 0.44 | 0.59 | 0.22 | 0.17 | 0.17 | 0.14 | 0.14 |
| CN44316 稀植 | 0.18 | 0.24 | 0.35 | 0.57 | 0.68 | 0.45 | 0.35 | 0.30 | 0.31 | 0.29 |
| 黑亚 11 号稀植 | 0.19 | 0.28 | 0.40 | 0.63 | 0.73 | 0.61 | 0.55 | 0.48 | 0.51 | 0.48 |
| 阿卡塔 稀植 | 0.18 | 0.34 | 0.44 | 0.73 | 0.79 | 0.64 | 0.54 | 0.53 | 0.54 | 0.54 |
| CN101268 稀植 | 0.20 | 0.30 | 0.49 | 0.72 | 0.84 | 0.58 | 0.55 | 0.57 | 0.57 | 0.59 |
| CN98816 密植 | 0.12 | 0.27 | 0.33 | 0.53 | 0.65 | 0.29 | 0.26 | 0.24 | 0.25 | 0.22 |
| CN44316 密植 | 0.17 | 0.27 | 0.43 | 0.65 | 0.75 | 0.50 | 0.43 | 0.41 | 0.40 | 0.42 |
| H11 密植 | 0.17 | 0.36 | 0.45 | 0.74 | 0.76 | 0.70 | 0.62 | 0.57 | 0.54 | 0.55 |
| 阿卡塔 密植 | 0.21 | 0.38 | 0.47 | 0.78 | 0.79 | 0.67 | 0.63 | 0.57 | 0.60 | 0.64 |
| CN101268 密植 | 0.17 | 0.35 | 0.54 | 0.73 | 0.82 | 0.66 | 0.64 | 0.63 | 0.63 | 0.66 |

现蕾开花后，亚麻的繁殖器官生长加快。从表 1-16 可以看出，纤维品种的上部分枝重占地上部总重的比例随着亚麻的成熟略有增加，到完熟期达到最大值(黑亚 11 号稀植的略早)，而油用品种的上部分枝重占比在此期间变化不大，略有降低。在 7 月 3 日亚麻开花期，油用品种的上部分枝重占比明显高于纤维品种的比例，是后者的 2~3 倍。而 CN98816 要高于 CN44316，3 个纤维亚麻品种间的差异不大。不同种植密度间比较，稀植亚麻的比例高于密植亚麻的。

亚麻的蒴果重占地上部总重的比例随着亚麻的成熟逐渐增加，最高值出现在工艺成熟期到完熟期，纤维亚麻品种多出现在工艺成熟期，而油用亚麻品种出现在完熟期（表 1-17）。分枝型和油用亚麻的比例明显高于纤维亚麻，二者相差 1 倍

表 1-16 不同处理上部分枝重占地上部总重的比例变化

| 处理 | 7月3日 | 7月11日 | 7月16日 | 7月23日 | 8月1日 | 处理 | 7月3日 | 7月11日 | 7月16日 | 7月23日 | 8月1日 |
|---|---|---|---|---|---|---|---|---|---|---|---|
| CN98816稀植 | 0.27 | 0.22 | 0.18 | 0.24 | 0.22 | CN98816密植 | 0.18 | 0.17 | 0.13 | 0.18 | 0.17 |
| CN44316稀植 | 0.23 | 0.19 | 0.19 | 0.18 | 0.15 | CN44316密植 | 0.13 | 0.14 | 0.12 | 0.14 | 0.07 |
| H11 稀植 | 0.10 | 0.10 | 0.11 | 0.09 | 0.09 | H11 密植 | 0.03 | 0.04 | 0.04 | 0.07 | 0.08 |
| 阿卡塔稀植 | 0.10 | 0.12 | 0.11 | 0.12 | 0.13 | 阿卡塔密植 | 0.05 | 0.06 | 0.09 | 0.08 | 0.10 |
| CN101268稀植 | 0.10 | 0.08 | 0.09 | 0.08 | 0.12 | CN101268密植 | 0.05 | 0.04 | 0.04 | 0.07 | 0.09 |

表 1-17 不同处理蒴果重占地上部总重的比例变化

| 处理 | 7月3日 | 7月11日 | 7月16日 | 7月23日 | 8月1日 | 处理 | 7月3日 | 7月11日 | 7月16日 | 7月23日 | 8月1日 |
|---|---|---|---|---|---|---|---|---|---|---|---|
| CN98816稀植 | 0.43 | 0.57 | 0.62 | 0.60 | 0.59 | CN98816密植 | 0.41 | 0.50 | 0.60 | 0.53 | 0.57 |
| CN44316稀植 | 0.18 | 0.35 | 0.45 | 0.48 | 0.55 | CN44316密植 | 0.25 | 0.36 | 0.40 | 0.42 | 0.50 |
| H11 稀植 | 0.15 | 0.24 | 0.31 | 0.34 | 0.38 | H11 密植 | 0.13 | 0.23 | 0.32 | 0.33 | 0.30 |
| 阿卡塔稀植 | 0.13 | 0.25 | 0.29 | 0.29 | 0.29 | 阿卡塔密植 | 0.16 | 0.22 | 0.27 | 0.27 | 0.22 |
| CN101268稀植 | 0.20 | 0.26 | 0.26 | 0.28 | 0.22 | CN101268密植 | 0.19 | 0.23 | 0.26 | 0.23 | 0.19 |

左右。其中CN98816的比例最大，之后依次是CN44316、H11、阿卡塔和CN101268。而稀植的均比密植的略高，表明稀植有利于干物质向繁殖器官的分配。

籽粒重占地上部总重的比例随着亚麻的成熟明显增加，最高值出现在工艺成熟期到完熟期（7月23日和8月1日）（表1-18）。分枝型和油用亚麻的比例明显高于纤维亚麻，前两者是2个高纤品种的2~3倍。其中最大的是CN44316，之后依次是CN98816、H11、阿卡塔和CN101268。密度对籽粒重占比的影响较小，纤维亚麻品种稀植的略高于密植的。

表 1-18 不同处理籽粒重占地上部总重的比例变化

| 处理 | 7月11日 | 7月16日 | 7月23日 | 8月1日 | 处理 | 7月11日 | 7月16日 | 7月23日 | 8月1日 |
|---|---|---|---|---|---|---|---|---|---|
| CN98816稀植 | 0.17 | 0.26 | 0.33 | 0.32 | CN98816密植 | 0.20 | 0.29 | 0.30 | 0.33 |
| CN44316稀植 | 0.04 | 0.18 | 0.30 | 0.34 | CN44316密植 | 0.12 | 0.19 | 0.23 | 0.35 |
| H11 稀植 | 0.03 | 0.13 | 0.20 | 0.21 | H11 密植 | 0.05 | 0.12 | 0.18 | 0.15 |
| 阿卡塔稀植 | 0.05 | 0.11 | 0.17 | 0.16 | 阿卡塔密植 | 0.08 | 0.09 | 0.14 | 0.11 |
| CN101268稀植 | 0.09 | 0.10 | 0.11 | 0.09 | CN101268密植 | 0.07 | 0.10 | 0.10 | 0.08 |

从表 1-19 可以看出，开花后油用亚麻纤维重占地上部总重的比例基本不变，中纤品种略有增加，后保持不变，而 2 个高纤品种明显增加。纤维亚麻的纤维重占地上部总重的比例明显高于分枝型和油用亚麻，是二者的 2~7 倍。最高的是 CN101268，之后依次是阿卡塔、H11、CN44316 和 CN98816。密植的比例要高于稀植的，显示密植有利于干物质向纤维的分配。

**表 1-19　不同处理纤维重占地上部总重的比例变化**

| 处理 | 6月26日 | 7月3日 | 7月11日 | 7月16日 | 7月23日 | 8月1日 | 处理 | 6月26日 | 7月3日 | 7月11日 | 7月16日 | 7月23日 | 8月1日 |
|---|---|---|---|---|---|---|---|---|---|---|---|---|---|
| CN98816 稀植 | 0.02 | 0.02 | 0.02 | 0.02 | 0.01 | 0.02 | CN98816 密植 | 0.03 | 0.02 | 0.03 | 0.03 | 0.03 | 0.03 |
| CN44316 稀植 | 0.05 | 0.06 | 0.05 | 0.04 | 0.04 | 0.05 | CN44316 密植 | 0.06 | 0.06 | 0.06 | 0.05 | 0.06 | 0.07 |
| H11 稀植 | 0.07 | 0.08 | 0.09 | 0.08 | 0.08 | 0.08 | H11 密植 | 0.07 | 0.08 | 0.11 | 0.11 | 0.11 | 0.10 |
| 阿卡塔 稀植 | 0.08 | 0.09 | 0.12 | 0.12 | 0.13 | 0.13 | 阿卡塔 密植 | 0.12 | 0.14 | 0.16 | 0.13 | 0.14 | 0.16 |
| CN101268 稀植 | 0.13 | 0.14 | 0.15 | 0.14 | 0.15 | 0.15 | CN101268 密植 | 0.11 | 0.14 | 0.17 | 0.15 | 0.18 | 0.17 |

尽管由于驯化和选择，栽培亚麻表现出不同的类型，但是它们有着相似的生长发育规律。亚麻的株高和干物质均可以用逻辑斯谛方程来描述，而中后期的叶面积可以用抛物线方程来描述。从干物质分配来看，叶重占比逐渐降低，而茎重占比先增后降，高点在开花期。但是油用亚麻和纤维亚麻的株高、叶面积、地上部总重和干物质有显著差异，纤维亚麻的株高明显高于油用亚麻和分枝型，分枝型和油用亚麻的叶面积和地上部总重明显高于纤维亚麻。油用亚麻的茎重占比低于纤维亚麻，而叶重占比类型间差异不大，纤维亚麻前期略低、后期略高。分枝型和油用亚麻的上部分枝重占比、蒴果重占比和籽粒重占比均超过纤维亚麻，而纤维亚麻的纤维重占比远超过分枝型和油用亚麻。特别是在成熟期，油用亚麻的蒴果重占比和籽粒重占比持续增加，纤维重占比保持不变；而纤维亚麻的茎重占比变化不大，但是纤维重占比持续增加，籽粒重占比基本保持不变。在纤维亚麻中，高纤品种茎重占比和纤维重占比明显高于中纤品种，蒴果重占比和籽粒重占比明显低于中纤品种。上述研究结果显示了基因型上的遗传差异。

（李明，周亚东，华强）

# 2 亚麻纤维的生长发育规律

纤维亚麻的产量高低、品质优劣与纤维发育关系密切，因此亚麻纤维的生长发育规律是纤维亚麻研究的核心内容。

## 2.1 高纤品种茎的解剖性状及纤维特点

试验选用了出麻率较高的 6 个国外品种（Argos、Opaline、Viking、Evelin、比 2、Fany）和出麻率略低的 6 个国内品种（双亚 7 号、双亚 5 号、黑亚 4 号、黑亚 3 号、黑亚 10 号、双亚 3 号）进行对比分析。工艺成熟期取代表性单株，于茎中部切 1.5cm 茎段固定于福尔马林-乙酸-乙醇（FAA）中，经软化后徒手切片，在显微镜下观察其解剖性状，其余部分在恒温箱内沤麻，调查出麻率。试验品种于 2009 年被种植在东北农业大学校内试验地，种植时间、面积、密度和田间管理同 1.1.1。

### 2.1.1 高纤品种茎的解剖特点

从表 2-1、表 2-2 中可以看出：高纤品种的相对表皮皮层厚度与中纤品种一样，占茎半径的 4%左右；其韧皮部和纤维层的相对厚度（12.7%、9%）要高于中纤品种（10.7%、7.9%）；而且木质部的相对厚度（21.8%）也高于中纤品种（18.8%）；但是髓腔半径的相对值（61.5%）明显低于中纤品种（66.4%）。这表明高纤品种

**表 2-1 出麻率较高品种的茎解剖性状**

| 品种 | 束数 | 细胞总数（个） | 每束纤维细胞数(个) | 直径（μm） | 表皮皮层 | | 韧皮部 | | 纤维层 | | 木质部 | | 髓腔 | |
|---|---|---|---|---|---|---|---|---|---|---|---|---|---|---|
| | | | | | 厚度（μm） | 比例（%） | 厚度（μm） | 比例（%） | 厚度（μm） | 比例（%） | 厚度（μm） | 比例（%） | 半径（μm） | 比例（%） |
| Argos | 33 | 951 | 28.8 | 1842 | 36 | 3.9 | 125 | 13.5 | 90.8 | 9.8 | 231 | 25.2 | 532 | 57.6 |
| Opaline | 27 | 890 | 33 | 1765 | 34 | 3.8 | 114 | 12.9 | 77.9 | 8.8 | 246.5 | 27.9 | 490.5 | 55.4 |
| Viking | 35 | 908 | 25.9 | 1894 | 39 | 4.2 | 109 | 11.8 | 75.3 | 8.1 | 197.2 | 21.3 | 578.7 | 62.6 |
| Evelin | 30 | 1041 | 34.7 | 1842 | 39 | 4.3 | 122 | 13.4 | 98.6 | 10.9 | 163.5 | 18 | 583.9 | 64.3 |
| 比 2 | 36 | 1006 | 27.5 | 1656 | 31 | 3.8 | 98.6 | 12 | 67.5 | 8.2 | 155.7 | 19 | 534.6 | 65.2 |
| Fany | 38 | 971 | 25.6 | 1619 | 36 | 4.5 | 101 | 12.5 | 64.9 | 8 | 155.7 | 19.3 | 513.8 | 63.7 |
| 平均值 | 33.2 | 961.2 | 29.2 | 1769.7 | 35.8 | 4.1 | 111.6 | 12.7 | 79.2 | 9 | 191.6 | 21.8 | 538.9 | 61.5 |
| 标准差 | 4.07 | 57.4 | 3.78 | 111 | 3.06 | | 10.8 | | 13.2 | | 39.9 | | 36.46 | |

注：%表示各层厚度占茎截面半径的百分比

的茎形成层分化比中纤品种强烈，因此韧皮部和木质部发育得较厚，而髓腔则比中纤品种要细些。

高纤品种的韧皮部和纤维层相对较厚，体现在纤维束数量和纤维细胞的数量上，束数（33.2±4.07）略少于中纤品种（36.2±2.93），而每束的纤维细胞数量（29.2±3.78）则略多于中纤品种（26±4.77），因此单株茎中部截面上的纤维细胞总数（961.2±57.4）要略多于中纤品种（931±101）。

**表 2-2 出麻率略低品种的茎解剖性状**

| 品种 | 束数 | 细胞总数（个） | 每束纤维细胞数（个） | 直径（μm） | 表皮皮层 | | 韧皮部 | | 纤维层 | | 木质部 | | 髓腔 | |
|---|---|---|---|---|---|---|---|---|---|---|---|---|---|---|
| | | | | | 厚度（μm） | 比例（%） | 厚度（μm） | 比例（%） | 厚度（μm） | 比例（%） | 厚度（μm） | 比例（%） | 半径（μm） | 比例（%） |
| 双亚 7 号 | 32 | 1094 | 34.2 | 1861 | 31 | 3.4 | 112 | 12.4 | 93.4 | 10.3 | 173.9 | 19.3 | 586.5 | 64.9 |
| 双亚 5 号 | 35 | 1005 | 28.7 | 1920 | 39 | 4.1 | 90.8 | 9.6 | 64.9 | 6.8 | 155.7 | 16.4 | 661.7 | 69.9 |
| 黑亚 4 号 | 35 | 886 | 25.3 | 1853 | 34 | 3.7 | 101 | 11 | 72.7 | 7.9 | 184.2 | 20 | 602 | 65.4 |
| 黑亚 3 号 | 40 | 831 | 20.8 | 1853 | 31 | 3.4 | 88.2 | 9.6 | 64.9 | 7 | 168.7 | 18.3 | 635.8 | 68.8 |
| 黑亚 10 号 | 36 | 848 | 23.6 | 1783 | 42 | 4.7 | 93.4 | 10.5 | 72.7 | 8.2 | 176.5 | 19.8 | 578.7 | 65 |
| 双亚 3 号 | 39 | 922 | 23.6 | 1666 | 49 | 5.9 | 90.8 | 10.8 | 59.7 | 7.1 | 160.9 | 19.1 | 539.8 | 64.2 |
| 平均值 | 36.2 | 931 | 26 | 1822.7 | 37.7 | 4.2 | 96 | 10.7 | 71.4 | 7.9 | 170 | 18.8 | 600.8 | 66.4 |
| 标准差 | 2.93 | 101 | 4.77 | 88.2 | 7.09 | | 8.97 | | 11.91 | | 10.47 | | 43.24 | |

注：%表示各层厚度占茎截面半径的百分比

把亚麻茎解剖性状与出麻率进行相关和通径分析（表 2-3），结果显示，韧皮部、木质部厚度和髓腔半径与出麻率的单相关系数分别是 0.810**、0.610*和−0.598*，但是消除各因素之间的互相影响，偏相关系数表明仅韧皮部厚度与之相关性显著（0.687*），通径分析也显示韧皮部厚度与出麻率的直接通径系数最大（0.614）；髓腔与之仍是较高的负相关关系（−0.458），其直接通径系数（−0.301）仅小于韧皮部厚度。因此较厚的韧皮部和较细的髓腔是出麻率高品种的重要特点。

**表 2-3 亚麻茎解剖构造与出麻率的关系**

| | 单相关系数 | 偏相关系数 | 通径系数 | | | |
|---|---|---|---|---|---|---|
| | | | $X_1 \to Y$ | $X_2 \to Y$ | $X_3 \to Y$ | $X_4 \to Y$ |
| $X_1$ 表皮皮层 | −0.188 | −0.110 | <u>−0.058</u> | −0.129 | −0.016 | 0.014 |
| $X_2$ 韧皮部 | 0.810** | 0.687* | 0.012 | <u>0.614</u> | 0.059 | 0.125 |
| $X_3$ 木质部 | 0.610* | 0.149 | 0.009 | 0.366 | <u>0.099</u> | 0.136 |
| $X_4$ 髓腔半径 | −0.598* | −0.458 | 0.003 | −0.255 | −0.045 | <u>−0.301</u> |

注：加下划线数据为直接通径系数

*相关关系显著，**相关关系极显著

### 2.1.2 高纤品种单纤维细胞的特点

高纤品种的单纤维细胞较粗，而且细胞壁较厚，细胞腔径与中纤品种相似

（表 2-4），其单纤维细胞直径的长径［（27±2.4）μm］和短径［（20.4±1.72）μm］均大于中纤品种的长径［（24.2±2.04）μm］和短径［（18.4±1.03）μm］，细胞壁厚［（9.83±0.95）μm］也大于中纤品种的［（8.6±0.58）μm］。

**表 2-4 不同出麻率品种纤维细胞性状**

| 品种 | 细胞 | | 细胞壁厚（μm） | 细胞腔 | | 出麻率（%） | 品种 | 细胞 | | 细胞壁厚（μm） | 细胞腔 | | 出麻率（%） |
|---|---|---|---|---|---|---|---|---|---|---|---|---|---|
| | 长径（μm） | 短径（μm） | | 长径（μm） | 短径（μm） | | | 长径（μm） | 短径（μm） | | 长径（μm） | 短径（μm） | |
| Argos | 28.2 | 23 | 11.2 | 5.76 | 1.3 | 40.9 | 双亚 7 号 | 25.6 | 18.6 | 8.5 | 8.32 | 1.9 | 26.7 |
| Opaline | 29.4 | 21.8 | 10.7 | 7.04 | 1.3 | 39.2 | 双亚 5 号 | 22.4 | 17.3 | 8.4 | 5.76 | 1.3 | 23.2 |
| Viking | 28.8 | 19.2 | 9.49 | 8.96 | 1.3 | 39.3 | 黑亚 4 号 | 26.2 | 19.8 | 9.3 | 7.04 | 1.9 | 26.8 |
| Evelin | 27.5 | 20.5 | 9.8 | 7.04 | 1.9 | 38.1 | 黑亚 3 号 | 25.6 | 19.2 | 9.2 | 6.4 | 1.9 | 26.1 |
| 比 2 | 23.7 | 19.2 | 9.0 | 5.12 | 1.9 | 33.2 | 黑亚 10 号 | 24.3 | 17.9 | 8.2 | 7.68 | 1.9 | 26.0 |
| Fany | 24.3 | 18.6 | 8.8 | 7.04 | 1.3 | 34.1 | 双亚 3 号 | 21.1 | 17.3 | 7.8 | 6.4 | 1.3 | 24.2 |
| 平均值 | 27 | 20.4 | 9.83 | 6.83 | 1.5 | 37.5 | 平均值 | 24.2 | 18.4 | 8.6 | 6.93 | 1.7 | 25.5 |
| 标准差 | 2.4 | 1.72 | 0.95 | 1.32 | 0.3 | 3.1 | 标准差 | 2.04 | 1.03 | 0.58 | 0.94 | 0.3 | 1.46 |

对纤维细胞的解剖性状与出麻率进行相关分析，结果显示，纤维细胞数量与出麻率的相关程度很低（$r$=0.091），纤维束数与出麻率是负相关关系（$r$=−0.554），纤维细胞壁厚度与出麻率是很明显的正相关关系（$r$=0.642），接近显著水平。Bartsev（1972）提出利用茎横截面的组织面积来判断纤维产量的高低，我们认为用组织厚度更适宜。本研究显示，高纤品种的韧皮部、纤维层和木质部的相对厚度大于中纤品种，而髓腔半径的相对值小于中纤品种。高纤品种的单纤维细胞比中纤品种的略粗，且细胞壁略厚。本研究还显示，可根据韧皮部较厚、髓腔较细、单纤维细胞较粗且细胞壁较厚等特点来选择高出麻率的单株。

## 2.2 不同类型亚麻纤维发育比较

为了详细调查纤维亚麻的纤维发育特点，选取 3 个国外品种——Viking、Ilona 和 Ariane，3 个国内品种——双亚 5 号、双亚 7 号和黑亚 7 号，以及引自新疆伊犁州农业科学研究所的油用亚麻和兼用亚麻品种各 1 个。2002 年在东北农业大学校内试验点种植，每个小区 8 行，行距 15cm，行长 3m，每平方米播种有效种子 2000 粒（油用亚麻 500 粒），在快速生长期、现蕾期、开花期、青熟期选取代表性植株取样，按基部、50 叶位、90 叶位、顶部（开花前是生长点下硬实部位，开花后是花序下）取样，FAA 固定，徒手切片，在显微镜下观察。每个样品 5 段，在显微镜下测定茎粗和记录纤维束数，选择 2 个代表性纤维束拍照，并在计算机上利用软件对每束的所有细胞进行测量。

### 2.2.1 不同类型亚麻茎向纤维发育比较

快速生长期，茎基部纤维细胞数量为 200~350 个，低于 50 叶位的数量（300~400 个），但是高于生长点下方的数量（200~250 个），基部细胞壁已开始加厚，几个品种均在 8μm 左右，是 50 叶位处纤维细胞壁的 2 倍左右，是顶端的 3~4 倍。同时基部的纤维细胞长径、短径和细胞腔长径均大于 50 叶位的细胞，50 叶位的大于顶部的细胞。两个纤维品种的各节位的纤维细胞均略大，细胞壁也略厚（图 2-1）。

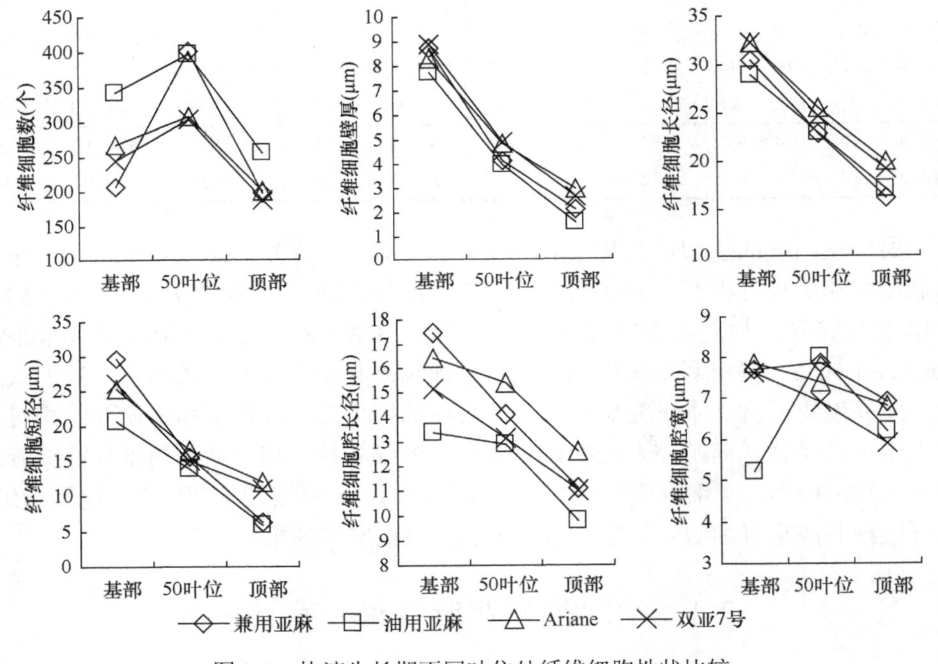


图 2-1 快速生长期不同叶位处纤维细胞性状比较

现蕾期，基部纤维细胞最少；50 叶位处数量增加，兼用与油用品种为茎上纤维细胞最多处；在 90 叶位处兼用和油用亚麻纤维细胞数较 50 叶位处明显下降，而 2 个纤维品种的纤维细胞数则进一步增加，且为茎上最大处；到顶部 2 个纤维品种的纤维细胞数有所减少，兼用和油用品种叶片数较少，90 叶已经接近顶部。各部位纤维细胞壁厚度仍然呈现逐级降低的趋势，纤维品种的细胞壁厚小于其他 2 个类型。纤维细胞的长径、短径随着茎向逐级减小，且均在 50~90 叶位最小，之后 2 个纤维品种顶部的细胞开始变大。纤维细胞腔径有相似的变化趋势，纤维品种顶部纤维细胞的腔径最大，超过其他部位（图 2-2）。

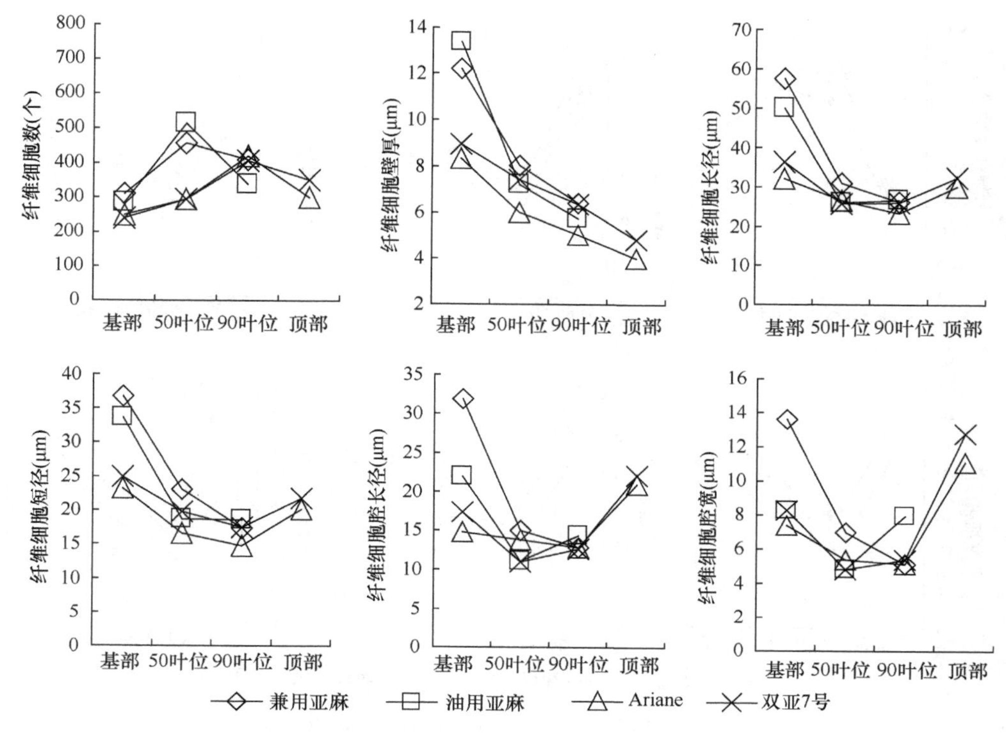


图 2-2 现蕾期不同叶位处茎解剖性状动态变化

与快速生长期相比，现蕾期基部的纤维细胞数量不变，细胞壁加厚，细胞长短径和腔径均增加，表明在快速生长期基部的纤维细胞伸长生长和插入生长都已停止，主要是增粗生长和细胞壁加厚（油用和兼用亚麻特别明显）。50 叶位的纤维细胞数略有增加，但是细胞长径和短径增加，细胞壁增厚明显，细胞腔径变化不大但是形状变圆，说明正由伸长生长转向加厚生长。

开花期，不同品种不同叶位处纤维细胞数量变化趋势基本一致，表现为基部最少，顶部次之，油用品种 50 叶位最多，其他品种 50 叶位和 90 叶位数量接近，最多点应出现在二者之间叶位（图 2-3）。此时纤维细胞壁厚度仍然是基部最大，但是 90 叶位和顶部的细胞壁明显加厚，且超过 50 叶位细胞壁厚，茎上呈“V”形变化。茎上不同叶位纤维细胞长径、短径的变化与细胞壁相似，也呈“V”形变化，而细胞腔径的变化趋势也相似，但是双亚 7 号 90 叶位和顶部的细胞腔径比 50 叶位略低或与其持平。

与现蕾期比较，开花期基部纤维细胞没有明显变化，说明其伸长生长和加厚生长都已经停止。50 叶位的纤维细胞数量明显增加，说明这段时间还是有伸长生长和插入生长的，同时细胞直径变小，细胞腔略变小，细胞壁没有明显变化，这

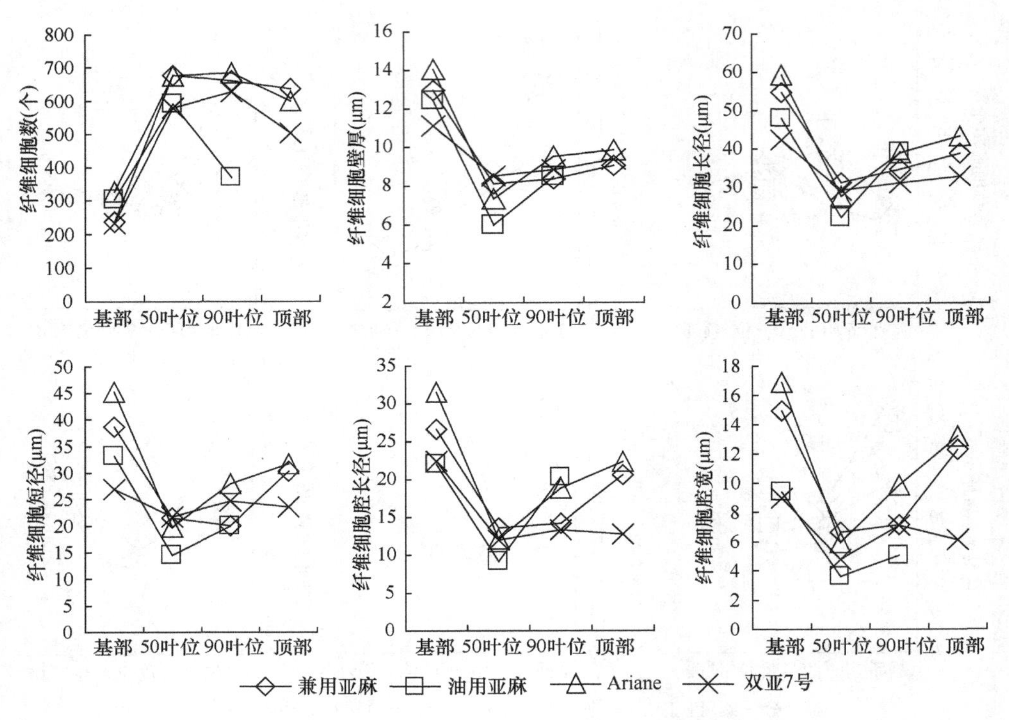


图 2-3 开花期不同叶位处茎解剖性状动态变化

证明了插入生长较多，导致截面纤维细胞中小细胞数量增加（靠近纤维细胞的两个尖端）。同时 90 叶位的纤维细胞数量明显增加（由 400 多个增加到 600 多个，油用亚麻除外），细胞变粗，细胞壁明显加厚，但是细胞腔变化不大。

成熟期，各叶位纤维细胞数与开花期相比已无大的差异，这说明此时纤维细胞的伸长生长和插入生长已结束。成熟期纤维细胞壁厚度变化趋势与开花期变化趋势也相近，只是 50 叶位处纤维细胞壁厚度增加明显，与 90 叶位处相当。纤维细胞径向大小和纤维细胞腔径向大小变化趋势基本相同，由开花期的“V”形变化改为“L”形变化，主要是 50 叶位的细胞变大所致，同时顶部的纤维细胞径向大小和纤维细胞腔径向大小都比开花期小（图 2-4）。

从上述观察可知，基部纤维细胞最先分化和生长，到快速生长期其伸长生长已经停止，纤维细胞数量不再增加，但是加厚生长仍在进行，到现蕾期，加厚生长也基本停止。与此同时，50 叶位的纤维细胞生长还是以伸长生长和插入生长为主，由于有较多的插入生长，截面细胞数量增加，且增加的多是细胞尖端，这使得每束平均纤维细胞直径变小，平均细胞壁厚甚至略有降低，到了开花期后改为加厚生长为主，细胞明显变粗，细胞壁变厚。

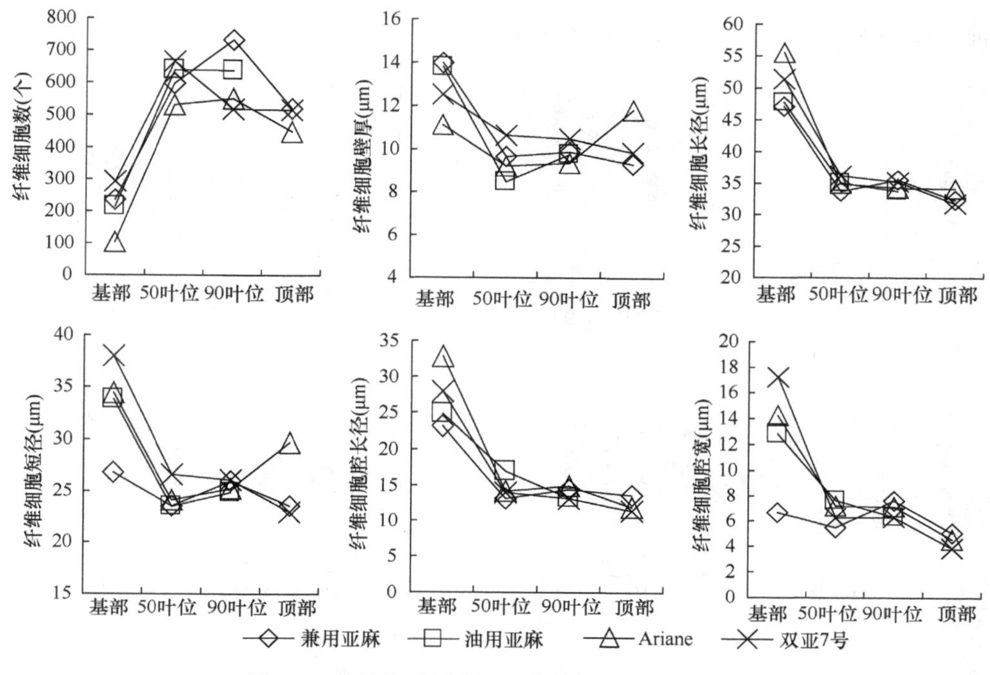


图 2-4 成熟期不同叶位处茎解剖性状动态变化

## 2.2.2 生育进程中固定叶位纤维发育动态

为了准确反映亚麻纤维发育过程，需要对同一叶位进行连续观察。随着亚麻的生长，50 叶位的茎粗不断增加，由快速生长期的 1~1.6mm 增加到青熟期的 1.6~2.3mm；纤维细胞数由 300~400 个增加到 500~800 个（图 2-5），多数品种表现为现蕾期前增加较快，显示主要是伸长生长，之后增加变慢，显示主要是插入生长；纤维细胞壁厚度和细胞长短径的变化均呈先增加到现蕾期，再持平或略有降低到开花期，再增加到青熟期的曲折上升趋势。这表明在一个纤维束中细胞的生长并不是完全同步的，主要是插入生长增加了一些截面上看起来比较小的纤维细胞，由于这部分细胞还在伸长，其细胞壁较薄，与原位分化形成的纤维细胞大小和细胞壁厚度差异明显，因此整个纤维束的平均细胞大小和细胞壁厚增加“停止”一段时间，待开花后细胞迅速变粗和加厚。纤维细胞腔宽先逐步变小，开花后增加，这说明前面是细胞增粗有限而细胞壁加厚导致细胞腔减小，开花后由于细胞壁的加厚速度低于细胞增粗的速度，导致细胞腔又有所增大。

90 叶位的茎粗和纤维细胞数随着生育进程而增加，这与 50 叶位处相似，纤维细胞的长短径先增加到开花期，之后到青熟期不再增加，同时细胞壁持续加厚，与 50 叶位不同的是没有“停止”现象，说明插入生长极少。纤维细胞腔宽在开花前变化不大，开花后逐渐减小（图 2-6）。

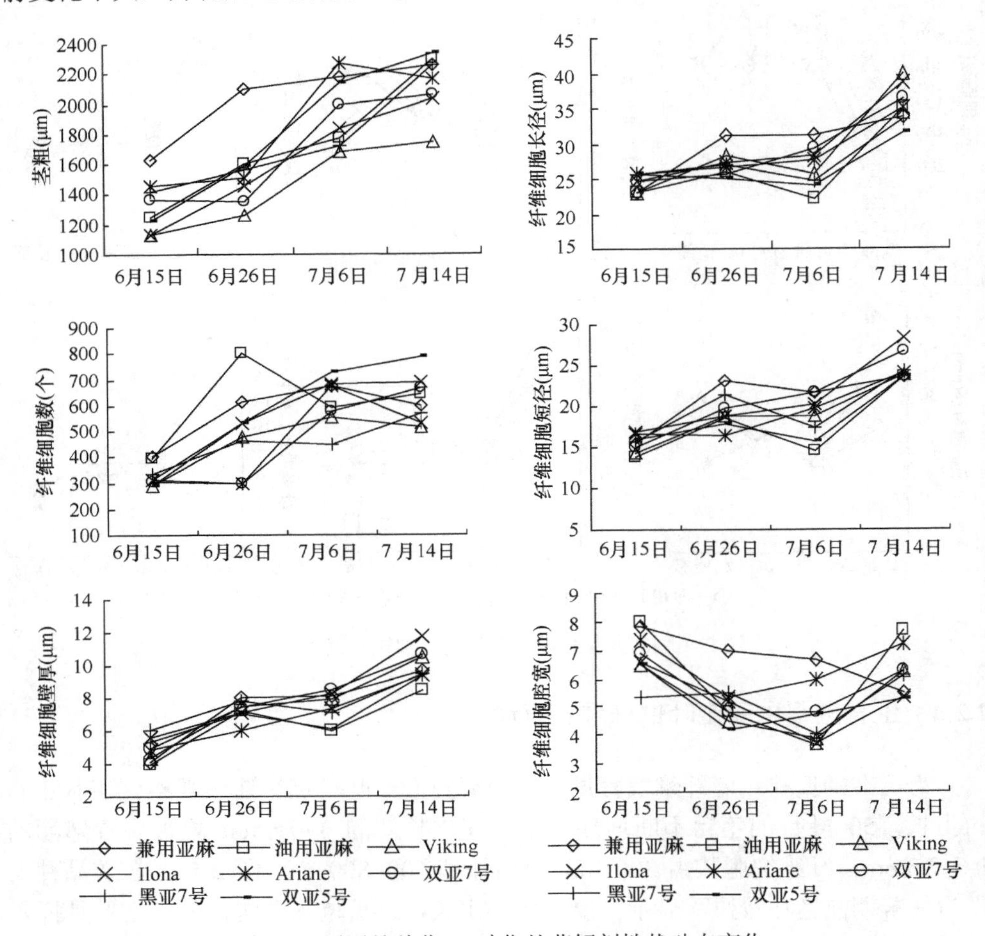


图 2-5　不同品种茎 50 叶位处茎解剖性状动态变化

综上，亚麻不同叶位的纤维细胞生长具有顺序性，随着茎顶端的分化依次展开，同一叶位分化的细胞生长具有同步性，但是随着邻近叶位纤维细胞的伸长，插入到这个叶位，导致数量的增加，又由于是尖端插入，纤维细胞较细较薄，与原位纤维细胞之间明显处于不同步状态，平均细胞大小和壁厚降低，出现“停止”现象，这在 50 叶位十分明显。而 90 叶位没有这种现象，说明靠近顶部的纤维细胞的伸长生长主要与其他器官同步，插入生长较少。

### 2.2.3　工艺成熟期不同品种亚麻不同叶位纤维比较

不同类型品种亚麻纤维细胞生长、发育在其生育进程中具有相似性，但最终

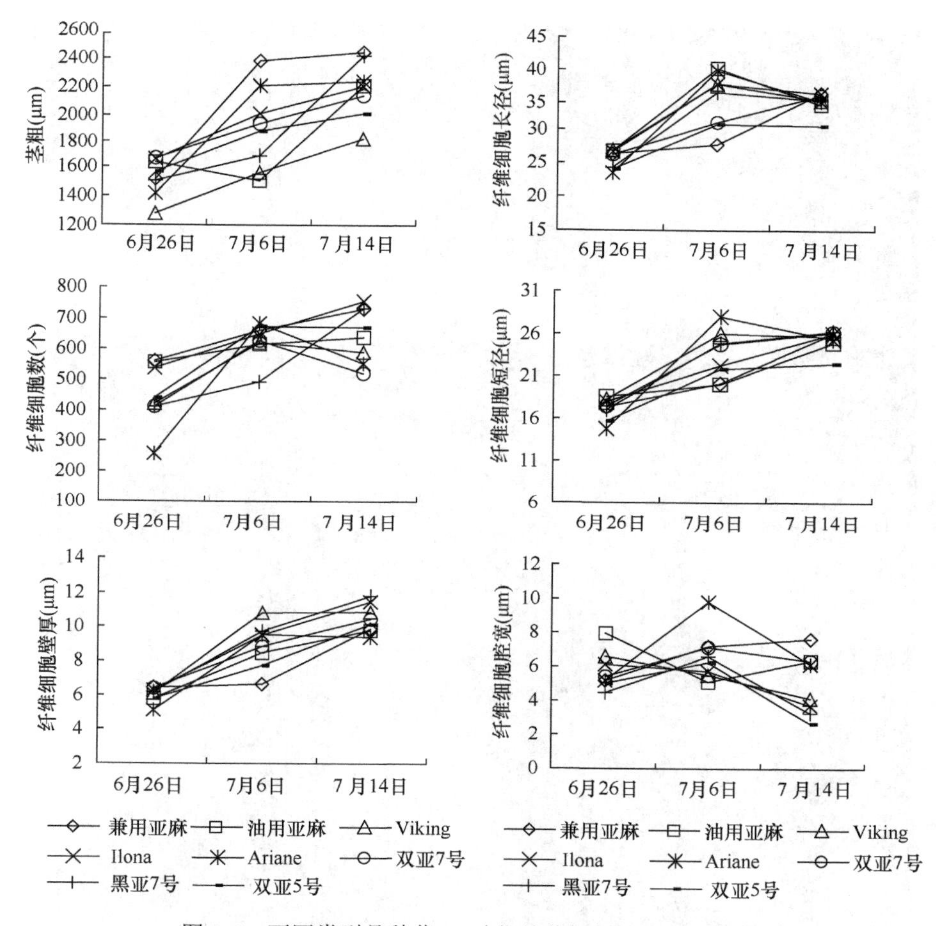


图 2-6 不同类型品种茎 90 叶位处茎解剖性状动态变化

各类型品种纤维细胞发育会因基因型、环境条件不同而又具有相当的差异（图 2-7）。由表 2-5~表 2-9 比较得出，油用品种各叶位处茎粗、纤维细胞腔长径、纤维细胞腔宽大于纤维品种（个别有例外），各叶位处纤维细胞数在各类型品种中也最多，纤维胞壁厚度小于纤维品种。油用品种繁盛的分枝部分需要大量养分持续从下向上运输，需要粗壮茎秆来支持，而且其矮小粗壮的茎秆也有利于养分的快速通过。油用品种各叶位处纤维细胞数最多并不一定是分化的数量多，因其株高非常矮，纤维细胞在分化结束后的伸长生长过程中，不同部位正在进行向上向下伸长生长的单纤维细胞不断插入其他纤维束中，从而使油用品种各叶位处茎截面单纤维细胞数量最多。

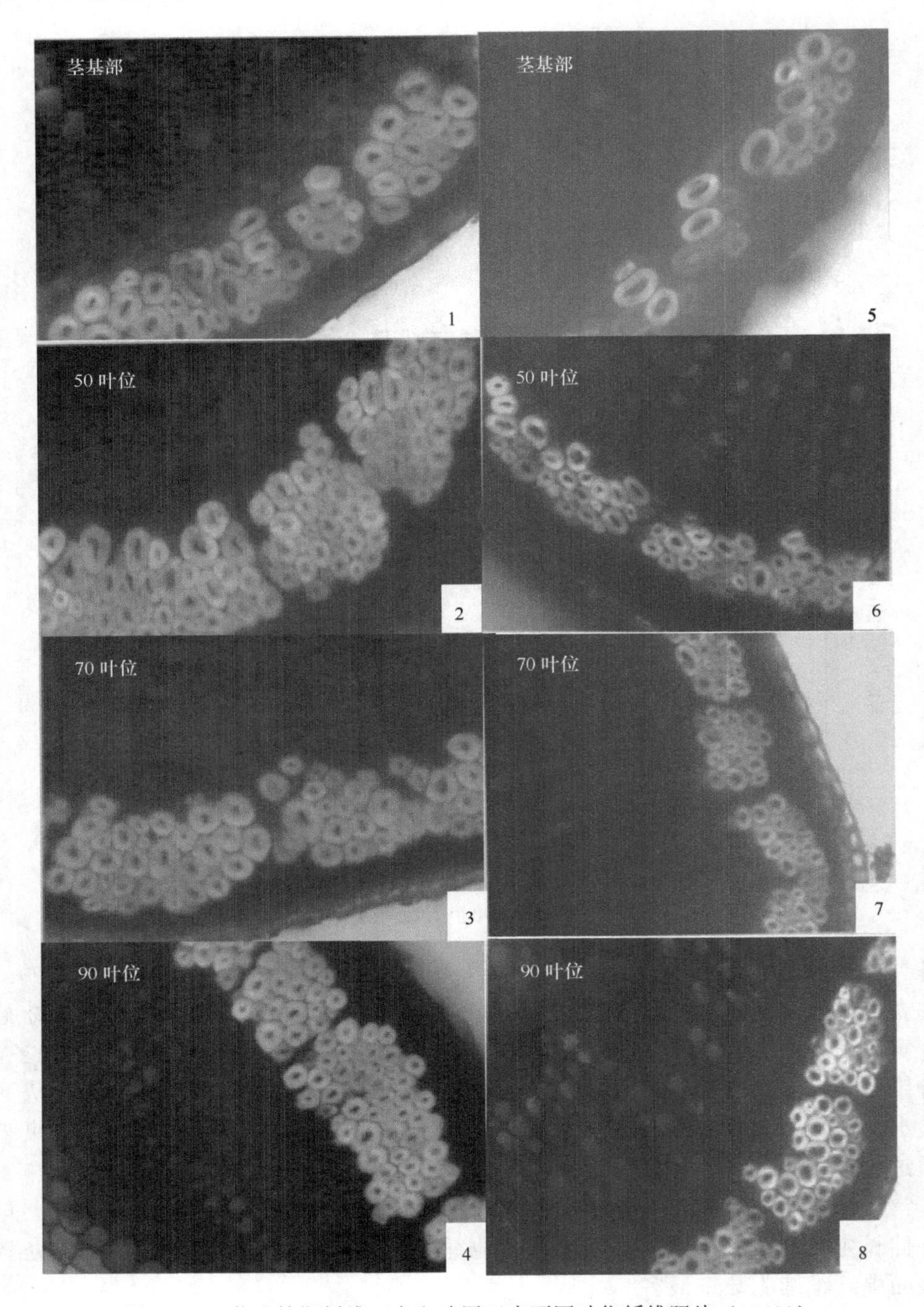


图 2-7　工艺成熟期纤维亚麻和油用亚麻不同叶位纤维照片（×400）

1~4 分别是 Viking 的茎基部、50 叶位、70 叶位、90 叶位纤维照片，5~8 分别是油用亚麻的茎基部、50 叶位、70 叶位、90 叶位纤维照片

表 2-5 工艺成熟期不同亚麻基部茎截面纤维解剖性状比较

| 品种 | 茎粗（μm） | 纤维束数 | 纤维细胞数（个） | 纤维细胞长径（μm） | 纤维细胞短径（μm） | 纤维细胞腔长径（μm） | 纤维细胞腔宽（μm） | 纤维细胞壁厚（μm） |
|---|---|---|---|---|---|---|---|---|
| 双亚 7 号 | 2028.5 | 23 | 299 | 46.8 | 34.4 | 16.8 | 8.8 | 13.9 |
| 黑亚 13 号 | 2148.0 | 21 | 246 | 48.6 | 35.1 | 18.7 | 6.6 | 14.6 |
| Viking | 2107.7 | 22 | 337 | 48.1 | 36.8 | 18.6 | 8.1 | 14.6 |
| Ariane | 2368.2 | 28 | 281 | 48.3 | 31.1 | 19.2 | 7.4 | 13.2 |
| 油用 | 2389.7 | 25 | 343 | 47.0 | 34.0 | 19.6 | 9.9 | 12.9 |
| 兼用 | 2040.6 | 22 | 241 | 41.6 | 29.8 | 21.7 | 10.0 | 9.9 |
| 平均 | 2180.4 | 24 | 291 | 46.7 | 33.5 | 19.1 | 8.5 | 13.2 |
| CV（%） | 7.3 | 10.6 | 15.0 | 5.6 | 7.8 | 8.4 | 16.1 | 13.3 |

表 2-6 工艺成熟期不同亚麻 50 叶位处茎截面纤维解剖性状比较

| 品种 | 茎粗（μm） | 纤维束数 | 纤维细胞数（个） | 纤维细胞长径（μm） | 纤维细胞短径（μm） | 纤维细胞腔长径（μm） | 纤维细胞腔宽（μm） | 纤维细胞壁厚（μm） |
|---|---|---|---|---|---|---|---|---|
| 双亚 7 号 | 1907.7 | 42 | 500 | 36.5 | 26.9 | 10.9 | 4.8 | 11.9 |
| 黑亚 13 号 | 1799 | 29 | 435 | 41.5 | 30.5 | 11.3 | 4.5 | 14.0 |
| Viking | 1949.3 | 33 | 620 | 38.9 | 27.5 | 13.1 | 4 | 12.3 |
| Ariane | 2211.1 | 37 | 523 | 39.9 | 31.6 | 12.7 | 6 | 13.2 |
| 油用 | 2396.4 | 43 | 787 | 36.5 | 27.2 | 14.5 | 6.3 | 10.7 |
| 兼用 | 1960.1 | 28 | 319 | 32.8 | 25.6 | 21.7 | 10 | 6.7 |
| 平均 | 2037.2 | 35 | 531 | 37.7 | 28.2 | 14.0 | 5.9 | 11.5 |
| CV（%） | 10.9 | 17.7 | 30.2 | 8.2 | 8.2 | 28.3 | 36.7 | 22.7 |

表 2-7 工艺成熟期不同亚麻 70 叶位处茎截面纤维解剖性状比较

| 品种 | 茎粗（μm） | 纤维束数 | 纤维细胞数（个） | 纤维细胞长径（μm） | 纤维细胞短径（μm） | 纤维细胞腔长径（μm） | 纤维细胞腔宽（μm） | 纤维细胞壁厚（μm） |
|---|---|---|---|---|---|---|---|---|
| 双亚 7 号 | 1761.4 | 40 | 569 | 32.5 | 26.7 | 8.85 | 4.6 | 11.4 |
| 黑亚 13 号 | 1880.8 | 37 | 612 | 36.9 | 27.5 | 10.2 | 4.5 | 11.6 |
| Viking | 1892.9 | 39 | 787 | 35.8 | 26.7 | 12.1 | 3.8 | 11.7 |
| Ariane | 2071.5 | 41 | 648 | 38.4 | 28.4 | 13.8 | 5.3 | 11.9 |
| 油用 | 2307.8 | 44 | 828 | 32.8 | 25 | 13.6 | 6.3 | 9.5 |
| 兼用 | 1917.1 | 35 | 665 | 31.9 | 24.1 | 9.2 | 4 | 10.7 |
| 平均 | 1971.9 | 39 | 685 | 34.7 | 26.4 | 11.3 | 4.7 | 11.1 |
| CV（%） | 9.7 | 8 | 12.3 | 7.7 | 6.0 | 19.3 | 19.4 | 8.2 |

表 2-8 工艺成熟期不同亚麻 90 叶位处茎截面纤维解剖性状比较

| 品种 | 茎粗（μm） | 纤维束数 | 纤维细胞数（个） | 纤维细胞长径（μm） | 纤维细胞短径（μm） | 纤维细胞腔长径（μm） | 纤维细胞腔宽（μm） | 纤维细胞壁厚（μm） |
|---|---|---|---|---|---|---|---|---|
| 双亚 7 号 | 1564 | 42 | 569 | 32.6 | 25.4 | 9.86 | 4.6 | 11 |
| 黑亚 13 号 | 1613.7 | 39 | 676 | 30.9 | 23.6 | 10.5 | 5.1 | 9.7 |
| Viking | 1647.2 | 39 | 736 | 36.4 | 25.7 | 12 | 4.4 | 11.4 |
| Ariane | 1862 | 43 | 716 | 37.2 | 26.8 | 11.2 | 4.7 | 12.0 |
| 油用 | 1981.5 | 42 | 809 | 30.5 | 22.1 | 12.4 | 5.7 | 8.6 |
| 兼用 | 1762.2 | 34 | 613 | 30.8 | 22.4 | 8.9 | 5.6 | 9.7 |
| 平均 | 1738.5 | 40 | 688 | 33.1 | 24.4 | 10.8 | 5.0 | 10.4 |
| CV（%） | 9.2 | 8.0 | 16.5 | 9.1 | 7.9 | 12.2 | 10.8 | 12.3 |

表 2-9 工艺成熟期不同亚麻茎顶部截面纤维解剖性状比较

| 品种 | 茎粗（μm） | 纤维束数 | 纤维细胞数（个） | 纤维细胞长径（μm） | 纤维细胞短径（μm） | 纤维细胞腔长径（μm） | 纤维细胞腔宽（μm） | 纤维细胞壁厚（μm） |
|---|---|---|---|---|---|---|---|---|
| 双亚 7 号 | 1314.3 | 34 | 498 | 30.1 | 21.8 | 8.42 | 4.2 | 9.8 |
| 黑亚 13 号 | 1344.3 | 32 | 497 | 32.4 | 24 | 9.43 | 3.9 | 10.8 |
| Viking | 1470.0 | 32 | 520 | 34.3 | 26.4 | 11.1 | 4 | 11.4 |
| Ariane | 1517.0 | 39 | 630 | 32.6 | 23.9 | 10.6 | 4.5 | 10.4 |
| 油用 | 1762.7 | 39 | 742 | 30.3 | 22.1 | 10.2 | 4.2 | 9.5 |
| 兼用 | 1455.3 | 31 | 648 | 29.8 | 21.2 | 12 | 5.5 | 8.4 |
| 平均 | 1477.3 | 35 | 589 | 31.6 | 23.2 | 10.3 | 4.4 | 10.0 |
| CV（%） | 10.8 | 10.5 | 18.9 | 5.7 | 8.3 | 12.2 | 13.3 | 13.2 |

兼用品种各叶位处茎截面纤维细胞数除 70 叶位处多于双亚 7 号、黑亚 13 号和 Ariane，90 叶位处多于双亚 7 号外，其余均低于其他类型品种，各叶位处茎截面纤维束数、纤维细胞长径、纤维细胞短径在各类型品种中均最小（90 叶位处纤维细胞长径、短径略高于油用品种），在基部、50 叶位处纤维细胞壁厚在各类型品种中最小，在 70 叶位、90 叶位处、顶部纤维细胞壁厚大于油用品种而小于纤维品种。

从靠近茎中部的 70 叶位处各类型品种解剖性状（表 2-7）比较得出，茎粗：油用>兼用≈高纤>中纤。茎截面纤维细胞数：油用>高纤≈兼用>中纤。纤维细胞壁厚：高纤>中纤>兼用>油用。纤维细胞长径、短径：高纤>中纤>油用>兼用。因此高纤品种与中纤品种相比有较优的纤维素质正是得益于其解剖性状的良好表现。

综上分析，工艺成熟期不同类型品种纤维发育分别表现出与其品种遗传特性相符的解剖学特征。不同品种间纤维发育的差异是在生育进程中逐渐形成的，因此纤维发育过程中的各种调控措施对于纤维的最终状态具有重要意义。

### 2.2.4 解剖性状与农艺性状及产量的关系

2010 年从黑亚 14 号与 Viking 的杂交后代 $F_4$ 群体中选择株高（49~102cm）和茎粗（0.8~3.6mm）差别明显的 28 个单株，调查农艺性状和茎中部的解剖性状（原始数据略），并进行相关分析（表 2-10）。

表 2-10 解剖性状与农艺性状的相关分析

| 相关系数 $r$ | 株高 ($X_1$) | 工艺长度 ($X_2$) | 茎粗 ($X_3$) | 原茎重 ($X_4$) | 纤维重 ($X_5$) | 干茎重 ($X_6$) | 出麻率 ($X_7$) | 干茎制成率($X_8$) | 纤维束数 ($X_9$) | 每束细胞数($X_{10}$) | 总纤维细胞数($X_{11}$) | 纤维含量 ($X_{12}$) |
|---|---|---|---|---|---|---|---|---|---|---|---|---|
| $X_1$ | 1 | 0.8629** | −0.0209 | 0.3102 | 0.6374** | −0.3575 | −0.4856** | −0.3605 | 0.4832** | 0.4956** | −0.5555** | 0.4571* |
| $X_2$ | 0.8093** | 1 | −0.1435 | −0.3009 | −0.3252 | 0.3334 | 0.3774* | 0.3089 | −0.5895** | −0.6044** | 0.606** | −0.3727 |
| $X_3$ | 0.6632** | 0.2731 | 1 | 0.2006 | 0.3042 | −0.1324 | −0.113 | 0.027 | 0.0892 | 0.1479 | −0.1128 | 0.0866 |
| $X_4$ | 0.6344** | 0.3006 | 0.9722** | 1 | −0.0366 | 0.9931** | −0.0396 | −0.2583 | −0.1071 | −0.1589 | 0.1263 | 0.0587 |
| $X_5$ | 0.6539** | 0.2634 | 0.9556** | 0.9494** | 1 | 0.0995 | 0.3263 | 0.2281 | −0.0946 | −0.1083 | 0.2134 | −0.2801 |
| $X_6$ | 0.6366** | 0.3044 | 0.9746** | 0.9995** | 0.9498** | 1 | 0.0336 | 0.2501 | 0.0882 | 0.1353 | −0.1146 | −0.0553 |
| $X_7$ | −0.7693** | −0.5227** | −0.7694** | −0.7443** | −0.635** | −0.7465** | 1 | −0.9597** | 0.4265* | 0.4159* | −0.4973** | 0.998** |
| $X_8$ | 0.2587 | 0.0856 | 0.3621 | 0.2357 | 0.3486 | 0.2586 | −0.1112 | 1 | 0.3899* | 0.3706 | −0.4438* | 0.9688** |
| $X_9$ | 0.4564* | 0.126 | 0.7001** | 0.6791** | 0.7012** | 0.6778** | −0.6107** | 0.1851 | 1 | −0.9724** | 0.9771** | −0.4394* |
| $X_{10}$ | 0.2778 | −0.1082 | 0.6019** | 0.4865** | 0.5839** | 0.4947** | −0.3927* | 0.4676* | 0.3804* | 1 | 0.977** | −0.4263* |
| $X_{11}$ | 0.4294* | 0.0203 | 0.7887** | 0.7141** | 0.7861** | 0.7185** | −0.5816** | 0.4074* | 0.8203** | 0.8312** | 1 | 0.5034** |
| $X_{12}$ | −0.7292** | −0.513** | −0.7124** | −0.7083** | −0.5785** | −0.706** | 0.9868** | 0.0495 | −0.5793** | −0.313 | −0.5117** | 1 |

注：左下角为相关，右上角为偏相关。相关系数临界值，$a$=0.05 时，$r$=0.3739；$a$=0.01 时，$r$=0.4785
*相关关系显著，**相关关系极显著

株高与工艺长度、茎粗、原茎重、干茎重、纤维重是极显著的正相关关系，与纤维束数、总细胞数是显著正相关关系，与出麻率和纤维含量是极显著负相关关系。工艺长度与出麻率和纤维含量是极显著负相关关系。茎粗与原茎重、干茎重、纤维重、纤维束数、每束细胞数和总细胞数是极显著的正相关关系，与出麻率和纤维含量是极显著负相关关系。原茎重与干茎重、纤维重、纤维束数、每束细胞数和总细胞数是极显著的正相关关系，与出麻率和纤维含量是极显著负相关关系。纤维重与干茎重、纤维束数、每束细胞数和总细胞数是极显著的正相关关系，与出麻率和纤维含量是极显著负相关关系。出麻率与纤维束数、总细胞数是极显著负相关关系，与每束细胞数是显著负相关关系，与纤维含量是极显著正相关关系。纤维束数与每束细胞数是显著正相关关系，与总细胞数是极显著正相关，与纤维含量是极显著负相关。每束细胞数与总细胞数是极显著正相关关系。总细胞数与纤维含量是极显著负相关关系。

偏相关是把所考虑的其他因素的干扰排除后，得到的两个因素的相关，更能反映其本质关系。从表 2-10 中可以看出，偏相关系数多小于相关系数，且达到显著水平的大大减少。出麻率与株高是极显著负偏相关，与工艺长度是显著正偏相关，与干茎制成率和总细胞数是极显著负偏相关，与纤维束数和每束细胞数是显著正偏相关，与纤维含量是极显著正偏相关。总细胞数与株高是极显著负偏相关，与工艺长度、纤维束数和每束细胞数是极显著正偏相关。纤维束数与每束细胞数之间是极显著负偏相关。纤维含量与纤维束数、每束细胞数是显著负偏相关，但是与总细胞数是极显著正偏相关。

对 2003 年品种试验的解剖性状与产量性状的相关分析表明（表 2-11），纤维细胞腔宽与各性状均呈负相关关系，与原茎产量（$r$=−0.66**）、长麻产量（$r$=−0.66**）负相关达到极显著水平，这些说明控制纤维细胞腔大小对于亚麻产量具有重要作用；纤维细胞数与长麻率、原茎产量、长麻产量均呈正相关关系；纤维细胞壁厚与各产量性状均呈正相关关系，其中与纤维含量（$r$=0.80**）、长麻率（$r$=0.68**）、长麻产量（$r$=0.85**）呈极显著正相关关系，由此可见，纤维细胞壁的厚度极大地左右着长麻产量，并且较厚的纤维细胞壁为提高纤维含量奠定了良好的基础。

**表 2-11　亚麻茎解剖性状与产量性状的相关关系（$r$ 值）**

| | 纤维细胞数 | 纤维细胞腔宽 | 纤维细胞壁厚 |
|---|---|---|---|
| 纤维含量 | −0.30 | −0.28 | 0.80** |
| 长麻率 | 0.17 | −0.23 | 0.68** |
| 原茎产量 | 0.07 | −0.66** | 0.37 |
| 长麻产量 | 0.24 | −0.66** | 0.85** |

**相关关系极显著

## 2.3　播期对亚麻工艺成熟期茎解剖性状的影响

为了探讨气象因素对亚麻纤维发育的影响，2004 年选取早熟高纤品种 Viking 和晚熟高产品种黑亚 14 号进行播期试验，从 4 月 10 日到 5 月 20 日共 5 个播期。这里选择工艺成熟期收获的亚麻，取中部茎段调查其解剖性状，分析气象因素的影响（表 2-12）。

**表 2-12　不同播期各生育阶段气象数据**

| 生育阶段 | Viking | 降水（mm） | 积温（℃） | 日照时数（h） | 黑亚 14 号 | 降水（mm） | 积温（℃） | 日照时数（h） |
|---|---|---|---|---|---|---|---|---|
| 苗期—枞形期 | I | 51.6 | 421.4 | 202.3 | I | 51.6 | 421.4 | 202.3 |
| | II | 29.7 | 407.1 | 182.6 | II | 29.7 | 407.1 | 182.6 |
| | III | 19.1 | 435.5 | 202.5 | III | 19.1 | 435.5 | 202.5 |
| | IV | 19.1 | 374.3 | 180.6 | IV | 19.1 | 374.3 | 180.6 |
| | V | 10.6 | 440.3 | 208.1 | V | 10.6 | 440.3 | 208.1 |

续表

| 生育阶段 | Viking | 降水（mm） | 积温（℃） | 日照时数（h） | 黑亚14号 | 降水（mm） | 积温（℃） | 日照时数（h） |
|---|---|---|---|---|---|---|---|---|
| 快速生长期 | Ⅰ | 3.5 | 117 | 59.9 | Ⅰ | 3.6 | 224.5 | 115.9 |
| | Ⅱ | 0.1 | 130.2 | 65 | Ⅱ | 0.1 | 306.3 | 159.7 |
| | Ⅲ | 0 | 126.4 | 72.8 | Ⅲ | 15.8 | 418.2 | 177.2 |
| | Ⅳ | 15.8 | 378.7 | 150.9 | Ⅳ | 128.9 | 630.1 | 241.3 |
| | Ⅴ | 67.3 | 329.7 | 113.8 | Ⅴ | 166.6 | 629.2 | 214.7 |
| 开花期 | Ⅰ | 0.1 | 217.7 | 113.7 | Ⅰ | 15.2 | 257.2 | 105.5 |
| | Ⅱ | 0 | 255.7 | 128.8 | Ⅱ | 25.7 | 291.5 | 98.1 |
| | Ⅲ | 15.8 | 266.5 | 94.9 | Ⅲ | 113.1 | 251.4 | 90.4 |
| | Ⅳ | 113.1 | 251.4 | 90.4 | Ⅳ | 44.7 | 312.9 | 91.3 |
| | Ⅴ | 99.3 | 250.9 | 80.9 | Ⅴ | 4.9 | 279.3 | 90.5 |
| 工艺成熟期 | Ⅰ | 128.9 | 519.9 | 183.6 | Ⅰ | 158.4 | 560.6 | 191.7 |
| | Ⅱ | 173.6 | 601.6 | 194.7 | Ⅱ | 152.8 | 694.6 | 228.6 |
| | Ⅲ | 157.8 | 668.7 | 220.1 | Ⅲ | 102.6 | 580.5 | 181.5 |
| | Ⅳ | 97.5 | 536.1 | 166.5 | Ⅳ | 116.5 | 812.9 | 328.8 |
| | Ⅴ | 112.4 | 597.2 | 196.5 | Ⅴ | 111.6 | 610.2 | 253.7 |
| 生育期总量 | Ⅰ | 184.1 | 1276 | 559.5 | Ⅰ | 228.8 | 1463.7 | 615.4 |
| | Ⅱ | 203.4 | 1394.6 | 571.1 | Ⅱ | 208.3 | 1699.5 | 669 |
| | Ⅲ | 192.7 | 1497.1 | 590.3 | Ⅲ | 250.6 | 1685.6 | 651.6 |
| | Ⅳ | 245.5 | 1540.5 | 588.4 | Ⅳ | 309.2 | 2130.2 | 842 |
| | Ⅴ | 289.6 | 1618.1 | 599.3 | Ⅴ | 293.7 | 1959 | 767 |

随着播期的推迟，亚麻生长发育所处的温度、降水和日照等气象条件明显不同，总的积温和日照时数呈逐渐增加趋势，而降水量波动较大，特别是不同生育阶段间差别更大，这必然对纤维发育产生影响。

对于早熟品种Viking，第Ⅴ播期纤维细胞径、纤维细胞腔径都高于其他播期，而纤维细胞数量和纤维束数都较少，前3个播期纤维细胞数量都高于晚播，说明亚麻播期越晚，其茎粗和纤维细胞越大，纤维细胞壁也越厚，但纤维束数和纤维细胞数量减少，对于正常播种的第Ⅲ播期，除其纤维细胞壁最薄外，其他性状均位于中间位置。对于早播的亚麻，除其纤维束数较少外，其他解剖性状数值均较高（表2-13）。

**表2-13　播期试验工艺成熟期茎中部横截面解剖性状比较**

| 品种名 | 播期 | 茎粗（μm） | | 纤维束数 | | 纤维细胞数（个） | | 纤维细胞径（μm） | | 纤维细胞腔径（μm） | | 纤维细胞壁厚（μm） | |
|---|---|---|---|---|---|---|---|---|---|---|---|---|---|
| Viking | Ⅰ | 1737 | abA | 26 | bA | 780 | aA | 21.4 | cC | 7.2 | bB | 7.1 | bAB |
| | Ⅱ | 1516 | bA | 33 | aA | 776 | aA | 18.7 | dD | 6.8 | bB | 6.0 | cB |

续表

| 品种名 | 播期 | 茎粗（μm） | | 纤维束数 | | 纤维细胞数（个） | | 纤维细胞径（μm） | | 纤维细胞腔径（μm） | | 纤维细胞壁厚（μm） | |
|---|---|---|---|---|---|---|---|---|---|---|---|---|---|
| Viking | III | 1616 | abA | 30 | abA | 758 | aA | 20.0 | dCD | 8.6 | bAB | 5.7 | cB |
| | IV | 1690 | abA | 28 | abA | 543 | bA | 25.1 | bB | 9.2 | bAB | 8.0 | aA |
| | V | 1832 | aA | 27 | bA | 554 | bA | 28.2 | aA | 12.9 | aA | 7.7 | abA |
| 黑亚 14 号 | I | 1942 | cB | 34 | aA | 809 | abA | 20.3 | cB | 7.6 | bB | 6.4 | abA |
| | II | 2121 | bB | 37 | aA | 834 | aA | 21.3 | cB | 9.1 | bAB | 6.1 | bA |
| | III | 1958 | cB | 36 | aA | 585 | cdAB | 23.3 | bcAB | 9.4 | bAB | 7.0 | aA |
| | IV | 2137 | bB | 32 | aA | 643 | bcAB | 25.7 | abAB | 14.1 | aAB | 5.8 | bA |
| | V | 2505 | zA | 36 | aA | 440 | dB | 28.7 | aA | 14.4 | aA | 7.1 | aA |

注：大小写英文字母不同分别表示在 1%和 5%水平处理间差异显著

由多重比较可以看到，在茎粗上，Viking 播期期间差异多不显著；纤维束数表现为第Ⅱ播期、第Ⅲ播期、第Ⅳ播期间差异不显著，第Ⅱ播期与第Ⅰ播期、第Ⅴ播期间差异显著；纤维细胞数量表现为前 3 个播期与后 2 个播期间差异显著；纤维细胞径表现为第Ⅴ播期、第Ⅳ播期、第Ⅰ播期间及其与第Ⅱ播期、第Ⅲ播期间差异显著，第Ⅱ播期、第Ⅲ播期间差异不显著；纤维细胞腔径表现为第Ⅴ播期与其他播期间差异显著；纤维细胞壁厚表现为第Ⅳ播期、第Ⅴ播期间差异不显著，第Ⅳ播期与第Ⅰ播期及第Ⅱ播期、第Ⅲ播期间差异显著。

对于晚熟品种黑亚 14 号来说，第Ⅳ播期、第Ⅴ播期的变化特点与 Viking 第Ⅳ播期、第Ⅴ播期的变化特点基本类似，同时早期播种的亚麻纤维细胞数量很高，但纤维细胞径、纤维细胞腔径和纤维细胞壁厚相对小于晚播的亚麻，这与 Viking 的播期变化特点一致，不同之处在于第Ⅲ播期，晚熟品种黑亚 14 号纤维细胞数量较少，其他性状几乎介于晚播和早播的亚麻之间。由此看来，无论是早熟品种还是晚熟品种，随着播期的不同，其工艺成熟期茎中段解剖性状有较为一致的特点，即随着播期的进行，茎粗逐渐增大，纤维细胞数量逐渐减少，纤维细胞径、纤维细胞腔径逐渐增加（表 2-13）。

黑亚 14 号表现为第Ⅴ播期茎粗最大，纤维束数间无显著差异，第Ⅱ播期纤维细胞数量最多，第Ⅴ播期最少，第Ⅳ播期、第Ⅴ播期纤维细胞径和腔径较大，第Ⅰ播期、第Ⅱ播期、第Ⅲ播期间纤维细胞径和腔径无显著差异，第Ⅰ播期、第Ⅲ播期、第Ⅴ播期及第Ⅰ播期、第Ⅱ播期、第Ⅳ播期间的纤维细胞壁厚差异不显著，而第Ⅲ播期、第Ⅴ播期与第Ⅱ播期、第Ⅳ播期差异显著。

对不同生育阶段的气象因素与工艺成熟期茎中部截面的纤维细胞数进行相关分析发现，两个熟期完全不同、纤维含量差异很大的品种表现了较为一致的结果。两个品种出苗—枞形期的 3 个气象因素与纤维细胞数均是正相关关系，但差异未达到显著；两个品种枞形—现蕾期的 3 个气象因素与纤维细胞数均是负相关关系，其中温度和日照时数与Viking纤维细胞数的相关性分别达到极显著和显著水平；两个品种现蕾—开花期的日照时数与纤维细胞数都是正相关关系，而降水量与Viking纤维细胞数是极显著负相关关系；两个品种开花—工艺成熟期黄熟期的降水量与纤维细胞数是正相关关系，其中黑亚14号达显著水平；两个品种整个生育期的气象因素与纤维细胞数是负相关关系，其中降水量与Viking纤维细胞数的相关性达到显著水平（表2-14）。这表明在亚麻枞形期之前正处在较为干旱和较低温度的环境，降水、温度和日照时数增加有利于纤维细胞的分化和生长，但是就其他生育阶段乃至一生来看，除了现蕾开花期需要较多的日照时数外，较多的降水、较高的温度和较长的日照对纤维的分化和生长并不有利。从生产角度来看，纤维亚麻不宜晚播，如果有灌溉条件能够避免快速生长期的掐脖旱，早播更有利于纤维发育。

**表2-14 不同生育阶段气象因素与工艺成熟期茎中部纤维细胞数的相关关系**

| Viking | 降水量 | 温度 | 日照时数 | 黑亚14号 | 降水量 | 温度 | 日照时数 |
|---|---|---|---|---|---|---|---|
| 出苗—枞形期 | 0.679 | 0.297 | 0.072 | 出苗—枞形期 | 0.820 | −0.394 | −0.516 |
| 枞形—现蕾期 | −0.746 | −0.993** | −0.950* | 枞形—现蕾期 | −0.781 | −0.816 | −0.678 |
| 现蕾—开花期 | −0.997** | −0.188 | 0.789 | 现蕾—开花期 | −0.143 | 0.022 | 0.810 |
| 开花—黄熟期 | 0.836 | 0.234 | 0.472 | 开花—成熟期 | 0.876* | 0.083 | −0.241 |
| 出苗—成熟期 | −0.910* | −0.810 | −0.725 | 出苗—成熟期 | −0.760 | −0.586 | −0.519 |

*相关关系显著，**相关关系极显著

## 2.4 肥料对纤维生长发育的影响

### 2.4.1 氮肥对亚麻茎中部解剖构造的影响

随氮肥水平的提高，亚麻茎粗增加，构成茎的各个组织（表皮皮层、韧皮部、木质部及髓腔）的厚度均有所增加，但各个组织占茎半径的比例变化不同，纤维束数及茎截面上单纤维细胞数均随氮肥水平增加而增加（表2-15）。

**表2-15 氮素水平对亚麻茎中部解剖构造及纤维细胞数量的影响**

| 品种 | 处理 | 茎半径（μm） | 表皮皮层 | | 韧皮部 | | 木质部 | | 髓腔 | | 纤维束厚（μm） | 纤维束数 | 纤维细胞数/束 | 纤维细胞总数（个） |
|---|---|---|---|---|---|---|---|---|---|---|---|---|---|---|
| | | | 厚度（μm） | 比例（%） | 厚度（μm） | 比例（%） | 厚度（μm） | 比例（%） | 厚度（μm） | 比例（%） | | | | |
| 黑亚7号 | 无氮 | 615 | 31.9 | 5.2 | 75.7 | 12.3 | 142.7 | 23.2 | 364 | 59.2 | 51 | 31.2 | 14 | 436 |
| | 中氮 | 707 | 36.7 | 5.2 | 86.3 | 12.2 | 171.2 | 24.2 | 412 | 58.4 | 58.6 | 33.3 | 16.4 | 540 |
| | 高氮 | 794 | 37.1 | 4.7 | 97.9 | 12.3 | 203.4 | 25.6 | 456 | 57.4 | 62.8 | 35.2 | 18.7 | 653 |
| 双亚5号 | 无氮 | 596 | 25.9 | 4.3 | 84 | 14.1 | 116.4 | 19.5 | 370 | 62.2 | 61.8 | 27.5 | 22.9 | 628 |
| | 中氮 | 673 | 33 | 4.9 | 86.5 | 12.9 | 144.7 | 21.5 | 411 | 61.1 | 61.8 | 30 | 21.3 | 631 |
| | 高氮 | 699 | 43.3 | 6.2 | 88.1 | 12.6 | 149.9 | 21.5 | 416 | 59.7 | 66.8 | 33.4 | 21 | 698 |
| Ariane | 无氮 | 618 | 33 | 5.3 | 98 | 15.9 | 169 | 27.4 | 318 | 51.5 | 63 | 27.5 | 18.5 | 508 |
| | 中氮 | 746 | 35 | 4.7 | 97.9 | 13.2 | 179.2 | 24.2 | 430 | 57.9 | 76.2 | 28.4 | 20.3 | 575 |
| | 高氮 | 791 | 36 | 4.6 | 102 | 13 | 192 | 24.3 | 461 | 58.3 | 80.7 | 32.3 | 21.8 | 707 |

注：%所在列表示各个组织的相对厚度百分比

相关分析表明，亚麻茎中部截面上各个组织（表皮皮层、韧皮部、木质部、髓腔）的厚度（或半径），厚度占茎半径的百分比（相对厚度）及其面积，均与纤维产量具有程度不同的相关性（表 2-16）。其中韧皮部的厚度、面积与纤维产量的单相关系数达到极显著正相关水平（0.876**和 0.832**），偏相关系数接近显著正相关（0.870 和 0.860）。髓腔的半径、面积与纤维产量的单相关系数也达到显著正相关水平（0.711*和 0.703*）。而木质部的厚度、面积与纤维产量的偏相关系数达较大的负相关水平，其厚度占茎半径的百分比与纤维产量的单相关系数达到显著负相关水平（−0.713*）。这表明韧皮部和髓腔较厚而木质部较薄的亚麻纤维产量较高。

**表 2-16 茎中部解剖性状与纤维产量的相关关系**

| 组织 | | 表皮皮层 | 韧皮部 | 木质部 | 髓腔 |
|---|---|---|---|---|---|
| 厚度 | 单相关系数 | 0.328 | 0.876** | 0.389 | 0.711* |
| | 偏相关系数 | −0.583 | 0.870 | −0.795 | 0.759 |
| 面积 | 单相关系数 | 0.579 | 0.832** | 0.579 | 0.703* |
| | 偏相关系数 | −0.575 | 0.860 | −0.819 | 0.719 |
| 相对厚度 | 单相关系数 | −0.443 | 0.581 | −0.713* | 0.465 |

*相关关系显著，**相关关系极显著

对茎中部解剖性状与出麻率相关关系的分析显示，只有韧皮部与出麻率关系密切（表 2-17），其厚度和面积与出麻率的偏相关系数均为较大的正相关关系（0.856 和 0.781），其相对厚度与出麻率的单相关系数达到极显著正相关水平（0.800**）。

**表 2-17 茎中部解剖性状与出麻率的相关关系**

| 组织 | | 表皮皮层 | 韧皮部 | 木质部 | 髓腔 |
|---|---|---|---|---|---|
| 厚度 | 单相关系数 | −0.161 | 0.425 | −0.205 | −0.125 |
| | 偏相关系数 | −0.404 | 0.856 | −0.656 | −0.080 |
| 面积 | 单相关系数 | −0.118 | 0.209 | −0.165 | −0.132 |
| | 偏相关系数 | 0.013 | 0.781 | −0.452 | −0.231 |
| 相对厚度 | 单相关系数 | −0.182 | 0.800** | −0.232 | −0.229 |

**相关关系极显著

### 2.4.2 氮磷钾对亚麻纤维发育的影响

2004 年在东北农业大学校内盆栽场采用 3 因素 10 个处理的氮磷钾饱和设计，种植了 2 个品种，即 Argos 和黑亚 14 号，每个处理 15 盆，详见 5.2.2.1。为了便于比较，我们选用其中的 5 个处理：处理 1（对照，不施肥）、处理 2（单施氮肥）、处理 3（单施磷肥）、处理 4（单施钾肥）、处理 8（氮、磷、钾肥配合施用）。在不同时期取样，调查当时茎中部的解剖性状（图 2-8）。

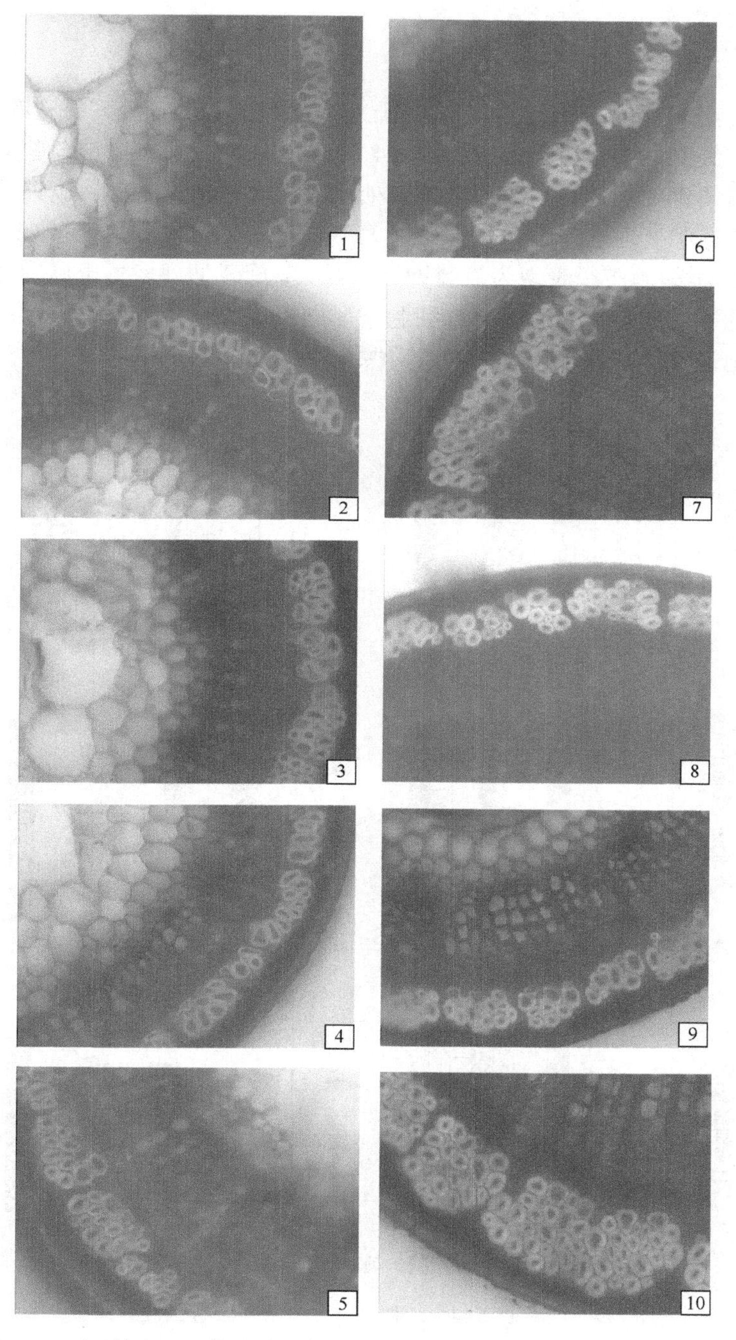


图 2-8 不同施肥处理快速生长初期和现蕾期 Argos 茎中部照片（×400）

1~5 分别是快速生长初期无肥、施氮、施磷、施钾和氮磷钾处理，6~10 分别是现蕾期无肥、施氮、施磷、施钾和氮磷钾处理

#### 2.4.2.1 前期茎中部解剖性状的比较

在枞形期末，氮磷钾处理的 Argos 最粗，明显大于其他处理，施钾处理最细，不如对照，施氮处理略大于施磷处理；4 个施肥处理截面上纤维细胞数量均要高于对照，氮磷钾处理最高，其次是施磷处理，再次是施氮处理，施钾处理与对照接近；4 个施肥处理的纤维细胞直径都大于对照，其顺序是氮磷钾处理>施磷>施钾>施氮；纤维细胞腔径表现为氮磷钾处理最大，施磷处理略大于施钾处理并高于对照，而施氮处理小于对照；纤维细胞壁厚则表现为施磷处理最大，其次是氮磷钾处理，施氮处理略高于施钾处理，对照最小（图 2-9）。

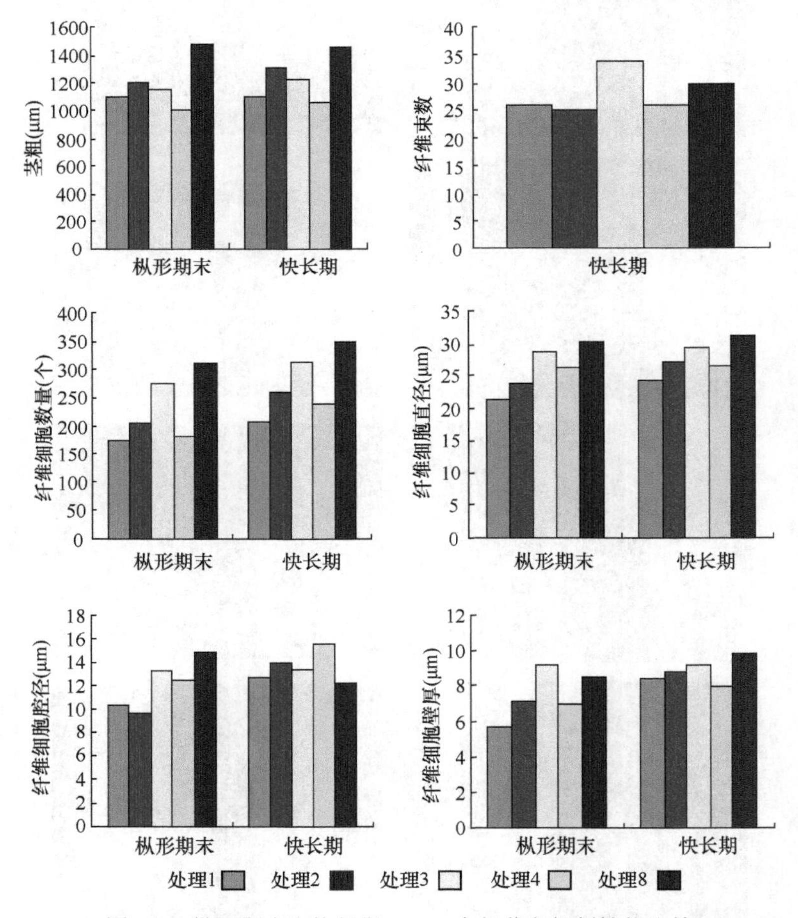


图 2-9 枞形期末和快长期 Argos 中部茎段解剖性状比较

快速生长期（快长期），各施肥处理间茎粗、纤维细胞数、细胞直径的差异与枞形期末一样，只是细胞数量进一步增多，细胞直径进一步加大。施钾处理的纤维细胞腔径明显增大，上升至第一位，随后是施氮处理>施磷处理>对照>氮磷钾处理，这既与细胞直径变化有关，也与细胞壁加厚有关；各处理的细胞壁都有不同程度的加厚，施磷处理变化不大，其他处理都明显增加，排序为氮磷钾处理>施磷处理>施氮处理>对照>施钾处理；另外，到了快长期，纤维细胞数量增加，可以划分成束，纤维束数表现为：施磷处理>氮磷钾处理>对照和施钾处理>施氮处理（图 2-9）。由这两个时期的结果可知，磷肥对 Argos 的生育前期纤维发育有明显的促进作用，氮肥的作用次之，而单施钾肥有不利影响，纤维发育不如不施肥的对照，当然氮磷钾配合最好。

晚熟品种黑亚 14 号在枞形期末不同处理茎粗排序为：氮磷钾处理>施氮处理>施磷处理>对照>施钾处理。纤维细胞数量：氮磷钾处理>施磷处理>施氮处理>施钾处理>对照。纤维细胞直径表现为氮磷钾处理>施磷处理>施氮处理>对照>施钾处理。纤维细胞壁厚表现为氮磷钾处理>施氮处理>施磷处理>对照>施钾处理。纤维细胞腔径表现为氮磷钾处理>施磷处理>对照>施氮处理和施钾处理（图 2-10）。

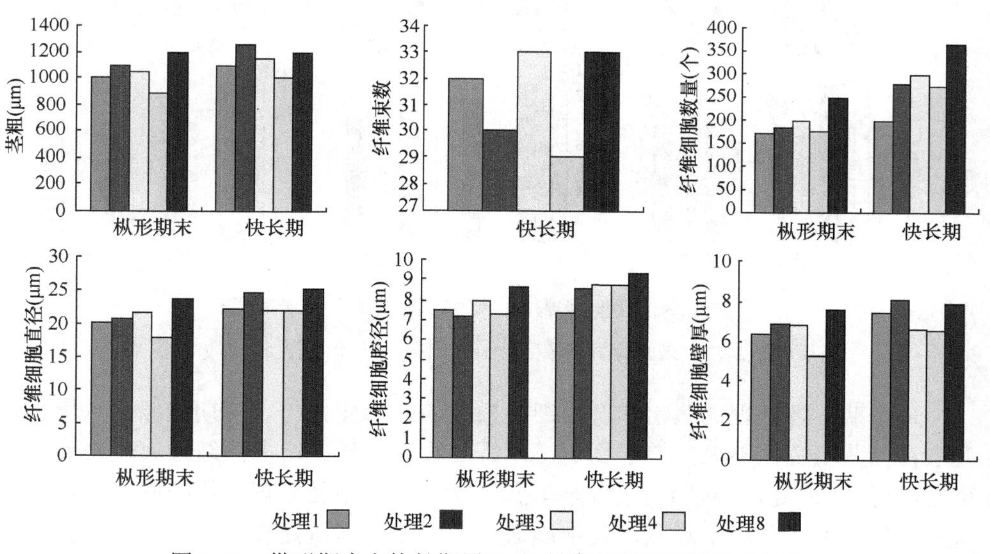

图 2-10 枞形期末和快长期黑亚 14 号中部茎段解剖性状比较

快速生长期，黑亚 14 号的茎粗为施氮处理>氮磷钾处理>施磷处理>对照>施钾处理；纤维细胞数量各处理间差异与枞形期一样，但是数量大幅增加；纤维细胞直径为氮磷钾处理>施氮处理>对照、施磷处理和施钾处理；纤维细胞腔径为氮磷钾处理>施磷处理和施钾处理>施氮处理>对照；纤维细胞壁厚为施氮处理>氮磷钾处理>对照>施磷处理>施钾处理；纤维束数表现为：氮磷钾处理=施磷处理>对照>施氮处理>施钾处理（图 2-10）。上述结果表明，对于黑亚 14 号，氮磷钾配合对前期纤维发育较好，单施氮肥、磷肥都有促进作用，单施钾肥有不利影响，这与 Argos 的表现一致，但是氮肥的促进作用有时大于磷肥，这与 Argos 不同，显示两个品种前期纤维发育在对氮、磷的响应上稍有差异。

#### 2.4.2.2 中期茎中部解剖性状的比较

现蕾期，Argos 的茎粗表现为施氮处理和氮磷钾处理>施磷处理>对照>施钾处理；4 个施肥处理纤维束数相差不多并均小于对照；纤维细胞数量为氮磷钾处理>施磷处理>施氮处理>施钾处理>对照；纤维细胞直径和纤维细胞壁厚均表现为施氮处理>氮磷钾处理>施磷处理>施钾处理>对照；纤维细胞腔径为施氮处理>氮磷钾处理>对照>施钾处理>施磷处理（图 2-11）。

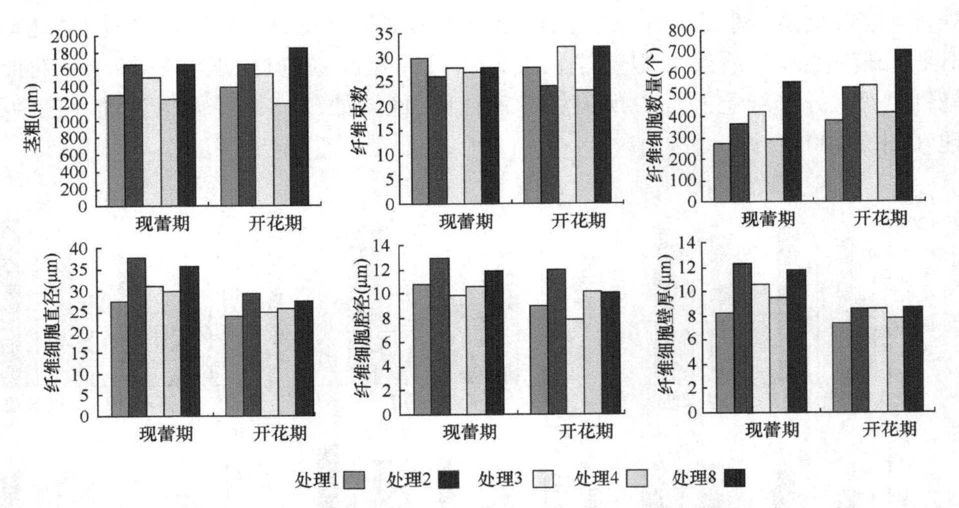


图 2-11 现蕾期和开花期 Argos 中部茎段解剖性状比较

开花期，各处理间茎粗和纤维细胞数量的差异变化与现蕾期相似，从增长量上来看，茎粗变化不大，趋于稳定，而纤胞数量则显著增多；纤维束数表现为施磷处理>氮磷钾处理>对照>施氮处理>施钾处理；各施肥处理纤维细胞直径和细胞壁厚均相差不多并高于对照，其中施氮处理最粗，施氮处理、施磷处理和氮磷钾处理的壁厚相同；纤维细胞腔径则以施氮处理最大，施钾处理和氮磷钾处理无明显差别并略高于对照，而施磷处理小于对照（图 2-11）。与前期相比，在一些指标上施氮的作用超过了施磷，单独施钾对纤维发育仍是不利的。

现蕾期，黑亚 14 号的茎粗为施氮处理>氮磷钾处理>施磷处理>对照>施钾处理；纤维束数表现为施磷处理>氮磷钾处理>施钾处理>对照>施氮处理；纤维细胞数量表现为氮磷钾处理>施磷处理>施氮处理>施钾处理>对照；纤维细胞直径为施氮处理>氮磷钾处理>对照>施钾处理>施磷处理；纤维细胞腔径为施氮处理>对照>

氮磷钾处理>施钾处理>施磷处理（图 2-12）。

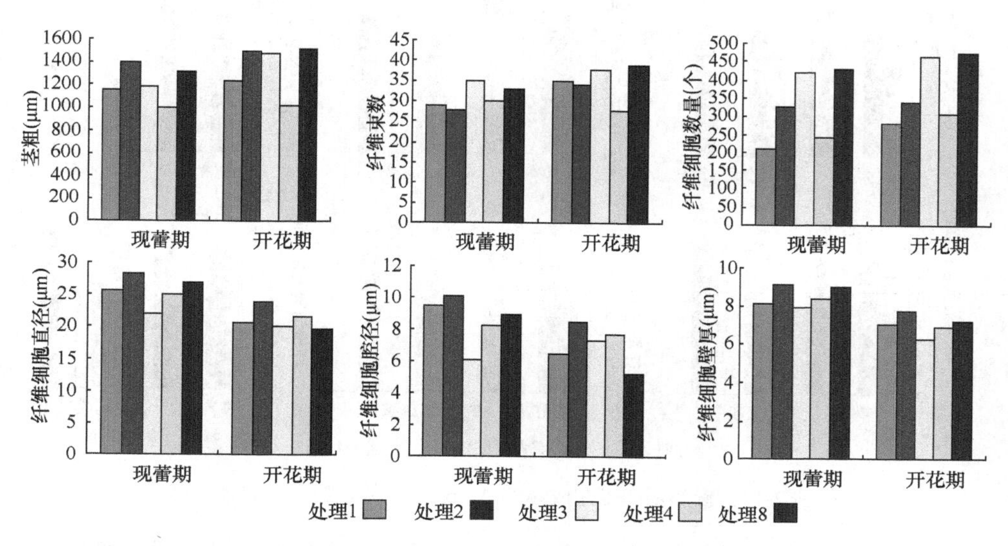


图 2-12 现蕾期和开花期黑亚 14 号中部茎段解剖性状比较

开花期，黑亚 14 号的茎粗表现为氮磷钾处理>施氮处理>施磷处理>对照>施钾处理；纤维束数为氮磷钾处理>施磷处理>对照>施氮处理>施钾处理；纤维细胞数量各处理间的差异与现蕾期一致；各处理间纤维细胞直径表现为施氮处理>施钾处理>对照>施磷处理>氮磷钾处理；纤维细胞壁厚为施氮处理>氮磷钾处理>对照>施钾处理>施磷处理；纤维细胞腔径为施氮处理>施钾处理>施磷处理>对照>氮磷钾处理（图 2-12）。氮、磷、钾对黑亚 14 号中期纤维发育的影响与前期类似，即氮、磷有促进作用，而钾有不利影响，这也与对 Argos 的影响一致。

#### 2.4.2.3 后期茎中部解剖性状的比较

青熟期，Argos 茎粗表现为氮磷钾处理>施磷处理>施氮处理>对照>施钾处理；纤维束数表现为氮磷钾处理>施磷处理>对照>施钾处理>施氮处理；纤维细胞数量为氮磷钾处理>施磷处理>施氮处理>施钾处理>对照；纤维细胞直径和细胞壁厚均表现为施钾处理>施磷处理>氮磷钾处理>施氮处理>对照；纤维细胞腔径为施钾处理>氮磷钾处理>施磷处理>施氮处理>对照（图 2-13）。

工艺成熟期，Argos 茎粗表现为施氮处理>施磷处理>氮磷钾处理>对照>施钾处理；纤维束数为施磷处理>氮磷钾处理>对照>施钾处理和施氮处理；纤维细胞数量为氮磷钾处理>施氮处理>施钾处理>施磷处理>对照；各处理间纤维细胞直径施磷处理最小，其他处理间相差不大；施氮处理的纤维细胞壁最厚，施磷处理最薄，其他处理间接近；纤维细胞腔径为对照>施钾处理>氮磷钾处理>施氮处理>施磷处理（图 2-13）。

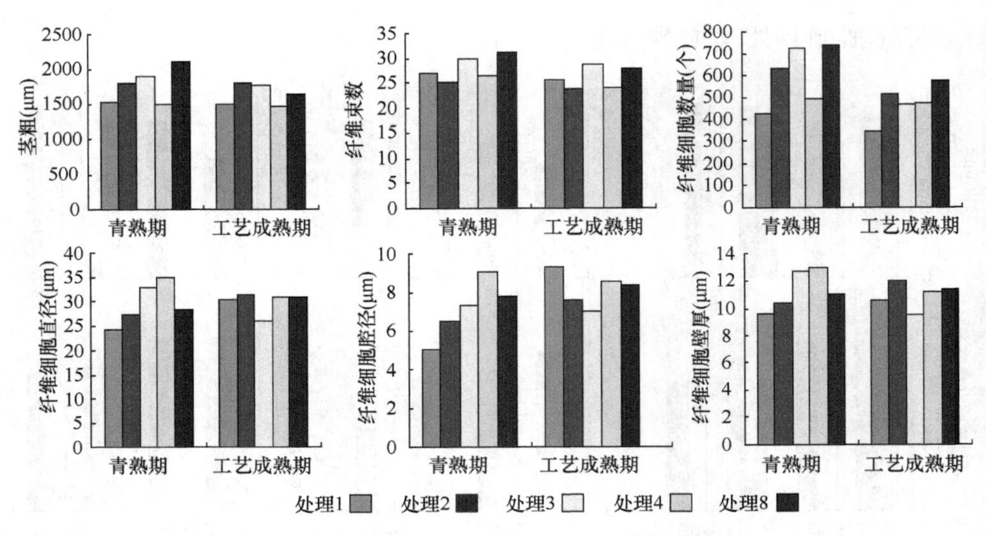


图 2-13 青熟期和工艺成熟期 Argos 中部茎段解剖性状比较

上述结果表明，单施氮肥、磷肥对后期的纤维发育仍有促进作用，但是单施钾肥的不利作用降低，甚至有利于细胞的增大和细胞壁的加厚。

青熟期，黑亚 14 号茎粗施磷和施氮处理相差不多，略大于氮磷钾处理，而施钾处理仍低于对照；纤维束数施磷处理最多，而其他处理相差不多；纤维细胞数量为施磷处理>氮磷钾处理>施氮处理>施钾处理>对照；4 个施肥处理的纤维细胞直径、纤维细胞腔径和纤维细胞壁厚均大于对照，具体表现为施磷处理>氮磷钾处理>施氮处理>施钾处理>对照（图 2-14）。

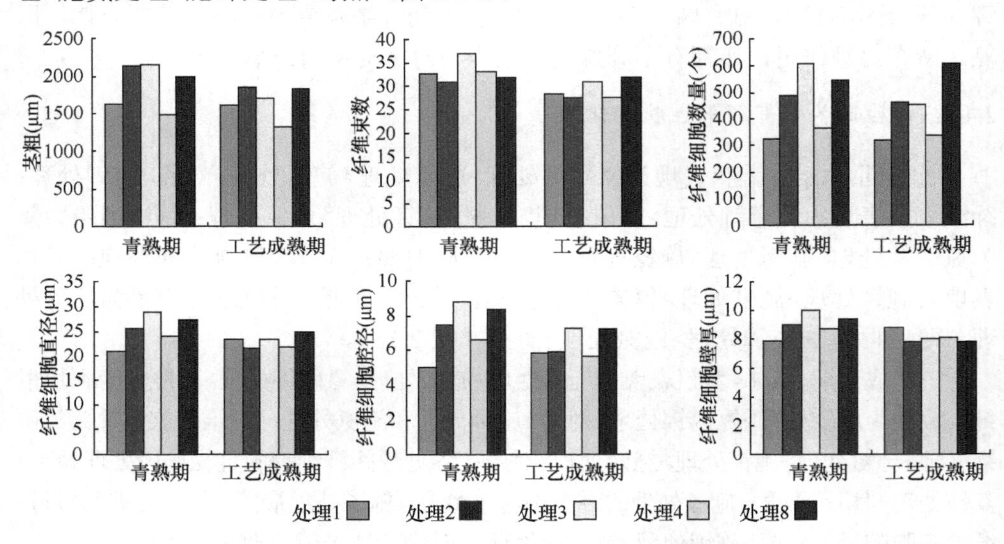


图 2-14 青熟期和工艺成熟期黑亚 14 号中部茎段解剖性状比较

工艺成熟期，黑亚 14 号的茎粗表现为施氮处理>氮磷钾处理>施磷处理>对照>施钾处理；各处理间纤维束数无明显差别，其中氮磷钾处理和施磷处理略大于对照，另 2 个处理略小于对照；纤维细胞数量以氮磷钾处理最多，远高于其他处理，施氮略大于施磷并显著高于对照，而施钾处理与对照差不多；各肥料处理纤维细胞直径无显著差异，其中氮磷钾处理略高于对照；施磷处理的纤维细胞腔径依然最大，其次是氮磷钾处理，而其他 2 个处理与对照无明显差别；4 个施肥处理纤维细胞壁厚无明显差别且均小于对照（图 2-14）。

从上述结果可知，氮、磷的促进作用差不多，单施钾肥的不利作用也有所降低，氮磷钾配合仍是有利的。这与对 Argos 纤维发育的影响基本一致。

本盆栽试验所用土壤的基础肥力不高，试验结果表明单独施氮或施磷对两个品种的纤维发育都有促进作用，氮磷钾配合更好，但是单施钾肥不利于纤维发育。两个品种对氮磷钾肥的响应也略有差异，前期 Argos 的磷肥效果超过氮肥，但是黑亚 14 号却不是这样。到了生育后期，Argos 的钾肥效果由负转正，而黑亚 14 号的负效果大幅度降低。总的来看，在整个生育进程中，氮肥可使亚麻茎秆增粗，并显著增加纤维细胞数量、纤维细胞径向大小，促进纤维细胞壁加厚，却使得纤维束数略有降低；磷肥同样使得亚麻茎秆增粗，而对于促进纤维细胞数量增多的效果比氮肥还要明显，且有利于纤维束的形成，对于高纤品种纤维细胞壁的加厚作用明显，而对中纤品种则作用不大；钾肥不利于茎秆增粗，且对促进纤维细胞数量的增多作用效果也不如氮肥、磷肥明显，但对纤维细胞壁的加厚有良好的促进作用，特别是在生育后期。

## 2.5　亚麻纤维细胞壁发育研究

为了研究亚麻纤维细胞壁的发育，2009 年在东北农业大学试验站种植了 12 个品种，包括高纤品种 CN101394、CN101115、CN101108、CN101268，中纤品种黑亚 14 号、黑亚 12 号、双亚 3 号和粉花，以及油用亚麻 CN101429、CN101280、CN44316、CN101131。在不同生育期取样，研究亚麻纤维的超分子结构特点。

### 2.5.1　亚麻纤维细胞的超微结构

#### 2.5.1.1　快速生长后期

图 2-15 为快速生长后期纤维亚麻韧皮纤维细胞超微结构图。在低倍镜下，亚麻茎横切图可以观察到靠近皮层区刚刚开始加厚的韧皮纤维细胞和薄壁细胞（图 2-15-1）。在茎横切中，由外到内依次为表皮、皮层和纤维细胞，其中皮层中的细胞含有大量的叶绿体及叶绿体中的淀粉粒（图 2-15-2）。此时期的韧皮纤维细

胞内含有大量的“能量工厂”线粒体，高度液泡化，大大的中央液泡把细胞质挤到四周（图 2-15-3）。亚麻韧皮纤维细胞中除了含有大量的线粒体外，还含有叶绿体，这在以往的文献中未见报道，叶绿体内的片层结构和油滴清晰可见（图 2-15-4）。在快速生长后期纤维亚麻的纤维细胞次生细胞壁已经开始加厚，细胞器中还有内质网（图 2-15-5）、高尔基体及其分泌的运输小泡（图 2-15-6）。

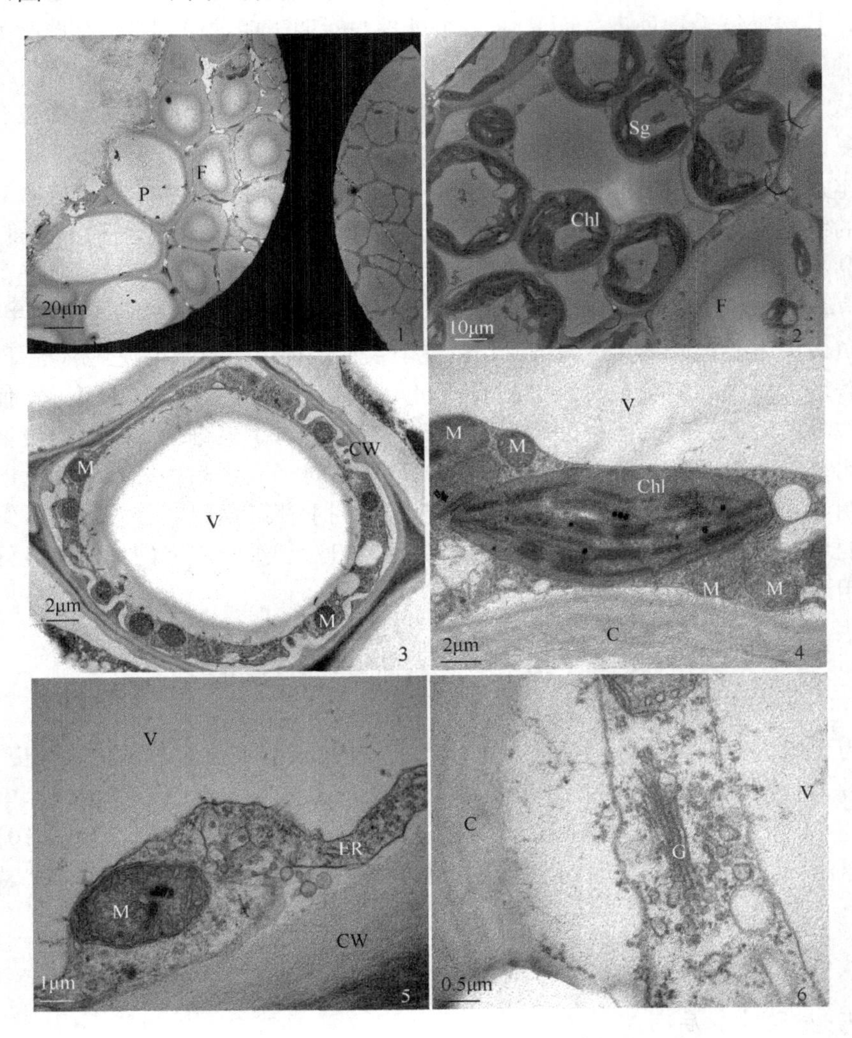


图 2-15　快速生长后期纤维亚麻韧皮纤维细胞超微结构

1. 韧皮纤维细胞（F）和薄壁细胞（P）；2. 皮层细胞含有大量的叶绿体（Chl）以及其中的淀粉粒（Sg）；3. 韧皮纤维细胞内含有大量的线粒体（M），大大的中央液泡（V）把细胞质挤到四周，细胞壁（CW）；4. 韧皮纤维细胞中还含有叶绿体（Chl）及其内的片层结构；5. 韧皮纤维细胞中有内质网（ER）、线粒体；6. 韧皮纤维细胞中有高尔基体（G）

内质网是细胞内除核酸以外的一系列重要的生物大分子，如蛋白质、脂质和糖类合成的基地。高尔基体的主要作用是对内质网合成的多种蛋白质进行加工、分类与包装，然后分门别类地运送到细胞特定的部位或分泌到细胞外，它是细胞内大分子运输的一个主要交通枢纽。在植物细胞中，高尔基体合成和分泌多种多糖，多数多糖呈分支状且有很多共价修饰，远比动物细胞的复杂。构成植物细胞典型初生细胞壁的过程就涉及数百种酶，除少数酶共价结合到细胞壁上外，多数酶都存在于内质网和高尔基体中。所以，这两种细胞器大量出现是亚麻纤维细胞次生细胞壁开始加厚的标志。

#### 2.5.1.2 现蕾期

在现蕾期，由于在亚麻韧皮部内纤维束中细胞次生细胞壁加厚的程度不同，因此按照细胞壁加厚的程度和所处的位置来逐一进行分析。

图 2-16 为位于亚麻纤维束中靠近形成层的纤维细胞超微结构图。这一位置的纤维细胞内含有丰富的细胞质（图 2-16-1）；细胞器种类也比较多，如叶绿体、高尔基体、粗面内质网和滑面内质网（图 2-16-2）。这一时期纤维细胞壁刚刚开始加厚，但初生细胞壁、次生细胞壁和胞间层清晰可见（图 2-16-3）。实验还观察到亚麻纤维细胞间的胞间连丝和运输小泡等细胞器（图 2-16-4），胞间连丝在细胞的通信中起非常重要的作用，也是物质从一个细胞进入另一个细胞的通路；一般在分泌旺盛的细胞中，胞间连丝的数目会更多。在高倍镜下可见胞间层的纤丝（图 2-16-5），以及次生细胞壁正在加厚的纤维细胞壁，壁上的微纤丝呈无定向排列，细胞壁结构比较疏松（图 2-16-6）。

位于亚麻纤维束中间的纤维细胞超微结构见图 2-17。低倍镜下可见大液泡和丰富的细胞质，以及明显加厚的细胞壁（图 2-17-1）。这一部位的纤维细胞质中有丰富的内质网、线粒体、叶绿体和高尔基体（图 2-17-2），质膜边缘有大量的管泡（图 2-17-3）。高尔基体成熟面朝向细胞壁，分泌高尔基小泡和大的囊泡至细胞壁（图 2-17-4），但还发现有高尔基体的形成面朝向细胞壁（图 2-17-6）。细胞内分布着大量的粗面内质网，其上面的核糖体清晰可见（图 2-17-5）。纤维细胞高度液泡化，大液泡把细胞质挤到边缘沿着细胞壁呈条带状分布（图 2-17-6）。

图 2-18 是纤维束中靠近皮层区的纤维细胞超微结构图。靠近皮层区的纤维细胞壁明显比纤维束中其他部位的纤维细胞壁要厚（图 2-18-1）。位于纤维束最外层的纤维细胞，在快速生长后期就已经开始次生细胞壁加厚，到现蕾期壁加厚更为显著，此时细胞中可见大的中央液泡和丰富的细胞器（图 2-18-2）；细胞器仍然以线粒体、高尔基体及其分泌的大量运输小泡为主（图 2-18-3）。此部位的纤维细胞中仍然能观察到叶绿体及其片层和油滴，而高尔基体的成熟面朝向细胞壁，分泌高尔基小泡并释放其中形成次生细胞壁的前体物质（图 2-18-4）；细胞中含有大量

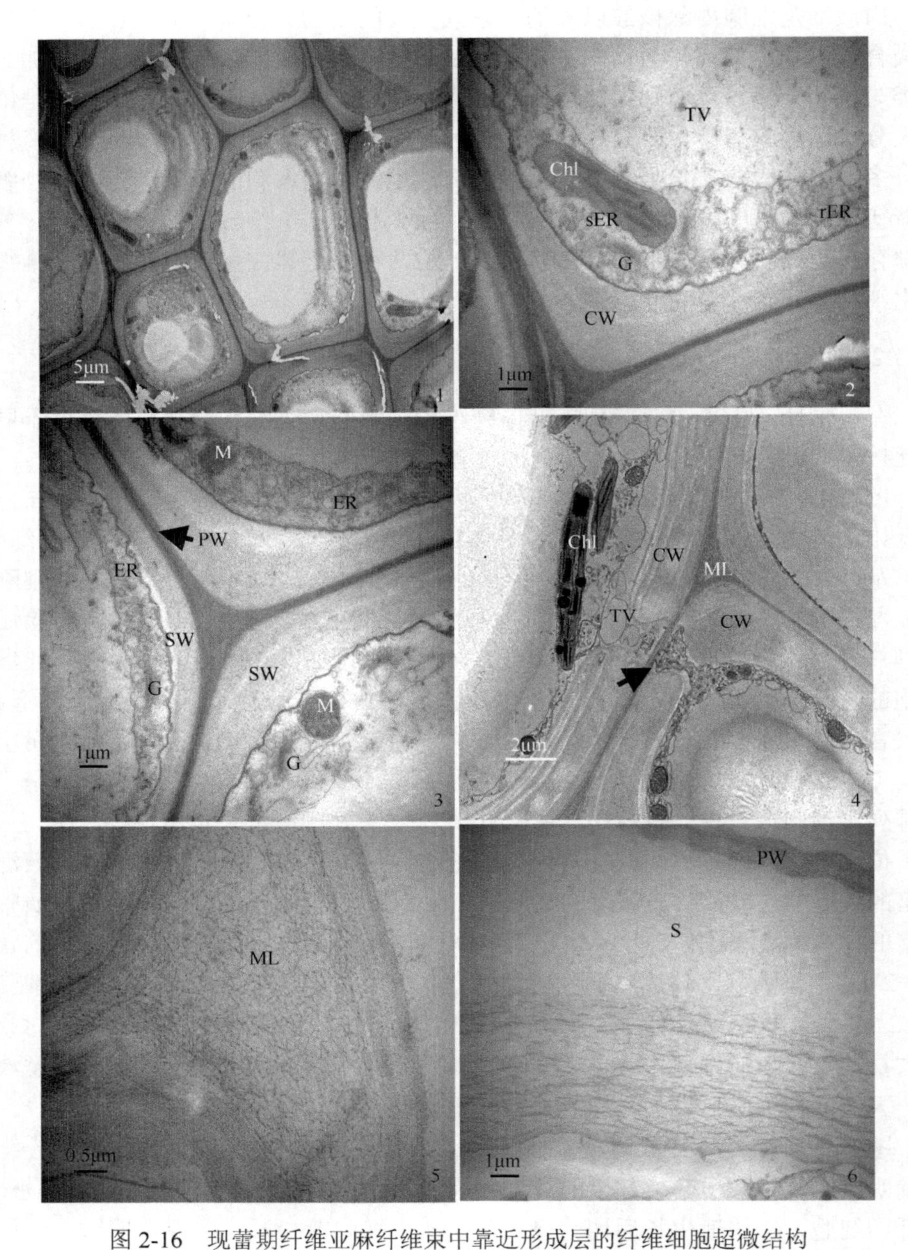


图 2-16 现蕾期纤维亚麻纤维束中靠近形成层的纤维细胞超微结构

1. 纤维细胞内含有丰富的细胞质；2. 细胞内叶绿体（Chl）、高尔基体（G）、粗面内质网（rER）和滑面内质网（sES），液泡（V）、运输小泡（TV）；3. 细胞的初生细胞壁（PW）、次生细胞壁（SW）和线粒体（M）、高尔基体以及内质网（ER）；4. 纤维细胞间的胞间连丝如箭头所示，运输小泡以及叶绿体和线粒体等细胞器；5. 胞间层（ML）的纤丝；6. 处于次生细胞壁（S）正在加厚的纤维细胞壁

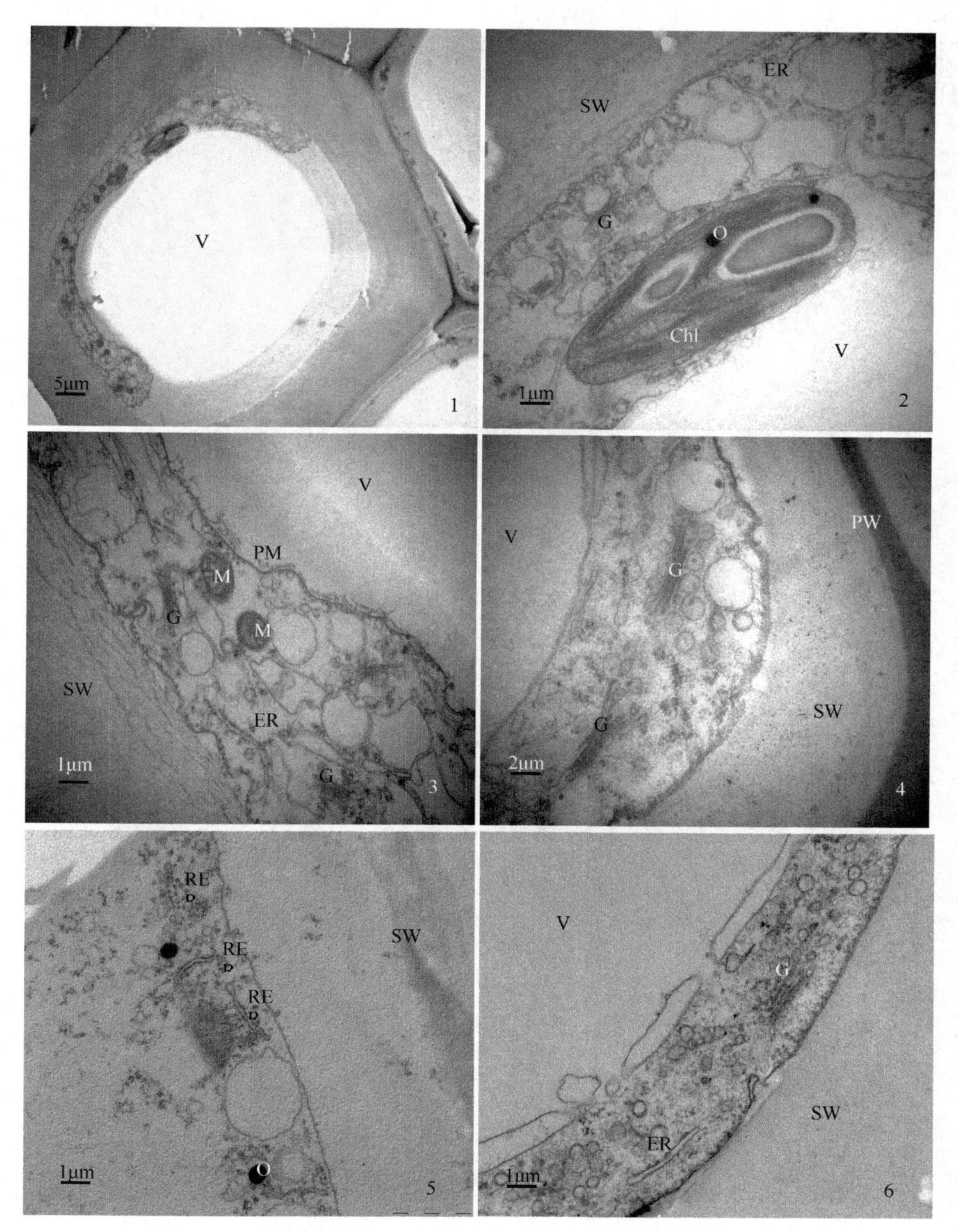


图 2-17 现蕾期纤维亚麻纤维束中位于中间的纤维细胞超微结构

1. 低倍镜下可见大液泡（V）和丰富的细胞质；2. 细胞内的叶绿体（Chl）、内质网（ER）和高尔基体（G），SW 为次生细胞壁；3. 细胞内丰富的内质网、线粒体（M）和高尔基体以及质膜（PM）边缘大量的管泡；4. 高尔基体成熟面朝向细胞壁，分泌高尔基小泡和大的囊泡；PW 为初生细胞壁；5. 细胞内分布有大量的粗面内质网（RE）；6. 纤维细胞高度液泡化，大液泡把细胞质挤到边缘沿着细胞壁呈条带状分布，还可见高尔基体的形成面朝向细胞壁的线粒体，其中可观察到线粒体的嵴（图 2-18-5），内质网的数量与线粒体和高尔基体相比是相对比较少的。从图 2-18-6 中可以看出，次生细胞壁的第一层和第二层已经形成，正在形成第三层。

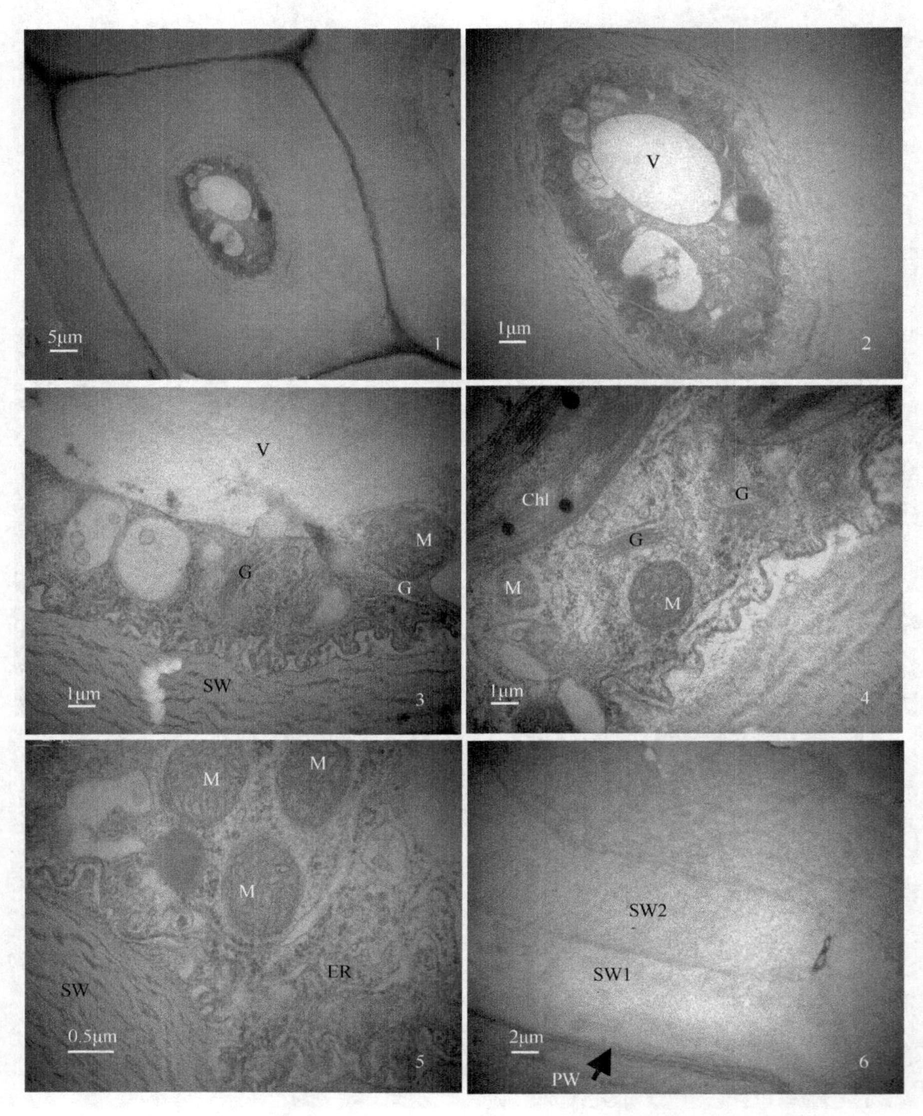


图 2-18　现蕾期纤维亚麻纤维束中靠近皮层区的纤维细胞超微结构

1. 靠近皮层区的纤维细胞壁明显比纤维束中其他部位的纤维细胞壁要厚；2. 为 1 的放大，可见大中央液泡（V）和丰富的细胞器；3. 细胞内含有线粒体（M）、高尔基体（G），高尔基体分泌大量的运输小泡到细胞壁；4. 此部位的纤维细胞中仍然能观察到叶绿体（Chl），高尔基体的成熟面朝向细胞壁分泌高尔基小泡，释放其中形成次生细胞壁的前体物质；5. 细胞中含有大量的线粒体、内质网（ER），其中可观察到线粒体的嵴；6. 初生细胞壁（PW）、次生细胞壁的第一层（SW1）和第二层（SW2）

### 2.5.1.3　开花末期

在开花末期纤维细胞的细胞壁加厚已经趋缓，纤维束中各个位置的细胞壁厚度已经基本一致，但细胞内的结构各不相同。从图 2-19-1 可以看出，有的纤维细

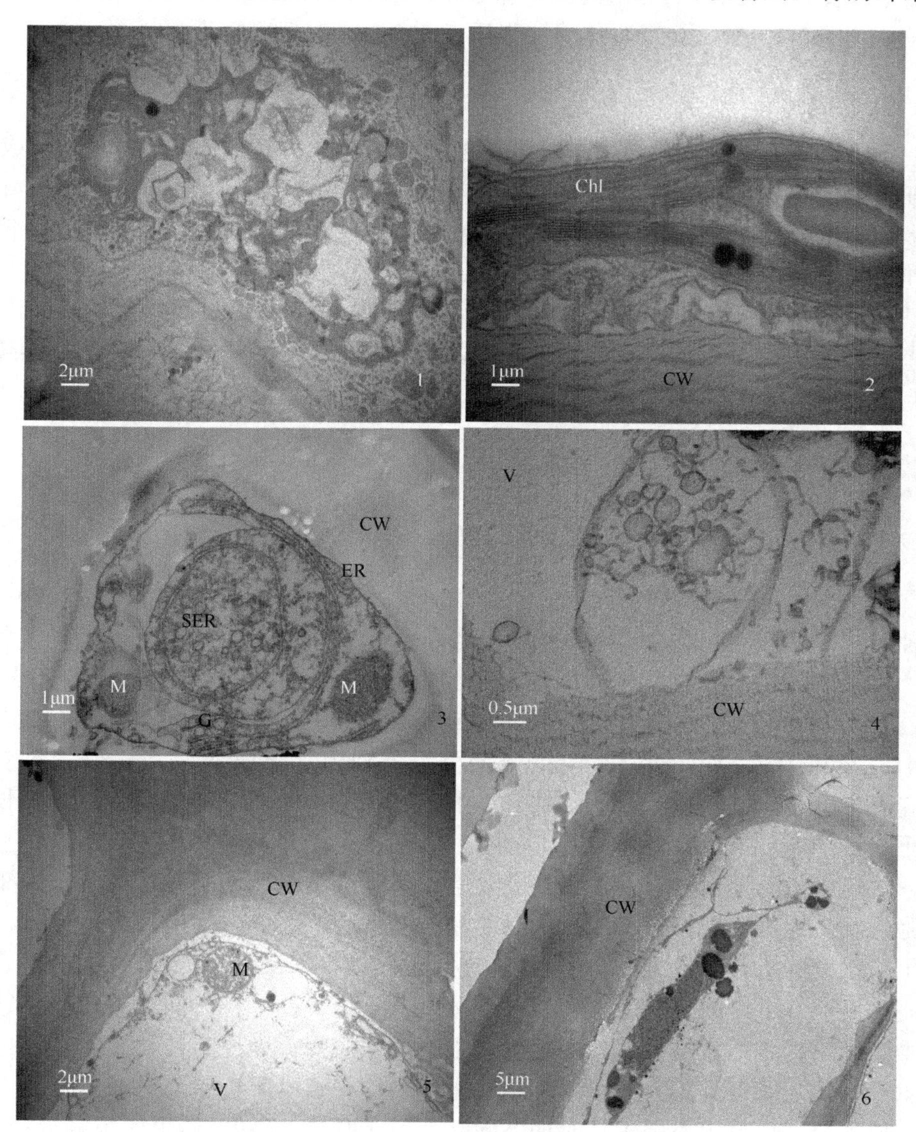


图 2-19　开花末期纤维亚麻纤维细胞超微结构

1. 纤维细胞内的细胞质及细胞器；2. 细胞内的叶绿体（Chl）和正在加厚的细胞壁（CW）；3. 细胞内含有高尔基体、滑面内质网（SER）和粗面内质网及嵴有些模糊的线粒体（M）；4. 解体的囊泡；5. 个别细胞内仅存完整的线粒体；6. 细胞质趋于解体

胞内的细胞器有些模糊，没有前两个时期清晰，但有的细胞内可看到叶绿体和正在加厚的次生细胞壁（图 2-19-2）。在这个时期偶尔还会观察到细胞内含有多种细胞器，如高尔基体、滑面内质网和粗面内质网等，只是线粒体嵴有些模糊不清了（图 2-19-3）；大多数纤维细胞还出现了解体的囊泡（图 2-19-4）、仅存的线粒体（图 2-19-5）、趋于解体的细胞质（图 2-19-6）等凋亡现象。

#### 2.5.1.4 工艺成熟期及种子完熟期

到了工艺成熟期，虽然大多数纤维细胞濒临凋亡，但在纤维束中靠近形成层的细胞内仍能观察到线粒体和高尔基体，但线粒体的嵴已经看不清了（图 2-20-1）。大多数细胞内仅存一点点细胞质（图 2-20-2），而此时期的初生细胞壁、次生细胞壁和胞间层结构非常清晰（图 2-20-3）。

种子完熟期亚麻纤维细胞已经完全解体（图 2-20-4），细胞器线粒体膜和内嵴消失（图 2-20-5），细胞壁加厚全部完成，细胞器几乎全部消失，形成空的细胞腔（图 2-20-6）。

### 2.5.2 亚麻纤维超分子结构研究

#### 2.5.2.1 不同生长时期不同基因型亚麻纤维的结晶度

对不同生长时期取样的亚麻纤维处理后进行 X 射线衍射分析，图 2-21 是中纤品种黑亚 14 号的 X 射线衍射图谱，其他品种的 X 射线衍射图谱略。

图 2-21 中显示的是典型的结晶纤维素 I 的 X 射线衍射曲线，$2\theta$ 角分别为 14.6°、16.44°、22.6°，分别对应 101、10$\bar{1}$、002 晶面的衍射峰，002 晶面的衍射峰更为尖锐。在图 2-21 中由上至下分别为工艺成熟期、种子完熟期、开花期、现蕾期和快速生长后期，其中工艺成熟期、种子完熟期的峰值比较接近。

快速生长后期衍射强度最低，主要是亚麻纤维细胞壁刚刚开始加厚，大部分细胞的次生细胞壁还没有形成，所以结晶区非常小，衍射强度小，结晶度低。随着生长发育的进行，纤维的晶格极大衍射峰值不断升高。从图 2-21 中可以看出，不同时期亚麻纤维的 X 射线衍射曲线基本相同，这说明生长时间的不同不会导致纤维微细结构本质上的变化，而衍射峰强度的强弱变化则说明其结晶度随着时间发生了变化，即纤维素大分子排列的状态越来越有规律而整齐。

依据公式计算出不同生长时期不同基因型亚麻的结晶度，结果如图 2-22 所示，3 个类型的亚麻纤维结晶度变化趋势一致，由快速生长后期到工艺成熟期，结晶度逐渐增加，而到了种子完熟期结晶度略有降低。这表明，在所有类型亚麻纤维中，随着次生细胞壁不断加厚，结晶区域也不断扩大，从而表现为结晶度不断升高，到了工艺成熟期这种规律的排列达到最大化，然而在种子完熟期纤维结晶度会有所下降，这主要是纤维细胞木质化造成的。

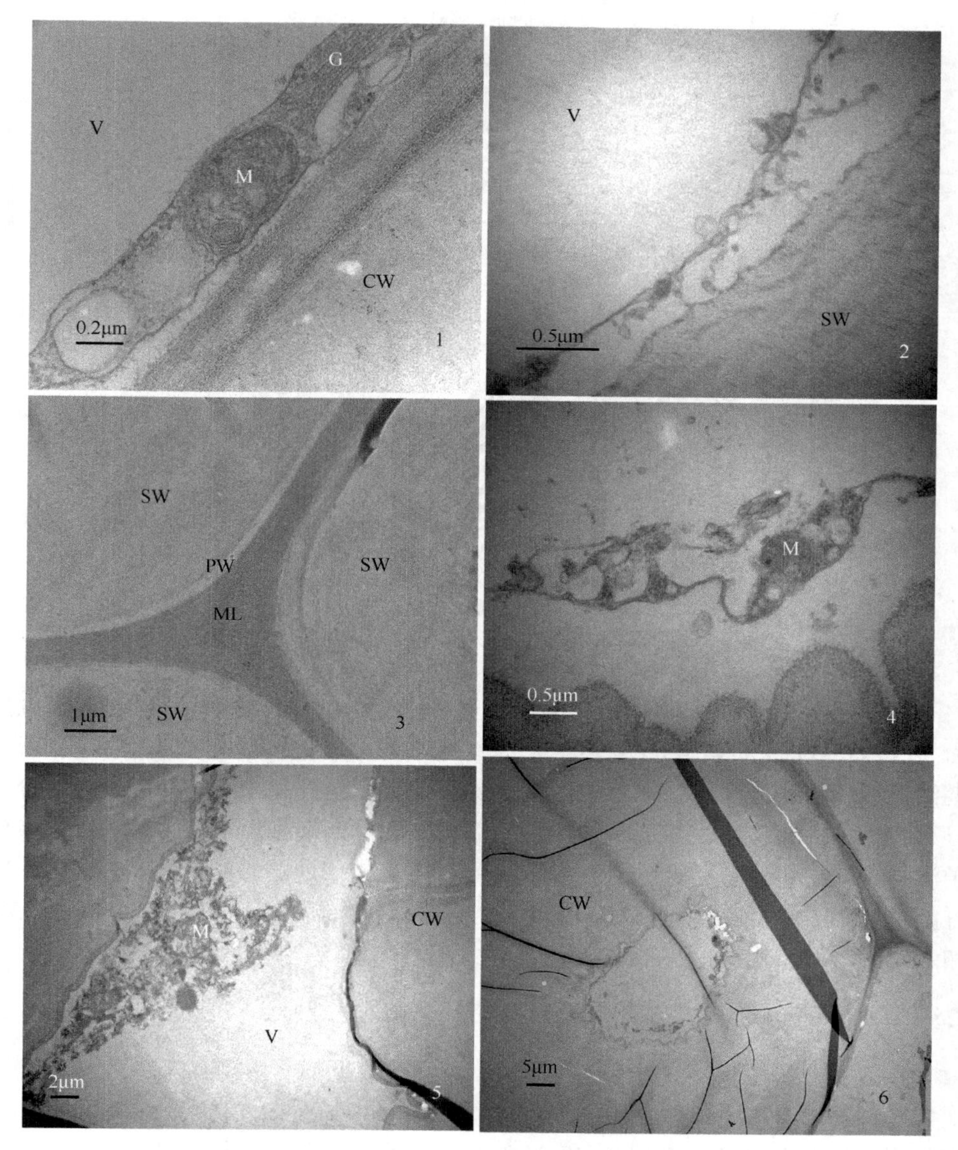


图 2-20　工艺成熟期及种子完熟期纤维亚麻的纤维细胞超微结构

1. 工艺成熟期纤维束中靠近形成层的细胞内仍能观察到线粒体（M）和高尔基体（G）；2. 细胞内仅存的细胞质；3. 初生细胞壁（PW）、次生细胞壁（SW）和胞间层（ML）；4. 种子完熟期解体的细胞质；5. 线粒体膜和内嵴消失、液泡（V）；6. 细胞壁（CW）加厚完成，细胞质和细胞器几乎全部消失，形成空的细胞腔

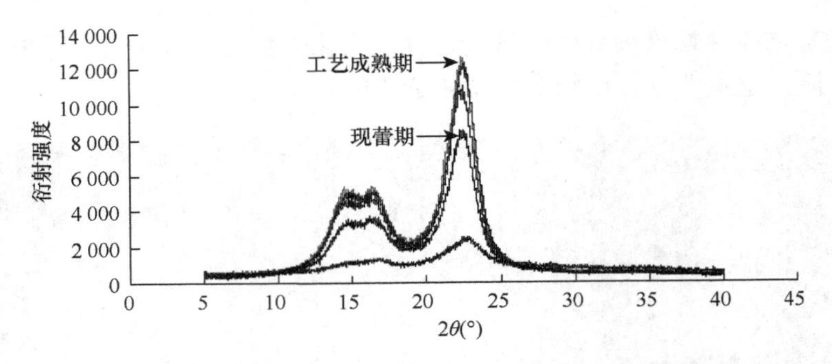


图 2-21 不同生长时期的黑亚 14 号纤维 X 射线衍射图（彩图请扫封底二维码）

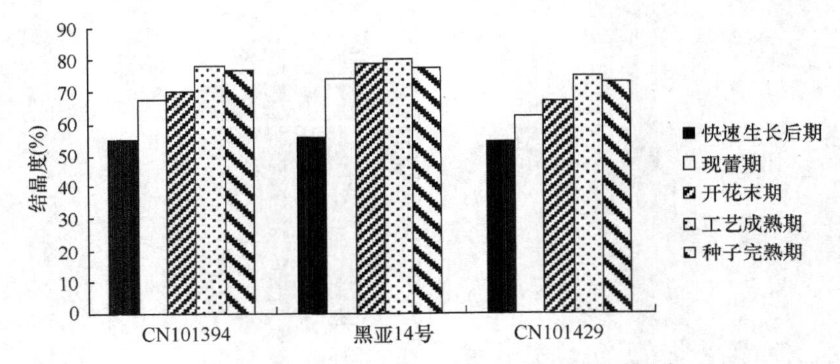


图 2-22 不同生长时期不同基因型亚麻的结晶度

在快速生长后期时，CN101394、黑亚 14 号和 CN101429 的纤维结晶度分别为 55.42%、55.71%和 54.65%，3 种类型纤维结晶度比较接近；从这一时期到现蕾期结晶度增长率分别达 15%、23%和 10%，现蕾期至开花末期结晶度增长率分别只有 3%、6%和 5%，这说明从快速生长后期到现蕾期细胞质中有大量的纤维素分子沉积到次生细胞壁中，并且整齐地排列。工艺成熟期的高纤型 CN101394、中纤型黑亚 14 号和油用型 CN101429 纤维结晶度达到最高，分别为 78.11%、79.85%和 74.85%，即油用型亚麻的结晶度要比纤用型的低。

### 2.5.2.2 不同基因型亚麻不同部位纤维的结晶度

在 3 种类型亚麻中，中纤型黑亚 14 号亚麻的上部、中部和下部的结晶度依次为 74.82%、79.85%和 79.41%，高纤型 CN101394 亚麻的上部、中部和下部的结晶度分别为 74.66%、78.11%和 77.05%，二者纤维上部、中部和下部的结晶度变化规律相似，中部和下部接近并大于上部（图 2-23），这说明在纤用类型中，中部和下部的纤维细胞壁的加厚生长较好，而植株上部的纤维非结晶区所占的比例较大，主要是因为大分子排列比较紊乱，堆砌比较疏松，并有较多的缝隙与孔洞，密度较低，一些大分子表面的基团距离较大，连接力较小。油用型

CN101429 亚麻的上部、中部和下部结晶度分别为 72.23%、72.46%和 72.32%，几乎没有差别，说明从结晶度来看，油用型亚麻 3 个部位的纤维超分子结构没有区别。另外，油用型亚麻 3 个部位中结晶度最大的为 72.46%，这要比纤用型亚麻 3 个部位中结晶度的最小值 74.66%还要小，这反映出纤用型和油用型亚麻之间在超分子结构中的差异。

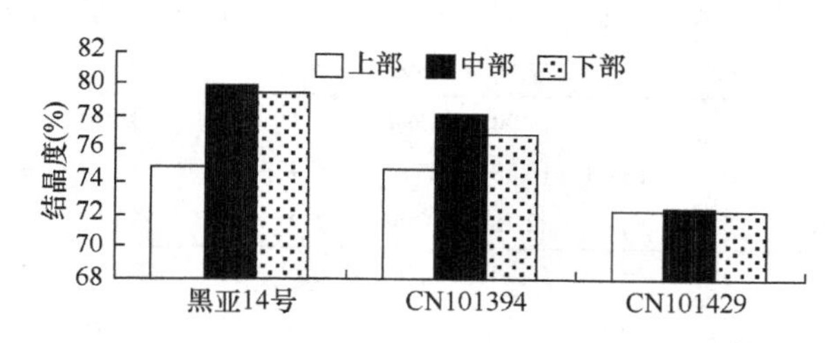


图 2-23　不同基因型亚麻不同部位纤维的结晶度

### 2.5.2.3　不同基因型亚麻工艺成熟期纤维的结晶度

结晶度是表征亚麻纤维素结晶区在亚麻中所占的比例，因此它与亚麻纤维素的含量密切相关，对不同基因型在工艺成熟期纤维结晶度的研究可以从超分子结构上来反映其细胞壁纤维素大分子空间排列的差异。

高纤型、中纤型和油用型亚麻结晶度平均值分别为 78%**、76.43%*和 72.22%，说明油用型亚麻纤维素结晶区在纤维中所占的比例极显著小于高纤型，而且在同一类型亚麻中不同品种的纤维结晶度也存在着差异（图 2-24）。

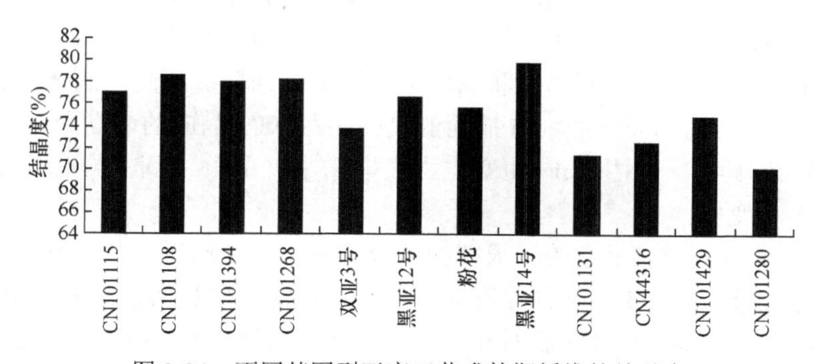


图 2-24　不同基因型亚麻工艺成熟期纤维的结晶度

### 2.5.2.4　不同生长时期不同基因型亚麻纤维超分子结构参数

在不同生长时期不同基因型亚麻纤维 X 射线衍射图谱中，$\theta$ 为衍射角，即 X 射线与晶面间的夹角，101 晶面 $2\theta$ 在 15°左右、$10\bar{1}$ 晶面在 16.6°左右、002 晶面在 22.6°左右，这说明在不同生长时期衍射角基本一致（表 2-18）。

**表 2-18 不同生长时期不同基因型亚麻纤维超分子结构参数**

| 生长时期 | 晶面 | 中纤黑亚 14 号 | | | | 高纤 CN101394 | | | | 油用 CN101429 | | | |
|---|---|---|---|---|---|---|---|---|---|---|---|---|---|
| | | 2θ（°） | 晶面间距 d（nm） | 晶粒尺寸 XS（nm） | 取向度（%） | 2θ（°） | 晶面间距 d（nm） | 晶粒尺寸 XS（nm） | 取向度（%） | 2θ（°） | 晶面间距 d（nm） | 晶粒尺寸 XS（nm） | 取向度（%） |
| 快速生长后期 | 101 | 15.00 | 0.602 | 9.0 | | 14.38 | 0.615 | 8.8 | | 14.38 | 0.615 | 8.8 | |
| | 10ī | 16.84 | 0.525 | 10.9 | 97.44 | 16.62 | 0.533 | 8.4 | 97.42 | 16.62 | 0.533 | 8.4 | 97.47 |
| | 002 | 22.86 | 0.393 | 6.0 | | 22.66 | 0.392 | 5.9 | | 22.66 | 0.392 | 5.9 | |
| 现蕾期 | 101 | 14.70 | 0.614 | 7.3 | | 14.90 | 0.594 | 5.1 | | 14.90 | 0.594 | 5.1 | |
| | 10ī | 16.88 | 0.536 | 5.1 | 98.43 | 16.28 | 0.544 | 5.9 | 98.41 | 16.28 | 0.544 | 5.9 | 98. 37 |
| | 002 | 22.58 | 0.396 | 5.8 | | 22.78 | 0.390 | 5.9 | | 22.78 | 0.390 | 5.9 | |
| 开花期 | 101 | 14.42 | 0.608 | 5.8 | | 14.78 | 0.599 | 5.0 | | 14.78 | 0.599 | 5.0 | |
| | 10ī | 16.52 | 0.539 | 5.2 | 98.45 | 16.38 | 0.541 | 6.4 | 98.47 | 16.38 | 0.541 | 6.4 | 98. 90 |
| | 002 | 22.46 | 0.394 | 5.8 | | 22.74 | 0.391 | 5.5 | | 22.74 | 0.391 | 5.5 | |
| 工艺成熟期 | 101 | 14.56 | 0.608 | 6.4 | | 14.60 | 0.606 | 5.3 | | 14.60 | 0.606 | 5.3 | |
| | 10ī | 16.44 | 0.539 | 5.7 | 98.44 | 16.74 | 0.529 | 5.8 | 98.44 | 16.74 | 0.529 | 5.8 | 98.43 |
| | 002 | 22.56 | 0.394 | 5.8 | | 22.48 | 0.395 | 5.7 | | 22.48 | 0.395 | 5.7 | |
| 种子完熟期 | 101 | 14.32 | 0.618 | 5.3 | | 14.72 | 0.601 | 5.0 | | 14.72 | 0.601 | 5.0 | |
| | 10ī | 16.50 | 0.537 | 5.8 | 98.44 | 16.68 | 0.531 | 5.4 | 98.44 | 16.68 | 0.531 | 5.4 | 98.43 |
| | 002 | 22.44 | 0.396 | 5.8 | | 22.72 | 0.391 | 5.6 | | 22.72 | 0.391 | 5.6 | |

不同的晶面，其晶面间距（即相邻的两个平行晶面之间的距离）各不相同。总体来说，低指数面的晶面间距较大，而高指数面的晶面间距小，此外，晶面间距最大的面总是阵点（或原子）最密排的晶面，晶面间距越小则晶面上的阵点排列就越稀疏。正是由于不同晶面和晶向上的原子排列情况不同，晶体才表现为各向异性。101 晶面的晶面间距>10ī 晶面的晶面间距>002 晶面的晶面间距，并且 002 晶面的晶面间距在不同生长时期变化程度非常小，品种之间差异也较小，都在 0.390nm 左右变化。

亚麻纤维内部为呈晶态的、很细的大分子束——基原纤，基原纤的直径称为晶粒尺寸。本研究中，3 个品种亚麻的晶粒尺寸在快速生长后期，101 晶面分别为 9.0nm、8.8nm 和 8.8nm；10ī 晶面分别为 10.9nm、8.4nm 和 8.4nm；现蕾期至种子完熟期，这两个晶面上，晶粒尺寸均在 5.8nm 左右，可见在 101 晶面和 10ī 晶面，快速生长后期时基原纤的直径要大于其他时期。

从 002 晶面来看，亚麻黑亚 14 号、CN101429 和 CN101394 的晶粒尺寸在各个生长时期变化都不大，未达显著性差异；所有供试材料均在纤维细胞壁加厚到一定时期后才形成较大的基原纤，3 个品种均是在快速生长后期时基原纤的直径最大。

取向度反映细胞壁中纤维素内大分子链主轴与纤维轴平行程度。研究结果表明，3 个品种的取向度动态变化规律基本一致，快速生长后期纤维素内大分子链主轴与纤维轴平行程度较差，取向度最低，至开花末期呈上升趋势并达最大取向度，之后工艺成熟期与种子完熟期取向度一样，但比前面生长期有所降低（表 2-18）。

#### 2.5.2.5 不同基因型亚麻工艺成熟期不同部位纤维超分子结构参数

高纤型 CN101394 亚麻纤维超分子结构中，在 101 晶面，晶面间距中部最大，晶粒尺寸上部和中部一样，而下部基原纤直径略有升高；在 10ī 晶面，晶面间距也是中部最大，晶粒尺寸由上至下部逐渐升高；在 002 晶面，晶面间距与部位变化无关；基原纤直径上至下部逐渐变大；3 个部位的取向度由上至下部逐渐升高（表 2-19）。

**表 2-19 不同类型亚麻不同部位纤维超分子结构参数**

| 部位 | 晶面 | 中纤黑亚 14 号 | | | | 高纤 CN101394 | | | | 油用 CN101429 | | | |
|---|---|---|---|---|---|---|---|---|---|---|---|---|---|
| | | $2\theta$（°） | 晶面间距 $d$（nm） | 晶粒尺寸 XS（nm） | 取向度（%） | $2\theta$（°） | 晶面间距 $d$（nm） | 晶粒尺寸 XS（nm） | 取向度（%） | $2\theta$（°） | 晶面间距 $d$（nm） | 晶粒尺寸 XS（nm） | 取向度（%） |
| 上 | 101 | 14.78 | 0.599 | 5.10 | 98.41 | 14.44 | 0.613 | 5.20 | 98.42 | 14.62 | 0.605 | 5.50 | 98.41 |
| | 10ī | 16.62 | 0.533 | 6.10 | | 16.94 | 0.523 | 5.10 | | 16.68 | 0.531 | 5.50 | |
| | 002 | 22.60 | 0.393 | 5.70 | | 22.68 | 0.392 | 5.70 | | 22.58 | 0.394 | 5.60 | |
| 中 | 101 | 14.56 | 0.608 | 6.40 | 98.44 | 14.36 | 0.616 | 5.20 | 98.44 | 14.60 | 0.606 | 5.30 | 98.43 |
| | 10ī | 16.44 | 0.539 | 5.70 | | 16.66 | 0.532 | 5.40 | | 16.74 | 0.529 | 5.80 | |
| | 002 | 22.56 | 0.393 | 5.80 | | 22.64 | 0.392 | 5.80 | | 22.48 | 0.394 | 5.70 | |
| 下 | 101 | 14.54 | 0.609 | 5.10 | 98.46 | 14.54 | 0.609 | 5.80 | 98.46 | 14.68 | 0.603 | 5.30 | 98.44 |
| | 10ī | 16.76 | 0.529 | 5.20 | | 16.76 | 0.529 | 5.60 | | 16.78 | 0.528 | 6.40 | |
| | 002 | 22.60 | 0.393 | 5.90 | | 22.68 | 0.392 | 5.90 | | 22.54 | 0.394 | 5.80 | |

中纤型黑亚 14 号亚麻纤维超分子结构中，在 101 晶面，晶面间距由上部至下部逐渐升高，而中部基原纤直径最大；在 10ī 晶面，晶面间距是中部最大，晶粒尺寸由上部至下部逐渐降低；在 002 晶面，晶面间距在 3 个部位上没有变化；基原纤直径由上至下部逐渐变大；上部、中部和下部的取向度逐渐升高。

油用型 CN101429 亚麻纤维超分子结构中，在 101 晶面，晶面间距中部最大，晶粒尺寸中部和下部一样，而上部基原纤直径最大；在 10ī 晶面，晶面间距由上部至下部逐渐变小，晶粒尺寸由上部至下部逐渐升高；在 002 晶面，晶面间距在 3 个部位上没有变化，基原纤直径由上部至下部逐渐变大；3 个部位的取向度同样由上部至下部逐渐升高。

由此可见，在 101 晶面和 10ī 晶面 3 种类型亚麻超分子结构参数变化规律性不强，但在 002 晶面上，3 种类型亚麻在晶面间距、晶粒尺寸和取向度方面变化规律一致，即晶面间距在 3 个部位上没有变化、晶粒尺寸和取向度由上部至下部逐渐升高。

### 2.5.2.6 工艺成熟期不同基因型亚麻纤维超分子结构参数

工艺成熟期，在 101 晶面和 $10\bar{1}$ 晶面，晶面间距和晶粒尺寸大小在不同类型亚麻纤维之间规律性不强，但在 002 晶面，晶面间距都在 0.394nm 左右，而晶粒尺寸为 5.80nm 或 5.70nm，基原纤大小差异不显著（表 2-20）。这与 Forcher 的报道非常接近，说明在不同品种亚麻中，纤维晶粒尺寸是比较稳定的超分子结构参数。

**表 2-20 工艺成熟期不同基因型亚麻纤维超分子结构参数**

| 类型 | 品种 | 晶面 | $2\theta$（°） | 晶面间距 $d$（nm） | 晶粒尺寸 XS（nm） | 取向度（%） | |
|---|---|---|---|---|---|---|---|
| 高纤 | CN101115 | 101 | 14.68 | 0.602 | 5.30 | 98.44 | a |
| | | $10\bar{1}$ | 16.76 | 0.528 | 5.20 | | |
| | | 002 | 22.52 | 0.394 | 5.70 | | |
| | CN101108 | 101 | 14.66 | 0.603 | 6.40 | 98.44 | a |
| | | $10\bar{1}$ | 16.54 | 0.535 | 5.70 | | |
| | | 002 | 22.56 | 0.394 | 5.80 | | |
| | CN101268 | 101 | 14.68 | 0.602 | 5.30 | 98.43 | a |
| | | $10\bar{1}$ | 16.76 | 0.528 | 5.20 | | |
| | | 002 | 22.52 | 0.394 | 5.70 | | |
| | CN101394 | 101 | 14.36 | 0.616 | 5.20 | 98.44 | a |
| | | $10\bar{1}$ | 16.66 | 0.532 | 5.40 | | |
| | | 002 | 22.64 | 0.392 | 5.80 | | |
| 中纤 | 黑亚 12 号 | 101 | 14.8 | 0.598 | 5.80 | 98.45 | a |
| | | $10\bar{1}$ | 16.64 | 0.532 | 5.70 | | |
| | | 002 | 22.54 | 0.394 | 5.80 | | |
| | 黑亚 14 号 | 101 | 14.56 | 0.608 | 6.40 | 98.44 | a |
| | | $10\bar{1}$ | 16.44 | 0.539 | 5.70 | | |
| | | 002 | 22.56 | 0.394 | 5.80 | | |
| | 粉花 | 101 | 14.36 | 0.616 | 5.40 | 98.44 | a |
| | | $10\bar{1}$ | 16.54 | 0.536 | 6.20 | | |
| | | 002 | 22.56 | 0.394 | 5.80 | | |
| | 双亚 3 号 | 101 | 14.36 | 0.616 | 5.50 | 98.41 | a |
| | | $10\bar{1}$ | 16.8 | 0.527 | 5.90 | | |
| | | 002 | 22.46 | 0.396 | 5.70 | | |

续表

| 类型 | 品种 | 晶面 | $2\theta$（°） | 晶面间距 $d$（nm） | 晶粒尺寸 XS（nm） | 取向度（%） | |
|---|---|---|---|---|---|---|---|
| 油用 | CN101280 | 101 | 14.58 | 0.602 | 5.30 | 98.43 | a |
| | | $10\bar{1}$ | 16.77 | 0.528 | 5.70 | | |
| | | 002 | 22.52 | 0.394 | 5.80 | | |
| | CN44316 | 101 | 14.86 | 0.607 | 5.40 | 98.44 | a |
| | | $10\bar{1}$ | 16.54 | 0.539 | 5.90 | | |
| | | 002 | 22.56 | 0.394 | 5.80 | | |
| | CN101429 | 101 | 14.60 | 0.606 | 5.30 | 98.43 | a |
| | | $10\bar{1}$ | 16.74 | 0.529 | 5.80 | | |
| | | 002 | 22.48 | 0.395 | 5.70 | | |
| | CN101131 | 101 | 14.71 | 0.608 | 5.50 | 98.44 | a |
| | | $10\bar{1}$ | 16.65 | 0.528 | 5.80 | | |
| | | 002 | 22.68 | 0.394 | 5.80 | | |

注：相同小写字母表示在 0.05 水平差异不显著

从晶区取向度来看，亚麻纤维取向度平均为 98.43%，3 种类型相差不显著，这说明纤用或油用型亚麻纤维大分子排列方向与纤维轴向符合程度高，那么纤维的拉伸强度高，伸长能力小，弹性差。

### 2.5.3 细胞壁化学组成的 FTIR 研究

#### 2.5.3.1 FTIR 谱图的分析

傅里叶变换红外光谱（Fourier transform infrared spectrum，FTIR）谱图是亚麻韧皮纤维细胞壁各主要化学成分的综合反映，可以根据所含化学成分的官能团特征找到相应红外光谱吸收峰的归属。图 2-25 是纤用型亚麻 CN101268 的 FTIR 谱图。

所有的亚麻样品，在 3420cm$^{-1}$ 附近都出现了宽而钝的吸收峰，这是—OH 的特征吸收峰，而在 2920cm$^{-1}$ 左右的是饱和 C—H 键的伸缩振动吸收峰，主要来自于细胞壁中蛋白质、纤维素和果胶等组织成分。

FTIR 谱图中反映细胞壁多糖信息的是指纹区 900~1200cm$^{-1}$（糖链的特征峰）和 1600~1750cm$^{-1}$。其中，1038cm$^{-1}$、1056cm$^{-1}$ 和 1100cm$^{-1}$ 附近主要为纤维素糖链中 C—C 和 C—O 键的吸收峰，1153cm$^{-1}$ 左右为纤维素中糖苷 C—O—C 的吸收峰，1379cm$^{-1}$ 为纤维素中甲基的伸缩振动吸收峰，从图 2-25 中可以看出亚麻纤维细胞壁中有较多的纤维素。

在 1735cm$^{-1}$ 附近的吸收峰表示酯化果胶中酯基的伸缩振动吸收峰，强度并不是很大，这说明亚麻果胶的酯化度不高，为低酯化度果胶。而 1422cm$^{-1}$ 左右为果胶糖醛酸中羧酸根离子（$COO^-$）的特征吸收峰，此处为果胶的特征峰。

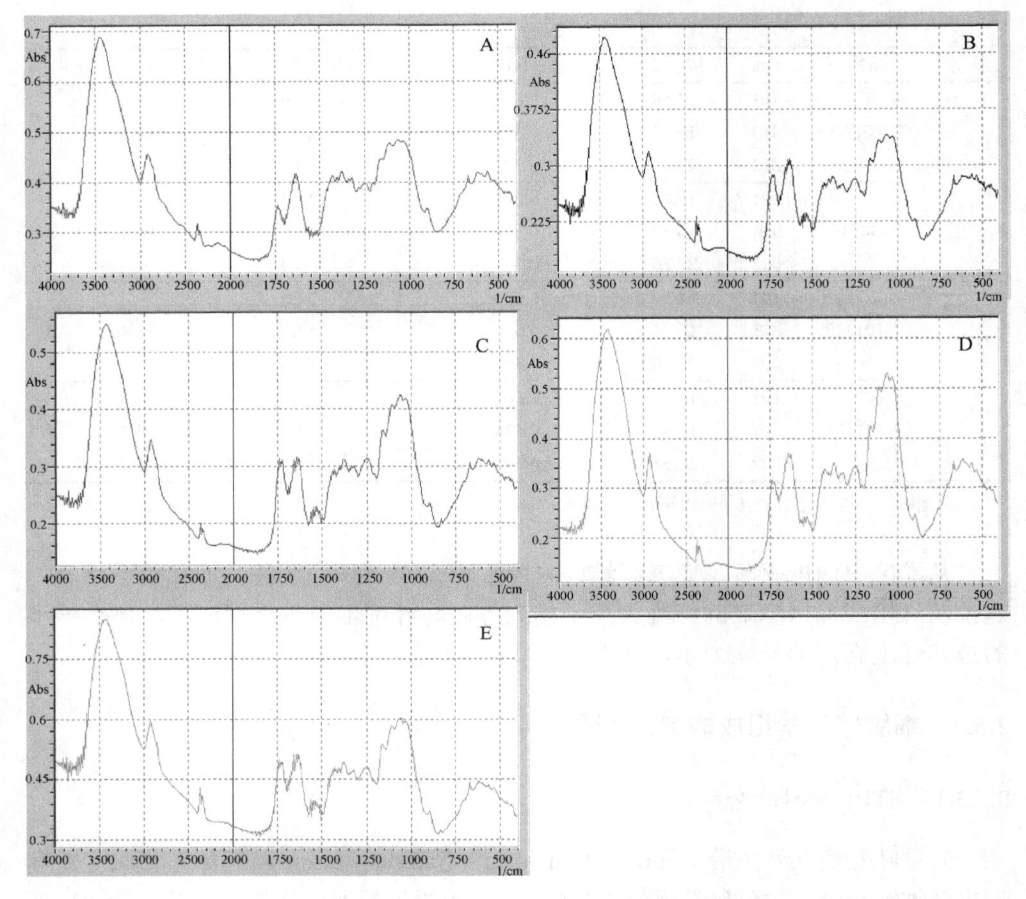


图 2-25 不同生长时期亚麻 CN101268 FTIR 谱图

A. 快速生长后期；B. 现蕾期；C. 开花末期；D. 工艺成熟期；E. 种子完熟期

FTIR 谱图中，在 $1640cm^{-1}$ 附近为细胞壁蛋白质上的 C═O（酰胺Ⅰ带），而 $1540cm^{-1}$ 附近为蛋白质上 N—H 特征吸收峰（酰胺Ⅱ），$1250cm^{-1}$ 附近是酰胺Ⅳ带，$690cm^{-1}$ 附近会有酰胺Ⅴ带出现。

而关于木质素的一些吸收峰，如 $1330cm^{-1}$ 附近是愈创木基环加 C═O 伸展振动或愈创木基与甲氧基键合的 C—O 键的吸收峰，表明有甲氧基；$1543cm^{-1}$ 处的吸收峰表示苯环骨架振动；在 $1237cm^{-1}$ 处的吸收峰是对羟苯基，在 $870cm^{-1}$ 处，不同时期的纤维细胞壁都有 1 个很小的吸收峰，此处是苯环对位取代特征吸收峰，谱图中，前者吸收强度比苯环对位取代的要大，说明这个时期亚麻的木质素中含有较多的酚型结构的对羟苯基结构单元；而 $1271cm^{-1}$ 处没有吸收峰，这说明亚麻木质素的单体没有愈创木基，其单体为对羟苯基结构单元和紫丁香基苯丙烷。

从结果可知，在不同生长周期的亚麻韧皮纤维细胞壁成分 FTIR 谱图中一些特征峰是大致相同的，所以我们采用特征峰的半定量来进一步分析。

#### 2.5.3.2 FTIR 谱图特征峰的半定量分析

为揭示不同生长时期亚麻细胞壁红外光谱图的重复性和差异性，根据 FTIR 谱图进行半定量分析，对每个谱图分别以 $2920cm^{-1}$ $CH_3$ 中的 C—H 特征吸收峰的吸光度（*A*2920）为基准，通过其他特征峰的吸光度 *A* 与 *A*2920 的比值来半定量分析亚麻纤维细胞壁中的特征峰变化，结果见表 2-21。

**表 2-21 不同生长时期不同基因型亚麻 FTIR 特征峰的半定量**

| 基因型及生长时期 | | *A*3420/*A*2920 | *A*1735/*A*2920 | *A*1422/*A*2920 | *A*1640/*A*2920 | *A*1330/*A*2920 | *A*1379/*A*2920 | *A*1153/*A*2920 | *A*1100/*A*2920 | *A*1056/*A*2920 | *A*1038/*A*2920 |
|---|---|---|---|---|---|---|---|---|---|---|---|
| CN101108 | 1 | 1.380 | 0.837 | 0.910 | 0.892 | 0.780 | 0.579 | 0.822 | 0.852 | 0.858 | 0.858 |
| | 2 | 1.573 | 0.792 | 0.908 | 0.872 | 0.827 | 0.591 | 1.100 | 1.255 | 1.325 | 1.318 |
| | 3 | 1.633 | 0.765 | 0.801 | 0.870 | 0.888 | 0.557 | 0.888 | 0.927 | 0.946 | 0.931 |
| | 4 | 1.444 | 0.808 | 0.907 | 0.814 | 0.911 | 0.671 | 1.083 | 1.198 | 1.212 | 1.206 |
| | 5 | 1.250 | 0.815 | 0.873 | 0.880 | 0.928 | 0.733 | 0.963 | 1.009 | 1.028 | 1.019 |
| CN101115 | 1 | 1.276 | 0.832 | 0.880 | 0.904 | 0.763 | 0.512 | 0.803 | 0.816 | 0.842 | 0.855 |
| | 2 | 1.344 | 0.816 | 0.789 | 0.882 | 0.796 | 0.619 | 0.910 | 1.000 | 1.031 | 1.027 |
| | 3 | 1.616 | 0.733 | 0.804 | 0.824 | 0.824 | 0.613 | 0.856 | 0.888 | 0.904 | 0.904 |
| | 4 | 1.574 | 0.786 | 0.847 | 0.788 | 0.862 | 0.646 | 1.016 | 1.116 | 1.164 | 1.159 |
| | 5 | 1.330 | 0.743 | 0.846 | 0.825 | 0.868 | 0.571 | 0.895 | 0.949 | 0.972 | 0.965 |
| CN101394 | 1 | 1.368 | 0.774 | 0.947 | 0.952 | 0.779 | 0.589 | 0.844 | 0.897 | 0.912 | 0.912 |
| | 2 | 1.544 | 0.756 | 0.893 | 0.869 | 0.813 | 0.600 | 1.081 | 1.208 | 1.235 | 1.235 |
| | 3 | 1.649 | 0.738 | 0.785 | 0.848 | 0.831 | 0.552 | 0.887 | 0.954 | 0.968 | 0.963 |
| | 4 | 1.572 | 0.769 | 0.830 | 0.844 | 0.879 | 0.589 | 1.091 | 1.226 | 1.274 | 1.260 |
| | 5 | 1.445 | 0.700 | 0.844 | 0.774 | 0.909 | 0.584 | 0.959 | 1.07 | 1.099 | 1.099 |
| CN101268 | 1 | 1.493 | 0.817 | 0.980 | 0.914 | 0.817 | 0.568 | 0.948 | 1.015 | 1.026 | 1.011 |
| | 2 | 1.661 | 0.820 | 0.917 | 0.942 | 0.858 | 0.608 | 1.153 | 1.288 | 1.336 | 1.329 |
| | 3 | 1.635 | 0.829 | 0.913 | 0.956 | 0.867 | 0.557 | 0.967 | 1.044 | 1.061 | 1.061 |
| | 4 | 1.634 | 0.814 | 0.828 | 0.831 | 0.901 | 0.644 | 1.045 | 1.134 | 1.164 | 1.164 |
| | 5 | 1.469 | 0.714 | 0.839 | 0.876 | 0.911 | 0.525 | 0.913 | 0.969 | 0.991 | 0.991 |
| CN101280 | 1 | 1.393 | 0.848 | 0.911 | 0.955 | 0.874 | 0.617 | 0.964 | 1.009 | 1.027 | 1.040 |
| | 2 | 1.515 | 0.833 | 0.909 | 0.938 | 0.893 | 0.658 | 1.041 | 1.150 | 1.175 | 1.175 |
| | 3 | 1.616 | 0.797 | 0.894 | 0.913 | 0.896 | 0.667 | 0.980 | 1.035 | 1.040 | 1.045 |
| | 4 | 1.436 | 0.817 | 0.890 | 0.824 | 0.914 | 0.590 | 1.090 | 1.216 | 1.255 | 1.255 |
| | 5 | 1.425 | 0.805 | 0.895 | 0.840 | 0.956 | 0.518 | 0.973 | 1.053 | 1.080 | 1.078 |

续表

| 基因型及生长时期 | | *A*3420/*A*2920 | *A*1735/*A*2920 | *A*1422/*A*2920 | *A*1640/*A*2920 | *A*1330/*A*2920 | *A*1379/*A*2920 | *A*1153/*A*2920 | *A*1100/*A*2920 | *A*1056/*A*2920 | *A*1038/*A*2920 |
|---|---|---|---|---|---|---|---|---|---|---|---|
| | 1 | 1.434 | 0.908 | 0.925 | 0.913 | 0.847 | 0.562 | 0.913 | 1.173 | 1.225 | 1.208 |
| | 2 | 1.595 | 0.810 | 0.903 | 0.901 | 0.862 | 0.583 | 1.103 | 1.202 | 1.241 | 1.233 |
| CN101429 | 3 | 1.660 | 0.787 | 0.844 | 0.906 | 0.867 | 0.582 | 0.943 | 1.009 | 1.028 | 1.028 |
| | 4 | 1.560 | 0.773 | 0.854 | 0.860 | 0.933 | 0.633 | 1.023 | 1.128 | 1.144 | 1.144 |
| | 5 | 1.381 | 0.772 | 0.852 | 0.789 | 0.971 | 0.619 | 0.980 | 1.053 | 1.063 | 1.063 |
| | 1 | 1.347 | 0.853 | 1.056 | 0.884 | 0.835 | 0.657 | 0.997 | 1.086 | 1.123 | 1.114 |
| | 2 | 1.357 | 0.822 | 0.877 | 0.883 | 0.853 | 0.646 | 0.893 | 0.926 | 0.936 | 0.934 |
| CN44316 | 3 | 1.624 | 0.786 | 0.848 | 0.976 | 0.855 | 0.672 | 1.056 | 1.095 | 1.151 | 1.137 |
| | 4 | 1.526 | 0.788 | 0.869 | 0.808 | 0.919 | 0.535 | 0.954 | 1.059 | 1.076 | 1.076 |
| | 5 | 1.381 | 0.717 | 0.881 | 0.911 | 0.966 | 0.610 | 1.060 | 1.148 | 1.177 | 1.157 |
| | 1 | 1.104 | 0.811 | 0.956 | 0.903 | 0.861 | 0.593 | 0.888 | 0.910 | 0.906 | 0.899 |
| | 2 | 1.563 | 0.874 | 0.885 | 0.894 | 0.862 | 0.798 | 1.060 | 1.142 | 1.175 | 1.166 |
| CN101131 | 3 | 1.622 | 0.877 | 0.871 | 1.014 | 0.907 | 0.621 | 1.000 | 1.125 | 1.142 | 1.088 |
| | 4 | 1.621 | 0.797 | 0.879 | 0.906 | 0.911 | 0.630 | 1.102 | 1.225 | 1.264 | 1.258 |
| | 5 | 1.419 | 0.817 | 0.885 | 0.802 | 0.939 | 0.580 | 0.974 | 1.043 | 1.074 | 1.063 |
| | 1 | 1.508 | 0.916 | 0.974 | 0.922 | 0.820 | 0.641 | 1.1 | 1.177 | 1.206 | 1.201 |
| | 2 | 1.531 | 0.833 | 0.957 | 0.937 | 0.835 | 0.562 | 0.931 | 1.012 | 1.036 | 1.021 |
| 黑亚 12 号 | 3 | 1.621 | 0.789 | 0.814 | 0.962 | 0.877 | 0.647 | 1.141 | 1.253 | 1.283 | 1.275 |
| | 4 | 1.358 | 0.770 | 0.853 | 0.853 | 0.957 | 0.638 | 0.887 | 0.935 | 0.94 | 0.937 |
| | 5 | 1.361 | 0.758 | 0.893 | 0.861 | 0.967 | 0.663 | 0.975 | 1.045 | 1.066 | 1.061 |
| | 1 | 1.333 | 0.903 | 0.908 | 0.969 | 0.788 | 0.619 | 0.975 | 1.053 | 1.075 | 1.060 |
| | 2 | 1.478 | 0.842 | 0.902 | 0.950 | 0.858 | 0.606 | 0.900 | 0.975 | 1.002 | 0.992 |
| 黑亚 14 号 | 3 | 1.500 | 0.836 | 0.865 | 0.913 | 0.870 | 0.610 | 0.970 | 1.043 | 1.054 | 1.048 |
| | 4 | 1.462 | 0.767 | 0.800 | 0.870 | 0.895 | 0.615 | 0.951 | 1.012 | 1.042 | 1.037 |
| | 5 | 1.475 | 0.770 | 0.893 | 0.859 | 0.898 | 0.633 | 0.984 | 1.033 | 1.043 | 1.043 |
| | 1 | 1.341 | 0.919 | 0.949 | 0.984 | 0.829 | 0.644 | 0.987 | 1.070 | 1.081 | 1.076 |
| | 2 | 1.371 | 0.792 | 0.947 | 0.971 | 0.842 | 0.604 | 0.896 | 0.953 | 0.966 | 0.962 |
| 双亚 3 号 | 3 | 1.529 | 0.791 | 0.879 | 0.871 | 0.879 | 0.670 | 1.100 | 1.219 | 1.244 | 1.250 |
| | 4 | 1.516 | 0.788 | 0.860 | 0.878 | 0.944 | 0.687 | 1.081 | 1.112 | 1.191 | 1.102 |
| | 5 | 1.504 | 0.753 | 0.853 | 0.876 | 0.957 | 0.693 | 1.170 | 1.234 | 1.264 | 1.291 |
| | 1 | 1.380 | 0.866 | 0.912 | 0.920 | 0.811 | 0.653 | 1.007 | 1.099 | 1.101 | 1.085 |
| | 2 | 1.299 | 0.839 | 0.859 | 0.899 | 0.814 | 0.598 | 0.837 | 0.866 | 0.866 | 0.863 |
| 粉花 | 3 | 1.588 | 0.813 | 0.843 | 0.855 | 0.826 | 0.647 | 1.088 | 1.221 | 1.256 | 1.250 |
| | 4 | 1.520 | 0.748 | 0.837 | 0.842 | 0.873 | 0.563 | 0.858 | 0.902 | 0.914 | 0.906 |
| | 5 | 1.220 | 0.744 | 0.840 | 0.824 | 0.909 | 0.690 | 0.917 | 0.987 | 1.015 | 1.009 |

注：1、2、3、4、5 分别代表快速生长后期、现蕾期、开花末期、工艺成熟期、种子完熟期

所有亚麻在不同生长时期 *A*3420/*A*2920 的最大值都出现在开花末期，这表明，这一时期细胞壁上含有大量—OH。

反映细胞壁多糖及纤维素信息的特征峰 *A*1038/*A*2920、*A*1056/*A*2920、*A*1100/*A*2920、*A*1153/*A*2920 和 *A*1379/*A*2920 的值在不同生长时期的变化趋势可以分为 2 种类型。

一种为“M”形，从快速生长后期到现蕾期特征峰的比值升高，到开花末期会有一个降低，工艺成熟期又会升高，之后的种子完熟期又降低，即在整个生长期里有现蕾期和工艺成熟期两个高峰。呈“M”形变化趋势的亚麻有高纤型 CN101108、CN101115、CN101268、CN101394，油用型 CN101280、CN101131 和 CN101429。

另一种为“W”形，与“M”形相反，从快速生长后期至现蕾期比值表现为降低，开花末期又升高，而工艺成熟期有所降低，种子完熟期又会升高，在整个生长期里有快速生长后期、开花末期和种子完熟期 3 个高峰。而呈“W”形的亚麻有中纤型黑亚 12 号、黑亚 14 号、粉花、双亚 3 号及油用型 CN44316。

可见，多糖及纤维素的特征峰呈“M”形变化趋势的大部分为高纤型和油用型亚麻，中纤型亚麻则都呈“W”形变化。出现多糖及纤维素特征峰比值高峰的时期，也就是纤维细胞壁中多糖及纤维素含量最多的时期，所以不同类型的亚麻在不同生长时期纤维细胞壁中多糖及纤维素含量的变化与细胞壁加厚密切相关，并且是有一定规律可循的。

在 1735cm$^{-1}$ 附近的吸收峰和 1422cm$^{-1}$ 左右果胶的特征峰，其 *A*1422/*A*2920 与 *A*1735/*A*2920 都能很好地反映出细胞壁中果胶含量的变化。所有亚麻在整个生长周期中，*A*1422/*A*2920 的最高值都出现在快速生长后期，之后不同的品种会有不同的变化趋势。纤用型 CN101268、黑亚 14 号、双亚 3 号、粉花和油用型 CN101280、CN44316 从快速生长后期至工艺成熟期都呈下降趋势，种子完熟期比值与工艺成熟期基本一致；而在开花末期出现最低值，调查期间呈“V”形的，有纤用型 CN101108、CN101115、CN101394、黑亚 12 号，油用型 CN101429、CN101131。

果胶的特征峰最高值出现在快速生长后期，主要是因为亚麻在幼苗期和快速生长期时，其果胶的含量占整个韧皮纤维的 15%以上，但随着植株生长的继续，果胶一部分转化为纤维素、半纤维素和木质素，另一部分转化为不溶性果胶。

FTIR 谱图中，在 1640cm$^{-1}$ 附近为细胞壁蛋白质上的C═O(酰胺Ⅰ带)，*A*1640/*A*2920 在整个生长时期呈直线平缓下降趋势的有纤用型 CN101394、双亚 3 号、黑亚 14 号、粉花和油用型 CN101429；从快速生长后期至工艺成熟期呈下降趋势，而到种子完熟期酰胺Ⅰ带相对值又有所上升，有纤用型 CN101108、CN101115 和油用型 CN101280；快速生长后期至开花末期上升之后下降，种子完熟期又升高的有纤用型 CN101268、黑亚 12 号和油用型 CN44316。亚麻纤维细胞壁中酰胺 I 带这种变化可能是与其加厚过程相适应的。

细胞壁成分当中木质素的特征峰相对值变化趋势是相对稳定并一致的，所有亚麻在不同生长时期，*A*1330/*A*2920 从快速生长后期到种子完熟期都呈不断升高的趋势，其中，在工艺成熟期和种子完熟期，油用型比纤用型亚麻的特征峰相对值要高。

（李明，付兴，李冬梅，于琳，冷超）

# 3 亚麻产量形成的生理生化基础研究

## 3.1 碳氮积累与纤维发育

### 3.1.1 氮含量与纤维发育的关系

氮代谢是作物生理活动中的一种重要代谢，吸收适量的氮素有利于亚麻光合能力的提高，加快茎叶生长，因而氮素对纤维发育影响很大。茎、叶氮含量变化如图 3-1、图 3-2 所示，叶片氮含量呈较明显的下降趋势，各品种氮含量在 6 月 26 日（现蕾期）波动较大（3%~4.4%），在随后的生长发育过程中各品种叶片氮含量又趋向一致，最终兼用品种（3.4%）>油用品种（3.3%）>其他品种[（2.7±0.15）%]；茎中氮含量也呈下降趋势，但降低的幅度较小，由于叶中现蕾期氮素积累的波动，运转到茎中的氮同样在 6 月 26 日出现相对于其他时期较大的波动(0.72%~1.4%)，与叶中相一致，茎中最终氮含量大小仍为兼用品种（0.96%）>油用品种（0.67%）>其他品种[（0.5±0.096）%]。此外，叶、茎中氮含量的不断下降与纤维细胞壁厚度增加具有一致性。随着纤维的不断发育，纤维素、木质素含量不断增加，因而茎叶中氮含量不断降低。

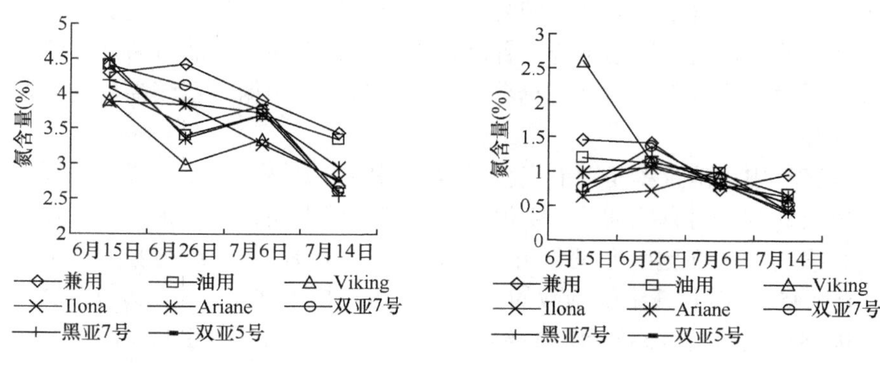


图 3-1 叶片氮含量动态变化（2002 年）　　图 3-2 茎氮含量动态变化（2002 年）

青熟期亚麻茎内氮含量与茎中部纤维细胞数呈显著正相关关系（$r$=0.64*），氮含量与纤维细胞腔宽（$r$=−0.13）和细胞壁厚（$r$=0.16）相关程度不高。此外，茎内氮含量与茎顶部纤维细胞数呈极显著正相关关系（$r$=0.78**）。这表明，氮素对纤维细胞的分化、形成具有重要意义。

### 3.1.2 糖含量与纤维发育的关系

碳水化合物既是植物体内各种化学成分的碳架提供者，又是代谢所需能量的携带者。葡萄糖分子作为纤维最基本的组成单位，其合成与运转效率直接影响到亚麻纤维产量、品质形成。试验结果表明（图 3-3，图 3-4），各品种叶片中糖含量呈明显的升高趋势，只有油用品种较特别，呈倒“V”形变化，在 6 月 26 日、7 月 6 日明显高于其他品种，这可能是由于油用亚麻较肥厚的叶片具有较强的光合作用能力，7 月 6 日后曲线急剧下降，这与其大量形成花序需要光合产物有关，也可能受轻微倒伏影响，最终其含量大大低于其他品种。

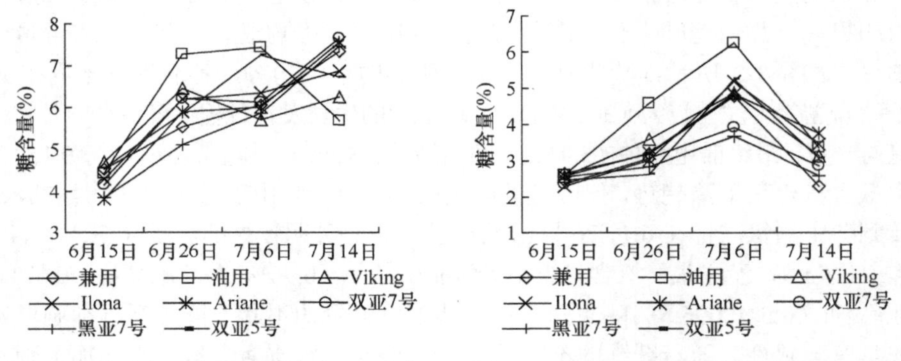


图 3-3 叶片糖分百分含量动态变化（2002 年） 图 3-4 茎糖分百分含量动态变化（2002 年）

各品种茎中糖含量变化规律较为一致，表现为先不断升高，在 7 月 6 日（开花期）达到峰值，而后迅速下降。各品种中表现突出的仍为油用品种，油用品种 7 月 6 日前茎中保持较高含量的糖分，这是因为叶片中糖含量较高，因而发生转运的糖较多。

亚麻茎秆中可溶性糖是亚麻直接吸收利用的主要糖分存在形式，在纤维发育中占有重要地位。对青熟期茎中部解剖性状与可溶性糖含量的相关分析发现，可溶性糖含量与纤维细胞腔径呈负相关关系（$r=-0.48$），与纤维细胞壁厚呈正相关关系（$r=0.45$），而与纤维细胞数的正相关性达到显著水平（$r=0.67^{*}$），这在某种程度上能够说明通过可溶性糖对纤维细胞数的促进可以提高亚麻的产量，同时对纤维品质也能起到改良作用。

### 3.1.3 碳氮比与纤维发育的关系

植株的碳代谢与氮代谢是相互联系的，在一定范围内二者的比例对作物器官发育影响很大。试验结果表明，除油用亚麻外各类型品种叶片中碳氮比（C/N）随生育进程呈逐渐上升趋势，均在成熟期达到最大值（图 3-5），其中双亚 5 号、双亚 7 号、黑亚 7 号碳氮比值（2.8±0.19）>Ariane、Viking、Ilona 碳氮比值（2.4±0.15）> 兼用品种碳氮比值（2.1），而双亚 5 号、双亚 7 号、黑亚 7 号纤维含量、长麻率要小于 Ariane、Viking、Ilona 的纤维含量、长麻率（表 3-1），由此可见，高纤品种与中纤品种之间碳氮比大小与纤维含量、长麻率呈负相关关系，油用品种比值变化为先急剧上升然后缓慢下降，在青熟期达到最大值，造成油用品种与其他类型品种变化趋势不同的原因是现蕾后叶片中同化产物大量运输至分枝中，用于花果形态建成，油用品种较高的种子产量和含油率应得益于此。通过以上分析，青熟期中纤品种叶片中较高的碳氮比值说明对糖的运转率较低，以致到纤维发育结束时叶片中仍然积累一定量的糖，结果使茎纤维中同化产物的积累较少。

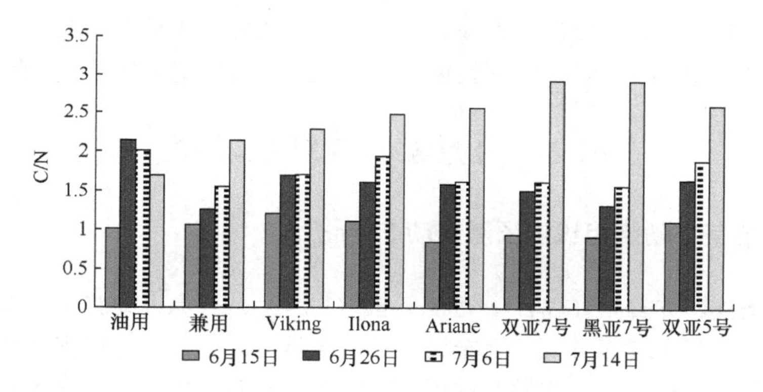


图 3-5 叶片中 C/N 动态变化（2002 年）

**表 3-1 不同类型品种纤维含量、长麻率比较**

| 品种 | 纤维含量（%） | 长麻率（%） | 品种 | 纤维含量（%） | 长麻率（%） |
|---|---|---|---|---|---|
| Viking | 20.1 | 20.4 | 双亚 7 号 | 14.9 | 16.8 |
| Ilona | 19.3 | 19.5 | 黑亚 7 号 | 12.5 | 14.1 |
| Ariane | 17.2 | 18.6 | 双亚 5 号 | 12.3 | 15.4 |
| 兼用 | 12.1 | 10.7 | 油用 | 7.3 | 14.5 |

亚麻茎中碳氮比的动态变化趋势与叶中不尽相同（图 3-6），随生育进程推进中纤品种碳氮比变化规律为先下降再上升，高纤品种则表现为不断上升，油用与兼用品种先上升，在 7 月 6 日达到最大，随后下降，这种变化趋势可能是因为开花后分枝部分需要大量养分供应以完成生殖生长，结果使茎中部分糖转运到分枝及蒴果中；兼用品种最后一个时期下降幅度较小是由于它的分枝数少于油用品种，其开花结果数也就少，从而使茎中糖含量降低较少，与叶片不同的是，茎中糖分向分枝中转运始于开花期，这表明此期纤维发育已基本结束，不再继续需要大量

的糖分支持。

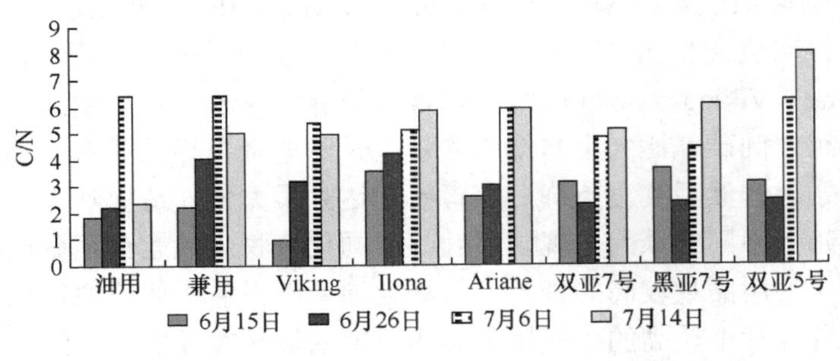


图 3-6 茎中 C/N 动态变化（2002 年）

纵观叶片、茎中碳氮比动态变化，随纤维生长发育均呈上升态势，这种态势与茎粗、纤维细胞数、纤维细胞长短径、纤维细胞壁厚变化具有相对的一致性。

## 3.2 内源激素与纤维发育

### 3.2.1 亚麻茎尖幼嫩组织内源激素动态变化

众所周知，赤霉素（$GA_3$）、吲哚乙酸（IAA）具有促进细胞生长和分化的作用。玉米素核苷（ZR）作为细胞分裂素的一个组分，具有促进细胞分裂和防止衰老的生理作用，因此在纤维发育过程中，激素含量的变化对纤维的形成具有重要意义。试验采用中国农业大学生产的酶联免疫试剂盒。

研究结果表明，高纤品种茎尖叶中 $GA_3$ 含量随纤维生长发育表现为先下降再上升，在出苗后第 51 天时基本达到最高，而后迅速下降；中纤品种先保持上升趋势，在出苗后第 40 天达最大，然后逐渐降至最低，在现蕾开花期（出苗后第 51 天）花蕾中 $GA_3$ 含量高于叶中，而且快速生长期（出苗后第 40 天）、现蕾开花期（出苗后第 51 天）高纤品种 $GA_3$ 含量大大高于兼用、油用、中纤品种（表 3-2）。由以上分析可得，高纤品种 $GA_3$ 含量最大值高于中纤品种，并晚于中纤品种一个时期出现，这表明高纤品种 $GA_3$ 的合成持续处于增长状态，这样有利于其纤维的伸长，同时快速生长期、现蕾期较高 $GA_3$ 含量也为纤维细胞伸长生长创造了良好条件。

Viking、Ilona 的 IAA 含量变化为先下降再上升然后再下降，其中最后一个阶段含量急剧下降，在快速生长后期（出苗后第 40 天）、现蕾开花期（出苗后第 51 天）IAA 含量较高，中纤品种 IAA 含量变化相同，只不过升降的趋势相对较平缓，与高纤品种IAA含量变化显著不同的是，在最后一个阶段IAA含量下降幅度较小。通过比较还发现，枞形期（出苗后第 20 天）高纤品种 IAA 含量[（$65.8\pm12.1$）ng/g]>

表 3-2 亚麻叶中内源激素 $GA_3$、IAA、ZR 含量动态变化（2002 年）（单位：ng/g）

| 激素类型 | 品种 | 出苗后天数（取样部位） | | | | | |
|---|---|---|---|---|---|---|---|
| | | 10 天（茎尖叶） | 20 天（茎尖叶） | 40 天（茎尖叶） | 51 天（花蕾） | 51 天（茎叶） | 60 天（茎叶） |
| $GA_3$ | 油用 | 76.4 | 44.1 | 97.7 | 155.3 | 184.1 | 64.4 |
| | 兼用 | 87.7 | 92.7 | 136.2 | 147.7 | 144.6 | 54.7 |
| | Viking | 85.6 | 56.5 | 221.9 | 178.9 | 227.4 | 58.4 |
| | Ilona | 100.2 | 45.0 | 152.8 | 160.8 | 221.5 | 57.3 |
| | Ariane | 104.0 | 85.5 | 117.8 | 193.3 | 172.7 | 59.2 |
| | 双亚 7 号 | 62.5 | 87.4 | 122.3 | 101.4 | 82.5 | 75.5 |
| | 黑亚 7 号 | 120.1 | 115.4 | 128.7 | 112.5 | 65.3 | 61.4 |
| | 双亚 5 号 | 74.0 | 117.8 | 138.2 | 128.1 | 124.6 | 75.6 |
| IAA | 油用 | 72.96 | 52.75 | 44.79 | 69.89 | 63.56 | 56.70 |
| | 兼用 | 85.25 | 106.09 | 43.52 | 62.82 | 100.07 | 36.74 |
| | Viking | 71.74 | 56.43 | 107.46 | 80.45 | 115.7 | 47.42 |
| | Ilona | 85.96 | 61.66 | 74.59 | 71.36 | 151.13 | 28.86 |
| | Ariane | 99.45 | 79.45 | 49.04 | 273.02 | 58.90 | 39.37 |
| | 双亚 7 号 | 75.62 | 38.43 | 46.72 | 121.05 | 72.05 | 43.56 |
| | 黑亚 7 号 | 106.43 | 44.61 | 47.38 | 113.73 | 52.58 | 34.99 |
| | 双亚 5 号 | 83.45 | 45.37 | 47.53 | 81.33 | 106.00 | 41.22 |
| ZR | 油用 | 72.47 | 51.59 | 58.83 | 62.92 | 56.59 | 54.58 |
| | 兼用 | 90.50 | 120.39 | 56.31 | 66.53 | 78.89 | 58.52 |
| | Viking | 70.39 | 64.86 | 121.81 | 67.88 | 97.65 | 44.07 |
| | Ilona | 83.64 | 54.80 | 102.33 | 62.57 | 125.14 | 42.38 |
| | Ariane | 104.54 | 62.10 | 50.23 | 211.21 | 46.32 | 48.59 |
| | 双亚 7 号 | 98.63 | 79.45 | 59.77 | 95.27 | 59.00 | 44.63 |
| | 黑亚 7 号 | 104.80 | 60.90 | 59.57 | 135.11 | 44.92 | 45.18 |
| | 双亚 5 号 | 81.39 | 62.46 | 60.97 | 69.14 | 46.82 | 45.07 |

油用品种（52.75ng/g）>中纤品种[（42.8±3.8）ng/g]；快速生长期（出苗后第 40 天）高纤品种[（77±29.3）ng/g]>中纤品种[（47.2±0.4）ng/g]>油用品种（44.79ng/g）>兼用品种（43.52ng/g），高纤品种在这两个时期均具有较高的 IAA 含量，说明 IAA 不仅具有促进株高生长的作用，还对纤维细胞的大量分化、伸长具有重要的促进作用。

中纤品种的 ZR 含量呈逐渐下降趋势。高纤品种变化规律不十分明显，但是在快速生长期（出苗后第 40 天）和现蕾期（出苗后第 51 天）这两个纤维发育关键时期，高纤品种（91.5ng/g、89.7ng/g）大大高于中纤品种[60.1ng/g、（50.2±7.6）ng/g]、油用品种（58.83ng/g、56.59ng/g）、兼用品种（56.31ng/g、78.89ng/g）。综上可得，各品种遗传特性的不同导致了 ZR 含量变化的不同。

### 3.2.2 亚麻麻皮内源激素动态变化

#### 3.2.2.1 不同类型品种茎基部、中部麻皮内源激素含量动态变化

随生育进程，不同类型品种亚麻基部麻皮中各激素含量的动态变化具有一致的规律（图 3-7），即 6 月 24 日（快速生长后期）到 7 月 16 日（开花期）$GA_3$、IAA、ZR 含量均呈先下降再上升的“V”形变化，各激素含量大部分在 7 月 16 日达到最高值，其中 IAA 含量变化幅度较大，现蕾期（7 月 6 日）各激素含量最低，可能是由于花蕾中虽然孕育着较高浓度激素，但由于其形态刚刚建成，各激素尚未进入完全转运状态，因此麻皮中各激素含量最低；茎中部麻皮中各激素含量动态变化与茎基部变化类似，数值上前 2 期一般高于基部，而开花期低于基部（图 3-8）。

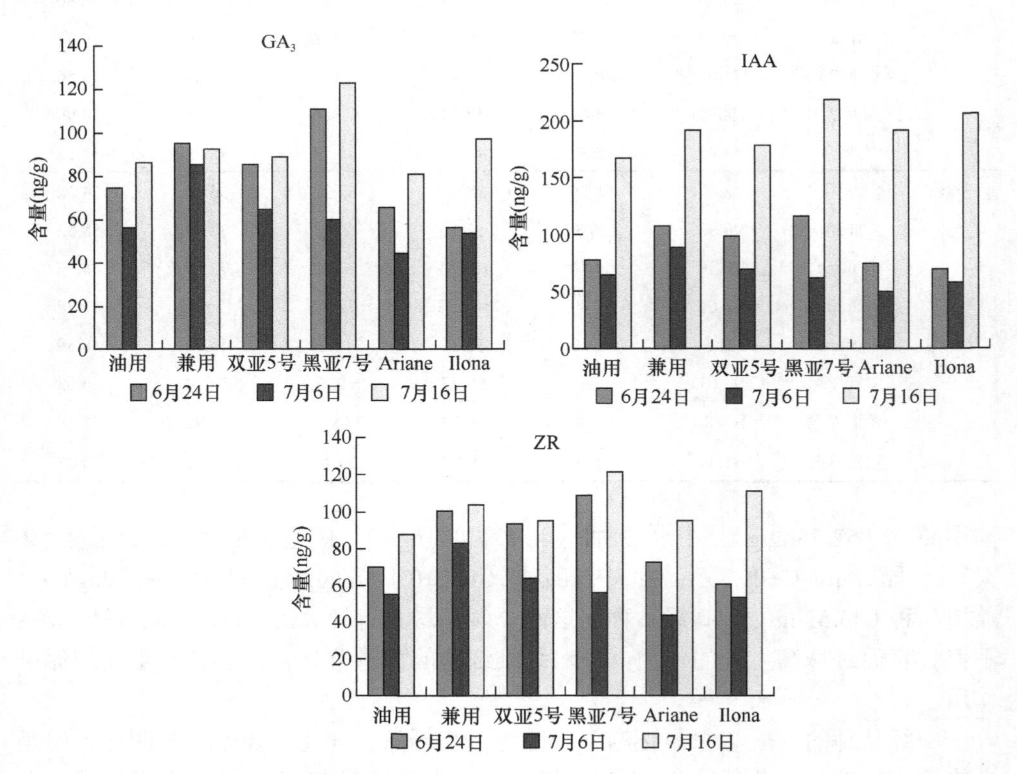


图 3-7 茎基部麻皮 $GA_3$、IAA、ZR 含量动态变化（2003 年）

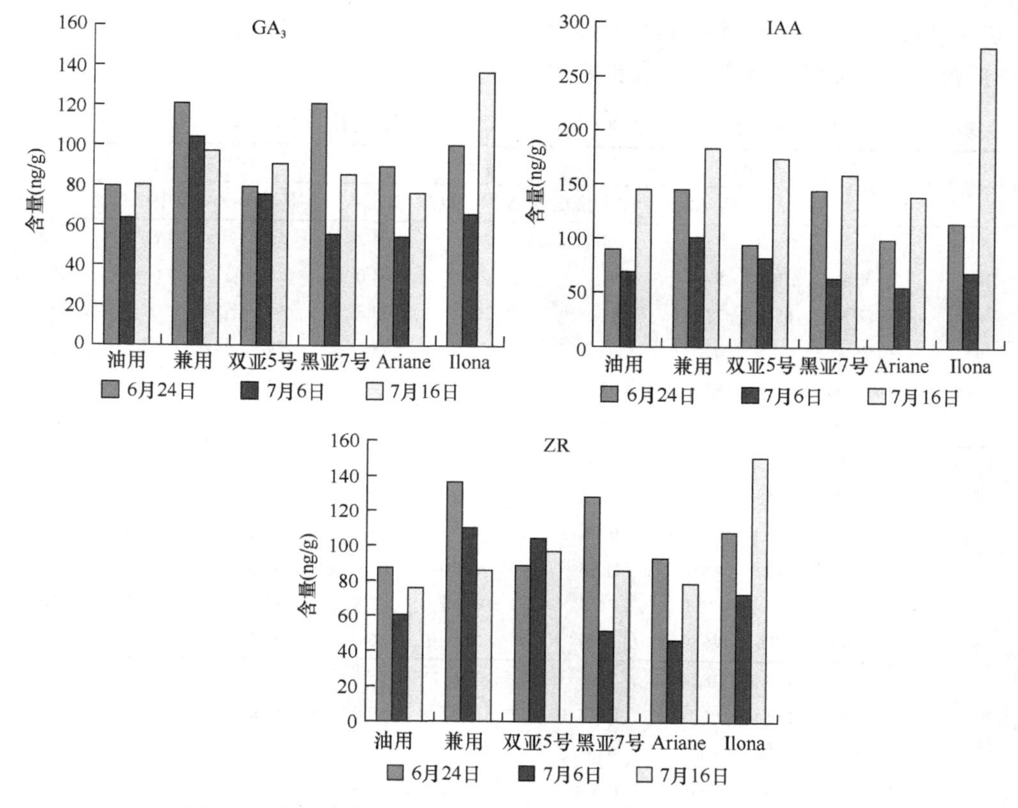


图 3-8　茎中部麻皮 $GA_3$、IAA、ZR 含量动态变化（2003 年）

6 个品种麻皮中各激素含量均在开花期达到最大，这说明此时不仅各生长点的激素合成较多，而且运输十分旺盛，激素作为一种信号对不同茎位处于不同发育阶段的纤维无疑有巨大影响。麻皮测定的 3 种激素中，IAA 含量相对较高，这是否意味着 IAA 对于纤维细胞壁加厚有直接影响还有待进一步研究探讨。

#### 3.2.2.2　不同类型品种茎向内源激素动态变化

一般认为茎尖与叶片是激素合成的主要部位，比较现蕾前亚麻麻皮与叶中 $GA_3$、IAA、ZR 含量可得（表 3-3），在 6 月 12 日、6 月 24 日各类型品种茎尖叶中 $GA_3$、IAA、ZR 含量大部分比麻皮中的含量低，这说明在植株生长及纤维发育过程中各激素除了从茎尖源源不断地合成并向韧皮纤维中输送外，各部位的茎上叶可能也是激素合成的重要部位，并且就近直接运输到韧皮纤维中，这样叶片中低浓度的激素含量使得韧皮纤维能够始终保持较高浓度的激素刺激；6 月 24 日、7 月 6 日，茎中部麻皮中 $GA_3$、IAA、ZR 含量大部分较茎基部中的含量高。7 月 6 日双亚 5 号、黑亚 7 号、Ariane、Ilona 花蕾中 $GA_3$、IAA、ZR 含量均高于茎中部、基部麻皮（双亚 5 号、Ilona 的 ZR 除外），而油用、兼用品种花蕾中 $GA_3$、IAA、ZR 含量均明显低于茎中部、基部麻皮中的含量。

**表 3-3　不同时期叶（蕾）与麻皮中 $GA_3$、IAA、ZR 含量比较**（2003 年）（单位：ng/g）

| 激素类型 | 品种 | 6 月 12 日 | | 6 月 24 日 | | | 7 月 6 日 | | |
|---|---|---|---|---|---|---|---|---|---|
| | | 麻皮 | 茎尖叶 | 茎基部麻皮 | 茎中部麻皮 | 茎尖叶 | 茎基部麻皮 | 茎中部麻皮 | 花蕾 |
| $GA_3$ | 油用 | 106.1 | 45.7 | 74.8 | 79.5 | 54.2 | 56.5 | 63.7 | 38.6 |
| | 兼用 | 106.7 | 57.6 | 95.4 | 121.1 | 63.0 | 85.6 | 104.3 | 50.2 |
| | 双亚 5 号 | 65.5 | 73.3 | 85.4 | 79.3 | 53.3 | 64.1 | 75.3 | 93.7 |
| | 黑亚 7 号 | 172.9 | 60.1 | 110.8 | 121.0 | 74.7 | 59.5 | 55.3 | 84.0 |
| | Ariane | 86.1 | 83.6 | 65.3 | 89.6 | 70.5 | 44.0 | 54.2 | 64.3 |
| | Ilona | 75.8 | 66.1 | 55.9 | 100.4 | 55.2 | 53.1 | 65.6 | 68.5 |
| IAA | 油用 | 155.4 | 67.6 | 77.0 | 89.7 | 84.3 | 63.7 | 68.9 | 41.8 |
| | 兼用 | 167.5 | 66.2 | 107.3 | 145.3 | 62.4 | 88.6 | 101.0 | 96.6 |
| | 双亚 5 号 | 100.1 | 99.3 | 98.3 | 94.1 | 68.1 | 68.7 | 82.1 | 91.1 |
| | 黑亚 7 号 | 249.8 | 86.6 | 115.6 | 144.4 | 67.4 | 61.1 | 63.1 | 68.4 |
| | Ariane | 129.4 | 121.2 | 74.1 | 99.1 | 72.8 | 49.3 | 55.3 | 120.8 |
| | Ilona | 97.6 | 96.9 | 68.8 | 114.6 | 66.6 | 56.7 | 68.9 | 71.5 |
| ZR | 油用 | 105.5 | 48.8 | 70.2 | 87.0 | 56.5 | 55.2 | 60.4 | 49.4 |
| | 兼用 | 113.6 | 61.1 | 100.5 | 136.4 | 59.9 | 82.9 | 109.9 | 61.6 |
| | 双亚 5 号 | 89.2 | 96.1 | 93.6 | 88.4 | 60.2 | 63.8 | 103.9 | 89.2 |
| | 黑亚 7 号 | 169.5 | 66.0 | 108.6 | 128.4 | 69.8 | 56.0 | 51.6 | 68.4 |
| | Ariane | 96.8 | 158.7 | 72.6 | 92.9 | 69.4 | 43.6 | 46.3 | 77.9 |
| | Ilona | 86.9 | 73.8 | 60.8 | 107.8 | 79.7 | 53.5 | 72.9 | 66.6 |

综上，各生育期纤用品种 $GA_3$、IAA、ZR 含量在茎中分布为花蕾>茎中部麻皮>茎基部麻皮>茎尖叶，而油用、兼用品种表现为茎中部麻皮>茎基部麻皮>茎尖叶>花蕾。

青熟期茎中不同部位各激素重新进行了分配，图 3-9 表明青熟期茎各部位麻皮 $GA_3$、IAA、ZR 含量分布情况，Ilona、Ariane 上部麻皮中 $GA_3$ 含量要低于黑亚 7 号、双亚 5 号，而中部麻皮中含量要高于黑亚 7 号、双亚 5 号。IAA 含量在不同部位没有显著规律性，但黑亚 7 号、双亚 5 号各部位激素含量水平明显高于其他品种，高水平生长素使这两个品种株高[(99.3±3.7)cm]明显高于其他品种[(75±10.7)cm]。各品种茎中各部位 ZR 含量差异不大，没有表现出明显的梯度，差异不显著表明在此期纤维分化已结束，在纤维成熟阶段 ZR 对茎中不同部位纤维细胞内在生长变化已不具有明显影响。而油用品种上部麻皮 ZR 含量显著高于其他部位，这有可能是因为油用品种为晚熟品种，此期花、籽粒仍处于不断的生长发育过程中，因而距激素合成位点较近的距离使得上部麻皮 ZR 含量较高。

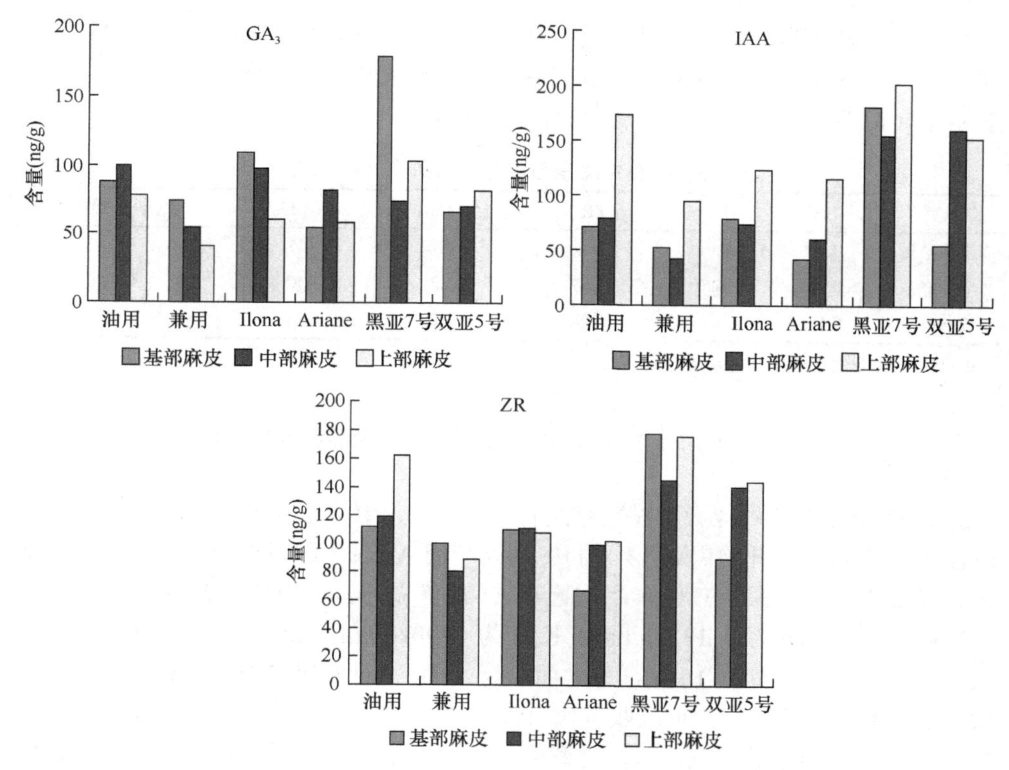


图 3-9　青熟期茎中不同部位麻皮纤维中 $GA_3$、IAA、ZR 含量动态变化（2002 年）

### 3.2.3　内源激素与纤维产量之间的关系

由于每种器官都存在数种激素，因此决定生理效应的往往不是某种激素的绝对含量，而是激素间的相对含量。青熟期茎中部麻皮积累的激素量与产量性状密切相关，通过对其与产量相关关系分析可得（表 3-4），长麻产量、原茎产量与（IAA+GA）/ZR 的相关性分别达到显著水平（$r$=0.78*）、极显著水平（$r$=0.87**），全麻产量与其相关关系也接近显著水平（$r$=0.66），这说明生长激素与分裂激素的比例控制着产量的形成，合理的比例关系对于产量的形成十分有益；原茎产量、全麻产量、长麻产量与 GA、IAA、ZR、IAA+GA 均为正相关关系。

**表 3-4　青熟期茎中部麻皮激素含量与产量相关关系**（2002 年）

| | GA | IAA | ZR | IAA+GA | GA/IAA | （IAA+GA）/ZR |
|---|---|---|---|---|---|---|
| 原茎产量 | 0.14 | 0.57 | 0.48 | 0.59 | −0.43 | 0.87** |
| 全麻产量 | 0.57 | 0.20 | 0.44 | 0.49 | 0.06 | 0.66 |
| 长麻产量 | 0.40 | 0.53 | 0.63 | 0.69 | −0.32 | 0.78* |

*相关关系显著，**相关关系极显著

现蕾期是亚麻产量和质量形成的重要时期，此期花蕾中激素与产量的相关关系显示（表 3-5），GA/IAA 与全麻产量、长麻产量的相关性分别达到显著、极显著水平，原茎产量与其相关程度也较高（$r$=0.51）。

表 3-5　花蕾中激素与产量相关关系（2002 年）

| | GA | IAA | ZR | IAA+GA | GA/IAA | （IAA+GA）/ZR |
|---|---|---|---|---|---|---|
| 原茎产量 | 0.74 | 0.04 | 0.08 | 0.31 | 0.51 | 0.41 |
| 全麻产量 | 0.44 | −0.50 | −0.47 | −0.22 | 0.86* | 0.71 |
| 长麻产量 | 0.18 | −0.75 | −0.78 | −0.52 | 0.93** | 0.82* |

*相关关系显著，**相关关系极显著

## 3.3　纤维亚麻的氮、磷、钾积累规律

2004 年在东北农业大学试验站进行田间试验和校内盆栽场进行盆栽试验，供试品种采用高产中纤的黑亚 14 号和中产高纤的 Argos。肥料选用尿素、重过磷酸钙、硫酸钾。试验采用三因素二次饱和 D-最优设计，肥料施用范围如下。N 为 0~90kg/hm$^2$，$P_2O_5$ 为 0~135kg/hm$^2$，$K_2O$ 为 0~90kg/hm$^2$，试验共 10 个处理（详见后文表 5-5），每个处理 15 盆。每盆面积为 5×10$^{-6}$hm$^2$，保苗 75~80 株。出苗两周后，每 7~8 天取样 1 次。每次取有代表性的植株 10 株，调查叶面积、干重等农艺性状。干样粉碎后进行氮、磷、钾联合测定。氮采用半微量凯氏定氮法测定，磷采用钒钼黄比色法测定，钾采用火焰光度计法测定。供试土壤基础肥力为：有机质含量 1.19%，全氮 0.097%，全磷 0.026%，缓效钾 1024.3mg/kg，碱解氮 107.0mg/kg，速效磷 23.08mg/kg，速效钾 190.2mg/kg，pH 为 7.2。

### 3.3.1　不同施肥处理氮、磷、钾积累量动态分析

对不同施肥处理氮、磷、钾积累量的平均值进行拟合分析。结果表明，亚麻地上部氮、磷、钾积累量均呈“S”形曲线变化，可以用方程 $Y=K/[1+\exp^{(a-bX)}]$表示，$F$ 检验均达极显著水平，表明方程拟合得非常好（表 3-6，图 3-10）。

表 3-6　Argos 和黑亚 14 号品种地上部氮、磷、钾积累量拟合方程

| 品种 | | 拟合方程 | 决定系数 | $F$ 检验 | 显著水平 |
|---|---|---|---|---|---|
| Argos | 氮 | $Y$=0.0122/[1+exp(4.0725−0.083$X$)] | 0.8293 | 17.0093 | 0.0021 |
| | 磷 | $Y$=0.0048/[1+exp(9.1605−0.161$X$)] | 0.8346 | 17.6610 | 0.0018 |
| | 钾 | $Y$=0.0106/[1+exp(6.2406−0.130$X$)] | 0.8777 | 25.1234 | 0.0006 |
| 黑亚 14 号 | 氮 | $Y$=0.0102/[1+exp(3.4805−0.065$X$)] | 0.8885 | 27.9038 | 0.0005 |
| | 磷 | $Y$=0.0074/[1+exp(3.2036−0.042$X$)] | 0.8781 | 25.2222 | 0.0006 |
| | 钾 | $Y$=0.0086/[1+exp(5.2045−0.113$X$)] | 0.9096 | 35.2156 | 0.0002 |

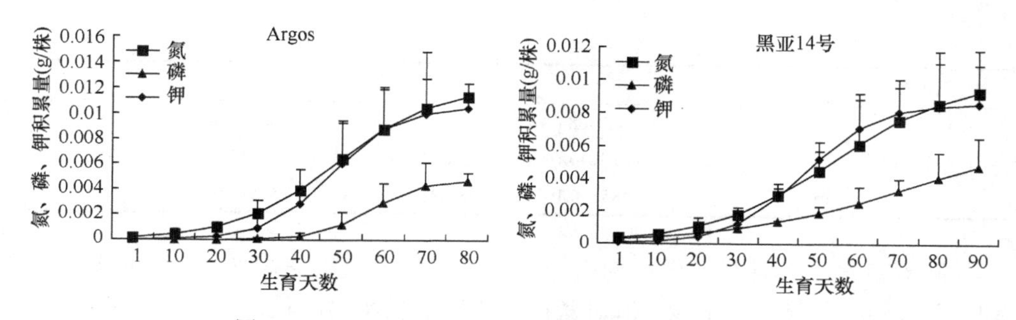


图 3-10　Argos 与黑亚 14 号氮、磷、钾积累理论曲线

从亚麻生育过程来看，对氮和钾的积累量要远远超过磷，其氮、磷、钾的最终积累量为全氮>全钾>全磷，且对氮和钾积累最快的时期是在 30~70 天，而对磷积累最快的时期是在 50~70 天。在亚麻整个生育期内，对氮的积累持续增加；对磷的积累前期比较缓慢，后期增幅较大，特别是在开花后亚麻对磷的需求更大；对钾的积累表现为前期较快，特别是在开花期前后速率有所上升，而生育后期积累速率降低，表明亚麻不同生育时期对氮、磷、钾的需求不同。从不同基因型来看，Argos 与黑亚 14 号对氮的积累表现相似；Argos 生育后期对磷的积累速率有所降低，而黑亚 14 号则呈上升趋势；Argos 在整个生育期对钾的积累均低于氮，而黑亚 14 号在生育中期钾的积累略高于氮。另外，受肥料种类和施肥量的影响，亚麻生育的中后期养分积累量有较大的变化区间，在某些情况下，钾的积累量会超过氮的积累量。

### 3.3.2　施肥水平对不同生育时期氮、磷、钾积累量的影响

为分析施肥水平对亚麻不同生育时期氮、磷、钾积累的影响，以黑亚 14 号为例，选取有代表性的 3 个生育时期（枞形期、开花期、工艺成熟期），对其氮、磷、钾积累量进行逐步回归分析，得到回归方程，令任意两个因素处于零水平对方程降维，得到反映氮、磷、钾施肥水平效应的 3 个一元方程（表 3-7），并根据方程绘制理论曲线。

表 3-7　施肥量对不同生育时期氮、磷、钾积累量的效应方程

| 生育时期 | | 回归方程 |
|---|---|---|
| 枞形期 | 氮 | $Y$=0.1694+0.0711$X_1$+0.0319$X_2$+0.0160$X_3$+0.0308$X_1^2$+0.0581$X_2^2$ |
| | 磷 | $Y$=0.0090+0.0036$X_1$+0.0037$X_2$+0.0004$X_3$+0.0024$X_1^2$+0.0006$X_2^2$−0.0026$X_3^2$ |
| | 钾 | $Y$=0.1298+0.0257$X_1$+0.0367$X_2$+0.0065$X_3$+0.0046$X_1^2$−0.0119$X_2^2$−0.0147$X_3^2$ |
| 开花期 | 氮 | $Y$=0.4271+0.1961$X_1$+0.0783$X_2$+0.0094$X_3$+0.0629$X_1^2$+0.0734$X_2^2$−0.0425$X_3^2$ |
| | 磷 | $Y$=0.2143+0.0636$X_1$+0.0183$X_2$−0.0030$X_3$+0.0305$X_1^2$−0.0103$X_2^2$+0.0131$X_3^2$ |
| | 钾 | $Y$=0.7304+0.1838$X_1$+0.0622$X_2$+0.0124$X_3$+0.0325$X_1^2$−0.0200$X_2^2$−0.0403$X_3^2$ |

续表

| 生育时期 | | 回归方程 |
|---|---|---|
| 工艺成熟期 | 氮 | $Y=1.3807+0.3368X_1+0.1790X_2-0.0272X_3+0.1845X_1^2+0.1485X_2^2-0.5954X_3^2$ |
| | 磷 | $Y=0.5934+0.1213X_1+0.0161X_2-0.0853X_3+0.1348X_1^2+0.0457X_2^2-0.3173X_3^2$ |
| | 钾 | $Y=1.4851+0.1620X_1+0.0848X_2-0.0771X_1^2+0.1756X_2^2-0.6221X_3^2$ |

随着氮水平的升高，枞形期植株氮和钾的积累量迅速增加，且氮明显快于钾，而磷的积累量增加很少。磷对氮积累的影响呈抛物线状，且在0~0.5水平达到最高，对钾的积累起到明显的促进作用，对磷的积累量增加有促进作用。钾对氮的积累起明显的促进作用，而对磷、钾积累的影响则呈抛物线状，且同样在0~0.5水平达到最高（图3-11）。这个时期的特点是氮、钾积累多，且氮多于钾，而磷很少。

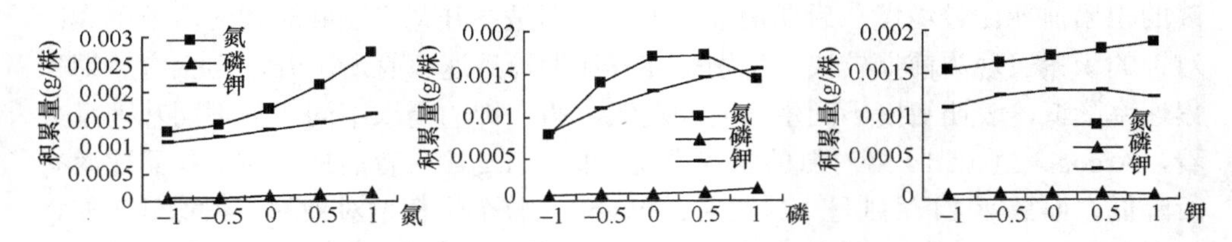


图3-11　氮、磷、钾水平对黑亚14号枞形期氮、磷、钾积累量的影响（0水平）

随着氮水平的提高，开花期氮、磷、钾积累量均明显增加，从增速来看，N>K>P。磷对氮、磷、钾的积累也起促进作用，但是没有氮影响大。而这个时期钾的作用较小，氮、磷均为抛物线形变化，高点出现在0水平，钾自身变化趋势平缓（图3-12）。这个时期的特点是钾积累超过氮，磷积累比前一个时期明显加快。

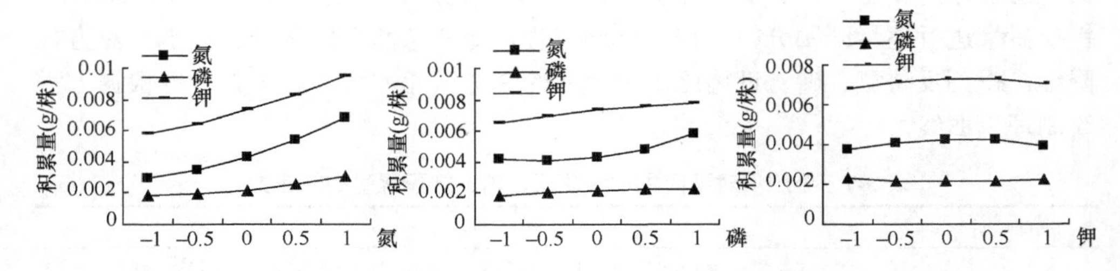


图3-12　氮、磷、钾水平对黑亚14号开花期氮、磷、钾积累量的影响（0水平）

随着氮水平的提高，工艺成熟期的亚麻氮、磷、钾积累量均明显增加。磷对氮、磷、钾积累的作用降低，主要是−1~0水平氮、钾的积累不增或略有降低（图3-13）。钾对氮、磷、钾积累的影响均呈抛物线状，且在0水平达到峰值，显示过量钾有不利影响。

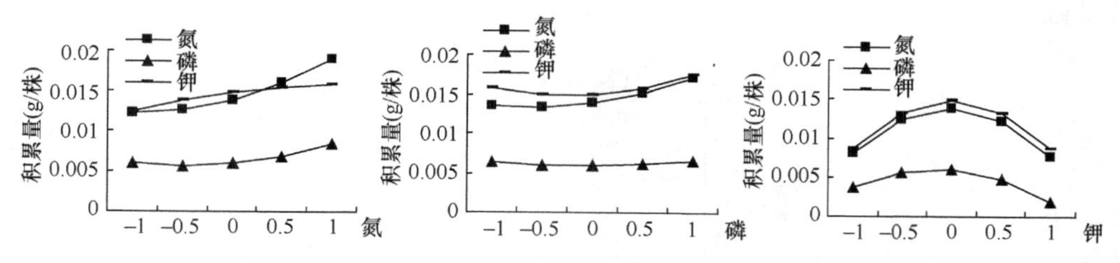


图 3-13　氮、磷、钾水平对黑亚 14 号工艺成熟期氮、磷、钾积累量的影响（0 水平）

## 3.4　油用亚麻的氮、磷、钾积累规律

2008 年在东北农业大学农学试验站种植 4 个品种，分别为伊亚 1 号、内 075、CN18996、CN19002，详细过程见 1.2 部分，对不同时期的干样测定氮、磷、钾含量，调查氮、磷、钾积累情况。对所得的试验数据进行逻辑斯谛方程拟合，*F* 检验均达到极显著水平，说明油用亚麻的氮、磷、钾积累均符合该方程（表 3-8）。

表 3-8　不同品种油用亚麻氮、磷、钾积累方程

| 品种 | | 方程 | *F* 检验 | 显著水平 | 决定系数 |
|---|---|---|---|---|---|
| CN18996 | 氮 | $Y$=0.0395/[1+exp(4.640−0.098$X$)] | 123.21 | 0.0034 | 0.97 |
| 内 075 | | $Y$=0.0183/[1+exp(5.898−0.175$X$)] | 78.54 | 0.0086 | 0.93 |
| CN19002 | | $Y$=0.0202/[1+exp(5.748−0.154$X$)] | 90.77 | 0.0065 | 0.94 |
| 伊亚 1 号 | | $Y$=0.0362/[1+exp(5.257−0.116$X$)] | 106.34 | 0.0023 | 0.96 |
| CN18996 | 磷 | $Y$=0.0315/[1+exp(8.896−0.165$X$)] | 56.76 | 0.0056 | 0.89 |
| 内 075 | | $Y$=0.0188/[1+exp(7.223−0.145$X$)] | 87.43 | 0.0034 | 0.90 |
| CN19002 | | $Y$=0.0233/[1+exp(8.994−0.186$X$)] | 120.44 | 0.0011 | 0.97 |
| 伊亚 1 号 | | $Y$=0.0256/[1+exp(7.912−0.161$X$)] | 90.62 | 0.0032 | 0.91 |
| CN18996 | 钾 | $Y$=0.0149/[1+exp(4.578−0.074$X$)] | 67.89 | 0.0082 | 0.90 |
| 内 075 | | $Y$=0.0083/[1+exp(5.674−0.127$X$)] | 79.66 | 0.0079 | 0.91 |
| CN19002 | | $Y$=0.0072/[1+exp(7.169−0.175$X$)] | 105.65 | 0.0032 | 0.95 |
| 伊亚 1 号 | | $Y$=0.0104/[1+exp(6.261−0.134$X$)] | 60.34 | 0.0098 | 0.90 |

油用亚麻苗期和枞形期氮积累缓慢，快速生长期积累速率迅速增加，一直到整个生育进程后期达到最大值。4 个品种在生育进程前 40 天氮积累相似，此后积累速率产生分化，内 075 和 CN19002 的积累速率首先减慢，到 60 天后仅略有增加，而 CN18996 和伊亚 1 号保持原有的积累速率，到 60 天后开始减慢，到完熟期达到最高。后 2 个品种的氮积累能力几乎为前 2 个品种的 2 倍（图 3-14），

由此可见 CN18996 和伊亚 1 号氮积累能力较强，为高产稳产奠定了一个良好的基础。

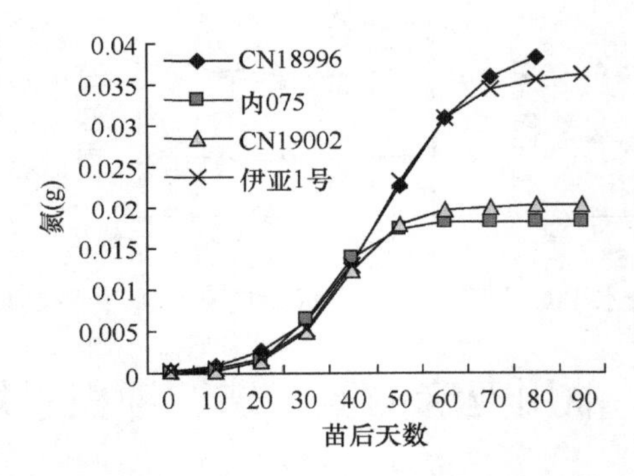


图 3-14 油用亚麻单株氮积累动态

油用亚麻在苗期和枞形期（5~20 天）磷积累非常缓慢，进入快速生长期后，磷积累速率迅速提高并一直持续到籽粒成熟中后期（60~70 天），籽粒成熟末期磷积累略有增加（图 3-15）。到籽粒成熟末期 CN18996 磷含量为 0.032g，伊亚 1 号和 CN19002 都为 0.025g 左右，内 075 含量最低，为 0.019g，CN18996 是内 075 磷积累量的 1.68 倍，这反映 CN18996 后期磷吸收能力强。品种间磷积累差异明显，但是比氮积累还是小一些。

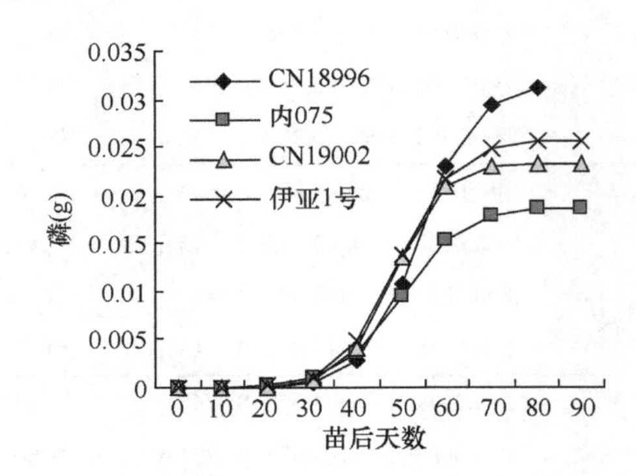


图 3-15 油用亚麻单株磷积累动态

油用亚麻在苗期和枞形期钾的积累较少，30 天后积累进入线性增加阶段，到 50 天后内 075 和 CN19002 积累速率下降，60 天后开始缓慢增加，而伊亚 1 号到 60 天速度才减慢，70 天后缓慢积累，CN18996 在 60~70 天前的积累速率要比其他品种低些，但 70 天后超过其他品种并持续到收获（图 3-16）。到植株成熟末期 CN18996 积累量达到 0.012g，伊亚 1 号为 0.01g，另外两个品种积累量为 0.008g 左右，可以看出不同品种钾的积累能力有明显差别。

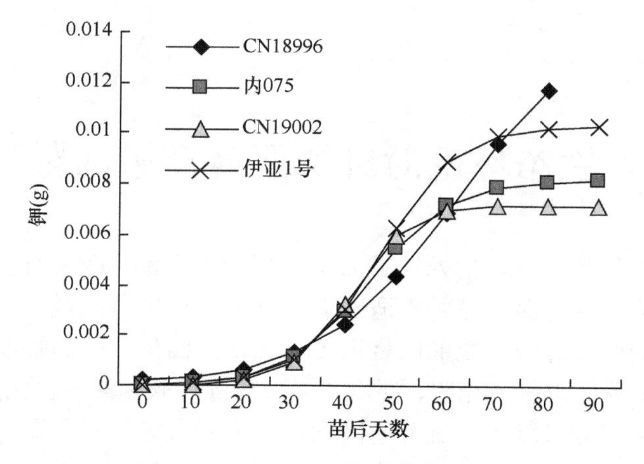


图 3-16 油用亚麻单株钾积累动态

与氮、磷相比，油用亚麻的钾积累较少，与纤维亚麻相比，油用亚麻对磷的积累明显增加，与对氮的积累相似，而对钾的积累明显减少。这与两者分别收获纤维和种子的差异有关。

（付兴，于琳，周亚东，李明）

# 4　生态环境对纤维亚麻产量的影响

20 世纪 90 年代以后，黑龙江省为了提高纤维产量、改善纤维品质，大量引进西欧品种种植，由于西欧品种不适应当地气候，出现了产量波动较大及品质不稳的问题。影响亚麻纤维产量的因素很多，包括基因型、生态环境条件和栽培措施等，生态环境条件既包括光照、温度、降水量等气候因素，也包括土壤有机质、氮、磷、钾含量和酸碱度等土壤环境因素。前人对气象要素的影响进行了初步研究，未见到分析土壤肥力与亚麻产量关系的报道。由于缺乏系统研究气候、土壤对亚麻纤维产量的影响，已有的研究结论不能回答目前生产中存在的问题，有必要针对现有的品种和扩展了的生产区域，进一步研究环境条件对亚麻纤维产量的影响，为探索不同地区调控亚麻产量的有效位点奠定基础。本研究立足黑龙江省，所获得的结果主要解释黑龙江省亚麻产量形成规律。

## 4.1　环境因素对纤维亚麻产量的影响

2004 年我们选用了 12 个品种布置区域试验，包括引进的高纤中产品种中的 4 个（Viking、Opaline、Ilona 和 Ariane），以及国内生产、大面积使用和正在推广的 8 个品种（双亚 5 号、双亚 6 号、双亚 7 号、双亚 8 号和黑亚 11 号、黑亚 12 号、黑亚 13 号、黑亚 14 号）。在黑龙江省东、西、南、北的新老麻区选择了 9 个地点。试验采用随机区组设计，3 次重复，小区面积为 3.6$m^2$，不施肥，人工播种每平方米 2000 粒有效种子，计划保苗 1500 株。由于有 2 个品种——Opaline 和双亚 6 号数据不全，下面分析的是 10 个品种。

### 4.1.1　不同地点的环境条件差异

9 个试验点的土壤基础肥力差别很大（表 4-1）。从土壤有机质来看，加格达奇、富锦和五大连池的尾山农场有机质含量都在 5%以上，而哈尔滨香坊实验站和兰西的有机质含量不到前者的一半；从土壤全氮来看，富锦试验点最高，哈尔滨试验点最低，前者是后者的 4 倍左右；碱解氮同样是富锦试验点最高，兰西试验点最低，前者是后者的 3 倍左右；从土壤全磷来看，北安试验点最高，甘南试验点最低，相差 1 倍左右，但是速效磷含量哈尔滨试验点最高，其含量是最低的富锦试验点的 5 倍左右；缓效钾和速效钾含量均是加格达奇试验点最高，北安试验点最低，前者相差 0.5 倍左右，而后者相差 1.37 倍；从酸碱度来看，富锦试验点的 pH 最高，为 8.2，而尾山试验点的土壤酸碱度最低，为 5.5。

**表 4-1　不同地点土壤基础肥力**

| 地点 | 有机质（%） | 全氮（%） | 全磷（%） | 缓效钾（mg/kg） | 碱解氮（mg/kg） | 速效磷（mg/kg） | 速效钾（mg/kg） | pH |
|---|---|---|---|---|---|---|---|---|
| 兰西 | 2.11 | 0.145 | 0.028 | 885.1 | 123.6 | 17.32 | 163.4 | 7.1 |
| 海伦 | 3.99 | 0.202 | 0.035 | 1143.9 | 200.3 | 10.28 | 165.3 | 6.1 |
| 尾山 | 5.12 | 0.255 | 0.048 | 948.8 | 282.6 | 16.19 | 182.8 | 5.5 |
| 甘南 | 2.36 | 0.183 | 0.025 | 1071.6 | 167.9 | 16.11 | 238.8 | 7.4 |
| 巴彦 | 2.42 | 0.147 | 0.039 | 913.3 | 287.8 | 32.11 | 158.7 | 6.3 |
| 加格达奇 | 5.65 | 0.295 | 0.050 | 1366.9 | 306.9 | 32.39 | 357.5 | 5.9 |
| 富锦 | 5.44 | 0.447 | 0.033 | 1172.1 | 361.9 | 9.45 | 262.2 | 8.2 |
| 哈尔滨 | 2.18 | 0.106 | 0.046 | 1091.1 | 126.5 | 47.39 | 234.2 | 7.5 |
| 北安 | 3.90 | 0.180 | 0.058 | 872.7 | 212.4 | 42.68 | 150.8 | 5.6 |

基础肥力指标间有着密切的联系，有机质含量与全氮极显著相关，与碱解氮显著相关，碱解氮与全氮极显著相关，速效磷含量与全磷显著相关，速效钾与缓效钾极显著相关。另外，有机质与全磷、缓效钾、速效钾也有较大的正相关关系（表 4-2）。

**表 4-2　土壤基础肥力指标间的相关关系**

| | 有机质 | 全氮 | 全磷 | 缓效钾 | 碱解氮 | 速效磷 | 速效钾 |
|---|---|---|---|---|---|---|---|
| 全氮 | 0.833 9** | | | | | | |
| 全磷 | 0.404 15 | −0.037 43 | | | | | |
| 缓效钾 | 0.533 54 | 0.519 24 | −0.008 45 | | | | |
| 碱解氮 | 0.788 00* | 0.814 6** | 0.220 15 | 0.359 65 | | | |
| 速效磷 | −0.271 01 | −0.504 90 | 0.690 36* | −0.116 90 | −0.248 48 | | |
| 速效钾 | 0.476 23 | 0.509 10 | 0.061 66 | 0.883 3** | 0.369 50 | 0.053 63 | |
| 酸碱度 | −0.297 46 | 0.220 01 | −0.652 78 | 0.182 29 | −0.127 05 | −0.218 84 | 0.247 01 |

*相关关系显著，**相关关系极显著

从气候环境来看，2004 年亚麻主要生长季节降水最少的地方是甘南，6~7 月共降水 62.3mm，特别是 6 月仅仅降水 3.7mm，严重影响了亚麻的生长；而降水较多的地方是哈尔滨和巴彦等地，6 月降水 60mm 以上，7 月降水 130mm 以上。从积温来看，积温较低的是加格达奇和尾山，两月合计在 1200℃左右，而哈尔滨的积温最高，两月合计超过 1400℃。日照时数以加格达奇最少，甘南最高，两月合计分别是 479.5h 和 645h（表 4-3）。

表 4-3 不同地点气候环境条件

| 地点 | 6月 | | | 7月 | | |
|---|---|---|---|---|---|---|
| | 降水量（mm） | 积温（℃） | 日照时数（h） | 降水量（mm） | 积温（℃） | 日照时数（h） |
| 兰西 | 37.4+15 | 690 | 294.6 | 98.1 | 687.5 | 218.1 |
| 海伦 | 15.7 | 661 | 324 | 84.3 | 671.6 | 247.9 |
| 尾山 | 26.5 | 594 | 306 | 122.3 | 627 | 323 |
| 甘南 | 3.7 | 701 | 345 | 58.6 | 659 | 300 |
| 巴彦 | 66.6 | 653 | 310 | 131 | 690 | 222 |
| 加格达奇 | 19 | 573 | 261 | 118 | 627 | 218.5 |
| 富锦 | 12.7 | 611 | 312.5 | 144.7 | 666 | 227.6 |
| 哈尔滨 | 68.6 | 701 | 296.4 | 165.6 | 705 | 227.2 |
| 北安 | 2.9 | 634 | 331.6 | 130 | 663 | 246.2 |

注：兰西点6月中旬喷灌一次，折算降水量约15mm

### 4.1.2 品种区域试验亚麻产量分析

由于环境条件不同，各个亚麻品种的生长发育产生了差异，最终表现在原茎产量、纤维含量和纤维产量上明显的不同。方差分析显示，9个地点间亚麻原茎产量差异达到极显著水平（$F$=237.7，$P$=0.000），品种间也达到极显著水平（$F$=12.3，$P$=0.000），而且地点和品种的互作也达到极显著水平（$F$=1.808，$P$=0.001）。因此深入研究环境条件对亚麻产量的影响具有重要意义。

分别对地点和品种进行多重比较，结果显示，2004年所选地点中加格达奇的原茎产量最高，甘南的产量最低，二者与其他地点产量的差异多达到显著水平。从品种间来看，黑亚14号和黑亚11号的原茎产量较高，而Viking和Ilona的产量较低，国内品种间差异较小，而国内外品种间差异较大（表4-4）。

表 4-4 原茎产量的多重比较

| 地点 | 原茎产量（kg/hm$^2$） | 显著水平 | | 品种 | 原茎产量（kg/hm$^2$） | 显著水平 | |
|---|---|---|---|---|---|---|---|
| | | 5% | 1% | | | 5% | 1% |
| 加格达奇 | 5108 | a | A | 黑亚14号 | 4367 | a | A |
| 兰西 | 4865 | ab | AB | 黑亚11号 | 4130 | ab | A |
| 尾山 | 4694 | bc | BC | 黑亚12号 | 4108 | ab | AB |
| 海伦 | 4644 | bcd | BC | 双亚5号 | 3999 | bc | AB |
| 哈尔滨 | 4587 | cd | BC | 双亚7号 | 3971 | bc | ABC |
| 北安 | 4362 | d | C | 黑亚13号 | 3937 | bc | ABC |
| 富锦 | 3708 | e | D | 双亚8号 | 3694 | cd | BCD |
| 巴彦 | 1326 | f | E | Ariane | 3566 | d | CD |
| 甘南 | 1229 | f | E | Ilona | 3435 | de | DE |
| | | | | Viking | 3151 | e | E |

注：字母不同表示差异显著

不同地点对亚麻的影响不仅表现在原茎产量上，也表现在纤维含量上。方差分析显示，品种间（$F$=24.6，$P$=0.000）和地点间（$F$=29.0，$P$=0.000）纤维含量的差异均达到极显著水平，这对亚麻纤维产量和加工企业的经济效益均有重要影响。进一步分析显示，品种中双亚 8 号、Ilona 和 Viking 的纤维含量较高，与其他国内品种达到极显著差异水平。在不同地点中，尾山种植的亚麻纤维含量最高，而甘南产的最低，尾山与其他地点间的差异，甘南与除了加格达奇外其他地点的差异均达到极显著水平（表 4-5）。

**表 4-5　纤维含量的多重比较**

| 地点 | 纤维含量（%） | 显著水平 | | 品种 | 纤维含量（%） | 显著水平 | |
|---|---|---|---|---|---|---|---|
| | | 5% | 1% | | | 5% | 1% |
| 尾山 | 0.244 | a | A | 双亚 8 号 | 0.233 | a | A |
| 兰西 | 0.213 | b | B | Ilona | 0.228 | ab | A |
| 北安 | 0.206 | bc | B | Viking | 0.216 | bc | AB |
| 巴彦 | 0.192 | cd | BC | Ariane | 0.203 | c | B |
| 富锦 | 0.183 | de | CD | 双亚 7 号 | 0.176 | d | C |
| 哈尔滨 | 0.177 | def | CD | 黑亚 12 号 | 0.172 | d | C |
| 海伦 | 0.175 | ef | CD | 黑亚 13 号 | 0.171 | d | C |
| 加格达奇 | 0.163 | f | DE | 双亚 5 号 | 0.163 | d | C |
| 甘南 | 0.146 | g | E | 黑亚 11 号 | 0.163 | d | C |
| | | | | 黑亚 14 号 | 0.162 | d | C |

注：字母不同表示差异显著

由于不同地点环境条件的差异，亚麻的原茎产量和纤维含量各有不同，最终表现在纤维产量上有极显著的差异，而且地点和品种间的互作效应也达到了极显著水平（$F$=3.47，$P$=0.000）。9 个地点中产量差异达 7 个级别，尾山最高，兰西其次，巴彦和甘南列为最后两个。地点间的产量差异（$F$=358.5，$P$=0.000）远远大于试验品种间的差异（$F$=11.57，$P$=0.000），品种间仅有 3 个级差（表 4-6）。

**表 4-6　纤维产量的多重比较**

| 地点 | 纤维产量（$kg/hm^2$） | 显著水平 | | 品种 | 纤维产量（$kg/hm^2$） | 显著水平 | |
|---|---|---|---|---|---|---|---|
| | | 5% | 1% | | | 5% | 1% |
| 尾山 | 1130.9 | a | A | 双亚 8 号 | 884.2 | a | A |
| 兰西 | 1031.1 | b | B | Ilona | 786.9 | b | B |
| 北安 | 894.7 | c | C | Ariane | 734.9 | bc | BC |
| 加格达奇 | 827.6 | d | CD | 黑亚 14 号 | 722.2 | c | BC |
| 哈尔滨 | 795.9 | d | D | 黑亚 12 号 | 716.3 | cd | BC |
| 海伦 | 794.8 | d | D | 双亚 7 号 | 709.8 | cd | C |
| 富锦 | 668.0 | e | E | 黑亚 11 号 | 702.3 | cd | C |
| 巴彦 | 251.6 | f | F | 黑亚 13 号 | 691.8 | cd | C |
| 甘南 | 175.8 | g | G | Viking | 691.4 | cd | C |
| | | | | 双亚 5 号 | 660.6 | d | C |

注：字母不同表示差异显著

鉴于所用品种间已经体现了现有品种的差异，它提示有必要选择在高产的地区种植亚麻，而且要选择适宜的品种来种植。从品种来看，双亚 8 号、Ilona 等尽管原茎产量不是最高，但是由于纤维含量高，具有较高的纤维产量，黑亚 14 号尽管纤维含量最低，但是其原茎产量最高，因此其纤维产量与其他国内品种持平。不同地点间纤维产量的多重比较显示，尾山的纤维产量最高，尽管其原茎产量不是最高，但是其纤维含量最高；而甘南由于严重干旱缺雨，影响了亚麻的生长，其原茎产量、纤维含量和纤维产量均最低。尾山和甘南与其他地点间纤维产量差异达到极显著水平，产地间差异比原茎产量和纤维含量均大些。

## 4.2 气候因素对纤维亚麻产量的影响

### 4.2.1 气候因素与亚麻产量的相关分析

尽管各地播期不同，品种熟期不同，但是 7 月都是当地亚麻重要的生长季节，对各地 7 月的 3 个气候因子与原茎产量、纤维产量和纤维含量进行相关分析，结果显示，降水量与三者均是正相关关系（0.3011、0.2835、0.3043），表明降水量的增加同时有利于原茎产量、纤维产量和纤维含量的提高，这十分重要。而积温的增加均不利于产量的提高（−0.2208、−0.2628、−0.1349），显示了亚麻喜欢冷凉气候的特点。日照时数与原茎产量是负相关关系（−0.1929），与纤维产量不相关（0.0142），与纤维含量为正相关关系（0.2478），其表现最复杂。

分别对 3 个品种纤维产量与开花前后的气象因子进行相关分析，结果显示，降水量与纤维产量是正相关关系，特别是开花后相关程度较高，其中双亚 8 号最高；日照时数与纤维产量均为负相关关系，同样是开花后相关程度较高；积温情况略为复杂，开花前后与黑亚 14 号的纤维产量均为较大的负相关关系，但是开花后积温与 Viking 纤维产量是较小的正相关关系（表 4-7）。

**表 4-7　3 个品种纤维产量与开花前后气象因子的相关关系**

| 品种 | 开花前 | | | 开花后 | | |
|---|---|---|---|---|---|---|
| | 积温 | 降水量 | 日照时数 | 积温 | 降水量 | 日照时数 |
| Viking | −0.172 | 0.183 | −0.284 | 0.120 | 0.456 | −0.513 |
| 双亚 8 号 | −0.051 | 0.223 | −0.037 | −0.112 | 0.708* | −0.441 |
| 黑亚 14 号 | −0.417 | 0.282 | −0.130 | −0.653* | 0.580 | −0.541 |

*相关关系显著

### 4.2.2 气候因素与早熟品种 Viking 纤维产量的回归分析

在亚麻的一生中，随着植株的生长、纤维的分化发育，纤维产量逐渐形成，因此，它是一个连续的动态过程。生育期内气象因子的差异，导致植株在农艺性状和纤维发育、纤维结构等方面有很大的不同，最终导致纤维产量的显著差异，为了详细分析气象因子对亚麻纤维产量形成的影响，2003~2004 年我们在东北农业大学试验站进行播期试验，从 4 月 10 日到 5 月 20 日，共 5 个播期。为了有代表性，选择了 2 个品种：早熟品种 Viking 和晚熟品种黑亚 14 号。有关不同生育期的气象数据参见 2.3 部分。对早熟品种 Viking 各生育阶段内降水量（$X_1$）、温度（$X_2$）、日照时数（$X_3$）与其纤维产量进行回归分析，建立回归方程（表 4-8）。

**表 4-8　Viking 不同生育时期内气象因子与纤维产量的关系（2004 年）**

| 生育时期 | 回归方程 | $F$ 检验 | 相关系数 $r$ | 显著水平 $P$ | 最高纤维产量（kg/hm²） | 降水量（mm） | 积温（℃） | 日照（h） |
|---|---|---|---|---|---|---|---|---|
| 苗期—枞形期 | $Y=1\,003.917-0.176\,5X_1^2-0.243\,8X_1X_2+0.518\,2X_1X_3$ | 93.05 | 0.998 | 0.076 | 1 393 | 46.9 | 374 | 208 |
| 快速生长期 | $Y=-1\,033.61-2.629X_2+41.52X_3-0.142\,2X_3^2$ | 529.6 | 0.999 7 | 0.03 | 1 689 | 14 | 117 | 146 |
| 现蕾—开花期 | $Y=1\,195.536-11.839X_3+0.013\,7X_1X_3+0.031\,86X_2X_3$ | 137 | 0.998 | 0.06 | 1 050 | 113 | 267 | 81 |
| 成熟期 | $Y=1\,519.999-13.88X_1+0.033\,97X_1X_2-0.057\,6X_1X_3$ | 78 | 0.998 | 0.08 | 1 446 | 98 | 669 | 167 |

为了分析各个生态因子对纤维产量的影响程度，对回归方程采用降维分析方法，分别在试验范围内用最小值和最大值固定其他因子，建立两种条件下另一因子与纤维产量之间的一元方程并作图，探讨单一因子对纤维产量的影响规律。

在苗期—枞形期，当其他因子处在试验范围内的最小值或最大值时，降水量与纤维产量呈二次曲线关系，即随着降水量的增加，纤维产量逐渐减小；随着积温的增加，纤维产量线性减小，尤其是在降水量和日照最大值时，减小幅度很大；随着日照的增加，纤维产量有所上升，当降水量和积温处在试验范围内最大值时，增加很快（图 4-1）。为了保证出苗的整齐度，播种时根据土壤墒情进行了适当的坐水，因此，单纯的降水量分析不完全准确。Viking 在苗期—枞形期对水分和温度的需求不太高，相对来说，需要较多的日照时数，也可以说，此时期日照的延长对后期纤维产量的增加有益。

到了快速生长期，随着温度的升高，Viking 的纤维产量表现出线性减小，尤其是当日照最小时，纤维产量很小；而随着日照的升高，纤维产量表现出抛物线式增加，日照时数为 135h 时，纤维产量达最大值，以后到 160h 也不再增加，可见，对于快速生长期，较低的温度和适宜的日照时数，有利于后期纤维产量增加（图 4-2）。

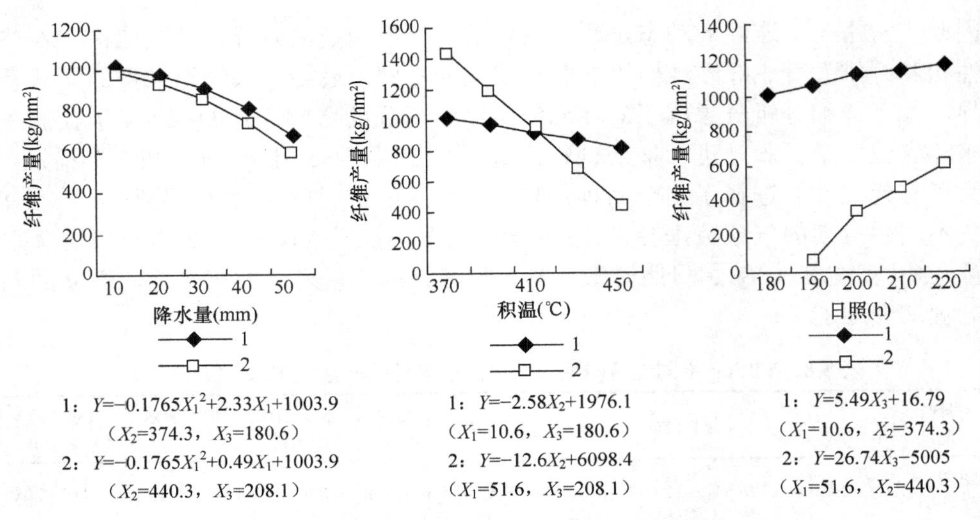


图 4-1　Viking 苗期—枞形期气象因子与纤维产量的关系（2004 年）

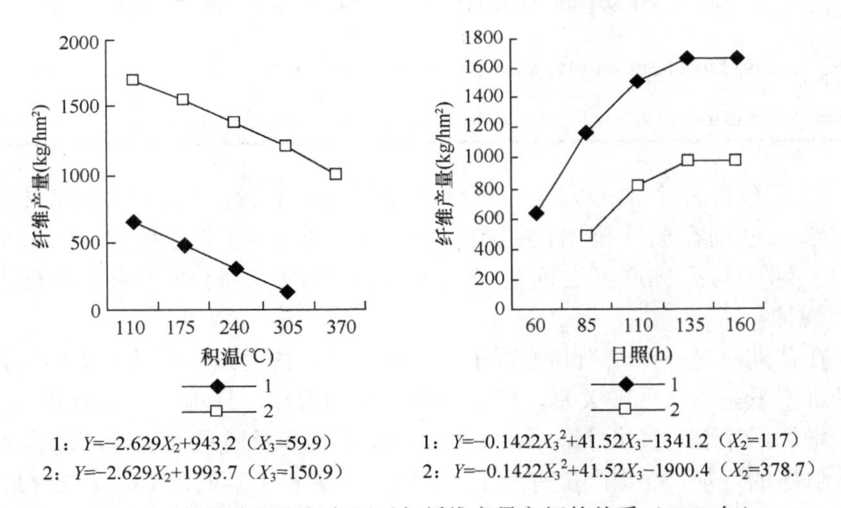


图 4-2　Viking 快速生长期气象因子与纤维产量之间的关系（2004 年）

现蕾—开花期是亚麻一生的重要时期，此时期由营养生长向生殖生长转变，涉及干物质的再分配问题，由图 4-3 可以看出，随着降水量和温度的增加，纤维产量均表现为线性增加；当降水量和温度都处在最大值时，纤维产量随着日照的增加略有减少，在降水和温度都最小时，纤维产量随着日照的增加变化比较平缓。由此时期的回归方程可以看到，在这一时期，各因子的互作效应对纤维产量的形成起着至关重要的作用，尤其是充足的降水和积温对 Viking 纤维产量的形成很有利。

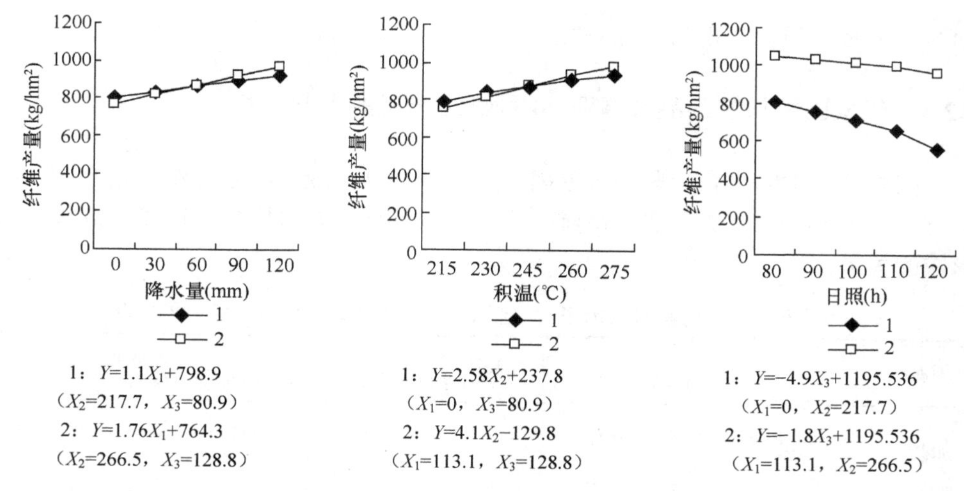


图 4-3　Viking 现蕾—开花期气象因子与纤维产量的关系（2004 年）

到了工艺成熟期，只有温度的升高对纤维产量有利，降水和日照的增加均使纤维产量线性减小，可见，相对较高的温度、相对较少的降水和较少的日照对工艺成熟期纤维产量的形成起着促进作用（图 4-4）。

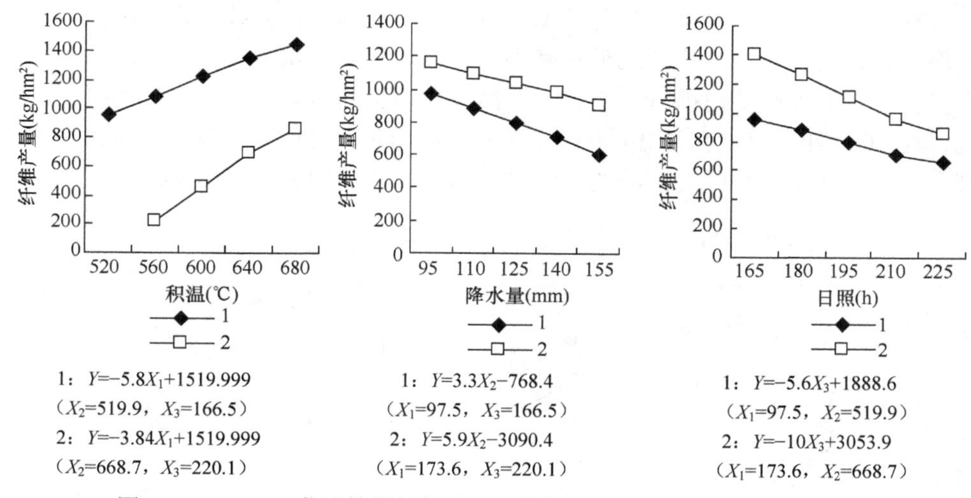


图 4-4　Viking 工艺成熟期气象因子与纤维产量之间的关系（2004 年）

综上可见，Viking 不同生育阶段对气象条件的要求不尽相同，现蕾期之前，对日照时数的要求较为敏感，之后对日照时数的要求减小，对温度的要求升高，在现蕾—开花期对降水有较高的要求。从其苗期到工艺成熟期，各气象因子对纤维产量的影响表现为以现蕾—开花期为分界点，降水表现为减小（苗期—枞形期）—增加（现蕾—开花期）—减小，温度表现为减小—增加（现蕾—开花期）—增加，日照表现为增加—减小（现蕾—开花期）—减小。

### 4.2.3 气象因素与晚熟品种黑亚 14 号纤维产量的回归分析

同样建立不同生育阶段的气象因子与晚熟品种黑亚 14 号纤维产量之间的回归方程（表 4-9）。对方程进行降维分析，探讨不同生育阶段单个因子与纤维产量形成的关系。

表 4-9 不同生育时期气象因子对黑亚 14 号纤维产量的影响分析（2004 年）

| 生育时期 | 回归方程 | $F$检验 | 相关系数 $r$ | 显著水平 $P$ | 最高纤维产量（$kg/hm^2$） | 降水量（mm） | 积温（℃） | 日照（h） |
|---|---|---|---|---|---|---|---|---|
| 苗期—枞形期 | $Y=1918.87-2.4X_2-0.158X_1^2$ | 6.917 | 0.9347 | 0.126 | 1003 | 10.6 | 374 | 181 |
| 快速生长期 | $Y=-55.26+3.96X_3+0.0019X_2^2-0.0217X_1X_3$ | 18 516 | 0.9999 | 0.005 | 1654 | 0.1 | 630 | 241 |
| 现蕾—开花期 | $Y=488.3+3.27X_2-0.078X_3^2+0.0087X_1X_2$ | 3 589 | 0.9999 | 0.01 | 1179 | 113 | 313 | 90.4 |
| 工艺成熟期 | $Y=791-0.047X_1^2+0.016X_1X_2-0.019X_1X_3$ | 243 | 0.9993 | 0.047 | 1304 | 104 | 813 | 182 |

在苗期—枞形期，降水量与纤维产量之间表现为二次曲线关系，随着降水量的增加，纤维产量呈二次曲线形状减小，而当温度处在试验的最大值时，其纤维产量要小于温度较低时的纤维产量，即温度升高也同时导致纤维产量的降低，可见，在 2004 年，晚播黑亚 14 号在苗期—枞形期时所处的降水量和温度已经多于其所需的最适量，已经对后期的纤维产量起到了负面的影响（图 4-5）。

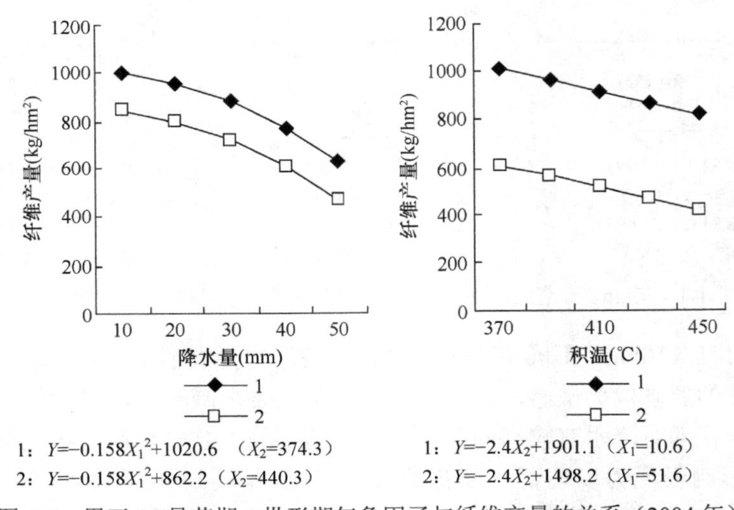


图 4-5 黑亚 14 号苗期—枞形期气象因子与纤维产量的关系（2004 年）

快速生长期降水对黑亚 14 号后期纤维产量的影响只是略有降低，影响幅度较小，这可能与最后播期黑亚 14 号倒伏严重有关；而温度的增加则使纤维产量表现出明显的增加趋势（图 4-6），日照时数的增加在温度和降水量都处于最大值时，对纤维产量几乎没有太大的影响，而在温度和降水量都处于最小值时，使纤维产量明显增加，说明在快速生长期，太多的降水和较高的温度对晚播黑亚 14 号十分不利。

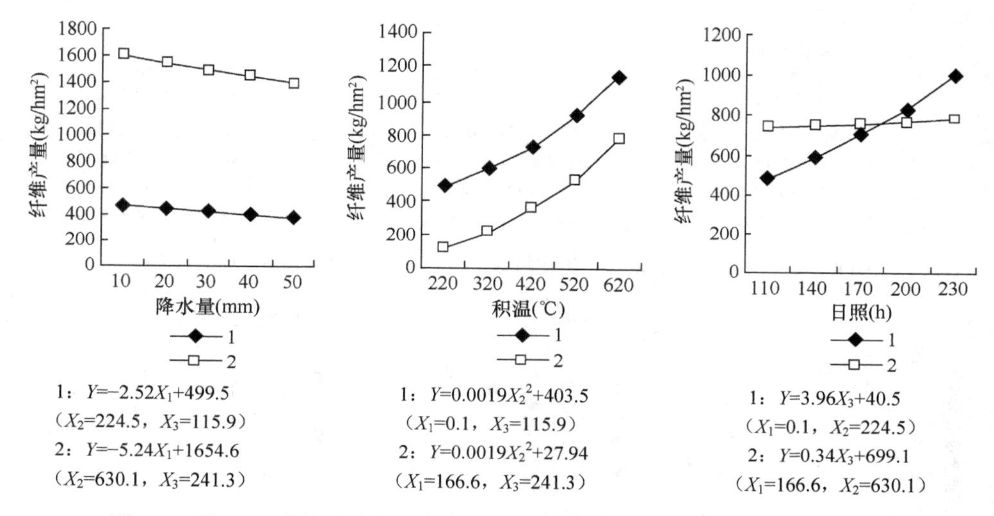


图 4-6　黑亚 14 号快速生长期气象因子与纤维产量之间的关系（2004 年）

到了现蕾—开花期，降水和温度的增加都使纤维产量略有增加，而日照的增加则使纤维产量呈现出减小的趋势，由此可见，2004 年在黑亚 14 号现蕾—开花期，日照量已经超过了植株生长所需的最适量，其对黑亚 14 号后期纤维产量的形成产生了不利影响（图 4-7）。

工艺成熟期降水量与纤维产量之间表现为二次曲线关系，即随着降水量的增加，纤维产量显著减小，日照时数的增加也对纤维产量起到了减小的作用，只有温度的增加对纤维产量的增加起线性增加的作用（图 4-8）。

从苗期到工艺成熟期，各气象因子对纤维产量的影响趋势，降水表现为减小—增加（现蕾—开花期）—减小，温度表现为减小—增加（快速生长期）—增加，日照时数表现为增加（快速生长期）—减小（现蕾—开花期）—减小。

综合 Viking 和黑亚 14 号各生育期气象因子与纤维产量的关系发现，无论是早熟品种还是晚熟品种，3 个气象因子对二者纤维产量形成的影响规律一致，即降水表现为减小—增加—减小，温度表现为减小—增加—增加，日照时数为增加—减小—减小，而且，温度和日照时数在对纤维产量形成的影响上总是呈相反的趋势，单从降水上来看，其对纤维产量均以现蕾—开花期为分界点，现蕾—开花期

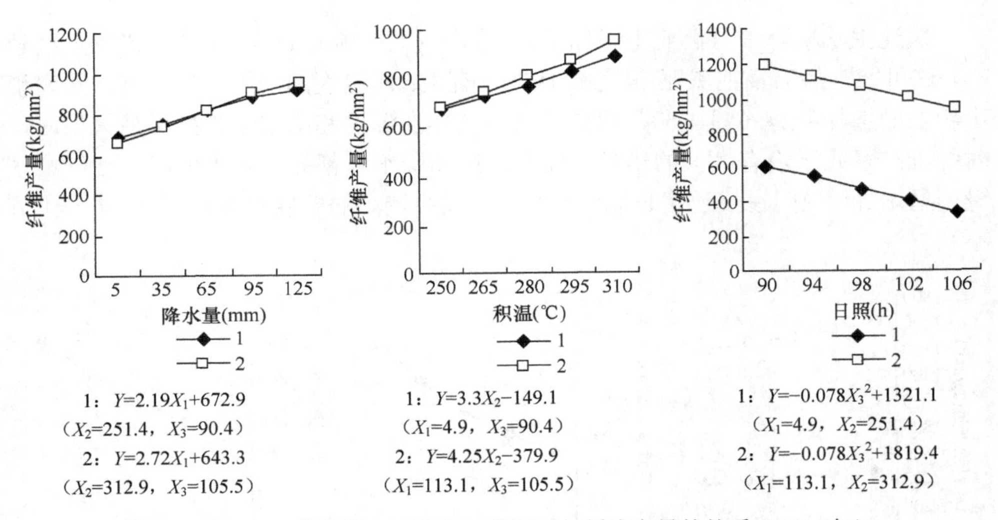


图 4-7　黑亚 14 号现蕾—开花期气象因子与纤维产量的关系（2004 年）

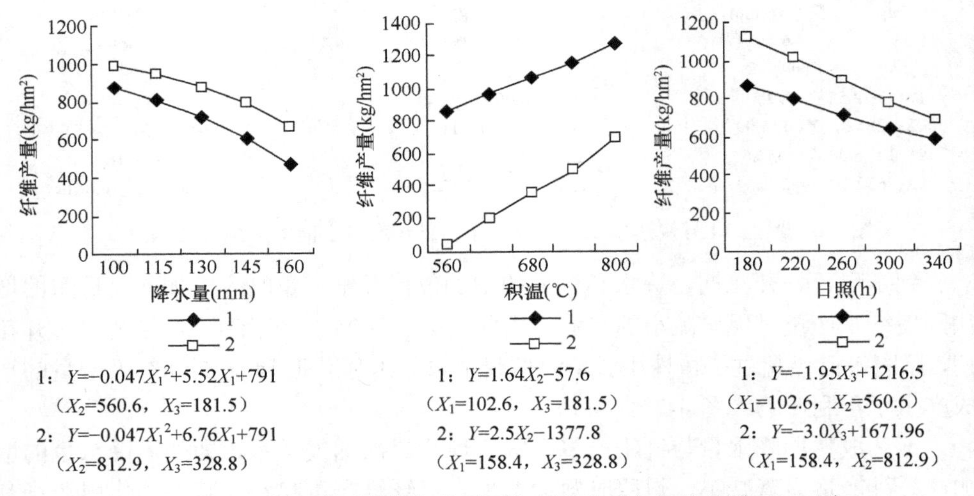


图 4-8　黑亚 14 号工艺成熟期气象因子与纤维产量之间的关系（2004 年）

前后降水的增加对纤维产量的形成均起阻碍作用，而现蕾—开花期则有利于纤维产量的形成，可见，降水是现蕾—开花期纤维产量形成的关键气象因素；而对于温度和日照来讲，虽然对两个品种纤维产量形成的影响趋势相同，但分界点不同，即早熟品种 Viking 以现蕾—开花期为分界点，而晚熟品种黑亚 14 号则以快速生长期为分界点。

另外，除快速生长期外，品种间相同的生育阶段表现出极大的相似性，因为当其他条件处在试验范围内时，分析单一因素对纤维产量的影响发现：无论是早熟品种 Viking 还是晚熟品种黑亚 14 号，除在快速生长期气象因子对纤维产量的影响不一致外，其他生育阶段，气象因子对纤维产量的影响趋势均一致。早熟品种 Viking 在快速生长期，随着温度的升高，纤维产量表现出线性减小，而随着日照时数的增加，纤维产量表现出抛物线式增加，日照时数为 135h 时，纤维产量达到最高，之后比较稳定，不再增加；晚熟品种黑亚 14 号，降水对后期纤维产量的影响幅度较小，而温度的增加则使纤维产量表现出明显的增加趋势，日照时数的增加在温度和降水量都处于最小值时，对纤维产量几乎没有太大的影响，而在温度和降水量都处于最小值时，明显增加纤维产量。

在定点的播期试验中，对于早熟品种 Viking 出苗到快速生长期，降水量、积温与最终的纤维产量间均是负相关或相关性不显著，但是日照时数与之是正相关关系；到现蕾—开花期与工艺成熟期，积温与纤维产量是正相关关系，日照时数与之是负相关关系，降水量在现蕾—开花期与之为正相关关系，到成熟期又转为负相关关系。对于晚熟品种黑亚 14 号，其纤维产量与现蕾—开花期的降水量是正相关关系，与其他时期的均是负相关关系；纤维产量与苗期—枞形期的积温是负相关关系，与其他时期均是正相关关系；与快速生长期的日照时数是正相关或无关，与此后的时期均是负相关关系。这与多点试验结果并不完全一致，这与各自气象因素的变化范围有关，如区域试验中甘南点的降水量极少，再如播期试验中晚播处理的积温和降水量较高，黑亚 14 号出现倒伏现象等，另外区域试验还受到土壤条件的影响。

由此可见，气象因子对纤维产量的影响随生育时期的进行而变化，同时熟期不同，品种的响应有一定差异。近几年由于气候的影响，黑龙江省中部老麻区萎缩，亚麻产区“北移”，其中一个重要原因就是大量种植适应性较差的国外品种，同时，没有调整相应的播种时间，导致连年减产，影响了企业和农户的经济效益，使亚麻生产出现巨大波动。从两年结果来看，根据黑龙江省气候特点，早熟品种应适当晚播，而晚熟品种要适当早播才能获得较好的产量和品质。在黑龙江省要保持适当比例面积的国内品种以减少总产量的波动，这对黑龙江省亚麻生产健康平稳发展具有重要意义。

## 4.3 土壤因素对纤维亚麻产量的影响

对各地的平均产量和纤维含量与土壤基础肥力指标进行相关分析，结果显示，除了缓效钾含量与纤维含量是显著负相关外，其他相关关系均不显著。这可能与品种产地间的互作有关，但是我们可以从总体上粗略分析基础肥力指标与有关产量指标的关系。结果表明，全磷含量与原茎产量、纤维产量和纤维含量均是较大的正相关关系，而速效磷含量与其不相关；酸碱度与三者均是负相关关系，表明偏酸性土壤有利于纤维发育和产量的提高；另外，有机质含量与三者均是正相关关系，全氮与原茎产量是正相关关系，与其他指标不相关，碱解氮含量与产量也不相关，速效钾含量与纤维含量有很大的负相关关系（表 4-10）。

**表 4-10　各地亚麻平均产量与土壤基础肥力的相关分析**

| | 有机质 | 全氮 | 全磷 | 缓效钾 | 碱解氮 | 速效磷 | 速效钾 | 酸碱度 |
|---|---|---|---|---|---|---|---|---|
| 原茎产量 | 0.4394 | 0.1431 | 0.4520 | 0.2197 | −0.0769 | 0.0914 | 0.1402 | −0.2714 |
| 纤维产量 | 0.3896 | 0.0929 | 0.4510 | −0.0800 | −0.0759 | 0.0219 | −0.0925 | −0.3626 |
| 纤维含量 | 0.1464 | −0.0365 | 0.3433 | −0.6465* | 0.0893 | −0.0384 | −0.5570 | −0.4308 |

*相关关系显著

由于品种间存在差异，加上土壤肥力因素间的相互影响，为了准确反映环境条件与纤维产量的关系，我们选择来源不同、特点各异的 3 个品种：Viking（低原茎产量、中纤维产量）、双亚 8 号（中原茎产量、高纤维产量）和黑亚 14 号（高原茎产量、中纤维产量）分别进行分析。

考虑到土壤基础肥力指标间存在相互联系，而且对亚麻生长影响更直接的是后 4 个因素，因此对 4 个因素与 3 个品种的纤维产量进行通径分析，从 4 个因素对纤维产量的直接通径系数可以看出，碱解氮（0.6269、0.6899、0.8660）、速效磷（0.4193、0.6712、0.5365）和酸碱度（0.3211、0.1362、0.3253）对纤维产量的影响均是正向的，有促进作用，而且碱解氮的作用超过速效磷和酸碱度，速效钾（−0.2764、−0.2654、−0.3532）对纤维产量的影响是负向的，有抑制作用，且数值小于碱解氮和速效磷的作用。

由于土壤基础肥力的不同，必然影响各地的施肥比例和数量。有关内容参考 5.2 部分。

（李明，李冬梅）

# 5 栽培措施对纤维亚麻生长发育及产量的影响

## 5.1 播期对纤维亚麻生长及产量的影响

### 5.1.1 播期对亚麻生长的影响

播期对 Viking 叶面积的影响很大，表现为第Ⅲ播期>第Ⅱ播期>第Ⅴ播期>第Ⅳ播期>第Ⅰ播期，播期越晚亚麻前期叶面积增加越快，达到 5cm$^2$ 的时间由第Ⅰ播期的 30 天提前到第Ⅴ播期的 10 天，达到最大叶面积的时间第Ⅴ播期最早，在 30 天左右达到最大，第Ⅱ播期、第Ⅲ播期、第Ⅳ播期比第Ⅴ播期晚 10 天左右，第Ⅰ播期最晚，在 50 天达最大叶面积值。第Ⅲ播期最大叶面积显著高于其他播期，在出苗 50 天之后，叶面积下降幅度很大。播期推迟缩短了亚麻营养生长期和生育期，叶面积减少提前（图 5-1）。

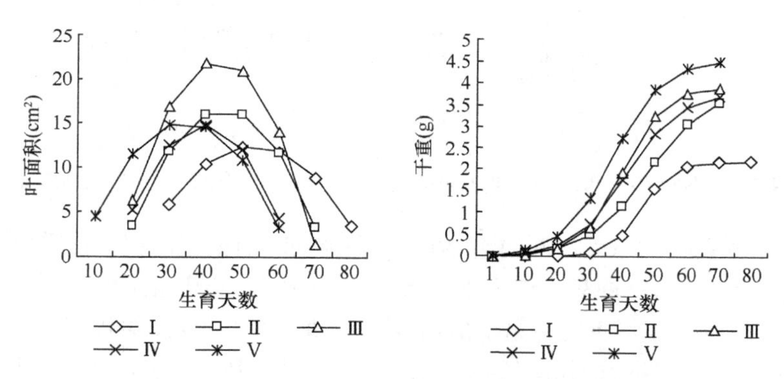


图 5-1 不同播期 Viking 单株叶面积和干物质积累量变化理论曲线（2003 年）

播期对最终干物质积累量的影响表现为第Ⅴ播期>第Ⅲ播期>第Ⅳ播期>第Ⅱ播期>第Ⅰ播期，结合叶面积的变化发现，在不同的气象条件下，植株干物质积累量差异显著的原因主要在于前期营养体光合能力的强弱，第Ⅴ播期前期表现为叶面积的迅速增大，提前于其他播期达到最大叶面积，且在一定时间段内有所保持，致使其植株高大、茎干粗壮，有利于其根系吸收大量的矿质营养，能够保证地上部代谢同化作用的充分进行，因此，其生育后期干物质积累量较高。第Ⅲ播期叶面积下降速度太快，不利于后期干物质的积累，这可能是其干物质积累量小于第Ⅴ播期的原因。第Ⅰ播期由于在整个生育期内其叶面积较小，前期叶面积的增加比较缓慢，迫于生育期的限制，其内部积累的干物质较少，最终其干物质积累量在 5 个播期中最小。

对于晚熟品种黑亚 14 号，不同播期之间的差异明显小于早熟品种，第Ⅴ播期前期的叶面积高于其他播期，因此其干物质积累较多，但由于生长后期叶面积下降较快，对干物质的积累也有一定的影响；第Ⅱ播期拥有高于其他播期的最大叶面积，且后期叶面积减小幅度小于其他播期，因此干物质积累较多；第Ⅲ播期在生长前期叶面积稍低于第Ⅳ播期，后期稍高于第Ⅳ播期，最终的干物质积累较为相似；第Ⅰ播期由于生育前期叶面积的增加较慢，达到最大叶面积的时间较晚，因此，尽管在后期叶面积减小幅度小于其他播期，但也不能弥补前期的不足，干物质积累量还是相对较小。不同播期干物质的积累表现为第Ⅴ播期速度快，数量最大，而第Ⅰ播期速度慢，数量最小（图 5-2）。

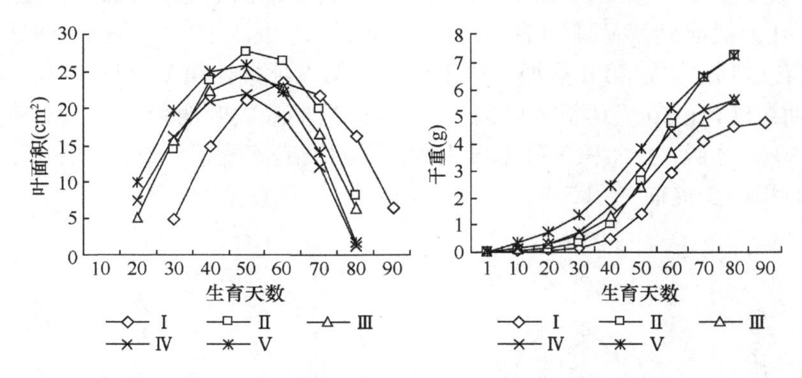


图 5-2 不同播期黑亚 14 号叶面积和干物质积累量变化理论曲线（2003 年）

由于气候条件的原因，2004 年 Viking 各播期叶面积变化和干物质积累与 2003 年不完全一致，最大叶面积表现为第Ⅴ播期>第Ⅳ播期>第Ⅲ播期>第Ⅰ播期>第Ⅱ播期，最终的干物质积累表现为第Ⅴ播期>第Ⅲ播期>第Ⅰ播期、第Ⅳ播期>第Ⅱ播期，第Ⅲ播期在生长后期叶面积降低缓慢，维持在相对较高的水平，因此后期的干物质积累较多，第Ⅰ播期、第Ⅱ播期叶面积变化相似，但第Ⅰ播期前期叶面积要高于第Ⅱ播期，因此，表现为干物质积累量高于第Ⅱ播期，第Ⅳ播期前期叶面积较大，但干物质积累量却较少，这是由于在其生育中期，严重的干旱导致叶面积急剧下降，并影响到其植株的光合能力，致使干物质的积累量显著降低（图 5-3）。

2004 年黑亚 14 号干物质积累量表现为第Ⅴ播期>第Ⅳ播期>第Ⅰ播期>第Ⅱ播期>第Ⅲ播期，这是由于 4 月底到 5 月中旬有充沛的降雨，满足了前两个播期幼苗生长所需的条件，而 5 月下旬到 6 月中旬的干旱对黑亚 14 号第Ⅲ播期的影响很大，其最大叶面积在几个处理中最小，而且下降迅速，导致干物质积累最少，而第Ⅳ播期、第Ⅴ播期，由于播期较晚，植株正处于旺盛生长阶段，加上 6 月下旬以后降雨充沛，而土壤养分释放，因此植株营养过剩，植株高大，茎干软弱，出现倒伏现象，其后期叶面积下降迅速，影响到后期的干物质积累和纤维发育，在干物质的积累上表现为后期曲线平直，没有增大的迹象。由此可见，气象条件对于亚麻的生长发育和产量形成的重要性不容忽视（图 5-4）。

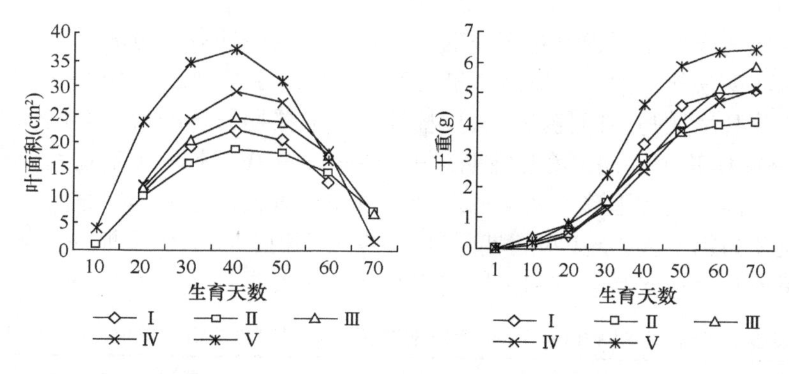


图 5-3 不同播期 Viking 叶面积和干物质积累量变化理论曲线（2004 年）

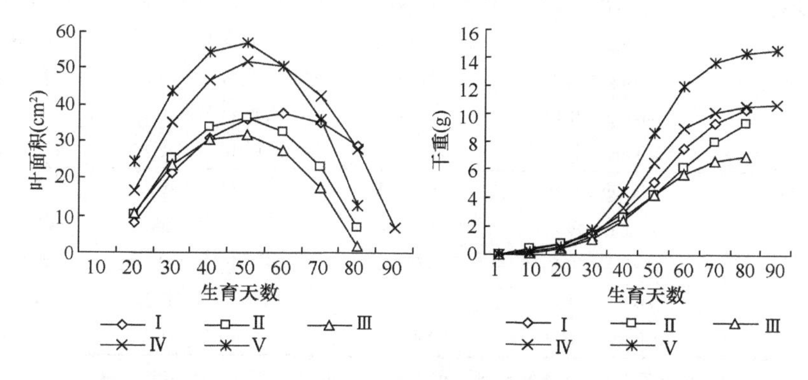


图 5-4 不同播期黑亚 14 号叶面积和干物质积累量变化理论曲线（2004 年）

从两个品种两年的第 I 播期和第 V 播期可知，亚麻早播由于温度的限制，前期生长缓慢，叶面积增加缓慢，生育期最长，但是最终株高和干重都最低；而晚播亚麻正相反，前期叶面积增加迅速，前期生长迅速，后期雨热同季有利于生长，尽管生育期有所缩短，但最终株高和干重最大。这是黑龙江省播期对亚麻生长影响的基本规律。至于品种间和年度间，各处理间顺序的变动，是亚麻生长发育过程中具体气候环境变化大的结果，特别是纤维亚麻生长的关键时期——快速生长期的气候环境如何，对其生长、产量和品质都有重要影响。当植株叶面积达到最大之前，植株同化产物主要供给叶片，以保证叶片的增大，当叶面积达到最大值后，叶片将自身合成的同化产物大量供给茎的生长和花的形成。前期叶面积的大小对后期干物质的积累影响很大，生育前期是提高干重的关键时期，要保证亚麻生育前期适宜的生长条件，满足其前期营养体的生长需求，是提高亚麻原茎产量的重要前提条件。

### 5.1.2 播期对亚麻原茎产量及纤维含量的影响

亚麻原茎产量是纤维产量形成的基础，不同的播期条件造成亚麻生育时期内有不同的环境条件，因此，原茎产量有所不同。对于早熟品种 Viking，2003 年第Ⅰ播期、第Ⅱ播期与第Ⅲ播期、第Ⅳ播期、第Ⅴ播期原茎产量差异达到极显著水平，而 2004 年第Ⅰ播期、第Ⅱ播期与第Ⅲ播期、第Ⅳ播期、第Ⅴ播期差异均极显著。由于气候和土壤因素，两年的原茎产量差异较大，但两年的原茎产量从数值上看均表现为第Ⅴ播期>第Ⅳ播期>第Ⅲ播期>第Ⅱ播期>第Ⅰ播期的变化规律，这表明，早熟品种适当晚播有利于提高原茎产量（表 5-1）。

**表 5-1 不同播期 Viking 和黑亚 14 号的原茎产量差异分析**（单位：$kg/hm^2$）

| 年份 | 处理 | 均值 | 处理 | 均值 |
|---|---|---|---|---|
| 2003 | Viking（Ⅴ） | 2906aA | 黑亚 14 号（Ⅴ） | 3970aA |
| | Viking（Ⅳ） | 2449aA | 黑亚 14 号（Ⅳ） | 3559abAB |
| | Viking（Ⅲ） | 2379aA | 黑亚 14 号（Ⅱ） | 3179abcAB |
| | Viking（Ⅱ） | 1513bB | 黑亚 14 号（Ⅲ） | 2912bcAB |
| | Viking（Ⅰ） | 1428bB | 黑亚 14 号（Ⅰ） | 2319cB |
| 2004 | Viking（Ⅴ） | 6419aA | 黑亚 14 号（Ⅴ） | 6824aA |
| | Viking（Ⅳ） | 5146bB | 黑亚 14 号（Ⅳ） | 5841aA |
| | Viking（Ⅲ） | 3793cC | 黑亚 14 号（Ⅱ） | 5518aAB |
| | Viking（Ⅱ） | 2673dD | 黑亚 14 号（Ⅲ） | 3568bB |
| | Viking（Ⅰ） | 2304dD | 黑亚 14 号（Ⅰ） | 3568bB |

注：同一列数据后面字母不同表示差异显著，大写字母表示 0.01 水平，小写字母表示 0.05 水平

对于晚熟品种黑亚 14 号，2003 年第Ⅴ播期与第Ⅰ播期、第Ⅲ播期差异显著，其中，第Ⅴ播期与第Ⅰ播期差异极显著，其他播期间差异不显著；2004 年第Ⅱ播期、第Ⅳ播期、第Ⅴ播期与第Ⅰ播期、第Ⅲ播期差异显著，其中，第Ⅳ播期、第Ⅴ播期与第Ⅰ播期、第Ⅲ播期差异极显著，其他播期间差异不显著，从数值上看，原茎产量的变化很有规律，两年均表现为第Ⅴ播期>第Ⅳ播期>第Ⅱ播期>第Ⅲ播期>第Ⅰ播期（表 5-1）。晚熟品种晚播有倒伏问题，特别是土壤肥沃、雨水较多时，因此适当早播更稳妥。

随着播期的推迟，两个品种均表现出纤维含量逐渐降低的规律，但是高纤品种降低幅度明显，各处理间 5%水平出现 4 级差别，1%水平有 3 级差别，而中纤品种降低幅度较小，5%水平仅 2 级差别，1%水平差异未达到极显著（表 5-2）。

表 5-2　不同播期处理纤维含量的多重比较（2004 年）（%）

| Viking | | | | 黑亚 14 号 | | | |
|---|---|---|---|---|---|---|---|
| 处理 | 均值 | 5%显著水平 | 1%极显著水平 | 处理 | 均值 | 5%显著水平 | 1%极显著水平 |
| I | 27.5 | a | A | III | 15.8 | a | A |
| II | 26.7 | ab | A | I | 15.0 | ab | A |
| III | 24.0 | b | AB | II | 14.5 | b | A |
| IV | 19.4 | c | BC | IV | 14.3 | b | A |
| V | 15.6 | d | C | V | 14.0 | b | A |

黑龙江省南部 5 月上旬是亚麻的正常播期（本试验的第III播期至第IV播期），从本试验结果来看，对于中熟品种还是适宜的，但是早熟品种推迟到 5 月 20 日（第V播期）更有利，而晚熟品种提早到 4 月 20 日（第II播期）更好。

## 5.2　氮、磷、钾对纤维亚麻生长及产量的影响

### 5.2.1　不同氮素水平对亚麻生长及产量的影响

氮素是调控亚麻原茎产量的重要手段，为了探讨氮肥对亚麻产量形成的影响，1995 年在东北农业大学校内试验地进行了小区和框栽试验。试验地的土壤肥力为有机质 2.81%，全氮 0.1332%，全磷 0.0393%，全钾 2.58%，碱解氮 95.7mg/kg，速效磷 43.38mg/kg，速效钾 226mg/kg，pH 7.23。试验选用 3 个品种 3 个氮肥水平。详细设计参见 1.1 部分。工艺成熟后，每小区中间收获 1.2m$^2$，测定原茎产量，另取小样沤麻测定干茎制成率和出麻率。

#### 5.2.1.1　氮肥水平与亚麻原茎产量的关系

不同时期取样的结果表明，随施氮量增加，叶面积增加。在整个生育期，不同氮肥水平之间叶面积的差异始终存在。增施氮肥促使亚麻吸氮量提高，形成较多的叶绿素，茎叶色泽深绿，有利于光合作用，从而形成更多的光合产物（表 1-1），从而为最终原茎产量的提高奠定基础（表 5-3）。

表 5-3　施氮量对亚麻株高、茎粗和原茎产量的影响

| 项目 | 黑亚 7 号 | | | 双亚 5 号 | | | Ariane | | |
|---|---|---|---|---|---|---|---|---|---|
| | 零氮 | 中氮 | 高氮 | 零氮 | 中氮 | 高氮 | 零氮 | 中氮 | 高氮 |
| 株高（cm） | 79.8 | 84.1 | 84.2 | 80.3 | 85 | 85 | 67.5 | 68.7 | 72.7 |
| 茎粗（mm） | 1.1 | 1.2 | 1.3 | 1.1 | 1.1 | 1.2 | 1.2 | 1.2 | 1.4 |
| 原茎产量（g/m$^2$） | 466 | 558 | 619 | 473 | 526 | 623 | 428 | 476 | 540 |

对原茎产量的新复极差测验表明，黑亚 7 号品种 3 个氮肥水平间差异极显著；双亚 5 号的零氮、中氮处理与高氮间差异显著；Ariane 只有零氮与高氮间差异显著。随施氮水平的提高，黑亚 7 号依次增产 19.7%和 10.9%，双亚 5 号依次增产 11%和 18%，Ariane 依次增产 11.2%和 13.4%。因此，增施氮肥可以提高亚麻的原茎产量。

#### 5.2.1.2 氮肥水平与亚麻纤维产量的关系

氮肥水平对亚麻纤维产量的影响见表 5-4。由于品种间对氮肥反应不同，纤维产量增加幅度不同，特别是黑亚 7 号的出麻率变化不大，其纤维产量随原茎产量的增长而增加，依次为 13.5%和 11.4%，双亚 5 号和 Ariane 分别增加 5.1%和 11.1%、7.3%和 3.1%。增加氮肥对亚麻的干茎制成率的影响较小，*F* 检验结果显示 3 个品种不同氮肥处理之间差异均不显著；随着施氮量的增加，不同品种出麻率的响应不同，新复极差测验表明，黑亚 7 号的各处理间差异不显著，双亚 5 号的零氮与高氮处理间差异显著，Ariane 零氮处理的出麻率与中氮处理之间差异显著，与高氮处理之间差异极显著。出麻率是纤维发育和非纤维部分生长的综合反映，增施氮肥导致出麻率下降，表明非纤维部分的提高超过纤维部分的增加。新复极差测验结果显示，尽管 3 个供试品种的纤维产量随施氮量的提高而增加，但是差异不显著。鉴于不同品种对氮肥的响应不同，生产上应该根据品种自身的特点确定合理的施氮水平。

**表 5-4 不同处理的出麻率、干茎制成率与纤维产量**

| 项目 | 黑亚 7 号 | | | 双亚 5 号 | | | Ariane | | |
|---|---|---|---|---|---|---|---|---|---|
| | 零氮 | 中氮 | 高氮 | 零氮 | 中氮 | 高氮 | 零氮 | 中氮 | 高氮 |
| 干茎制成率（%） | 79.5 | 78.4 | 77.7 | 77.8 | 78 | 77.3 | 79.3 | 79.5 | 78.6 |
| 出麻率（%） | 21.9 | 21.2 | 21.8 | 27.5 | 25.5 | 24 | 29.6 | 28.4 | 26.1 |
| 纤维产量（$g/m^2$） | 82.3 | 93.4 | 104 | 98.7 | 103.7 | 115.2 | 99.6 | 106.9 | 110.2 |

### 5.2.2 不同施肥处理对亚麻生长及产量的影响

#### 5.2.2.1 不同施肥处理对亚麻生长的影响

试验采用三因素二次饱和 D-最优设计，具体施肥量见表 5-5。试验品种为 Argos 和黑亚 14 号，试验方法参见 3.3 部分。为了便于比较，我们选取 5 个处理（处理 1、2、3、4 和 8，处理 8 为表现最好的氮、磷、钾综合处理）的数据进行分析。

**表 5-5 肥料处理系数矩阵和相应施肥量**

| 处理 | $X_1$ | $X_2$ | $X_3$ | N（kg/hm²） | $P_2O_5$（kg/hm²） | $K_2O$（kg/hm²） |
|---|---|---|---|---|---|---|
| 1 | −1 | −1 | −1 | 0 | 0 | 0 |
| 2 | 1 | −1 | −1 | 90 | 0 | 0 |
| 3 | −1 | 1 | −1 | 0 | 135 | 0 |
| 4 | −1 | −1 | 1 | 0 | 0 | 90 |
| 5 | 0.192 | 0.192 | −1 | 53.66 | 80.5 | 0 |
| 6 | 0.192 | −1 | 0.192 | 53.66 | 0 | 53.66 |
| 7 | −1 | 0.192 | 0.192 | 0 | 80.5 | 53.66 |
| 8 | −0.291 | 1 | 1 | 31.9 | 135 | 90 |
| 9 | 1 | −0.291 | 1 | 90 | 47.8 | 90 |
| 10 | 1 | 1 | −0.291 | 90 | 135 | 31.9 |

Argos 单株叶面积变化幅度因施肥处理不同而有很大差异（图 5-5，表 5-6），最大叶面积值表现为施氮磷钾（处理 8）>施氮（处理 2）>施磷（处理 3）>施钾（处理 4）>对照（处理 1）。叶面积除处理 4（施钾）滞后几天外，其他处理均在 50 天（开花期）达到最大值。结果表明，处理 8 由于氮、磷、钾肥配合施用，营养成分均衡，个体发育最好，但由于生育后期植株高大易倒伏，叶面积减小迅速；处理 4 生育前期由于缺乏氮肥，植株矮小，因此达到叶面积最大值的时间要比其他处理晚，生育后期不易倒伏，叶面积减小缓慢。

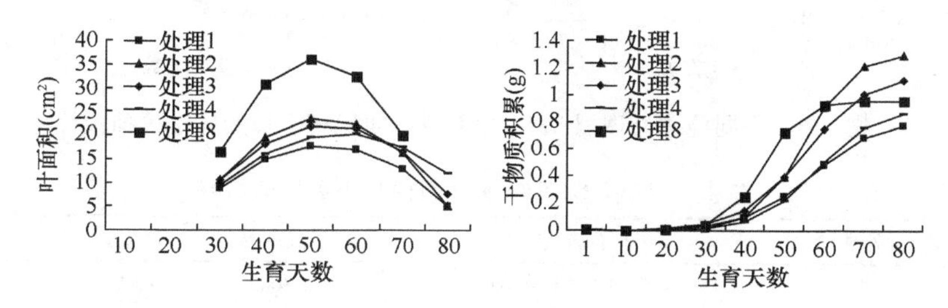


图 5-5 不同施肥处理 Argos 单株叶面积和干重变化理论曲线

**表 5-6 Argos 单株叶面积和干重的拟合方程**

| 项目 | 处理 | 方程 | 决定系数 | *F* 检验 | 显著水平 |
|---|---|---|---|---|---|
| 叶面积 | 1 | $Y=-31.07+1.855X-0.0176X^2$ | 0.8392 | 15.65 | 0.0042 |
| | 2 | $Y=-46.12+2.642X-0.0254X^2$ | 0.8067 | 12.52 | 0.0072 |
| | 3 | $Y=-37.70+2.231X-0.021X^2$ | 0.8620 | 18.75 | 0.0026 |
| | 4 | $Y=-29.09+1.747X-0.015X^2$ | 0.8188 | 11.30 | 0.0140 |
| | 8 | $Y=-79.21+4.521X-0.044X^2$ | 0.5600 | 3.82 | 0.0852 |

续表

| 项目 | 处理 | 方程 | 决定系数 | F检验 | 显著水平 |
|---|---|---|---|---|---|
| 干重 | 1 | $Y$=0.820/[1+exp(6.8265−0.120$X$)] | 0.9316 | 40.88 | 0.0003 |
| | 2 | $Y$=1.313/[1+exp(9.1634−0.166$X$)] | 0.9621 | 76.16 | 0.0001 |
| | 3 | $Y$=1.156/[1+exp(7.0298−0.127$X$)] | 0.9021 | 27.66 | 0.0009 |
| | 4 | $Y$=0.901/[1+exp(8.0720−0.139$X$)] | 0.8859 | 23.30 | 0.0015 |
| | 8 | $Y$=0.959/[1+exp(9.6851−0.216$X$)] | 0.7079 | 7.27 | 0.0249 |

施肥不同使得处理间单株干物质积累速率存在差异，最终积累量上表现为：施氮>施磷>施氮磷钾>施钾>对照。结合叶面积的变化发现，处理 8 前期干物质积累速度快，但由于后期掉叶严重，后期积累趋缓；而处理 4 由于缺乏氮肥，长势缓慢，干物质积累速度缓慢。

晚熟品种黑亚 14 号由于生育期的延长，单株叶面积达到最大值的时间比 Argos 略有滞后（图 5-6，表 5-7）。其最大值具体表现为施氮>施氮磷钾>施磷>对照>施钾，这与 Argos 有所不同；最终干物质积累表现为施氮>施氮磷钾>施磷>施钾>对照，这与 Argos 也有所差异，显示品种间对氮、磷、钾响应不同。

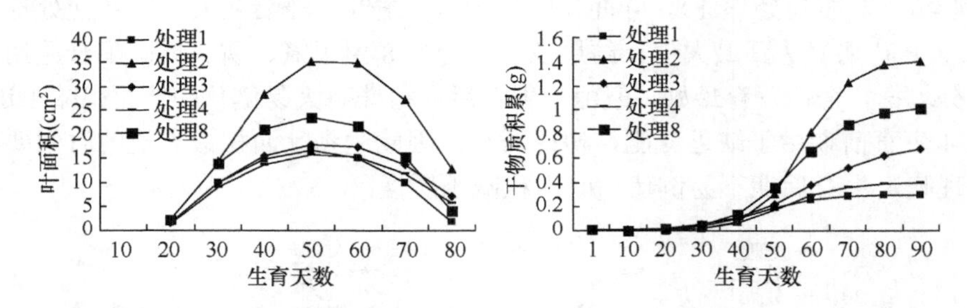


图 5-6　不同施肥处理黑亚 14 号单株叶面积和干重变化理论曲线

**表 5-7　黑亚 14 号单株叶面积和干重拟合方程**

| 项目 | 处理 | 拟合方程 | 决定系数 | F检验 | 显著水平 |
|---|---|---|---|---|---|
| 叶面积 | 1 | $Y=-24.53+1.637X-0.0164X^2$ | 0.8643 | 19.11 | 0.0025 |
| | 2 | $Y=-71.00+3.916X-0.0359X^2$ | 0.7235 | 7.85 | 0.0211 |
| | 3 | $Y=-23.97+1.575X-0.0148X^2$ | 0.7711 | 10.11 | 0.012 |
| | 4 | $Y=-21.66+1.422X-0.0135X^2$ | 0.8129 | 13.04 | 0.0065 |
| | 8 | $Y=-34.56+2.291X-0.0226X^2$ | 0.7827 | 10.81 | 0.0103 |
| 干重 | 1 | $Y$=0.298/[1+exp(5.808−0.127$X$)] | 0.9781 | 134.18 | 0.0000 |
| | 2 | $Y$=1.407/[1+exp(9.321−0.160$X$)] | 0.9775 | 108.41 | 0.0001 |
| | 3 | $Y$=0.717/[1+exp(5.173−0.088$X$)] | 0.6425 | 5.39 | 0.0457 |
| | 4 | $Y$=0.397/[1+exp(6.746−0.129$X$)] | 0.6815 | 6.42 | 0.0323 |
| | 8 | $Y$=1.029/[1+exp(6.599−0.119$X$)] | 0.9245 | 36.74 | 0.0004 |

两个品种对施氮、施磷、施钾的响应一致，均是施氮>施磷>施钾，在土壤基础肥力不高的情况下，单独施用钾肥对亚麻生长有不利影响，在外部形态上表现为植株细小，叶面积小，干物质积累少，前期低于对照，最终也只略高于对照。可见，增施氮肥有助于提高亚麻原茎产量，但氮肥施用过多，就容易倒伏，造成减产，而氮肥、磷肥、钾肥配合施用效果更佳。

#### 5.2.2.2 不同施肥处理对亚麻产量的影响

从 Duncan 多重比较来看，2004 年盆栽试验的原茎产量尽管换算后偏高，但是各处理间差异显著（表 5-8）。结合两个品种的原茎产量表现可以看出增施氮肥有助于提高原茎产量，氮、磷、钾配合施用（处理 8、处理 10）效果更好，而单独施用钾肥的处理 4 则降低了原茎产量。

**表 5-8 不同施肥处理原茎产量的多重比较**（单位：kg/hm²）

| 品种 | 处理 1 | 处理 2 | 处理 3 | 处理 4 | 处理 5 | 处理 6 | 处理 7 | 处理 8 | 处理 9 | 处理 10 |
|---|---|---|---|---|---|---|---|---|---|---|
| Argos | 7 106.7 cAB | 9 280 abAB | 8 140 abcAB | 6 813.3 cB | 9 826.7 aA | 8 220 abcAB | 7 340 bcAB | 9 973.3 aA | 9 713.3 aAB | 8 373.3 abcAB |
| 黑亚 14 号 | 10 140 cBC | 12 693.3 abAB | 10 980 bcABC | 9 340 cC | 11 046.7 bcABC | 13 086.7 abAB | 10 186.7 cBC | 13 340 aA | 11 146.7 bcABC | 13 606.7 aA |

注：同一列数据后面字母不同表示差异显著，大写字母表示 0.01 水平，小写字母表示 0.05 水平

以 Argos 为例，分析氮（$X_1$）、磷（$X_2$）、钾（$X_3$）对亚麻原茎产量（$Y$）的影响。利用 DPS 数据处理系统建立氮肥、磷肥、钾肥与原茎产量的回归方程：

$Y$=8471.29+359.18$X_1$+592.31$X_2$+73.39$X_3$−864.71$X_1^2$+832.61$X_3^2$+63.52$X_1X_2$ − 438.28$X_1X_3$+248.56$X_2X_3$。决定系数=0.997 99，剩余通径系数=0.044 85，$F$=68.15，显著水平 $P$=0.1007。当施用纯氮 44.5kg、五氧化二磷 135kg 和氧化钾 90kg 时，Argos 可以得到 10 123.33kg/hm² 的产量。

2 个因素取−1 水平，进行降维分析，并作图。氮肥对原茎产量的影响呈抛物线状，在 0.5 水平时，达到峰值；磷肥对原茎产量的影响呈线性增加；而钾肥对亚麻原茎产量的影响呈反抛物线状，随着钾肥施用的增加，原茎产量先降低，至 0 水平后逐渐增加（图 5-7）。

#### 5.2.2.3 不同施肥处理对亚麻纤维含量的影响

2005 年小区试验的纤维含量的 Duncan 多重比较显示，2 个品种各处理间差异均显著，同样是高纤品种的纤维含量变异更大，中纤品种的较小。Argos 施钾处理最大，而黑亚 14 号是施磷处理最大（表 5-9）。结合两个品种纤维含量的表现可以看出，施用磷肥、钾肥有利于纤维含量的提高，而单独施用氮肥则降低了纤维含量。

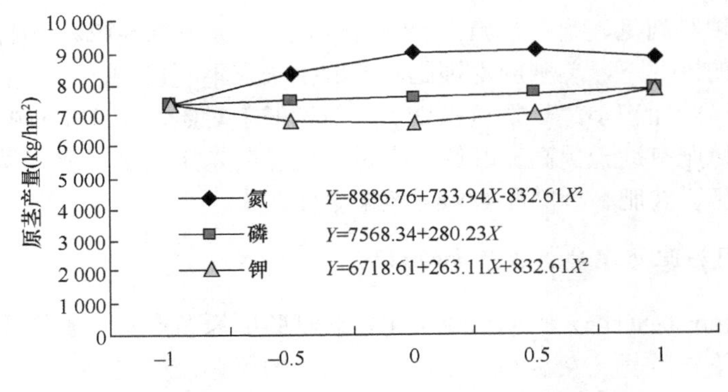


图 5-7　氮、磷、钾对 Argos 原茎产量的影响

**表 5-9　不同施肥处理纤维含量的多重比较（%）**

| 品种 | 处理 1 | 处理 2 | 处理 3 | 处理 4 | 处理 5 | 处理 6 | 处理 7 | 处理 8 | 处理 9 | 处理 10 |
|---|---|---|---|---|---|---|---|---|---|---|
| Argos | 30.1 abcAB | 27.5 bcAB | 30.6 abAB | 31.6 aA | 27.9 bcAB | 29.3 abcAB | 30.7 abAB | 29.8 abcAB | 28.3 abcAB | 27.0 cB |
| 黑亚 14 号 | 20.3 abA | 18.3 bA | 22.1 aA | 20.6 abA | 19.3 abA | 19.6 abA | 19.6 abA | 19.3 abA | 18.6 bA | 18.4 bA |

注：同一列数据后面字母不同表示差异显著，大写字母表示 0.01 水平，小写字母表示 0.05 水平

仍以 Argos 为例，分析氮（$X_1$）、磷（$X_2$）、钾（$X_3$）对亚麻纤维含量（$Y$）的影响。获得氮、磷、钾与纤维含量的回归方程：

$Y$=0.29−0.0158$X_1$−0.0027$X_2$+0.0059$X_3$+0.0019$X_1^2$+0.003 05$X_2^2$−0.0029$X_1X_2$+0.000 59$X_1X_3$−0.001 93$X_2X_3$。相关系数 $r$=1.028 51，$F$=768.79，显著水平 $P$=0.0291，决定系数=0.999 83，剩余通径系数=0.012 94。

通过降维分析，得到以下方程，并绘制单因素效应曲线。由图 5-8 可以看出，随着氮素水平的增加，纤维含量近似线性下降；随着磷肥的增加，纤维含量略有降低；而纤维含量随着钾肥的施入，呈线性增加。3 种肥料中，氮肥的影响最大，钾肥和磷肥的影响较小。

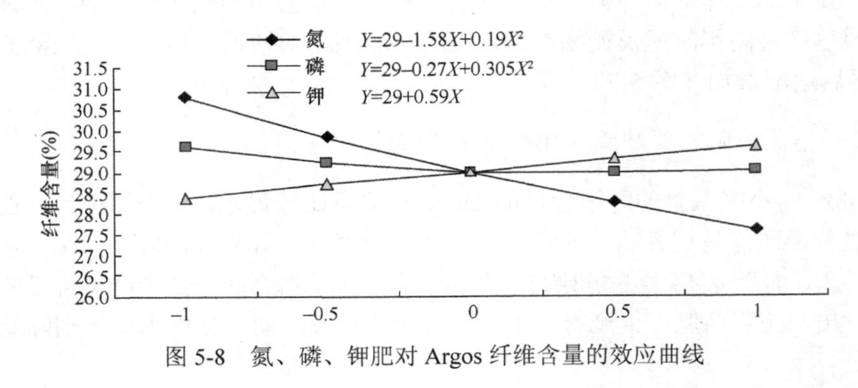


图 5-8　氮、磷、钾肥对 Argos 纤维含量的效应曲线

## 5.3 植物生长调节剂对纤维亚麻生长及产量的影响

2002~2003 年在东北农业大学校内试验地，选择了 3 个纤维亚麻品种和 3 种植物生长调节剂进行试验。2002 年喷洒赤霉素（快速生长期）、乙烯利（快速生长期、青熟期）、多效唑（枞形期、现蕾期）各 3 个浓度，2003 年选用各一种浓度，分别为 30mg/L、200mg/L、350mg/L、50mg/L 和 150mg/L。每小区喷施量为 200ml，间隔 5 天喷施一次，喷施时选择在无风或微风、蒸发小的早晨或傍晚进行。

### 5.3.1 植物生长调节剂对亚麻生理生化指标的影响

#### 5.3.1.1 植物生长调节剂对叶绿素含量的影响

乙烯利快速生长期处理各品种叶绿素含量略高于对照，其中 Ariane 在喷后第 20 天极显著高于对照，Viking 在喷后第 10 天、第 20 天显著高于对照；赤霉素处理黑亚 11 号、Ariane 在喷后第 10 天、第 20 天叶绿素含量低于对照，Viking 略高于对照，但都没有达到显著水平；多效唑处理黑亚 11 号、Ariane，与对照差异不大，只略有增减，Viking 在喷后第 10 天、第 20 天均极显著低于对照，表现出明显的抑制作用（表 5-10）。

**表 5-10 不同处理对叶绿素含量的影响**（2003 年）（单位：mg/g）

| 品种 | 处理 | 乙烯利（快速生长期） | | 赤霉素 | | 多效唑（现蕾前） | |
|---|---|---|---|---|---|---|---|
| | | 10 天 | 20 天 | 10 天 | 20 天 | 10 天 | 20 天 |
| 黑亚 11 号 | 处理 | 26.56aA | 22.24aA | 24.93aA | 20.4aA | 20.31aA | 14.82aA |
| | 对照 | 25.56aA | 21.29aA | 25.56aA | 21.29aA | 21.97aA | 13.68aA |
| Ariane | 处理 | 21.66aA | 16.09aA | 19.7aA | 11.58aA | 19.74aA | 11.18aA |
| | 对照 | 21.4aA | 12.38bB | 21.4aA | 12.38aA | 19.79aA | 10.15aA |
| Viking | 处理 | 21.22aA | 21.22aA | 26.77aA | 17.43aA | 25.26bB | 17.05bB |
| | 对照 | 17.43bA | 17.43bA | 26.65aA | 17.28aA | 28.1aA | 18.56aA |

注：同一列中不同小写字母、大写字母分别代表不同处理间差异显著（$P<0.05$）及差异极显著（$P<0.01$）

#### 5.3.1.2 植物生长调剂对亚麻内源激素含量的影响

通过分析乙烯利、赤霉素处理对 $GA_3$、IAA、ZR 含量影响可知，乙烯利（快速生长期）处理不同品种间各激素含量变化不尽一致（图 5-9），乙烯利提高了 Ariane、黑亚 11 号中的 IAA、ZR 的含量，喷施后第 10~20 天这一阶段各激素增长速率明显大于前一阶段，其中 Ariane $GA_3$、IAA 的含量增加较明显，Ariane 中

ZR 含量也获得显著增加，而 Viking，处理与对照的 $GA_3$、IAA、ZR 含量无明显差别，处理与对照均呈下降趋势。图 5-10 显示了赤霉素对 3 个品种中 $GA_3$、IAA、ZR 含量的影响，Ariane、黑亚 11 号中 $GA_3$、IAA、ZR 含量均获得提高，其中 ZR 得到了显著提高，这说明外源赤霉素对 ZR 合成具有积极的促进作用，ZR 含量增加使原茎产量获得提高。而赤霉素对 Viking 中 $GA_3$、IAA、ZR 含量没有明显的影响，与乙烯利处理表现一致，各激素含量也呈下降趋势。

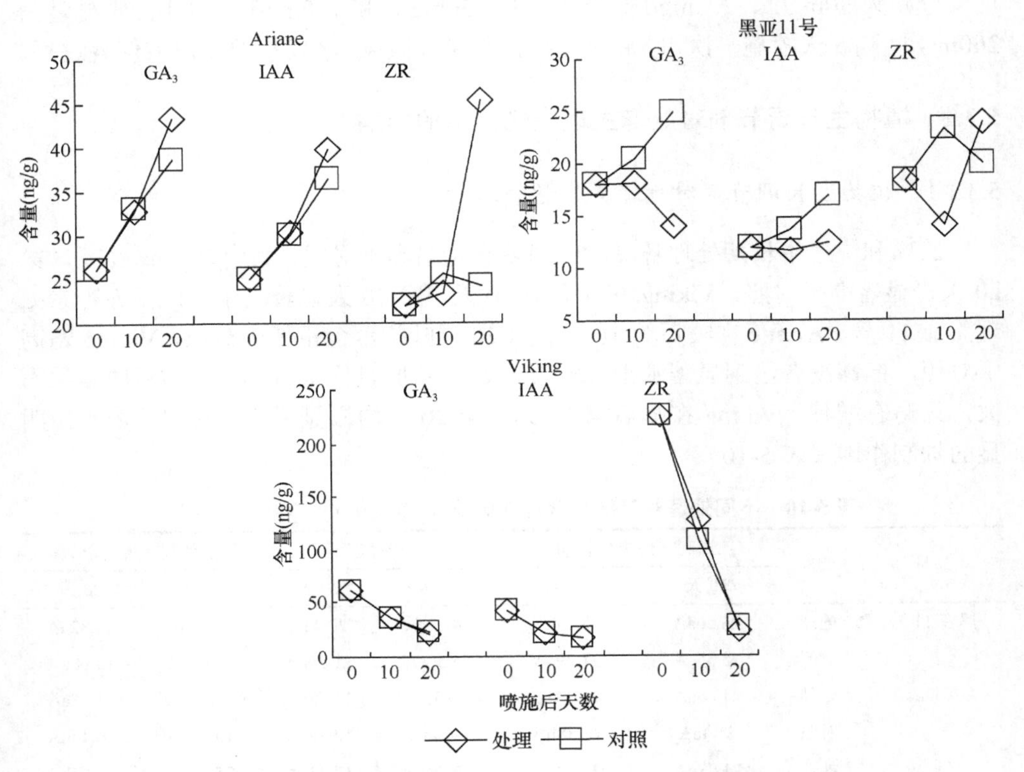


图 5-9　快速生长期喷施乙烯利对 $GA_3$、IAA、ZR 含量的影响（2003 年）

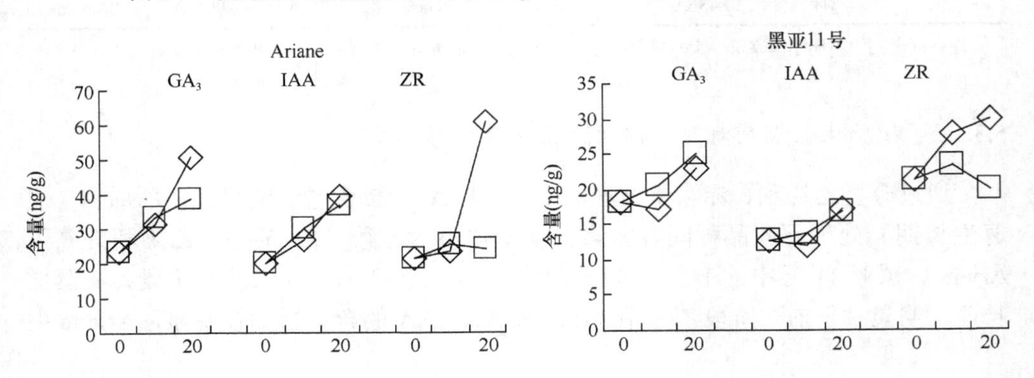

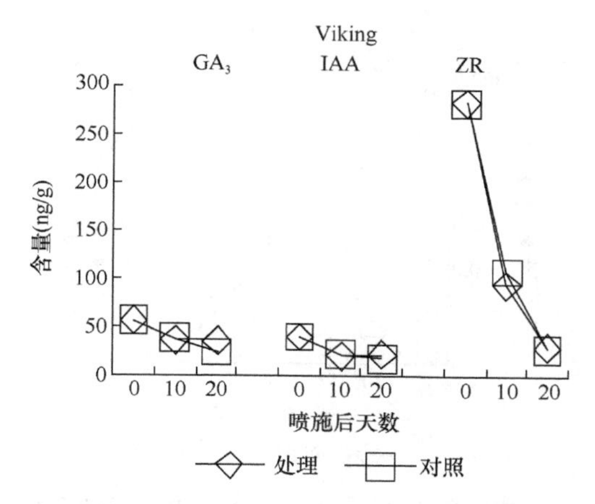


图 5-10 快速生长期喷施赤霉素对 $GA_3$、IAA、ZR 含量的影响（2003 年）

乙烯利、赤霉素对 Viking 中 3 种激素的含量均无明显影响，Viking 早熟的遗传特性可能是导致这种结果的主要原因，早熟品种各生育时期相对缩短，因而其最佳接受外源刺激时期还有待探索。

枞形期喷施多效唑对 $GA_3$、IAA、ZR 含量的影响如图 5-11 所示，Ariane、黑亚 11 号喷施后 10 天 $GA_3$、IAA、ZR 含量与对照相比均减小，各激素降幅为 6.16%~7.17%，但 Viking 与对照相比 $GA_3$、IAA、ZR 含量均增加，增幅分别为 11%、18%、12%；3 个品种喷施后 20 天 $GA_3$、IAA、ZR 含量与对照相比表现出一致的降低趋势，黑亚 11 号 $GA_3$、IAA、ZR 含量与其他两个品种相比降幅最大（除了 Viking $GA_3$），分别达 6%、13%、14%，而且黑亚 11 号原茎产量、全麻产量在 3 个品种中与对照相比降低最多，分别为 36.2%、37.4%。在喷施后第 10 天和第 20 天横向比较中，Ariane、黑亚 11 号喷施后第 10 天 3 种激素减小幅度（0.121±0.044）要高于喷施后第 20 天的减小幅度（0.086±0.039）。

现蕾前喷施多效唑对 $GA_3$、IAA、ZR 含量的影响如图 5-12 所示，Ariane、黑亚 11 号、Viking 中 $GA_3$、IAA、ZR 含量均较对照降低，其中黑亚 11 号 ZR 含量

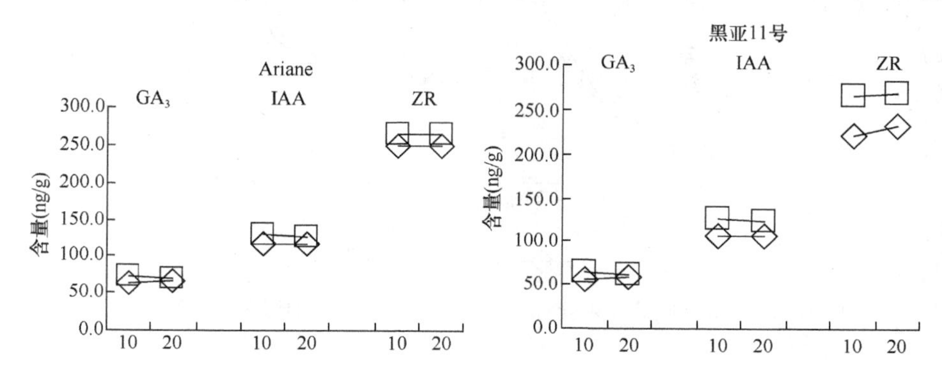

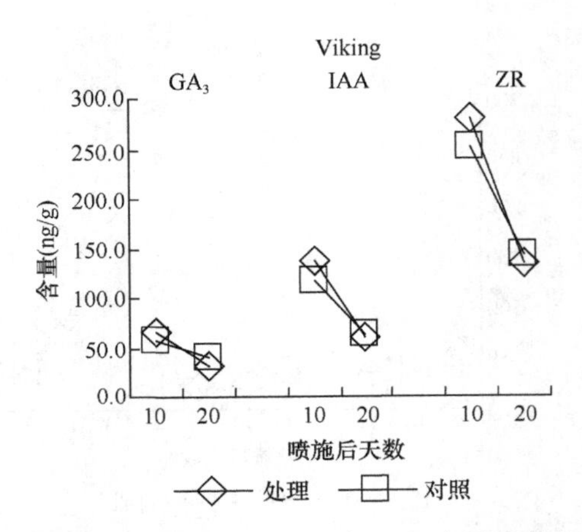


图 5-11　枞形期喷施多效唑对 $GA_3$、IAA、ZR 含量的影响（2003 年）

在喷施后 20 天时降低幅度最大（29%），其余降低幅度为 0.4%~28%，从曲线来看，Viking 中 IAA、ZR 含量波动较明显。

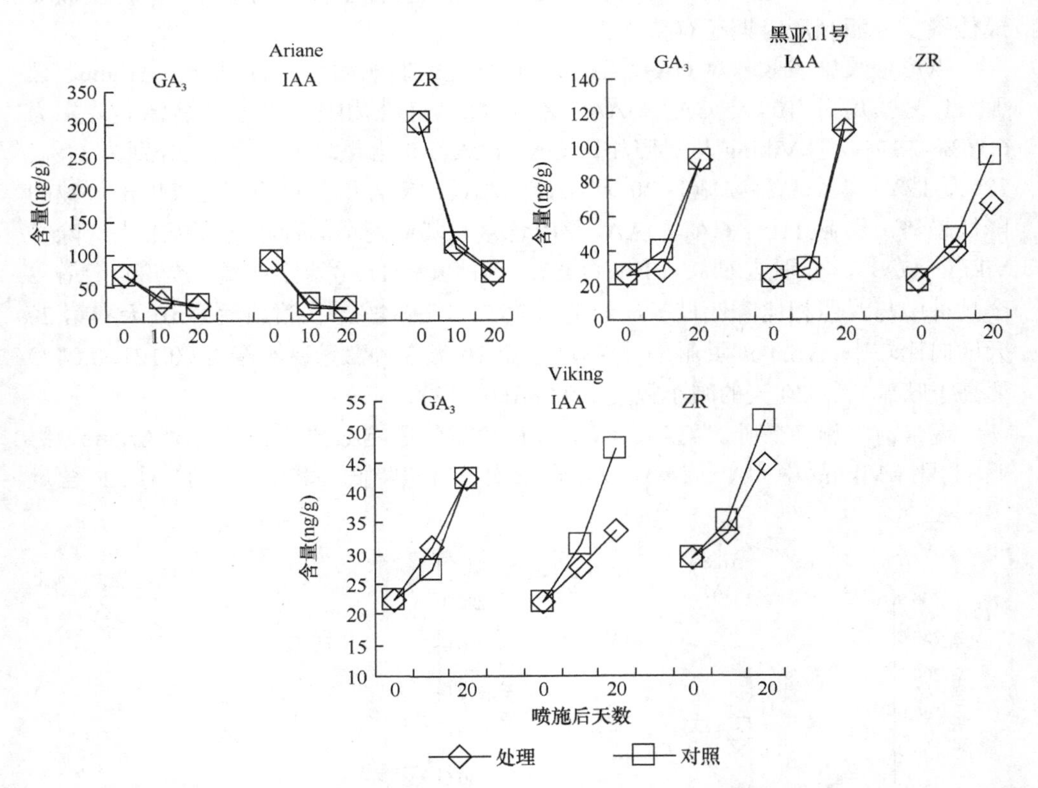


图 5-12　现蕾前喷施多效唑对 $GA_3$、IAA、ZR 含量的影响（2003 年）

综合以上分析，不同基因型在接受乙烯利、赤霉素、多效唑等外源激素的刺激时，内源激素变化表现出明显的品种间差异，这意味着要充分发挥植物生长调节剂的调节作用，需针对各基因型所特有的遗传特性选择适宜的剂型、作用时期、施用量，还要考虑气候条件，只有这样才能获得良好的作用效果。

## 5.3.2 植物生长调节剂对亚麻农艺性状及产量的影响

### 5.3.2.1 乙烯利处理对亚麻农艺性状及产量的影响

快速生长期喷施乙烯利，3 个品种中只有 Viking 的株高是降低的，Ariane、黑亚 11 号株高增加都在 2cm 左右，3 个品种的茎粗都增加，其中 Ariane、黑亚 11 号增加在 0.1mm 以上。由于株高和茎粗的增加，相应的 Ariane、黑亚 11 号的原茎产量增加都在 17.9%以上，处理和对照间差异是极显著的，但是对早熟品种 Viking 的影响不显著。花序分枝数与蒴果数关系密切，并对种子产量产生影响，快速生长期喷施乙烯利使 3 个品种的分枝数都有增加，但只有黑亚 11 号增加较多（0.6 个）。虽然 Ariane 和黑亚 11 号的种子产量都增加了，但只有黑亚 11 号的种子产量增加达到显著水平，而 Viking 的种子产量下降显著（表 5-11，表 5-12）。

**表 5-11 快速生长期喷施乙烯利对亚麻农艺性状的影响**（2003 年）

| 品种 | 项目 | 株高（cm） | 工艺长度（cm） | 茎粗（mm） | 分枝数（个） | 纤维含量（%） | 长麻率（%） |
|---|---|---|---|---|---|---|---|
| Ariane | 处理 | 74.3 | 48.9 | 1.64 | 3.7 | 20.4 | 12.6 |
| 黑亚 11 号 | | 77 | 61.3 | 1.65 | 4.2 | 19.6 | 14.1 |
| Viking | | 56.7 | 44.2 | 1.55 | 4.2 | 25.9 | 18.4 |
| Ariane | 对照 | 72.3 | 49 | 1.53 | 3.5 | 21.9 | 13.6 |
| 黑亚 11 号 | | 75.1 | 61.1 | 1.36 | 3.6 | 18.9 | 16.0 |
| Viking | | 59.4 | 45.4 | 1.5 | 4.1 | 25.3 | 19.0 |

**表 5-12 快速生长期喷施乙烯利对亚麻产量的影响**（2003 年）

| 品种 | 项目 | 原茎产量（$kg/hm^2$） | 增加（%） | 种子产量（$kg/hm^2$） | 增加（%） | 长麻产量（$kg/hm^2$） | 增加（%） | 全麻产量（$kg/hm^2$） | 增加（%） |
|---|---|---|---|---|---|---|---|---|---|
| Ariane | 处理 | 4678.6aA | 17.9 | 769.9bAB | 4.9 | 590.5 | 9.7 | 952.8 | 9.7 |
| 黑亚 11 号 | | 3825.8bB | 23.3 | 785bAB | 33.8 | 541.8 | 9.0 | 749 | 27.6 |
| Viking | | 2780.3dC | −8.5 | 724.5bcAB | −24.5 | 511.5 | −11.4 | 721 | −6.3 |
| Ariane | 对照 | 3967.5bB | | 733.8bcAB | | 538.1 | | 868.4 | |
| 黑亚 11 号 | | 3101.7cC | | 586.7cB | | 497.1 | | 586.9 | |
| Viking | | 3038.1cdC | | 959.2aA | | 577.5 | | 769.5 | |

注：同一列中不同小写字母、大写字母分别代表不同处理间差异显著（$P<0.05$）及差异极显著（$P<0.01$）

快速生长期喷施乙烯利对纤维含量的影响较小，其中 Ariane 略有减少（1.5 个百分点），而另两个品种略有增加（0.7 个百分点和 0.6 个百分点），因此纤维产量的变化主要受原茎产量变化的影响。但是乙烯利对长麻率的影响较大，所有品种的长麻率均有所减少，并因此导致各自长麻产量的变化，Ariane 和黑亚 11 号由于原茎产量增加，因此长麻产量增加，而 Viking 的长麻产量减少 11.4%。

青果期喷施乙烯利，Ariane 和黑亚 11 号株高增加都在 5cm 左右，但茎粗都有所降低（表 5-13，表 5-14）。Ariane 的原茎产量显著下降，而其他两个品种原茎产量变化很小。3 个品种分枝数的变化不明显，各品种处理与对照的种子产量无显著变化。成熟初期喷洒乙烯利降低了各品种的纤维含量（Ariane 除外），并由此导致各品种的全麻产量明显下降。Ariane、Viking 因喷施乙烯利使长麻率获得提高，Viking 因此提高了长麻产量，Ariane 长麻产量因原茎产量显著减少而没有得到提高。

**表 5-13　成熟前喷施乙烯利对亚麻农艺性状的影响（2003 年）**

| 品种 | 项目 | 株高（cm） | 工艺长度（cm） | 茎粗（mm） | 分枝数（个） | 纤维含量（%） | 长麻率（%） |
|---|---|---|---|---|---|---|---|
| Ariane | 处理 | 72.2 | 52.7 | 1.45 | 3.7 | 22 | 15.1 |
| 黑亚 11 号 | | 84 | 64.5 | 1.57 | 4.2 | 18.3 | 10.2 |
| Viking | | 59.4 | 42.3 | 1.56 | 4.6 | 23.1 | 19.0 |
| Ariane | 对照 | 67.5 | 42.6 | 1.48 | 3.4 | 20.5 | 11.9 |
| 黑亚 11 号 | | 78.9 | 58.2 | 1.65 | 4.6 | 19.1 | 13.3 |
| Viking | | 58.9 | 40.9 | 1.59 | 4.7 | 27.6 | 16.4 |

**表 5-14　成熟前喷施乙烯利对亚麻产量的影响（2003 年）**

| 品种 | 项目 | 原茎产量（$kg/hm^2$） | 增减（%） | 种子产量（$kg/hm^2$） | 增减（%） | 长麻产量（$kg/hm^2$） | 增减（%） | 全麻产量（$kg/hm^2$） | 增减（%） |
|---|---|---|---|---|---|---|---|---|---|
| Ariane | 处理 | 2280cC | −35.9 | 590.4aA | −23.5 | 298.4 | −18.0 | 502.2 | −31.2 |
| 黑亚 11 号 | | 4022.5aAB | −4.1 | 609aA | 1.6 | 366.6 | −26.5 | 737.9 | −8.1 |
| Viking | | 2447.5bcBC | 0 | 776.6aA | −2 | 403.8 | 16.1 | 565.6 | −16.3 |
| Ariane | 对照 | 3555abABC | | 771.6aA | | 347.8 | | 730.4 | |
| 黑亚 11 号 | | 4196.4aA | | 599.3aA | | 497.6 | | 802.5 | |
| Viking | | 2447.5bcBC | | 792.5aA | | 347.3 | | 676 | |

注：同一列中不同小写字母、大写字母分别代表不同处理间差异显著（$P$<0.05）及差异极显著（$P$<0.01）

综上分析，在亚麻不同时期喷洒乙烯利的效果不同，在快速生长期喷施乙烯利，茎干变粗，处理中品种 Ariane 和黑亚 11 号的产量指标基本都是增产的，而在成熟初期喷施乙烯利，茎干变细，各品种的产量效果都不好。

### 5.3.2.2 赤霉素处理对亚麻农艺性状及产量的影响

快速生长期喷洒赤霉素处理对 3 个品种的株高和茎粗影响都不大，其中黑亚 11 号株高增加 2.4cm，茎粗增加 0.08mm，黑亚 11 号原茎产量因此提高 13.6%，Ariane 原茎产量提高了 2.8%。3 个品种的花序分枝数都呈增长趋势，但只有 Ariane 的种子产量增加了 23.9%，达到显著水平（表 5-15，表 5-16）。

**表 5-15 快速生长期喷施赤霉素对亚麻农艺性状的影响**（2003 年）

| 品种 | 项目 | 株高（cm） | 工艺长度（cm） | 茎粗（mm） | 分枝数（个） | 纤维含量（%） | 长麻率（%） |
|---|---|---|---|---|---|---|---|
| Ariane | | 69.7 | 48.4 | 1.58 | 3.6 | 19.1 | 14.6 |
| 黑亚 11 号 | 处理 | 77.5 | 64 | 1.44 | 3.9 | 18.8 | 16.1 |
| Viking | | 61.8 | 48.1 | 1.41 | 4.7 | 26.8 | 21.2 |
| Ariane | | 72.3 | 49 | 1.53 | 3.5 | 21.9 | 13.6 |
| 黑亚 11 号 | 对照 | 75.1 | 61.1 | 1.36 | 3.6 | 18.9 | 16.0 |
| Viking | | 59.4 | 45.4 | 1.5 | 4.1 | 25.3 | 19.0 |

**表 5-16 快速生长期喷施赤霉素对亚麻产量的影响**（2003 年）

| 品种 | 项目 | 原茎产量（kg/hm$^2$） | 增减（%） | 种子产量（kg/hm$^2$） | 增减（%） | 长麻产量（kg/hm$^2$） | 增减（%） | 全麻产量（kg/hm$^2$） | 增减（%） |
|---|---|---|---|---|---|---|---|---|---|
| Ariane | | 4078.6aA | 2.8 | 909aAB | 23.9 | 515.9 | 10.3 | 777.8 | −10.4 |
| 黑亚 11 号 | 处理 | 3521.9bcAB | 13.6 | 690.2bBC | 17.6 | 500.8 | 14.2 | 663.7 | 13.1 |
| Viking | | 2913.9dB | −4.1 | 899.1aAB | −6.3 | 551.3 | 7.1 | 781.7 | 1.6 |
| Ariane | | 3967.5abA | | 733.8bAB | | 469 | | 868.4 | |
| 黑亚 11 号 | 对照 | 3101.7cdB | | 586.7bC | | 437.4 | | 586.9 | |
| Viking | | 3038.1dB | | 959.2aA | | 489.5 | | 769.5 | |

注：同一列中不同小写字母、大写字母分别代表不同处理间差异显著（$P<0.05$）及差异极显著（$P<0.01$）

赤霉素处理对 3 个品种的纤维含量影响不大，全麻产量变化也不大，只有黑亚 11 号增加 13.1%。但是 3 个品种的长麻率均有所提高，长麻产量增加了 7.5%~14.2%。

### 5.3.2.3 多效唑处理对亚麻农艺性状及产量的影响

枞形期喷施多效唑，亚麻农艺性状表现出较明显的抑制效应（表 5-17，表 5-18），3 个品种的株高、工艺长度和茎粗明显降低。原茎产量的下降都在 10%以上，其中黑亚 11 号下降了 36.2%，达到显著水平。分枝数只有 Viking 增加，而种子产量 Viking 和黑亚 11 号都增加，Ariane 略有降低，处理与对照间产量差异不显著。

表 5-17　枞形期喷施多效唑对亚麻农艺性状的影响（2003 年）

| 品种 | 项目 | 株高（cm） | 工艺长度（cm） | 茎粗（mm） | 分枝数（个） | 纤维含量（%） | 长麻率（%） |
|---|---|---|---|---|---|---|---|
| Ariane | 处理 | 57.7 | 37.2 | 1.37 | 3.6 | 20.9 | 19.1 |
| 黑亚 11 号 | | 57.6 | 44.2 | 1.28 | 3.3 | 19.2 | — |
| Viking | | 43.6 | 32.1 | 1.33 | 4.9 | 26.1 | 5.4 |
| Ariane | 对照 | 68.1 | 49.2 | 1.41 | 3.6 | 23 | 17.2 |
| 黑亚 11 号 | | 76.8 | 59.8 | 1.48 | 4.1 | 19.6 | 13.0 |
| Viking | | 59.3 | 45.3 | 1.38 | 4 | 26.7 | 20.3 |

表 5-18　枞形期喷施多效唑对亚麻产量的影响（2003 年）

| 品种 | 项目 | 原茎产量（kg/hm²） | 增减（%） | 种子产量（kg/hm²） | 增减（%） | 长麻产量（kg/hm²） | 增减（%） | 全麻产量（kg/hm²） | 增减（%） |
|---|---|---|---|---|---|---|---|---|---|
| Ariane | 处理 | 2229.4bA | −16.1 | 524.4bB | −4.8 | 374.5 | −6.5 | 466.8 | −23.8 |
| 黑亚 11 号 | | 2333.8bA | −36.2 | 655.5bAB | 3.6 | — | — | 448.2 | −37.4 |
| Viking | | 2371.9bA | −12.1 | 875.8aA | 1.9 | 129.1 | −70.1 | 618.8 | −14 |
| Ariane | 对照 | 2657.8bA | | 551.1bB | | 400.4 | | 612.6 | |
| 黑亚 11 号 | | 3657.2aA | | 632.7bAB | | 419.9 | | 716.2 | |
| Viking | | 2698.6bA | | 859.5aA | | 432 | | 719.8 | |

注：同一列中不同小写字母、大写字母分别代表不同处理间差异显著（$P<0.05$）及差异极显著（$P<0.01$）

3 个品种喷施多效唑后纤维含量均略有下降，长麻率的变化各不相同，其中 Viking 植株过矮，工艺长度仅 32.1cm，导致长麻率大幅度降低，Ariane 品种长麻率略有增加。由于纤维含量和原茎产量的降低，3 个品种的全麻产量均降低。

现蕾前喷洒多效唑同样导致 3 个品种的株高、工艺长度和茎粗都有所下降，并导致原茎产量也都是下降的，但是并没有达到显著水平（表 5-19，表 5-20）。花序分枝数的变化各不相同，而种子产量 Ariane 和黑亚 11 号略有增加，但是同样未达显著水平。现蕾前喷施多效唑导致 Ariane 和 Viking 的纤维含量与长麻率均呈下降趋势，而黑亚 11 号不受影响。由于原茎产量和纤维含量的减少，全麻产量和长麻产量均下降，特别是长麻产量下降的幅度较大。

表 5-19　现蕾前喷施多效唑对亚麻农艺性状及品质影响（2003 年）

| 品种 | 项目 | 株高（cm） | 工艺长度（cm） | 茎粗（mm） | 分枝数（个） | 纤维含量（%） | 长麻率（%） |
|---|---|---|---|---|---|---|---|
| Ariane | 处理 | 64.6 | 48 | 1.4 | 3.4 | 21.7 | 15.0 |
| 黑亚 11 号 | | 66.8 | 56.4 | 1.38 | 3.6 | 21 | 16.0 |
| Viking | | 48.4 | 41.3 | 1.29 | 4.5 | 27.4 | 18.4 |

续表

| 品种 | 项目 | 株高（cm） | 工艺长度（cm） | 茎粗（mm） | 分枝数（个） | 纤维含量（%） | 长麻率（%） |
|---|---|---|---|---|---|---|---|
| Ariane | 对照 | 70.6 | 51.7 | 1.5 | 3.7 | 24.4 | 17.9 |
| 黑亚 11 号 | | 73.8 | 60.3 | 1.4 | 3.6 | 21 | 16.0 |
| Viking | | 58.9 | 46.6 | 1.31 | 4.3 | 28.4 | 20.5 |

**表 5-20 现蕾前喷施多效唑对亚麻产量的影响**（2003 年）

| 品种 | 项目 | 原茎产量（$kg/hm^2$） | 增减（%） | 种子产量（$kg/hm^2$） | 增减（%） | 长麻产量（$kg/hm^2$） | 增减（%） | 全麻产量（$kg/hm^2$） | 增减（%） |
|---|---|---|---|---|---|---|---|---|---|
| Ariane | 处理 | 2708.3abA | −8 | 581.4bAB | 16.2 | 405.4 | −22.9 | 586.8 | −18.4 |
| 黑亚 11 号 | | 2478.6abA | −17.3 | 562.2bAB | 3.5 | 397.0 | −17.1 | 521.1 | −17 |
| Viking | | 2151.9bA | −24.1 | 788.4aAB | −9.7 | 396.6 | −31.8 | 590.3 | −26.6 |
| Ariane | 对照 | 2943.1aA | | 500.2bB | | 526.1 | | 719.5 | |
| 黑亚 11 号 | | 2995.8aA | | 543.1bB | | 478.9 | | 627.8 | |
| Viking | | 2834.7abA | | 872.8aA | | 581.6 | | 804.6 | |

注：同一列中不同小写字母、大写字母分别代表不同处理间差异显著（$P<0.05$）及差异极显著（$P<0.01$）

总体比较，多效唑的两个处理相似，均导致产量的下降。

由于 2003 年亚麻生长季较为干旱，影响植物生长调节剂的效果。使用促进剂是为了在不利条件下能够促进生长，但是本研究结果表明如果气候干旱，在没有灌溉条件下使用不会有好的效果。延缓剂的使用应该是在预知降雨较多、土壤肥力较好、有生长过旺的危险前提下，而试验年份恰好不具备。总之，植物生长调节剂的使用是有条件的，要有针对性选择适宜的药剂和适宜的时期。

（李冬梅，于琳，付兴，李明）

# 6 亚麻产量构成因素分析

作物的产量构成因素分析源于禾本科作物的穗分化，并由此将作物的籽粒产量分剖为几个构成因素，所有构成因素的乘积就是产量。纤维亚麻收获的是营养器官而不是繁殖器官，但是按照产量构成因素的原则也对其开展了相关研究，对认识亚麻产量的形成很有意义。

## 6.1 亚麻原茎产量构成因素分析

亚麻原茎是指工艺成熟期收获的亚麻植株，经过晾晒干燥并脱粒后的部分，主要是纤细的麻茎，下面带有 3~4cm 的主根，上面带有 2~4 个较短的花序残枝。原茎是亚麻种植者销售的产品，也是亚麻初级加工者生产的原料，其产量高低关系到种植者的收益，而原茎的出麻率高低也关系到加工者的收益。构成亚麻群体原茎产量的因素包括单位面积收获的株数和单株原茎重。单株原茎重又可以分剖为株高（工艺长度）、截面面积（茎粗）和质量（密度）。由于质量（密度）测定的不便，也考虑到该因素变异较小，往往被忽略，研究者习惯将株高、茎粗和收获株数这 3 个因素作为群体原茎产量的构成因素，如果收获株数接近，则群体原茎产量与单株原茎重高度相关，因此仅考虑株高和茎粗 2 个因素。

分析用数据取自 1995 年试验的部分结果，主要有两部分。第一部分是品种试验，包括 5 个国内品种——双亚 1 号、双亚 5 号、黑亚 4 号、黑亚 7 号和黑亚 10 号，5 个国外品种——Ariane、Argos、Armos、Marine 和 Evelin。第二部分是纤维亚麻的肥料试验结果，试验包括 3 个品种（黑亚 7 号、双亚 5 号和 Ariane）、3 个氮肥水平（零氮、中氮 22.5kg/$hm^2$ 和高氮 45kg/$hm^2$）。

对品种试验的单株产量的相关分析表明（表 6-1），3 个因素与产量的相关性均不显著，其中收获株数与产量的相关性接近显著。3 个因素之间关系密切（株高与茎粗的相关系数为 $0.73^*$，株高与收获株数的相关系数为 $-0.66^*$），导致与产量的单相关系数被干扰，而偏相关系数可以更好地反映各因素与原茎产量的关系，三者的偏相关系数均是正值，其中收获株数与原茎产量的偏相关性达到显著水平。通径分析结果与偏相关相同，株高、茎粗和收获株数对原茎产量的直接通径系数都是正的，株高通过茎粗和收获株数对原茎产量的间接作用分别是正的和负的；

茎粗通过株高和收获株数对原茎产量的间接作用分别是正的和负的；而收获株数通过株高和茎粗对原茎产量的间接作用都是负的。

**表 6-1 原茎产量的相关与通径分析**（品种试验）

| 因素 | 单相关系数 | 偏相关系数 | 直接通径系数 | 间接通径系数 | | |
|---|---|---|---|---|---|---|
| | | | | $X_1\to Y$ | $X_2\to Y$ | $X_3\to Y$ |
| 株高 $X_1$ | −0.0879 | 0.1601 | 0.1942 | | 0.292 | −0.5741 |
| 茎粗 $X_2$ | 0.091 | 0.355 | 0.3994 | 0.142 | | −0.4504 |
| 收获株数 $X_3$ | 0.5369 | 0.6743* | 0.8714 | −0.128 | −0.2065 | |

*相关关系显著

3 个品种 3 种氮肥水平的肥料试验结果显示（表 6-2），对原茎产量作用较大的因素是株高和茎粗，即增施氮肥促进了亚麻的生长，而收获株数影响小。由于品种间差异明显，分品种分析株高和茎粗与原茎产量的相关关系，发现相关程度明显提高，黑亚 7 号分别为 0.928 和 0.984，双亚 5 号分别为 0.769 和 0.999*，Ariane 分别为 0.977 和 0.995。因此对 3 个品种分别进行的通径分析表明，氮肥对黑亚 7 号和双亚 5 号原茎产量的影响，增加茎粗的作用超过株高的作用，其通径系数分别为 0.733、0.083 和 0.577、0.259，而对 Ariane 的影响正相反，其通径系数分别为 0.273、0.562，显示了不同品种间对氮肥反应的差异。

**表 6-2 原茎产量的构成因素分析**（肥料试验）

| 因素 | 单相关系数 | 偏相关系数 | 直接通径系数 | 间接通径系数 | | |
|---|---|---|---|---|---|---|
| | | | | $X_1\to Y$ | $X_2\to Y$ | $X_3\to Y$ |
| 株高 $X_1$ | 0.679* | 0.733 | 0.844 | | 0.257 | 0.092 |
| 茎粗 $X_2$ | 0.339 | 0.746 | 0.720 | 0.301 | | 0.088 |
| 收获株数 $X_3$ | 0.292 | 0.109 | 0.113 | | 0.687 | −0.508 |

*相关关系显著

## 6.2 亚麻纤维产量构成因素分析

纤维亚麻以收获韧皮纤维为目的，纤维产量的构成因素是原茎产量、干茎制成率和出麻率。它们除了受品种自身特性决定外，还受到环境条件、农艺措施的很大影响，特别是原茎产量波动较大，这 3 个因素相互作用，共同对纤维产量产生影响。因此，探讨在黑龙江省自然条件下，纤维产量的形成主要受哪个因素影响，提高纤维产量的途径等始终是人们关注的重要课题。

对 10 个有代表性的纤维亚麻品种进行通径分析，结果显示，构成纤维产量的 3 个因素与纤维产量的单相关程度各不相同，其中出麻率为极显著正相关、原茎产量为显著正相关，而干茎制成率为不显著正相关（表 6-3）。消除三者间的相互干扰，它们与纤维产量的相关程度均有提高，其中出麻率、原茎产量与纤维产量的偏相关均为极显著正相关，其原因在于原茎产量与出麻率之间的偏相关为极显著负相关（–0.915**）。

**表 6-3　10 个品种的纤维产量相关与通径分析**

| 因素 | 单相关系数 | 偏相关系数 | 直接通径系数 | 间接通径系数 | | |
|---|---|---|---|---|---|---|
| | | | | $X_1 \to Y$ | $X_2 \to Y$ | $X_3 \to Y$ |
| 原茎产量 $X_1$ | 0.682* | 0.951** | 0.482 | | 0.036 | 0.165 |
| 干茎制成率 $X_2$ | 0.336 | 0.730* | 0.163 | 0.107 | | 0.066 |
| 出麻率 $X_3$ | 0.837** | 0.977** | 0.710 | 0.112 | 0.015 | |

*相关关系显著，**相关关系极显著

从通径分析结果来看，3 个因素间的相互影响均为正值，其中原茎产量、出麻率对纤维产量的各自直接作用较大（0.482 和 0.710），且二者通过另一方的间接作用均为正值，可以认为原茎产量与出麻率之间尚没有相互限制，因此提高一方水平并不一定造成另一方水平的降低。而干茎制成率的直接作用和通过它的间接作用较小。

以上分析表明，提高纤维产量应从两方面入手：一是保持一定的出麻率，提高原茎产量；二是保持一定的原茎产量，提高出麻率。从育种角度来看，20 世纪 90 年代前主要是提高原茎产量，出麻率受到忽视，今后应以提高出麻率为目标，因为受晚熟、倒伏和病害的限制，进一步提高原茎产量十分困难，而提高出麻率可以达到增加纤维产量的目的，同时又可提高初加工业的效率，从而提高工业效益。

考虑到肥料试验中 3 个品种间有较大差异，因此首先以小区产量对每个品种分别进行分析（表 6-4）。结果显示，只有原茎产量与纤维产量的单相关系数达到极显著，但是消除 3 个因素间的干扰，原茎产量、干茎制成率和出麻率与纤维产量的偏相关均达到极显著正相关。

**表 6-4　肥料试验各品种纤维产量的相关与通径分析**

| 品种 | 因素 | 单相关系数 | 偏相关系数 | 直接通径系数 | 间接通径系数 | | |
|---|---|---|---|---|---|---|---|
| | | | | | $X_1 \to Y$ | $X_2 \to Y$ | $X_3 \to Y$ |
| 黑亚 7 号 | 原茎产量 $X_1$ | 0.873** | 0.997** | 0.835 | | − 0.032 | 0.070 |
| | 干茎制成率 $X_2$ | − 0.119 | 0.882** | 0.119 | − 0.225 | | − 0.014 |
| | 出麻率 $X_3$ | 0.594** | 0.992** | 0.473 | 0.124 | − 0.003 | |
| 双亚 5 号 | 原茎产量 $X_1$ | 0.829** | 0.997** | 1.147 | | − 0.043 | − 0.273 |
| | 干茎制成率 $X_2$ | 0.086 | 0.879** | 0.165 | − 0.313 | | 0.234 |
| | 出麻率 $X_3$ | 0.050 | 0.984** | 0.558 | − 0.570 | 0.070 | |
| Ariane | 原茎产量 $X_1$ | 0.807** | 0.994** | 1.481 | | − 0.219 | − 0.455 |
| | 干茎制成率 $X_2$ | − 0.257 | 0.916** | 0.330 | − 0.983 | | 0.396 |
| | 出麻率 $X_3$ | − 0.188 | 0.974** | 0.649 | − 1.038 | 0.201 | |

**相关关系极显著

3 个品种中双亚 5 号和 Ariane 的原茎产量与干茎制成率、出麻率间处于相互制约阶段，提高原茎产量，则干茎制成率和出麻率将有所降低，反之亦然。而黑亚 7 号的原茎产量与出麻率之间尚没有出现相互制约，但二者与干茎制成率之间有一定的限制作用。结果还表明，由于氮素水平对出麻率的影响较小，对原茎产量影响较大，因此原茎产量对纤维产量的影响最大，其直接通径系数均超过出麻率。

将 3 个品种统一考虑，以小区平均产量（处理）进行分析（表 6-5），其结果是：单相关系数均不显著，且干茎制成率为负相关，而在偏相关系数中，原茎产量、出麻率为极显著正相关，干茎制成率没有相关性。通径分析表明，原茎产量与出麻率间相互限制，原茎产量对纤维产量的直接作用是 1.199，而它通过出麻率的间接作用是−0.757。出麻率对纤维产量的直接作用是 1.139，通过原茎产量的间接作用是−0.796。干茎制成率的直接作用很小。由于品种间出麻率差异较大，统一分析后，原茎产量和出麻率对肥料试验纤维产量的贡献差别被缩小，二者的直接通径系数基本相同。

**表 6-5　肥料试验纤维产量（处理）的相关与通径分析**

| 因素 | 单相关系数 | 偏相关系数 | 直接通径系数 | 通径系数 | | |
|---|---|---|---|---|---|---|
| | | | | $X_1 \to Y$ | $X_2 \to Y$ | $X_3 \to Y$ |
| 原茎产量 $X_1$ | 0.426 | $0.922^{**}$ | 1.199 | | −0.017 | −0.757 |
| 干茎制成率 $X_2$ | −0.356 | 0.077 | 0.030 | −0.665 | | 0.279 |
| 出麻率 $X_3$ | 0.351 | $0.935^{**}$ | 1.139 | −0.796 | 0.007 | |

**相关关系极显著

从上述分析结果看，在品种确定后，栽培生产上要重视原茎产量的提高，尽管原茎产量与出麻率间的偏相关均为极显著负相关（3 个品种分别为$-0.987^{**}$、$-0.987^{**}$、$-0.981^{**}$），但在一定范围内增加原茎产量的贡献会超过出麻率降低的损失。

在生产实践中亚麻纤维分为长纤维（打成麻）和短纤维（二粗和一粗），前者可用于纺纱织布，后者可用于混纺或编织。对长麻产量的相关与通径分析表明（表 6-6），3 个构成因素与长麻产量的关系和与纤维产量的关系类似，差别在于品种间长麻率和原茎产量的直接通径系数差距更大，表明品种间长麻率贡献更大，而肥料试验中原茎产量的贡献比长麻率略大。

**表 6-6　长麻产量构成因素的相关和通径分析**

| | 因素 | 单相关系数 | 偏相关系数 | 直接通径系数 | 间接通径系数 | | |
|---|---|---|---|---|---|---|---|
| | | | | | $X_1 \to Y$ | $X_2 \to \to Y$ | $X_3 \to Y$ |
| 肥料试验 | 原茎产量 $X_1$ | 0.535 | $0.936^{**}$ | 1.660 | | −0.017 | −1.109 |
| | 干茎制成率 $X_2$ | −0.588 | 0.092 | 0.035 | −0.826 | | 0.203 |
| | 长麻率 $X_3$ | 0.039 | $0.928^{**}$ | 1.373 | −1.340 | 0.005 | |

续表

| | 因素 | 单相关系数 | 偏相关系数 | 直接通径系数 | 间接通径系数 | | |
|---|---|---|---|---|---|---|---|
| | | | | | $X_1 \to Y$ | $X_2 \to Y$ | $X_3 \to Y$ |
| 品种试验 | 原茎产量 $X_1$ | −0.080 | 0.399 | 0.241 | | −0.126 | −0.195 |
| | 干茎制成率 $X_2$ | 0.312 | 0.476 | 0.295 | −0.103 | | 0.121 |
| | 长麻率 $X_3$ | 0.821** | 0.855** | 0.835 | −0.056 | 0.043 | |

**相关关系极显著

# 6.3 亚麻种子产量构成因素分析

有关亚麻种子产量构成因素的分析，主要针对油用亚麻进行，分析的数据来自 2008~2009 年的试验。2008 年为 4 个品种，2009 年为 30 个品种，其中国内品种 4 个，分别为伊亚 1 号、内 056、内 075、张亚 2 号（引自伊犁州农业科学研究所、内蒙古自治区农牧业科学院、张掖市农业科学研究院），国外品种 26 个：CN18996、CN19014、CN1900、CN98303、CN19011、CN19009、CN101429、CN19010、CN97587、CN101146、CN44316、CN100889、CN101133、CN18979、CN100767、CN101431、CN101147、CN101247、CN101131、CN101280、CN101138、CN33387、CN97563、CN101137、CN19002、CN19000（引自加拿大植物基因资源中心）。

结果表明，品种间主要种子产量性状存在差异，CN19002 的分枝数和蒴果数明显多于其他品种，而 CN18996 的每果粒数和千粒重最大（表 6-7）。相关分析表明，每果粒数和千粒重与单株产量关系密切，相关系数分别为 0.9857** 和 0.9295*，而每果粒数与总产量的关系最密切，相关系数为 0.7278，蒴果数、分枝果数和千粒重与总产量的相关系数分别为 0.5689、0.5609 和 0.5506，均未达到显著水平。CN18996 的单产最高，含油率最高，因而产油量也最高，4 个品种中表现最好，其次是 CN19002，再次为伊亚 1 号，内 075 因熟期偏晚，感病，籽粒不饱满，含油率也不高，产量明显低于其他品种。

**表 6-7 油用亚麻单株考种结果**

| 品种 | 分枝数/个 | 蒴果数/株 | 果数/分枝 | 每果粒数/果 | 千粒重（g） | 单株产量（g） | 公顷产量（$kg/hm^2$） | 含油率（%） | 产油量（$kg/hm^2$） |
|---|---|---|---|---|---|---|---|---|---|
| 伊亚 1 号 | 5.03 | 6.93 | 1.38 | 4.34 | 7.713 | 0.232 | 543.3 | 37.9 | 205.8 |
| 内 075 | 4.57 | 6.70 | 1.47 | 1.43 | 5.733 | 0.055 | 212.9 | 35.5 | 75.6 |
| CN18996 | 4.53 | 7.70 | 1.70 | 5.48 | 8.347 | 0.352 | 647.4 | 39.8 | 257.5 |
| CN19002 | 6.3 | 10.5 | 2 | 2.51 | 5.799 | 0.153 | 627 | 37.3 | 234.1 |

对 2008 年品种试验各处理进行产量构成因素分析，结果显示（表 6-8），在当年气候条件下，收获株数和每果粒数对产量的贡献最大，直接通径系数分别为

0.7808、0.7694；其次是单株蒴果数，直接通径系数为 0.5095；千粒重对产量的贡献最小，直接通径系数为 0.1322。4 个因素对产量的贡献大小顺序为收获株数>每果粒数>单株蒴果数>千粒重。

**表 6-8　2008 年品种试验产量构成因素对产量的通径分析**

| 产量因子 | 直接通径系数 | 间接通径系数 | | | |
|---|---|---|---|---|---|
| | | $X_1 \to Y$ | $X_2 \to Y$ | $X_3 \to Y$ | $X_4 \to Y$ |
| 收获株数 $X_1$ | 0.7808 | | 0.0052 | 0.0314 | −0.315 |
| 单株蒴果数 $X_2$ | 0.5095 | 0.1336 | | −0.0171 | 0.0017 |
| 每果粒数 $X_3$ | 0.7694 | 0.0303 | −0.0233 | | 0.0415 |
| 千粒重 $X_4$ | 0.1322 | −0.4758 | 0.0108 | 0.0006 | |

对 2009 年品种试验进行产量构成因素分析，结果显示（表 6-9），在 2009 年气候条件下，收获株数是对产量贡献最大的因素，直接通径系数为 0.4935；每果粒数与单株蒴果数对产量贡献分别位居第二和第三，直接通径系数分别为 0.3596、0.3409；千粒重对产量的贡献最小，仅为 0.1529。4 个因素对产量的贡献顺序为收获株数>每果粒数>单株蒴果数>千粒重，结果与 2008 年情况相同。

**表 6-9　2009 年品种试验产量构成因素对产量的通径分析**

| 产量因子 | 直接通径系数 | 间接通径系数 | | | |
|---|---|---|---|---|---|
| | | $X_1 \to Y$ | $X_2 \to Y$ | $X_3 \to Y$ | $X_4 \to Y$ |
| 收获株数 $X_1$ | 0.4935 | | −0.0481 | 0.1058 | 0.0653 |
| 单株蒴果数 $X_2$ | 0.3409 | 0.0771 | | 0.0281 | −0.0438 |
| 每果粒数 $X_3$ | 0.3596 | −0.1135 | 0.091 | | −0.118 |
| 千粒重 $X_4$ | 0.1529 | 0.0689 | −0.0528 | −0.0634 | |

对 2009 年肥料密度试验的产量构成因素进行分析，结果显示（表 6-10），收获株数是对产量贡献最大的因素，直接通径系数 0.4927；其次是每果粒数和单株蒴果数，直接通径系数分别为 0.3695、0.3538；千粒重对产量的贡献最低，直接通径系数为 0.2768。4 个因素对产量的贡献顺序仍然为收获株数>每果粒数>单株蒴果数>千粒重，结果与品种试验相同。

**表 6-10　肥料密度试验产量构成因素通径分析**

| 产量因子 | 直接通径系数 | 间接通径系数 | | | |
|---|---|---|---|---|---|
| | | $X_1 \to Y$ | $X_2 \to Y$ | $X_3 \to Y$ | $X_4 \to Y$ |
| $X_1$（收获株数） | 0.4927 | | −0.1469 | −0.0899 | 0.1103 |
| $X_2$（每果粒数） | 0.3695 | −0.1961 | | 0.1141 | −0.0019 |
| $X_3$（单株蒴果数） | 0.3538 | −0.0674 | 0.0641 | | −0.1053 |
| $X_4$（千粒重） | 0.2768 | 0.1906 | −0.0024 | −0.2427 | |

通过2008年、2009年的品种试验和2009年肥料密度试验可以看出，油用亚麻产量构成因素对产量贡献的顺序为收获株数>每果粒数>单株蒴果数>千粒重。年份间的差异仅表现在贡献率大小上，但产量构成因素间的关系没有发生变化，结论完全相同。

## 6.4 亚麻脂肪酸组成差异与相关性分析

亚麻籽中含量最高的就是油分，其脂肪酸的组成与其他作物的一个重要差别是亚麻酸含量高，但是亚麻品种间脂肪酸组成也存在差异。对来源不同、性状各异的105种亚麻品种的脂肪酸变异进行分析，结果显示（表6-11，表6-12），硬脂酸含量变化差异最大，为30.82%，其次为油酸，为15.36%，亚油酸和棕榈树分别为13.98%和13.57%，亚麻酸含量变化差异最小，为11.07%。

**表6-11 各品种（系）亚麻籽脂肪酸含量（%）**

| 品种 | 棕榈酸 | 硬脂酸 | 油酸 | 亚油酸 | 亚麻酸 | 品种 | 棕榈酸 | 硬脂酸 | 油酸 | 亚油酸 | 亚麻酸 |
|---|---|---|---|---|---|---|---|---|---|---|---|
| Armos | 5.13 | 6.17 | 28.51 | 14.78 | 45.41 | CN19014 | 6.00 | 5.78 | 36.76 | 11.36 | 40.10 |
| 雷娜 | 5.09 | 4.82 | 26.89 | 16.08 | 47.12 | CN19012 | 6.12 | 5.28 | 33.88 | 13.36 | 41.36 |
| 阿卡塔 | 5.29 | 4.36 | 28.01 | 15.42 | 46.92 | CN19011 | 5.19 | 2.72 | 28.62 | 14.97 | 48.50 |
| Belinka | 4.85 | 6.67 | 26.79 | 14.23 | 47.45 | CN19010 | 5.17 | 4.85 | 34.87 | 13.27 | 41.86 |
| Hermes | 4.90 | 4.45 | 30.54 | 14.86 | 45.24 | CN19009 | 4.94 | 3.51 | 30.19 | 14.33 | 47.04 |
| 比2 | 4.54 | 3.98 | 26.25 | 16.58 | 48.64 | CN19002 | 5.17 | 3.28 | 24.08 | 13.84 | 53.63 |
| 张亚2号 | 4.84 | 3.70 | 17.99 | 12.72 | 60.75 | CN19000 | 4.80 | 6.07 | 24.83 | 16.17 | 48.13 |
| 奥罗尔 | 4.41 | 4.74 | 22.38 | 14.67 | 53.79 | CN18996 | 6.44 | 5.71 | 37.21 | 10.82 | 39.82 |
| 内056 | 5.05 | 2.55 | 25.01 | 14.44 | 52.95 | CN18991 | 5.61 | 7.24 | 31.91 | 14.98 | 40.27 |
| 内075 | 5.43 | 2.75 | 21.19 | 14.23 | 56.41 | CN18983 | 5.18 | 6.84 | 26.71 | 14.42 | 46.85 |
| 86039早 | 5.39 | 4.47 | 31.02 | 13.22 | 45.90 | CN18982 | 6.78 | 5.87 | 26.41 | 16.22 | 44.72 |
| 伊86039 | 5.87 | 4.22 | 29.00 | 13.65 | 47.25 | CN18979 | 4.93 | 4.38 | 26.06 | 11.89 | 52.73 |
| Ilona | 5.08 | 4.21 | 28.00 | 15.37 | 47.34 | CN101596 | 5.28 | 4.97 | 32.17 | 8.05 | 49.53 |
| 伊亚1号 | 5.94 | 4.03 | 25.59 | 11.83 | 52.61 | CN101431 | 6.11 | 4.94 | 38.66 | 10.15 | 40.14 |
| Viking | 4.82 | 4.84 | 26.41 | 14.59 | 49.33 | CN101429 | 5.95 | 3.95 | 27.04 | 12.27 | 50.79 |
| 双亚8号 | 4.67 | 4.82 | 27.21 | 15.23 | 48.06 | CN101425 | 5.47 | 4.06 | 29.00 | 10.23 | 51.24 |
| 双亚7号 | 4.75 | 5.21 | 26.06 | 14.23 | 49.74 | CN101407 | 4.92 | 4.53 | 30.28 | 14.34 | 45.93 |
| 双亚6号 | 4.79 | 4.05 | 26.49 | 15.42 | 49.25 | CN101405 | 7.11 | 5.04 | 25.11 | 12.59 | 50.15 |
| 双亚5号 | 4.41 | 4.29 | 28.53 | 14.50 | 48.27 | CN101394 | 4.79 | 6.21 | 31.72 | 13.10 | 44.17 |
| 双亚3号 | 5.60 | 6.24 | 28.96 | 13.75 | 45.45 | CN101391 | 4.57 | 5.51 | 28.12 | 12.78 | 49.02 |
| 双亚2号 | 5.06 | 3.16 | 29.21 | 14.18 | 48.39 | CN101387 | 5.39 | 5.69 | 28.82 | 14.14 | 45.96 |
| 双亚1号 | 4.64 | 4.20 | 29.73 | 14.61 | 46.82 | CN101294 | 4.40 | 4.03 | 33.92 | 12.66 | 44.98 |
| 黑亚9号 | 4.85 | 6.91 | 25.45 | 14.32 | 48.48 | CN101293 | 5.25 | 6.77 | 26.43 | 15.47 | 46.08 |

续表

| 品种 | 棕榈酸 | 硬脂酸 | 油酸 | 亚油酸 | 亚麻酸 | 品种 | 棕榈酸 | 硬脂酸 | 油酸 | 亚油酸 | 亚麻酸 |
| --- | --- | --- | --- | --- | --- | --- | --- | --- | --- | --- | --- |
| 黑亚 8 号 | 4.52 | 5.16 | 30.01 | 12.56 | 47.75 | CN101288 | 4.92 | 3.08 | 32.58 | 12.27 | 47.14 |
| 黑亚 7 号 | 5.08 | 4.72 | 27.37 | 11.77 | 41.37 | CN101280 | 5.73 | 3.84 | 30.62 | 14.26 | 45.55 |
| 黑亚 6 号 | 4.99 | 3.97 | 30.54 | 13.76 | 46.73 | CN101273 | 5.31 | 4.32 | 26.04 | 14.02 | 50.31 |
| 黑亚 5 号 | 4.66 | 5.37 | 29.66 | 12.55 | 47.76 | CN101268 | 5.38 | 3.41 | 32.59 | 13.47 | 45.16 |
| 黑亚 4 号 | 4.48 | 4.99 | 28.88 | 12.77 | 48.88 | CN101247 | 5.30 | 4.30 | 26.96 | 14.81 | 48.63 |
| 黑亚 3 号 | 4.59 | 4.45 | 28.83 | 13.90 | 48.23 | CN101147 | 5.58 | 3.99 | 24.76 | 14.19 | 51.48 |
| 黑亚 12 号 | 4.99 | 6.48 | 30.10 | 14.35 | 44.07 | CN101146 | 5.39 | 4.28 | 30.26 | 13.00 | 47.06 |
| 黑亚 11 号 | 4.90 | 5.40 | 30.04 | 12.19 | 47.47 | CN101139 | 5.49 | 3.88 | 25.74 | 11.12 | 53.77 |
| 黑亚 10 号 | 4.32 | 5.18 | 30.45 | 13.10 | 46.96 | CN101138 | 5.75 | 3.75 | 29.53 | 13.38 | 47.58 |
| Argos | 4.91 | 4.72 | 29.19 | 15.73 | 45.45 | CN101137 | 5.39 | 3.03 | 17.37 | 10.40 | 63.80 |
| CN98833 | 5.15 | 4.21 | 23.66 | 13.63 | 53.35 | CN101136 | 5.22 | 3.69 | 32.38 | 12.89 | 45.83 |
| CN98816 | 6.58 | 5.10 | 26.25 | 10.94 | 51.13 | CN101134 | 4.59 | 4.48 | 28.90 | 13.21 | 48.81 |
| CN98346 | 5.55 | 7.27 | 28.41 | 11.98 | 46.78 | CN101133 | 5.69 | 3.88 | 32.26 | 14.01 | 44.16 |
| CN98333 | 5.15 | 4.21 | 23.66 | 13.63 | 53.35 | CN101132 | 5.04 | 3.02 | 20.71 | 10.74 | 60.50 |
| CN98303 | 5.77 | 3.49 | 32.86 | 12.06 | 45.82 | CN101131 | 5.81 | 3.40 | 23.33 | 10.53 | 56.93 |
| CN98131 | 4.25 | 3.36 | 26.00 | 13.66 | 52.72 | CN101118 | 4.73 | 5.73 | 32.47 | 13.62 | 43.45 |
| CN97659 | 7.01 | 5.74 | 27.04 | 15.20 | 45.00 | CN101116 | 5.13 | 4.40 | 29.67 | 13.05 | 47.74 |
| CN97587 | 5.47 | 4.05 | 32.76 | 12.48 | 45.24 | CN101115 | 4.37 | 5.01 | 32.94 | 13.29 | 44.39 |
| CN97563 | 5.88 | 5.36 | 25.08 | 13.45 | 50.23 | CN101108 | 4.73 | 4.37 | 29.10 | 16.57 | 45.23 |
| CN97311 | 6.57 | 7.20 | 38.61 | 13.13 | 34.48 | CN101097 | 4.92 | 4.22 | 31.52 | 11.40 | 47.94 |
| CN44316 | 5.71 | 3.27 | 26.35 | 13.67 | 50.99 | CN101091 | 4.43 | 4.38 | 33.27 | 10.21 | 47.72 |
| CN40084 | 4.77 | 4.58 | 33.08 | 11.10 | 46.47 | CN101056 | 4.84 | 4.89 | 30.18 | 12.81 | 47.29 |
| CN40081 | 4.86 | 7.23 | 27.73 | 15.29 | 44.89 | CN101037 | 4.77 | 3.83 | 31.73 | 11.22 | 48.45 |
| CN35792 | 4.92 | 4.92 | 30.87 | 13.34 | 45.96 | CN100935 | 4.44 | 5.82 | 32.86 | 11.68 | 45.20 |
| CN33391 | 4.83 | 4.48 | 27.19 | 13.96 | 49.54 | CN100910 | 5.94 | 5.44 | 29.28 | 14.22 | 45.11 |
| CN33387 | 5.40 | 4.84 | 26.70 | 14.00 | 49.07 | CN100903 | 4.73 | 3.88 | 30.29 | 13.17 | 47.92 |
| CN32545 | 4.70 | 5.54 | 32.64 | 13.48 | 43.64 | CN100889 | 4.56 | 5.71 | 24.24 | 12.23 | 53.26 |
| CN19091 | 4.67 | 4.47 | 33.66 | 10.23 | 46.97 | CN100827 | 5.69 | 4.74 | 27.48 | 11.70 | 50.38 |
| CN19015 | 6.16 | 5.23 | 28.42 | 12.24 | 47.96 | CN100767 | 5.87 | 4.84 | 32.54 | 12.67 | 44.07 |
| CN100632 | 6.01 | 4.16 | 35.09 | 10.42 | 44.32 | | | | | | |

**表 6-12　不同亚麻籽品种脂肪酸组分变异**

| 脂肪酸 | 均值 | 标准差 | CV（%） | 最小值 | 最大值 |
| --- | --- | --- | --- | --- | --- |
| 棕榈酸 | 5.16 | 0.71 | 13.57 | 2.38 | 7.11 |
| 硬脂酸 | 4.76 | 1.46 | 30.82 | 1.94 | 14.41 |
| 油酸 | 28.62 | 4.39 | 15.36 | 11.83 | 38.66 |
| 亚油酸 | 13.15 | 1.83 | 13.98 | 5.11 | 16.57 |
| 亚麻酸 | 47.34 | 5.24 | 11.07 | 34.48 | 63.8 |

筛选后发现，棕榈酸含量超过 5%的品种有 58 个，占参试品种 55.2%。硬脂酸含量超过 5%的有 35 个，占参试品种 33.3%。油酸含量超过 30%的有 41 个，占参试品种的 39%，其中油酸含量超过 35%的只有 5 个，分别为 CN101431（38.66%）、CN97311（38.61%）、CN18996（37.21%）、CN19014（36.76%）、CN100632（35.09%），这 5 份材料可作为今后培育高油酸含量亚麻籽品种的珍贵种质资源。

亚麻酸含量超过 50%的有 24 个，占总数的 22.9%，其中亚麻酸含量超过 60%的只有 3 份材料，分别为 CN101137（63.80%）、CN101132（60.50%）、张亚 2 号（60.75%）。这 3 份材料可用作培育高亚麻酸含量品种的亲本材料。

亚麻酸含量低于 40%的品种只有 2 个，分别为 CN18996（39.82%）、CN97311（34.48%），占总数的 1.9%。此外，在 105 份材料中我们找出了非常有特点的 10 份材料（表 6-13），分别是 5 种脂肪酸组分的极限含量品种，以供未来育种工作参考。

**表 6-13　特殊的 10 份材料**

| | 棕榈酸 | 硬脂酸 | 油酸 | 亚油酸 | 亚麻酸 |
|---|---|---|---|---|---|
| 最高值（%）/品种 | 7.11/CN101405 | 7.27/CN98346 | 38.66/CN101431 | 16.58/比 2 | 63.80/CN101137 |
| 最低值（%）/品种 | 4.25/CN98131 | 2.55/内 056 | 17.37/CN101137 | 8.05/CN101596 | 34.48/CN97311 |

对油分与脂肪酸组分的相关分析显示，油分与亚麻酸、棕榈酸呈极显著正相关（$r$=0.30**，$r$=0.25**），与硬脂酸、亚油酸呈极显著负相关（$r$=−0.30**，$r$=−0.30**），与油酸呈负相关性但未达到显著。亚麻酸与其他 4 种脂肪酸都呈负相关性，其中与硬脂酸、油酸达到极显著负相关（$r$=−0.52**，$r$=−0.87**）。亚油酸与棕榈酸、油酸呈负相关，其中与油酸达到显著负相关（$r$=−0.25*），与硬脂酸是不显著正相关。油酸与硬脂酸之间达到显著正相关（$r$=0.22*），与棕榈酸正相关，但是程度不高。硬脂酸与棕榈酸是正相关关系。棕榈酸与其他 4 种脂肪酸间相关性均不明显（表 6-14）。

**表 6-14　不同亚麻籽品种脂肪酸组分间的相关性分析**

| 性状 | 棕榈酸 | 硬脂酸 | 油酸 | 亚油酸 | 亚麻酸 | 油分 |
|---|---|---|---|---|---|---|
| 棕榈酸 | 1.00 | | | | | |
| 硬脂酸 | 0.09 | 1.00 | | | | |
| 油酸 | 0.06 | 0.22* | 1.00 | | | |
| 亚油酸 | −0.15 | 0.15 | −0.25* | 1.00 | | |
| 亚麻酸 | −0.16 | −0.52** | −0.87** | −0.17 | 1.00 | |
| 油分 | 0.25** | −0.30** | −0.17 | −0.30** | 0.30** | 1.00 |

*相关关系显著，**相关关系极显著

脂肪酸组分对油分的通径分析显示（表 6-15），5 种脂肪酸对油分的直接效应均为正效应，即在其他组分不变时增加任意一个都会提高油分含量，各组分对油分的贡献大小依次为：亚麻酸>油酸>亚油酸>硬脂酸>棕榈酸。硬脂酸、油酸、亚油酸与油分的相关性为负值，主要是几种脂肪酸之间存在复杂的内在联系。由于硬脂酸与亚麻酸之间是显著的负相关，硬脂酸对油分的直接正效应（$r$=13.9197）被亚麻酸对油分的间接负效应（$r$=−29.2505）所掩盖。同样由于油酸与亚油酸、亚麻酸均是负相关，油酸对油分的直接正效应（$r$=50.3115）也被亚油酸、亚麻酸对油分的间接负效应（$r$=−5.1693，$r$=−48.9405）所掩盖。亚油酸对油分的直接正效应（$r$=21.0679）主要被油酸、亚油酸对油分的间接负效应（$r$=−12.3447，$r$=−9.7933）所掩盖。

**表 6-15　脂肪酸组分对油分的通径分析**

| 性状 | 直接通径系数 | 间接通径系数 | | | | |
|---|---|---|---|---|---|---|
| | | 棕榈酸 | 硬脂酸 | 油酸 | 亚油酸 | 亚麻酸 |
| 棕榈酸 | 8.3332 | | 1.2213 | 3.1654 | −3.1846 | −9.2811 |
| 硬脂酸 | 13.9197 | 0.7311 | | 11.2280 | 3.0718 | −29.2505 |
| 油酸 | 50.3115 | 0.5243 | 3.1064 | | −5.1693 | −48.9405 |
| 亚油酸 | 21.0679 | −1.2596 | 2.0295 | −12.3447 | | −9.7933 |
| 亚麻酸 | 56.3042 | −1.3736 | −7.2314 | −43.7316 | −3.6645 | |

（李明，周亚东）

# 7　亚麻温水沤麻研究

亚麻纤维存在于韧皮部中，被薄壁细胞包围，需要通过沤麻过程利用微生物把纤维细胞与薄壁细胞间的果胶除去，再经过机械加工将纤维从麻茎中剥离出来，这个过程也称为脱胶。生产上有温水沤麻、雨露沤麻和其他沤麻方法，但主要是前 2 种。在我国由于气候因素的限制，主要是温水沤麻，而西欧主要是雨露沤麻。温水沤麻在我国的几十年运用过程中改进不多，主要是研究较少。影响温水沤麻的因素很多，亚麻品种的不同、麻茎粗细的不同、麻茎的成熟度不同要求不同的沤麻条件，而沤麻环境因素也对亚麻脱胶快慢和质量产生影响。因此我们选择了不同品种、不同成熟度、不同粗细的麻茎进行了室内模拟研究，利用温箱控制温度。

## 7.1　麻茎特性对沤麻水环境变化的影响

### 7.1.1　不同品种麻茎

选用了国内外亚麻品种各 3 个，国内品种为双亚 5 号（S5）、双亚 7 号（S7）、黑亚 11 号（H11），国外品种为 Ariane（A）、Opaline（OP）、Viking（V），在同样条件下种植，工艺成熟期收获，取中部茎段在恒温箱内分别沤麻。

#### 7.1.1.1　微生物数量的变化

在沤麻过程中，沤麻水中微生物数量的多少对沤麻速度的影响很大，微生物数量越多其果胶酶活性越大，沤麻的速度也就越快。由图 7-1 可知，前 24h 和 48h 是数量快速增加的阶段，其中 S5 和 OP 的微生物数量明显高于其他品种，48h 之后微生物的数量变化较小，各品种在沤麻过程中微生物数量到达峰值的时间不同，品种 Viking 在开始时微生物数量最少，但是在 1~4 天持续增加并达到峰值，此后始终维持在较高水平，黑亚 11 号的微生物数量相对较少。

#### 7.1.1.2　pH 的变化

沤麻过程中水环境中的 pH 变化取决于微生物的数量和果胶酶的活性。由图 7-2 可知，24h 内沤麻水的 pH 由 7 快速降到 6 以下，以后基本是线性降低，到第 6 天后稳定在 4.5~5。品种间差别不是很大，其中 Opaline 和 Ariane 的 pH 相对较高，双亚 5 号和黑亚 11 号的 pH 相对较低。

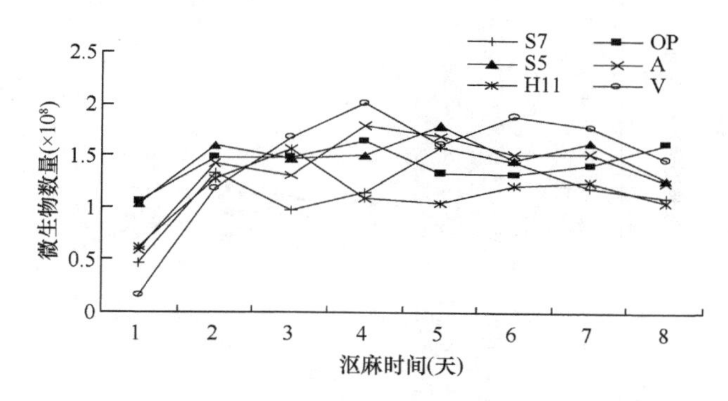


图 7-1　不同品种麻茎在沤麻过程中沤麻水微生物数量的变化

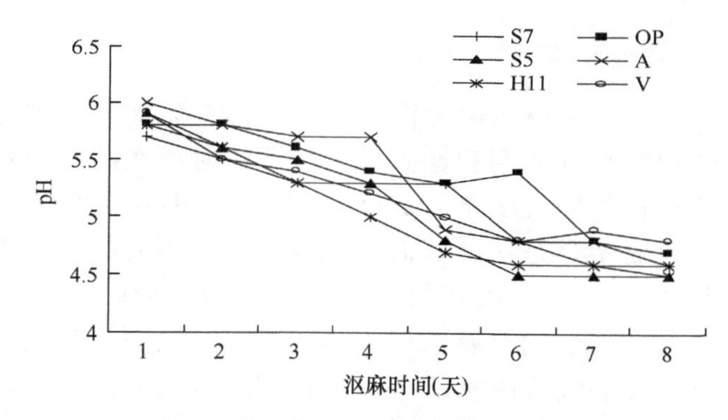


图 7-2　不同品种麻茎在沤麻过程中沤麻水 pH 的变化

#### 7.1.1.3　果胶酶活性的变化

沤麻过程中不同品种的果胶酶活性变化各不相同，沤麻的速率也是不一样的，品种间差异很大。24h 时 Viking 的果胶酶活性最高，此后开始下降，到第 3 天与其他品种接近，但到最后仍维持最大。黑亚 11 号在初期果胶酶活性也较高，到 48h 即下降到最低，比其他品种都小，且维持到最后。品种 Ariane、双亚 5 号和 Opaline 在沤麻过程中果胶酶活性变化不大，且果胶酶活性比较接近（图 7-3）。

### 7.1.2　不同成熟度麻茎

选择国内外品种各一个，Opaline 和双亚 7 号，自开花开始每隔 7~8 天收获一次，共计 6 次。收获样品晾干后分别沤麻，每天调查一次。

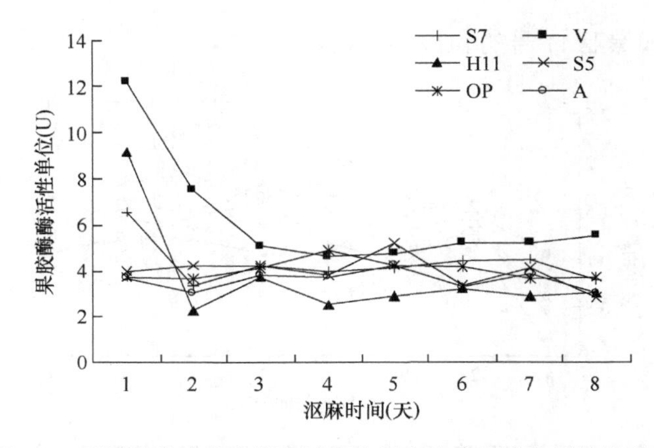


图 7-3 不同品种麻茎在沤麻过程中沤麻水中果胶酶活性的变化

### 7.1.2.1 微生物数量的变化

亚麻沤麻过程中，沤麻水中的微生物数量都是先增加，到达一个峰值后开始减少，但快速增加的时期和达到最大数量的时期在品种间和品种内不同成熟度麻茎间都存在差异（图 7-4）。品种 Opaline 多在沤麻 3 天时微生物数量达到最大，而双亚 7 号是在 4 天时达到最大。从不同成熟度来看，两个品种都表现出 6 月 30 日开花期收获的麻茎在沤麻 24h 内微生物数量增加最快，超过其他处理，且在以后的沤麻过程中多数情况下也高于其他处理。与此形成对照的是工艺成熟期收获的麻茎（Opaline 为 7 月 21 日，双亚 7 号为 7 月 27 日），其水环境中的微生物数量最少，明显低于其他收获时期。前两批收获麻茎因为尚未成熟，可溶性糖和可溶性氮数量较多，对微生物的快速繁殖有促进作用；而工艺成熟期的麻茎中可溶性物质减少，所以其微生物数量较低；但是 8 月 5 日收获的亚麻，沤麻水中微生物数量比工艺成熟期收获的还高，两个品种表现一致，这个时期麻茎往往老化，纤维木质化程度提高，是否又积累了一些光合产物存在于韧皮部的薄壁细胞中，或者由于晚收在田间因雨水而有脱胶菌侵染尚不清楚。

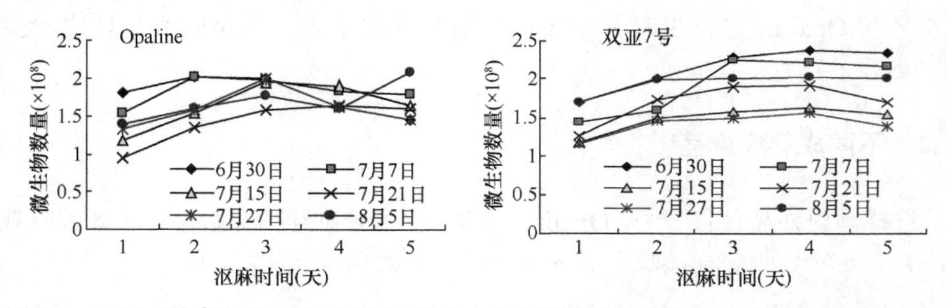


图 7-4 不同成熟度麻茎在沤麻过程中沤麻水微生物数量的变化（Opaline 和双亚 7 号）

#### 7.1.2.2 pH 的变化

随着沤麻的进行，沤麻水的 pH 不断降低，这在两个品种所有处理中表现一致，两个品种间的下降速度也相似（图 7-5）。品种 Opaline 处理间的 pH 差别要比双亚 7 号的大一些。早收获的处理（第一批和第二批）pH 低一些，这与其微生物数量多一致。工艺成熟期收获的 pH 略高，也与其微生物数量少一致。

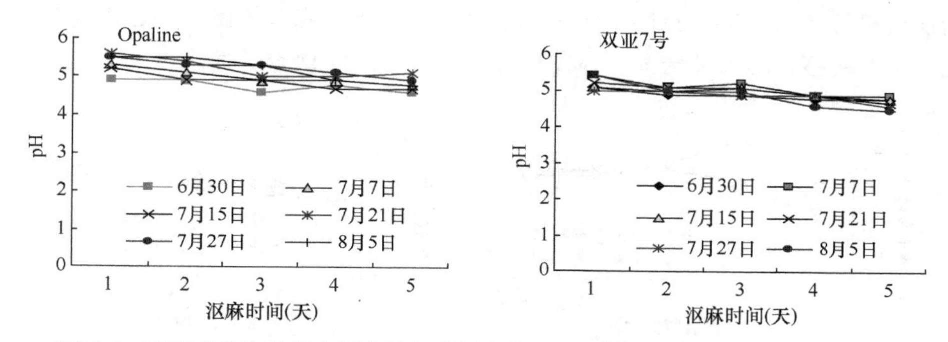


图 7-5 不同成熟度麻茎在沤麻过程中沤麻水 pH 的变化（Opaline 和双亚 7 号）

#### 7.1.2.3 果胶酶活性的变化

品种 Opaline 麻茎总的来说果胶酶活性是逐渐降低的，但前 2 个处理后期有所抬升，这 2 个处理在 24h 的果胶酶活性较高，因此在试验过程中波动较大。

品种双亚 7 号不同成熟度的麻茎在沤麻过程中果胶酶活性的变化与 Opaline 相似，特别是前 2 个处理的变化，不同的是其他 4 个处理的后期活性都有不同程度的提高（图 7-6）。

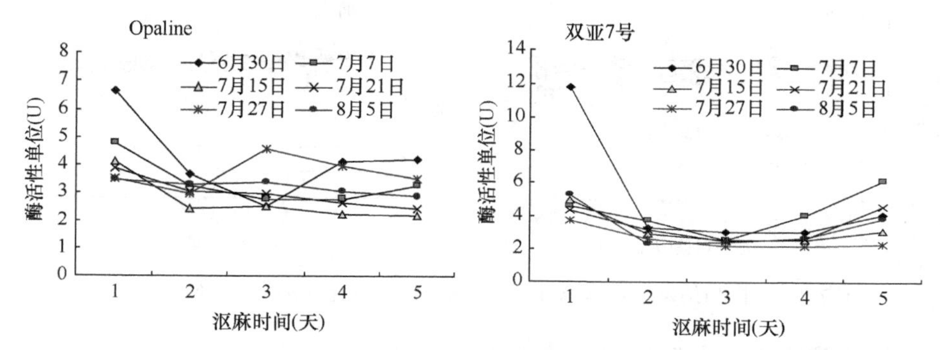


图 7-6 不同成熟度麻茎在沤麻过程中沤麻水中果胶酶活性的变化（Opaline 和双亚 7 号）

### 7.1.3 不同粗细麻茎

2004 年在东北农业大学试验站将 2 个品种双亚 7 号和 Argos 按 4 个密度种植，

即每平方米播种有效种子1000粒（正常0.5倍）、2000粒（正常）、3000粒（1.5倍）和4000粒（2倍），工艺成熟期收获，得到细度不同的麻茎，稀植的粗，而密植的细。

#### 7.1.3.1 微生物数量的变化

不同粗细麻茎在沤麻过程中沤麻水微生物数量的变化趋势一样，均表现为先增加后平缓（图7-7）。2个品种中稀植（0.5倍密度）麻茎的微生物数量均高于其他密度的麻茎，这可能与其个体发育好，茎中可溶性物质多有关。

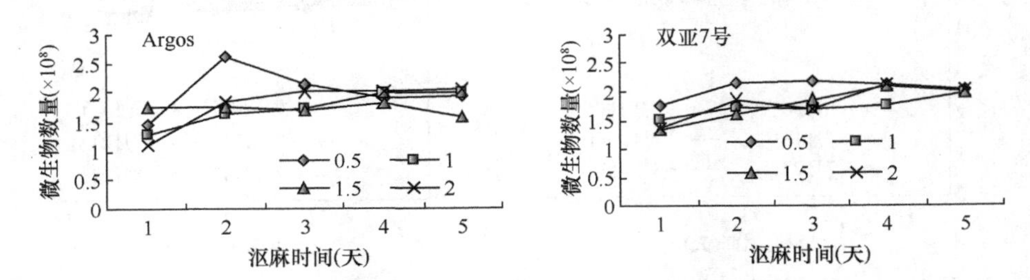


图7-7 不同粗细麻茎在沤麻过程中沤麻水微生物数量的变化（Argos和双亚7号）

#### 7.1.3.2 pH的变化

随着沤麻的进行，沤麻水的pH逐渐降低，处理间变化趋势一致（图7-8）。品种Argos 2倍密度麻茎在沤麻过程中pH明显高于其他密度的麻茎。品种双亚7号稀植（0.5倍密度）麻茎在沤麻过程中初期pH明显高于其他密度处理的，但其酸度增加很快，在后期pH明显低于其他密度。

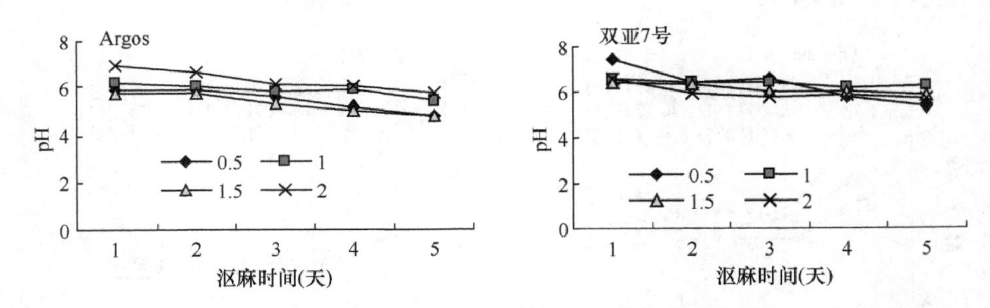


图7-8 不同粗细麻茎在沤麻过程沤麻水pH的变化（Argos和双亚7号）

#### 7.1.3.3 果胶酶活性的变化

2个品种的果胶酶活性在1~5天总体表现为逐渐降低的趋势，但是各有1个处理（Argos是1.5倍密度麻茎，双亚7号是0.5倍密度麻茎）表现异常，先明显降低再快速回升。Argos 的正常麻茎和稀植麻茎在沤麻过程中果胶酶活性总体高于其他 2 个密度的，双亚 7 号的 2 倍密度麻茎在沤麻初期果胶酶活性很高，但降低很迅速，2 天后与其他 2 个处理一致（图 7-9）。

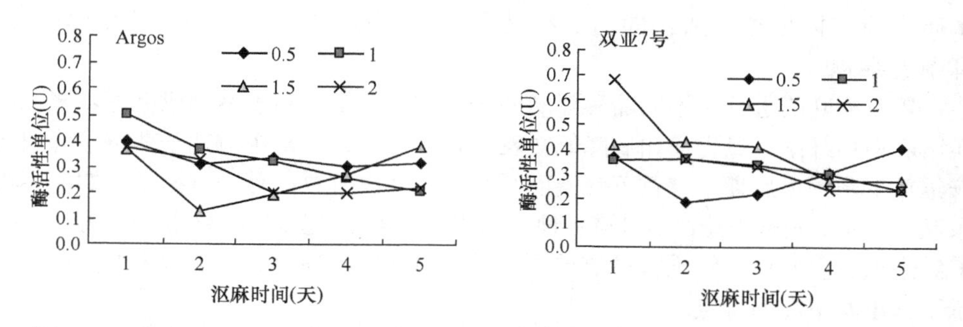


图 7-9　不同粗细麻茎在沤麻过程中沤麻水中果胶酶活性的变化（Argos 和双亚 7 号）

从 3 个试验的调查来看，随着沤麻的进行，微生物数量在 48h 内迅速增加，此后增长缓慢，在 3~4 天时达到最大，此后有所降低。品种间、不同成熟度麻茎和不同粗细麻茎间存在差异，国外品种如 Viking 和 Opaline 的微生物数量相对较多，而黑亚 11 号等国内品种略少；过早收获（开花期和开花后 1 周）麻茎的数量较多，过晚收获（完熟期）麻茎数量次之，而工艺成熟期收获的较少；稀植粗茎的数量较多。沤麻过程中，沤麻水的 pH 在 24h 内降低迅速，由 7 降到 6 左右，之后是近似线性缓慢降低，5 天时达到 4.5~5.5。品种和处理间存在细微差异，微生物数量多的一般 pH 略低。果胶酶活性在 24h 内迅速增加到一定值，然后或是保持稳定或是快速下降后保持稳定，个别处理后期略有增加。品种和处理间存在差别，主要是 24h 的活性高低，凡是数值明显高的，在 24~48h 都有一个快速降低。微生物数量多应该与麻茎中含有较多的可溶性糖和可溶性氮有关，较多的可溶性糖和可溶性氮有利于微生物繁殖，加速沤麻进程，缩短沤麻时间。根据亚麻厂的生产实践经验，国外品种不如国内品种（指 20 世纪 90 年代中期前）耐沤，粗茎不如细茎（正常茎）耐沤。本研究的结果显示，提早收获和晚收的麻茎应该比工艺成熟期收获的不耐沤。

耐沤性是一个生产中的实际问题，一个品种不耐沤不仅意味着沤麻时间短，而且意味着很容易沤过头，生产上是根据长麻率变少而短麻（二粗）增加来判断的，另外，纤维强度变弱也是一个指标。室内模拟研究没有机械加工碎茎剥麻的过程，都是手工剥麻，难易程度很难量化，这是一个研究难点。

## 7.2　沤麻对不同麻茎加工指标的影响

### 7.2.1　沤麻过程中加工指标变化特点

亚麻麻茎经过温水沤麻后取出，需要晾干，这时的重量就是干茎重，它与沤麻前的原茎重的比值就是干茎制成率，而出麻率是剥麻后的打成麻重与干茎重的比值，生产上是指长麻率，此外还有短麻率，二者的和为全麻率。本研究为室内模拟，所得的出麻率是全麻率。而纤维含量是干茎制成率与全麻率的乘积。

随着沤麻的进行，不同品种亚麻的干茎重、纤维重和干茎制成率逐步降低，而出麻率和纤维含量先增加后降低（表 7-1），这一方面是由前期干茎重下降快而纤维重下降慢，后期干茎重下降慢而纤维重下降快所致，另一方面是前期麻茎尚未沤好，人工剥麻很难，不可避免地产生损失。各品种间的干茎制成率差异不大，但纤维重、出麻率、纤维含量等差异较大，国外的品种明显高于国内的品种，显示了其出麻率高的特点。

**表 7-1 不同品种麻茎沤麻过程产量指标比较**

| 品种 | 测定指标 | 12h | 24h | 36h | 48h | 72h | 96h | 120h | 144h | 168h | 192h |
|---|---|---|---|---|---|---|---|---|---|---|---|
| Ariane | 干茎重（g） | 33.2 | 33.1 | 32.9 | 32.7 | 32.4 | 31.9 | 36 | 34 | 34 | 29.4 |
| | 纤维重（g） | 9.3 | 9.3 | 9.9 | 11 | 9.8 | 9 | 8.4 | 8.8 | 9.1 | 7.8 |
| | 干茎制成率（%） | 94.9 | 94.6 | 94.0 | 93.4 | 92.6 | 91.1 | 87.4 | 86.9 | 86.9 | 84.0 |
| | 出麻率（%） | 28.0 | 28.1 | 30.1 | 30.9 | 30.2 | 28.2 | 27.5 | 28.9 | 29.9 | 26.5 |
| | 纤维含量（%） | 26.6 | 26.6 | 28.3 | 28.9 | 28.0 | 25.7 | 24.0 | 25.1 | 26.0 | 22.3 |
| Opaline | 干茎重（g） | 33.1 | 32.6 | 32.6 | 32.4 | 32.2 | 31.8 | 31.7 | 32 | 30 | 30 |
| | 纤维重（g） | 11.4 | 11.7 | 10.8 | 10.5 | 10.5 | 10.2 | 9.6 | 9.8 | 9.3 | 9.7 |
| | 干茎制成率（%） | 94.6 | 93.1 | 93.1 | 92.6 | 92.0 | 90.9 | 90.6 | 91.4 | 85.7 | 85.7 |
| | 出麻率（%） | 34.4 | 35.9 | 33.1 | 32.4 | 32.6 | 32.1 | 30.3 | 30.6 | 31.0 | 32.3 |
| | 纤维含量（%） | 32.6 | 33.4 | 30.9 | 30.0 | 30.0 | 29.1 | 27.4 | 28.0 | 26.6 | 27.7 |
| Viking | 干茎重（g） | 31.6 | 31.4 | 31.3 | 31.3 | 35 | 31.5 | 33 | 29.5 | 28.4 | 27.4 |
| | 纤维重（g） | 9.4 | 10 | 10.1 | 10.4 | 10.5 | 9.4 | 10.6 | 9.7 | 9 | 8.4 |
| | 干茎制成率（%） | 90.3 | 89.7 | 89.4 | 89.4 | 87.1 | 90.0 | 86.6 | 84.3 | 81.1 | 78.3 |
| | 出麻率（%） | 29.7 | 31.8 | 32.3 | 33.2 | 34.4 | 29.8 | 35.0 | 32.9 | 31.7 | 30.7 |
| | 纤维含量（%） | 26.9 | 28.6 | 28.9 | 29.7 | 30.0 | 26.9 | 30.3 | 27.7 | 25.7 | 24.0 |
| 双亚 7 号 | 干茎重（g） | 32.4 | 32.6 | 32 | 32.3 | 31.4 | 31.1 | 31 | 32 | 28.8 | 28.2 |
| | 纤维重（g） | 7.5 | 8.1 | 7.2 | 8.2 | 8.4 | 7.6 | 8.3 | 8.2 | 7.1 | 6.3 |
| | 干茎制成率（%） | 92.6 | 93.1 | 91.4 | 92.3 | 89.7 | 88.9 | 88.6 | 86.3 | 82.3 | 80.6 |
| | 出麻率（%） | 23.1 | 24.8 | 22.5 | 25.4 | 26.8 | 24.4 | 26.8 | 27.2 | 24.7 | 22.3 |
| | 纤维含量（%） | 21.4 | 23.1 | 20.6 | 23.4 | 24.0 | 21.7 | 23.7 | 23.4 | 20.3 | 18.0 |
| 双亚 5 号 | 干茎重（g） | 32.9 | 32.9 | 32.6 | 32 | 31.8 | 31 | 30.4 | 30.6 | 29.6 | 29.2 |
| | 纤维重（g） | 8 | 7.9 | 8 | 6.6 | 6.5 | 7 | 6.6 | 6.9 | 6.2 | 6.1 |
| | 干茎制成率（%） | 94.0 | 94.0 | 93.1 | 91.4 | 90.9 | 88.6 | 86.9 | 87.4 | 84.6 | 83.4 |
| | 出麻率（%） | 24.3 | 24.0 | 24.5 | 20.6 | 20.4 | 22.6 | 21.7 | 22.5 | 20.9 | 20.9 |
| | 纤维含量（%） | 22.9 | 22.6 | 22.9 | 18.9 | 18.6 | 20.0 | 18.9 | 19.7 | 17.7 | 17.4 |

续表

| 品种 | 测定指标 | 12h | 24h | 36h | 48h | 72h | 96h | 120h | 144h | 168h | 192h |
|---|---|---|---|---|---|---|---|---|---|---|---|
| 黑亚11号 | 干茎重（g） | 33.6 | 32.8 | 32.8 | 32.9 | 31.8 | 31.2 | 30.6 | 30.6 | 30 | 30.5 |
| | 纤维重（g） | 6.6 | 6.7 | 7.5 | 7.4 | 7.3 | 6.7 | 6.5 | 6.6 | 6.6 | 6.2 |
| | 干茎制成率（%） | 96.0 | 93.7 | 93.7 | 94.0 | 90.9 | 89.1 | 87.4 | 87.4 | 85.7 | 87.1 |
| | 出麻率（%） | 19.6 | 20.4 | 22.9 | 22.5 | 23.0 | 21.5 | 21.2 | 21.6 | 22.0 | 20.3 |
| | 纤维含量（%） | 18.9 | 19.1 | 21.4 | 21.1 | 20.9 | 19.1 | 18.6 | 18.9 | 18.9 | 17.7 |

### 7.2.2 沤麻对不同成熟度麻茎加工指标的影响

随着麻茎的不断成熟，干茎制成率不断增加，到工艺成熟期达到最大，到完熟期有所降低；出麻率表现为逐渐降低的趋势，Opaline 的波动较大，而双亚 7 号比较稳定；纤维含量变化较小。两个品种的干茎制成率比较接近，但出麻率和纤维含量，Opaline 在任何时期收获的都要明显高于双亚 7 号，显示了国外品种出麻率高的特点（表 7-2）。

**表 7-2 不同成熟度麻茎沤麻后产量指标比较**

| 处理 | Opaline | | | | | 双亚 7 号 | | | | |
|---|---|---|---|---|---|---|---|---|---|---|
| | 干茎重（g） | 纤维重（g） | 干茎制成率（%） | 出麻率（%） | 纤维含量（%） | 干茎重（g） | 纤维重（g） | 干茎制成率（%） | 出麻率（%） | 纤维含量（%） |
| 6月30日 | 28 | 9.1 | 80.0 | 32.5 | 26.0 | 29.4 | 8 | 84.0 | 27.2 | 22.9 |
| 7月7日 | 28.7 | 9.5 | 82.0 | 33.1 | 27.1 | 29.2 | 6.9 | 83.4 | 23.6 | 19.7 |
| 7月15日 | 30.9 | 9.3 | 88.3 | 30.1 | 26.6 | 30.6 | 7.2 | 87.4 | 23.5 | 20.6 |
| 7月21日 | 30.9 | 9 | 88.3 | 29.1 | 25.7 | 30.2 | 7.2 | 86.3 | 23.8 | 20.6 |
| 7月27日 | 31.2 | 9.3 | 89.1 | 29.8 | 26.6 | 30.5 | 7.3 | 87.1 | 23.9 | 20.9 |
| 8月5日 | 29.8 | 9.4 | 85.1 | 31.5 | 26.9 | 28.5 | 6.8 | 81.4 | 23.9 | 19.4 |

### 7.2.3 沤麻对不同粗细麻茎加工指标的影响

双亚 7 号的干茎制成率、出麻率和纤维含量均表现出随着麻茎变细略有增加的趋势，而 Argos 的干茎制成率变化趋势相反，出麻率相同，纤维含量保持稳定稍有波动，反映了 2 个品种对种植密度变化的反应不同。从具体数据来看，二者的干茎制成率相差不大，而 Argos 在各个密度下的出麻率和纤维含量都高于双亚 7 号（表 7-3）。

表 7-3 不同密度麻茎沤麻后产量指标比较

| 处理 | 双亚 7 号 | | | | | Argos | | | | |
|---|---|---|---|---|---|---|---|---|---|---|
| | 干茎重（g） | 纤维重（g） | 干茎制成率（%） | 出麻率（%） | 纤维含量（%） | 干茎重（g） | 纤维重（g） | 干茎制成率（%） | 出麻率（%） | 纤维含量（%） |
| 0.5 倍密度 | 30.6 | 7.8 | 87.4 | 25.5 | 22.3 | 32.2 | 10.2 | 92.0 | 31.7 | 29.1 |
| 1 倍密度 | 32 | 7.4 | 91.4 | 23.1 | 21.1 | 32 | 11.1 | 91.4 | 34.7 | 31.7 |
| 1.5 倍密度 | 31 | 8.4 | 88.6 | 27.1 | 24.0 | 30.2 | 10 | 86.3 | 33.1 | 28.6 |
| 2 倍密度 | 32 | 8.5 | 91.4 | 26.6 | 24.3 | 31.7 | 11.1 | 90.6 | 35.0 | 31.7 |

## 7.3 沤麻过程中韧皮果胶和半纤维素含量变化

亚麻纤维的主要化学成分包括纤维素、半纤维素、果胶、木质素和水溶物，在沤麻过程中主要是除去部分果胶、半纤维素和水溶物等非纤维物质。沤麻过度时会导致纤维束内部的果胶也被分解，这样就会降低长麻率和长麻产量。

### 7.3.1 不同品种麻茎比较

随着沤麻进程，亚麻韧皮纤维的果胶含量均逐渐降低，120h 之前，基本是线性下降，此时多数品种沤麻完成，120h 之后降低速度明显减慢。但是各品种间存在差异，不仅最初的果胶含量不同，到 120h 和沤麻过度时的也不同。双亚 5 号在 48h 之前果胶含量较高，而 Ariane 始终较低（图 7-10）。半纤维素含量在沤麻过程中也是逐渐降低的，与果胶含量变化相似，不同品种间半纤维素含量存在差异，Viking 和 Opaline 的半纤维素含量在 144h 之前都较高，之后迅速下降，而双亚 7 号的初始含量就较低，在沤麻过程中始终低于其他品种，但是降低速度较慢（图 7-11）。

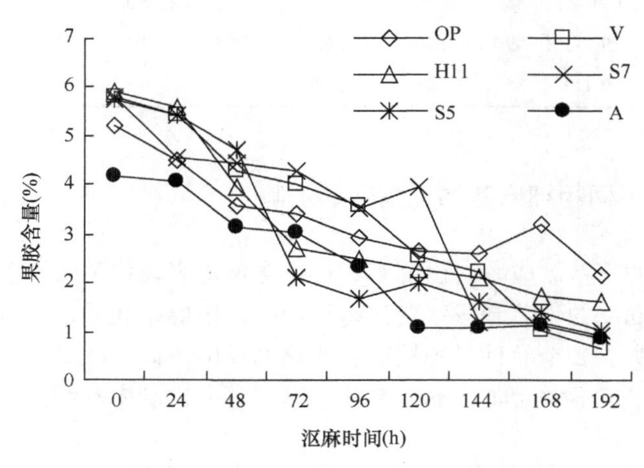


图 7-10 沤麻过程中韧皮果胶含量变化

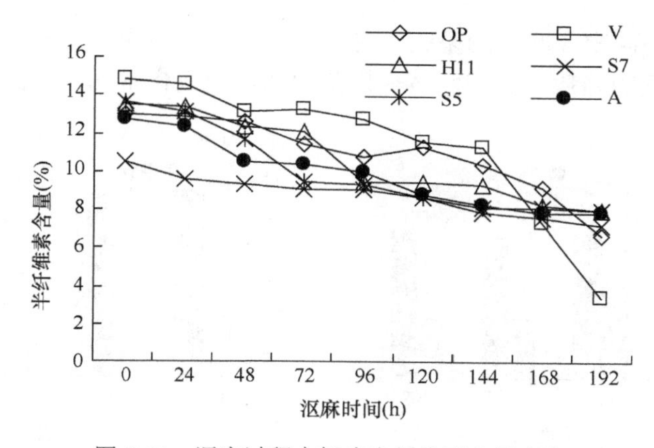


图 7-11 沤麻过程中韧皮半纤维素含量变化

### 7.3.2 不同成熟度麻茎比较

Opaline 沤麻后，随着收获日期的推迟，其果胶含量呈增加趋势，到工艺成熟期后最高，再晚收的麻茎其含量开始下降；半纤维素含量也是先升后降的变化趋势，但是含量高点出现在工艺成熟期前一周收获的麻样中（图 7-12）。

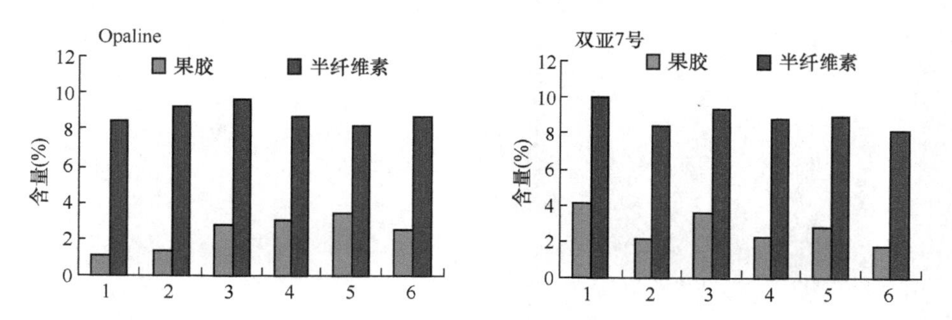


图 7-12 不同成熟度麻茎沤麻 6 天后纤维化学组分含量变化（Opaline 和双亚 7 号）
1~6 分别代表 6 月 30 日、7 月 7 日、7 月 15 日、7 月 21 日、7 月 27 日、8 月 5 日收获的麻茎

双亚 7 号的果胶含量与半纤维素含量呈逐渐下降趋势，开花期收获的麻茎其含量最高，工艺成熟期后收获的麻茎其含量最低，这与 Opaline 不同，显示品种间存在明显的差异。

### 7.3.3 不同密度收获不同细度麻茎比较

种植密度不同的双亚 7 号麻茎沤麻后果胶含量和半纤维素含量不同，随着密度的增加均呈现先升高后降低的趋势，高点出现在正常密度的麻茎，粗茎的含量最低。Argos 不同密度麻茎的果胶含量和半纤维素含量也有差异，随着密度的增加均呈逐渐降低的趋势，正常麻茎和粗茎相似，细茎含量偏低（图 7-13）。

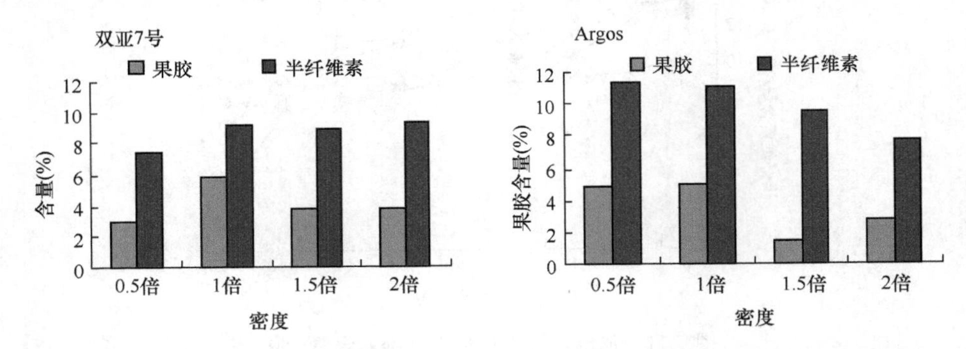


图 7-13　不同密度收获麻茎沤麻 6 天后纤维化学组分含量比较（双亚 7 号和 Argos）

由上述结果可知，不仅基因型差异会影响到沤麻后的纤维化学组成，种植密度不同，或者收获期不同，也会影响到沤麻后的纤维化学组成。

（贾新禹，李明）

# 8　亚麻纤维品质形成与调控规律研究

亚麻纤维（工业上称为打成麻）的优劣主要根据其长度、强度、色泽、整齐度、柔软度、成条性、重度等物理指标和感官指标来判断。长度超过 60cm、强度超过 240N、淡黄色或黄绿色（温水沤麻）或银灰色（雨露沤麻）、有光泽、整齐、柔软、手感较重的纤维最好。影响纤维品质的因素很多，包括基因型、环境条件、栽培措施和脱胶过程。

## 8.1　亚麻茎上品质性状分布规律

在东北农业大学校内试验地种植双亚 3 号、双亚 7 号、黑亚 5 号和黑亚 8 号，将工艺成熟期收获的麻茎送巴彦亚麻厂经过温水沤麻和机械剥麻获得打成麻，把打成麻从根端到梢端 5 等分，利用 YG015 亚麻束纤维强力机、YG962 型亚麻纤维可挠度仪分别测定亚麻纤维的强度和可挠度。用 E-201-C 型酸度计确定 pH，用咔唑硫酸比色法定量半乳糖醛酸来测定果胶，用 DNS 比色法定量还原糖来测定半纤维素，用差量法测定纤维素和木质素。

### 8.1.1　茎上纤维品质变化

纤维强度反映亚麻纤维的拉伸能力，是重要的品质指标，亚麻不同部位纤维强度明显不同，从根部到梢部，4 个品种茎上纤维强度的变化都是先增大后降低，中部纤维强度最高，可以用抛物线方程 $Y=aX^2+bX+c$ 来拟合其变化趋势，其中系数 $a$ 为负值，$b$ 为正值。比较品种间纤维强度可以看出，双亚 3 号打成麻强度较差，为 70~100N，黑亚 8 号打成麻稍微优于双亚 3 号，而黑亚 5 号和双亚 7 号的打成麻强度较好，为 100~160N（图 8-1）。

可挠度反映了亚麻纤维的柔软度。研究表明，亚麻茎上不同部位可挠度不同，可以用二次方程 $Y=aX^2+bX+c$ 来拟合其变化趋势，但是品种间存在差异，系数 $a$ 和 $b$ 的大小与正负不同。双亚品种茎上可挠度由根端到梢端是逐渐降低的，而黑亚品种是先增加再降低；另外双亚 7 号的变化幅度比双亚 3 号的变化幅度明显偏大，由 40mm 左右降到 30mm 左右，而黑亚两个品种的变化幅度接近，在 40mm 附近变化（图 8-2）。

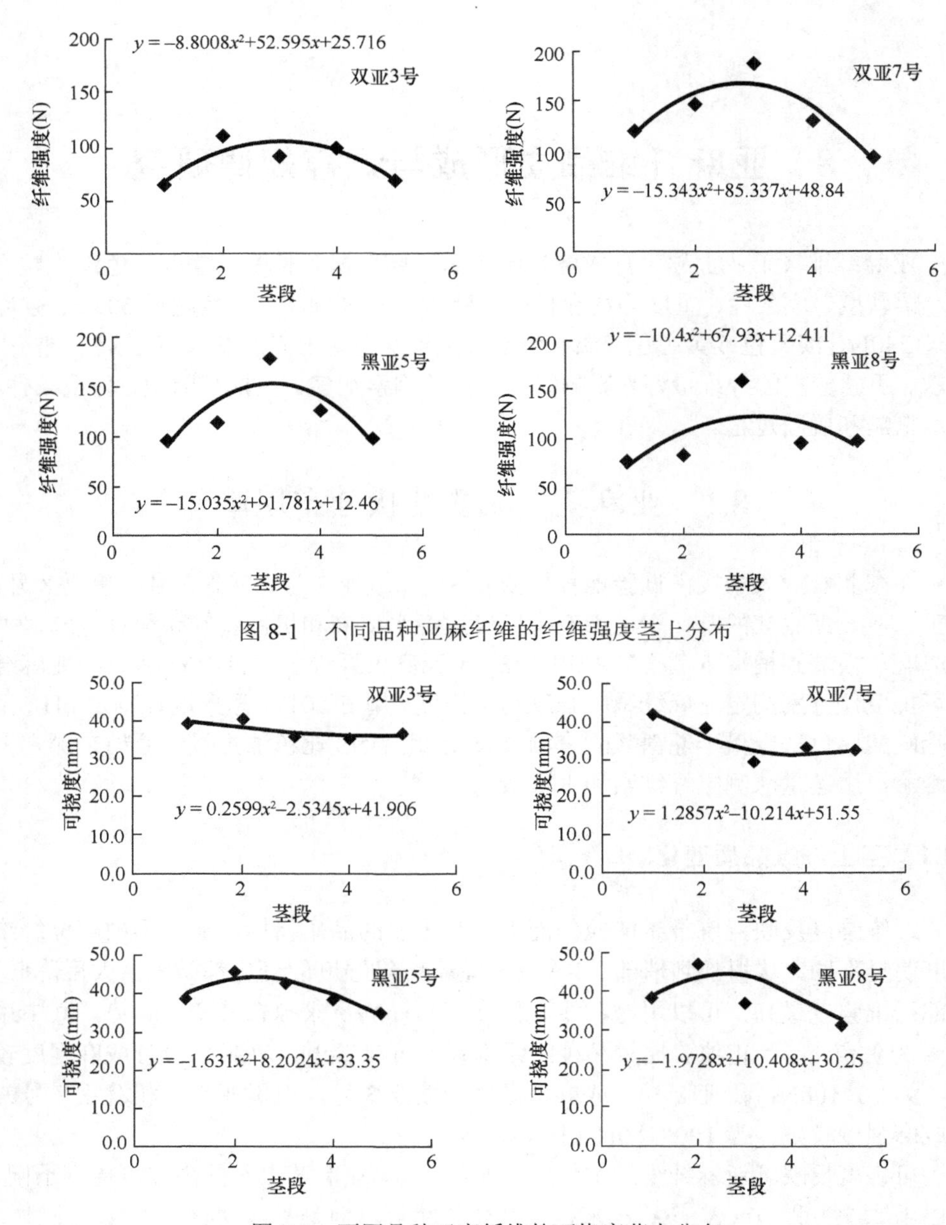


图 8-1　不同品种亚麻纤维的纤维强度茎上分布



图 8-2　不同品种亚麻纤维的可挠度茎上分布

### 8.1.2　亚麻茎上纤维化学组成的变化

4 个品种打成麻的果胶含量在茎上的变化规律是，有 3 个品种表现为由根至梢略有增加，只有双亚 7 号的变化相反，由根至梢略有减少。从品种间果胶含量大小来看，双亚 7 号和黑亚 5 号的果胶含量略低，双亚 3 号和黑亚 8 号略高（表 8-1）。4 个品种打成麻的半纤维素含量在茎上的变化规律相似，半纤维素含量在茎上由根端至梢端表现为两头略小，中间略高。品种间比较，双亚 7 号和黑亚 8 号半纤维素含量整体较小，而黑亚 5 号和双亚 3 号相对较高。

**表 8-1　不同纤维段的果胶和半纤维素含量**

| 品种 | 果胶含量（%） | | | | | 半纤维素含量（%） | | | | |
|---|---|---|---|---|---|---|---|---|---|---|
| | 1 | 2 | 3 | 4 | 5 | 1 | 2 | 3 | 4 | 5 |
| 双亚 3 号 | 0.8 | 0.8 | 0.9 | 0.9 | 1.0 | 3.6 | 3.4 | 3.8 | 3.4 | 3.4 |
| 双亚 7 号 | 0.8 | 0.8 | 0.7 | 0.5 | 0.4 | 3.0 | 2.8 | 3.0 | 3.0 | 1.6 |
| 黑亚 5 号 | 0.6 | 0.6 | 0.7 | 0.8 | 0.7 | 3.4 | 4.0 | 4.0 | 3.6 | 3.6 |
| 黑亚 8 号 | 0.8 | 0.8 | 0.9 | 1.1 | 0.7 | 2.6 | 3.0 | 3.4 | 3.2 | 3.0 |

4 个品种打成麻的纤维素含量在茎上的变化有所不同，双亚 3 号纤维素含量由根至梢是先减少后略增大，黑亚 5 号是先增大后基本持平，双亚 7 号和黑亚 8 号不同纤维段稍有波动总体持平。纤维强度较大的双亚 7 号和黑亚 5 号，其中段麻的纤维素含量较高（表 8-2）。双亚 3 号打成麻的木质素含量在茎上由根到梢是逐渐降低，黑亚 5 号是逐渐增大，其他 2 个品种总体表现为先增大后减少。品种间差异较大。

**表 8-2　不同纤维段的纤维素和木质素含量**

| 品种 | 纤维素含量（%） | | | | | 木质素含量（%） | | | | |
|---|---|---|---|---|---|---|---|---|---|---|
| | 1 | 2 | 3 | 4 | 5 | 1 | 2 | 3 | 4 | 5 |
| 双亚 3 号 | 77.1 | 71.3 | 70.8 | 73.7 | 74.0 | 11.8 | 9.6 | 9.0 | 5.7 | 6.9 |
| 双亚 7 号 | 75.6 | 77.6 | 73.4 | 77.0 | 73.7 | 8.3 | 6.2 | 10.1 | 7.2 | 4.5 |
| 黑亚 5 号 | 61.4 | 72.4 | 74.4 | 71.4 | — | 4.8 | 6.7 | 6.9 | 7.2 | — |
| 黑亚 8 号 | 70.7 | 68.7 | 70.6 | 66.3 | 68.0 | 9.2 | 11.6 | 8.8 | 10.4 | 9.7 |

### 8.1.3　纤维品质与组分的关系

对纤维品质与其化学组成的相关分析显示，纤维品质的形成十分复杂，不是某个单一指标决定的（表 8-3）。纤维素含量与双亚 3 号和双亚 7 号的纤维强度负相关，与黑亚 5 号和黑亚 8 号正相关，与可挠度相关程度不高；半纤维素含量与双亚 7 号、黑亚 8 号和黑亚 5 号的纤维强度正相关，与黑亚 5 号的可挠度也有较高的正相关关系，其他品种的相关程度不高；果胶含量与双亚 7 号的纤维强度有较高的正相关关系，与双亚 7 号和黑亚 8 号的可挠度有一定的正相关关系，与双亚 3 号的可挠度负相关；木质素含量与双亚 7 号和黑亚 5 号的纤维强度正相关，与双亚 3 号和黑亚 8 号的可挠度也正相关，其他相关程度不高。

**表 8-3　纤维品质与结构、组分之间关系的相关分析**

| 品种 | 品质指标 | 果胶 | 半纤维素 | 纤维素 | 木质素 |
|---|---|---|---|---|---|
| 双亚 3 号 | 纤维强度 | −0.361 | −0.249 | −0.762 | −0.289 |
| | 可挠度 | −0.687 | −0.353 | 0.030 | 0.674 |
| 双亚 7 号 | 纤维强度 | 0.619 | 0.649 | −0.699 | 0.816 |
| | 可挠度 | 0.534 | 0.302 | 0.496 | −0.110 |
| 黑亚 5 号 | 纤维强度 | 0.335 | 0.482 | 0.525 | 0.626 |
| | 可挠度 | −0.388 | 0.743 | 0.147 | 0.347 |
| 黑亚 8 号 | 纤维强度 | 0.153 | 0.837 | 0.310 | −0.536 |
| | 可挠度 | 0.548 | 0.114 | −0.378 | 0.754 |

本研究选取 4 个国内品种的打成麻 5 等分，逐段测定其纤维强度和可挠度，调查纤维的化学组成，试图从组成上解释品质分布规律。从纤维化学组成来看，品种间差异很大，很难确定某个因素是影响品质的主要原因，因此还需要进一步研究探讨。

## 8.2　生态环境对亚麻品质的影响

由于只有 5 个点回收的亚麻数量较多，可以用于品质检测，因此下面的分析是基于 5 个地点的试验结果。各地环境条件的不同导致纤维发育出现差异，进而影响到纤维的品质。不同品种在各地的表现也不完全一致，以纤维强度为例，在富锦表现较好的有 Viking（V）、双亚 8 号（S8）、黑亚 12 号（H12）、黑亚 13 号（H13）和黑亚 14 号（H14），在尾山表现较好的有 Ilona（I）、双亚 7 号（S7）、双亚 8 号、黑亚 11 号（H11）和黑亚 13 号，在兰西表现较好的是双亚 5 号（S5）和双亚 6 号（S6），在哈尔滨和巴彦表现最好的是 Ariane（A）（表 8-4）。

**表 8-4　不同产地亚麻纤维强度**（单位：N）

| 产地 | V | I | A | S5 | S6 | S7 | S8 | H11 | H12 | H13 | H14 |
|---|---|---|---|---|---|---|---|---|---|---|---|
| 兰西 | 145.4 | 86.2 | 129.8 | 174.9 | 198.1 | 161.6 | 117.2 | 158.9 | 148.7 | 109 | 167.5 |
| 富锦 | 165.9 | 79.9 | 99.3 | 134.4 | — | 116.5 | 147.5 | 130.3 | 174.8 | 189.8 | 217.4 |
| 巴彦 | 88.8 | 94 | 123.4 | 108 | 115 | 87.2 | 68.5 | 58.5 | 93.7 | 88.9 | 68.3 |
| 尾山 | 94.3 | 107.2 | 114.9 | 140 | 181.2 | 188.1 | 149.4 | 217.8 | 130.8 | 189.7 | 199.9 |
| 哈尔滨 | 115.1 | 101.4 | 160.5 | 127.3 | 157.5 | 153 | 136.2 | 128 | 126.3 | 85.6 | 113.5 |

对 5 个地方 10 个品种的纤维强度进行方差分析，结果显示，产地间差异极显著，品种间差异极显著，产地与品种的互作差异极显著。因此，有必要对黑龙江

省进行亚麻优质区划研究，划分不同生产区域，并根据各个区域的特点筛选相应的品种种植，以全面提高黑龙江省亚麻纤维品质。表 8-5 反映出尾山在 5 个地点中纤维强度显著高于除富锦外的其他地点，巴彦显著低于其他地点。从品种来看，纤维含量高的 3 个国外品种和双亚 8 号纤维强度最差，特别是 Ilona 与其他 8 个品种间差异极显著，而纤维含量中等的国内品种纤维强度较高，特别是晚熟的黑亚 14 号，其纤维强度显著高于除了双亚 7 号外的 8 个品种。

**表 8-5　不同产地和品种间纤维强度的多重比较**（单位：N）

| 产地 | 均值 | 5%显著水平 | 1%极显著水平 | 品种 | 均值 | 5%显著水平 | 1%极显著水平 |
|---|---|---|---|---|---|---|---|
| 尾山 | 153.21 | a | A | H14 | 153.32 | a | A |
| 富锦 | 145.58 | ab | AB | S7 | 141.28 | ab | AB |
| 兰西 | 139.92 | b | B | H11 | 138.70 | bc | ABC |
| 哈尔滨 | 124.69 | c | C | S5 | 136.92 | bcd | ABC |
| 巴彦 | 87.930 | d | D | H12 | 134.86 | bcde | BC |
| | | | | H13 | 132.60 | bcde | BC |
| | | | | A | 125.58 | cde | BC |
| | | | | S8 | 123.76 | de | BC |
| | | | | V | 121.90 | e | C |
| | | | | I | 93.74 | f | D |

注：不同小写字母、大写字母分别表示在 0.05 水平或 0.01 水平差异显著

品种与产地间共有 50 个组合，纤维强度最高的 20 个组合列在表 8-6 中。

**表 8-6　纤维强度最高的 20 个组合**（单位：N）

| 处理 | 均值 | 5%显著水平 | 1%极显著水平 | 处理 | 均值 | 5%显著水平 | 1%极显著水平 |
|---|---|---|---|---|---|---|---|
| 尾山 H11 | 217.8 | a | A | 兰西 S7 | 161.6 | cdef | BCDEF |
| 富锦 H14 | 217.4 | a | A | 哈尔滨 A | 160.5 | cdefg | BCDEF |
| 尾山 H14 | 199.9 | ab | AB | 兰西 H11 | 158. 9 | cdefg | BCDEFG |
| 富锦 H13 | 189.8 | abc | ABC | 哈尔滨 S7 | 153.0 | defgh | CDEFGH |
| 尾山 H13 | 189.7 | abc | ABC | 尾山 S8 | 149.4 | defghi | CDEFGHI |
| 尾山 S7 | 188.1 | abc | ABC | 兰西 H12 | 148.7 | defghij | CDEFGHI |
| 兰西 S5 | 174. 9 | bcd | BCD | 富锦 S8 | 147.5 | defghij | CDEFGHI |
| 富锦 H12 | 174.8 | bcd | BCD | 兰西 V | 145.4 | defghij | CDEFGHIJ |
| 兰西 H14 | 167.5 | bcde | BCDE | 尾山 S5 | 140.0 | efghijk | DEFGHIJK |
| 富锦 V | 165. 9 | cde | BCDE | 哈尔滨 S8 | 136.2 | efghijkl | DEFGHIJKL |

不同地点的亚麻纤维可挠度同样表现不同，兰西的可挠度相对较低，平均为 34.7mm，而哈尔滨的普遍偏高，平均为 50.1mm，这可能与沤麻过度有一定关系。品种间黑亚 12 号可挠度较高（平均为 48.9mm），双亚 8 号可挠度较低（平均为 35.2mm）（表 8-7）。

表 8-7 不同产地亚麻纤维可挠度（单位：mm）

| 产地 | V | I | A | S5 | S6 | S7 | S8 | H11 | H12 | H13 | H14 |
|---|---|---|---|---|---|---|---|---|---|---|---|
| 兰西 | 41 | 42.3 | 28.5 | 36.3 | 30.8 | 29 | 30.8 | 32.8 | 36.3 | 42.5 | 31 |
| 富锦 | 34.5 | 44.5 | 34.8 | 36.3 | — | 36.8 | 23.5 | 44.8 | 46.8 | 33.3 | 35.3 |
| 巴彦 | 37 | 44.5 | 44 | 46.3 | 36.8 | 43.8 | 32.3 | 35.5 | 52 | 41.5 | 45.8 |
| 尾山 | 33.3 | 43 | 42.8 | 50.3 | 44.3 | 35 | 37.3 | 40.8 | 51.8 | 47.8 | 45.3 |
| 哈尔滨 | 52 | 31.5 | 36.8 | 53 | 52 | 54.3 | 52 | 52.3 | 57.8 | 51 | 58.5 |

对 5 个地方亚麻的纤维品质与各地的土壤基础肥力进行相关分析，缓效钾和速效钾含量与纤维强度和可挠度均呈正相关关系，其他指标与两个品质指标间呈相反的关系。全磷和速效磷含量与可挠度呈显著正相关关系，速效磷与纤维强度呈较大的负相关关系，有机质含量、全氮含量与纤维强度呈较大的正相关关系，二者与可挠度呈负相关关系（表 8-8）。

表 8-8 各地亚麻纤维品质与土壤基础肥力的相关分析

| 品质指标 | 有机质 | 全氮 | 全磷 | 缓效钾 | 碱解氮 | 速效磷 | 速效钾 | pH |
|---|---|---|---|---|---|---|---|---|
| 纤维强度 | 0.6147 | 0.5081 | −0.0349 | 0.2744 | 0.0299 | −0.5962 | 0.3721 | 0.1084 |
| 可挠度 | −0.2147 | −0.4382 | 0.8628* | 0.2416 | −0.2576 | 0.8348* | 0.2140 | −0.1618 |

*相关关系显著（$P$<0.05）

对 3 个不同特点的品种分别进行分析，结果显示，氮、钾养分对纤维强度有利，而磷素相反，这与 10 个品种平均结果相同。但是品种间与各项肥力指标的相关关系存在很大的差异，主要表现在 Viking 的纤维强度与土壤酸碱度间达到显著正相关，显示其可能喜欢中性或偏碱的环境，另外与有机质含量是较小的正相关，与速效磷含量的负相关接近显著。双亚 8 号的纤维强度与全磷是正相关关系，仅与速效磷含量是较小的负相关关系。黑亚 14 号的纤维强度与有机质、全氮有很大的正相关关系，与碱解氮含量的正相关超过其他品种，与速效磷有很大的负相关关系，这可能与其生育期长、需要较多的氮素营养有关（表 8-9）。

表 8-9 3 个品种纤维品质与土壤基础肥力的相关分析

| 品质指标 | 品种 | 有机质 | 全氮 | 全磷 | 缓效钾 | 碱解氮 | 速效磷 | 速效钾 | pH |
|---|---|---|---|---|---|---|---|---|---|
| 纤维强度 | V | 0.2375 | 0.5694 | −0.7293 | 0.5205 | 0.0456 | −0.4996 | 0.5746 | 0.8360* |
| | S8 | 0.6249 | 0.5072 | 0.2186 | 0.5711 | 0.0489 | −0.3233 | 0.6507 | 0.2441 |
| | H14 | 0.7834 | 0.7551 | −0.1910 | 0.3516 | 0.3267 | −0.7991 | 0.4254 | 0.1851 |
| 可挠度 | V | −0.7040 | −0.6471 | 0.1769 | 0.1711 | −0.8039 | 0.8321* | 0.1963 | 0.3618 |
| | S8 | −0.4529 | −0.6724 | 0.7090 | 0.0317 | −0.6346 | 0.8536* | 0.0471 | −0.1616 |
| | H14 | −0.2512 | −0.4628 | 0.8501* | 0.2087 | −0.2344 | 0.8585* | 0.1712 | −0.1790 |

*相关关系显著（$P$<0.05）

3 个品种的可挠度与土壤肥力指标的相关性基本相同，与速效磷显著正相关，与有机质、全氮和碱解氮含量是负相关关系。品种间的差异表现在，Viking 的可挠度与酸碱度是正相关，与全磷是较小的正相关，与有机质是较大的负相关；黑亚 14 号的可挠度与有机质、碱解氮均是较小的负相关关系。

3 个品种的纤维强度与开花前的日照时数有较大的负相关关系，双亚 8 号和黑亚 14 号与开花前积温达到显著负相关，二者与降水量间的负相关程度也较高。双亚 8 号的纤维强度与开花后的积温、降水量和日照时数间均是正相关关系，特别是与日照时数的相关性接近显著，Viking 的纤维强度与开花后积温是正相关关系，黑亚 14 号的纤维强度与降水量是较小的正相关关系（表 8-10）。

**表 8-10　开花前后气象因子与 3 个品种纤维品质的相关分析**

| 品质指标 | 品种 | 开花前 | | | 开花后 | | |
|---|---|---|---|---|---|---|---|
| | | 积温 | 降水量 | 日照时数 | 积温 | 降水量 | 日照时数 |
| 纤维强度 | V | −0.088 | 0.03 | −0.712 | 0.521 | −0.01 | −0.291 |
| | S8 | −0.887* | −0.64 | −0.768 | 0.301 | 0.513 | 0.757 |
| | H14 | −0.877* | −0.378 | −0.53 | −0.175 | 0.227 | −0.306 |
| 可挠度 | V | −0.2309 | −0.6419 | −0.4003 | 0.7858 | 0.9410* | 0.1999 |
| | S8 | 0.2664 | −0.7073 | 0.2471 | 0.5448 | 0.7388 | 0.6763 |
| | H14 | 0.6041 | −0.2167 | 0.6225 | −0.0994 | 0.701 | 0.6072 |

*相关关系显著（$P<0.05$）

3 个品种的可挠度与开花前降水量是负相关关系，双亚 8 号和黑亚 14 号与积温和日照时数间是正相关关系，而 Viking 相反；开花后各气象因子与可挠度基本是正相关关系，显示较多的积温、日照时数和降水量有利于提高纤维的可挠度。

由于试验点仅有 5 个，数量略少，且很难把土壤和气象因素间的干扰剔除进行分析，因此上述分析还是很初步的，需要进一步深入探讨土壤和气象因素对亚麻品质的影响。

## 8.3 纤维结构、化学组成与品质的关系

### 8.3.1 解剖性状及激素含量与纤维品质的关系

2002 年品种试验的结果表明（表 8-11），纤维细胞腔宽与各品质性状均呈负相关关系，说明控制纤维细胞腔大小对于亚麻品质具有重要作用；纤维细胞数与可挠度呈正相关；纤维细胞壁厚与各品质性状均呈正相关关系，其中与分裂度呈显著正相关关系（$r=0.52^*$），因此纤维细胞壁厚可以说是决定纤维质量的主要解剖学性状之一。

表 8-11　亚麻茎解剖性状与质量性状相关分析

| 品质指标 | 纤维细胞数 | 纤维细胞腔宽 | 纤维细胞壁厚 |
|---|---|---|---|
| 纤维强度 | 0.05 | −0.46 | 0.40 |
| 分裂度 | −0.11 | −0.44 | 0.52* |
| 可挠度 | 0.40 | −0.04 | 0.14 |

*相关关系显著（$P<0.05$）

亚麻现蕾期单个激素含量与品质多是负相关，但是GA/IAA、（IAA+GA）/ZR与分裂度的相关性均达到极显著水平（表 8-12），说明激素间的比例和平衡很重要。纤维强度与青熟期茎中部麻皮激素 IAA、ZR、IAA+GA 相关性达到极显著水平（$r$=0.84**，$r$=0.84**，$r$=0.86**），分裂度与青熟期茎中部麻皮激素 GA、ZR、IAA+GA 相关性达到显著水平（$r$=0.79*，$r$=0.79*，$r$=0.75*），各激素与可挠度呈负相关关系。

表 8-12　花蕾中激素、青熟期韧皮中激素与纤维品质相关关系（2002 年）

| 时期 | 品质指标 | GA | IAA | ZR | IAA+GA | GA/IAA | （IAA+GA）/ZR |
|---|---|---|---|---|---|---|---|
| 现蕾期 | 纤维强度 | −0.66 | −0.73 | −0.52 | −0.81 | 0.20 | −0.07 |
| | 分裂度 | 0.42 | −0.53 | −0.59 | −0.25 | 0.84** | 0.81** |
| | 可挠度 | 0.11 | −0.41 | −0.41 | −0.27 | 0.59 | 0.48 |
| 青熟期 | 纤维强度 | 0.19 | 0.84** | 0.84** | 0.86** | −0.65 | 0.70 |
| | 分裂度 | 0.79* | 0.36 | 0.79* | 0.75* | 0.04 | 0.50 |
| | 可挠度 | −0.15 | −0.50 | −0.55 | −0.53 | 0.39 | −0.38 |

*相关关系显著（$P<0.05$），**相关关系极显著（$P<0.01$）

### 8.3.2　解剖性状、化学组成与纤维品质的关系

对播期试验亚麻的解剖性状与纤维品质的相关性进行分析，结果显示（表 8-13），早熟品种 Viking 的解剖性状与可挠度和分裂度的相关性较为一致，其中纤维细胞壁厚、纤维细胞直径、茎粗、纤维细胞腔径与二者均呈正相关，纤维细胞数、纤维束数与二者均呈负相关，各指标与纤维强度相关程度都不高。黑亚 14 号的各解剖性状与纤维强度和分裂度的关系较为一致，其中茎粗、纤维细胞直径、纤维细胞腔径和纤维细胞壁厚与二者均是负相关关系，纤维细胞数与二者是正相关关系，纤维束数与品质性状相关程度不高，各解剖性状与可挠度的关系恰好与前两个品质指标相反，与 Viking 的相似。

表 8-13　工艺成熟期茎中部解剖性状与纤维品质的相关分析（2004 年）

| 品质指标 | Viking | | | | | | 黑亚 14 号 | | | | | |
|---|---|---|---|---|---|---|---|---|---|---|---|---|
| | 茎粗 | 纤维束数 | 纤维细胞数 | 纤维细胞直径 | 纤维细胞腔径 | 纤维细胞壁厚 | 茎粗 | 纤维束数 | 纤维细胞数 | 纤维细胞直径 | 纤维细胞腔径 | 纤维细胞壁厚 |
| 可挠度 | 0.750 | −0.612 | −0.479 | 0.710 | 0.548 | 0.718 | 0.504 | −0.013 | −0.968** | 0.861* | 0.726 | 0.599 |
| 纤维强度 | 0.065 | 0.088 | −0.186 | 0.156 | 0.484 | −0.282 | −0.813* | −0.038 | 0.682 | −0.737 | −0.625 | −0.503 |
| 分裂度 | 0.537 | −0.548 | −0.777 | 0.730 | 0.397 | 0.940** | −0.659 | −0.241 | 0.538 | −0.722 | −0.774 | −0.036 |

*相关关系显著（$P<0.05$），**相关关系极显著（$P<0.01$）

由于两个品种的熟期差异极大，纤维含量差异也很大，对播期的反应有所不同，因此解剖性状与品质的关系不一致，甚至相反。从播期的角度来看，早熟品种适当晚播，纤维细胞数减少，纤维细胞增大，更有利于纤维品质总体改善，而晚熟品种适当早播，可以避免茎秆过于粗大，增加纤维细胞数量，减少纤维细胞个体的大小，特别是避免因倒伏带来的不利影响，有利于纤维品质的总体改善。

早熟品种 Viking 的可挠度与纤维素和木质素含量均是较大的负相关关系，纤维强度与半纤维素含量是较大的正相关关系，分裂度与半纤维素是较大的负相关关系，与果胶是较大的正相关关系，其他相关程度都不高。晚熟品种黑亚 14 号的可挠度与组分含量的相关程度都不高，纤维强度与纤维素含量是负相关，与木质素是正相关，分裂度与果胶是负相关，与纤维素是正相关，其他相关程度不高。两个品种间多不一致（表 8-14）。

**表 8-14　纤维组分含量与纤维品质的相关分析（2004 年）**

| 品质指标 | Viking | | | | 黑亚 14 号 | | | |
|---|---|---|---|---|---|---|---|---|
| | 果胶 | 半纤维素 | 纤维素 | 木质素 | 果胶 | 半纤维素 | 纤维素 | 木质素 |
| 可挠度 | 0.036 | −0.263 | −0.567 | −0.567 | −0.153 | 0.041 | −0.057 | −0.060 |
| 纤维强度 | −0.457 | 0.625 | 0.092 | −0.137 | 0.298 | 0.389 | −0.530 | 0.606 |
| 分裂度 | 0.637 | −0.792 | −0.353 | 0.379 | −0.747 | −0.172 | 0.519 | −0.309 |

2004 年品种试验（12 个纤维品种）的结果表明，果胶和木质素均与纤维的品质指标正相关，纤维素与其负相关，其中，木质素与分裂度显著正相关，纤维素与可挠度显著负相关，与分裂度极显著负相关，半纤维素与各品质指标的相关程度不高（表 8-15）。

**表 8-15　不同品种纤维组分含量与纤维品质的相关分析（2004 年）**

| 品质指标 | 果胶 | 半纤维素 | 纤维素 | 木质素 |
|---|---|---|---|---|
| 可挠度 | 0.544 | −0.091 | −0.652* | 0.539 |
| 纤维强度 | 0.341 | 0.108 | −0.178 | 0.142 |
| 分裂度 | 0.442 | 0.225 | −0.704** | 0.573* |

*相关关系显著（$P<0.05$），**相关关系极显著（$P<0.01$）

综上可见，纤维组分含量与纤维品质的关系与品种的遗传特性有关，同时受到环境条件的影响很大，但对于某一品种来说，其纤维的各组分含量对纤维强度和分裂度的影响均表现为相反作用，即对提高纤维强度有利时，一定对分裂度的提高不利。另外，半纤维素始终与纤维强度呈正相关关系，而纤维素与可挠度总是负相关，果胶对早熟品种和晚熟品种的纤维品质的影响相反。

# 8.4 栽培措施对亚麻品质的影响

## 8.4.1 氮、磷、钾对亚麻品质的影响

### 8.4.1.1 哈尔滨点试验

2005 年东北农业大学试验站的肥料试验结果表明，不同肥料处理对纤维品质影响差异极显著（表 8-16，表 8-17）。2 个品种 10 个处理间的纤维强度有 4 个级差，黑亚 14 号最高为 284N，最低为 138.5N，而 Argos 分别为 219.5N 和 104N，前者的纤维强度明显高于后者。

**表 8-16 不同施肥处理纤维强度多重比较（2005 年）（单位：N）**

| Argos | | | | 黑亚 14 号 | | | |
|---|---|---|---|---|---|---|---|
| 处理 | 均值 | 5%显著水平 | 1%极显著水平 | 处理 | 均值 | 5%显著水平 | 1%极显著水平 |
| 7 | 219.5 | a | A | 4 | 284.0 | a | A |
| 9 | 213.0 | a | AB | 8 | 280.5 | a | A |
| 4 | 184.0 | b | BC | 10 | 249.0 | b | B |
| 6 | 180.5 | b | C | 7 | 245.5 | b | B |
| 3 | 157.5 | c | CD | 3 | 244.5 | b | B |
| 8 | 148.5 | c | DE | 9 | 232.0 | bc | BC |
| 1 | 148.0 | c | DE | 1 | 211.0 | c | CD |
| 2 | 137.5 | cd | DE | 5 | 187.5 | d | DE |
| 10 | 124.0 | de | EF | 6 | 170.0 | d | E |
| 5 | 104.0 | e | F | 2 | 138.5 | e | F |

**表 8-17 不同施肥处理纤维可挠度多重比较（2005 年）（单位：mm）**

| Argos | | | | 黑亚 14 号 | | | |
|---|---|---|---|---|---|---|---|
| 处理 | 均值 | 5%显著水平 | 1%极显著水平 | 处理 | 均值 | 5%显著水平 | 1%极显著水平 |
| 5 | 43.05 | a | A | 7 | 40.60 | a | A |
| 4 | 34.55 | b | B | 5 | 36.20 | ab | AB |
| 10 | 34.05 | b | B | 1 | 35.80 | abc | AB |
| 2 | 28.25 | c | BC | 8 | 35.55 | abc | AB |
| 3 | 27.05 | c | CD | 4 | 33.20 | bcd | B |
| 1 | 25.30 | cd | CDE | 6 | 32.55 | bcd | B |
| 7 | 25.20 | cd | CDE | 9 | 32.00 | bcd | B |
| 8 | 20.95 | de | DE | 3 | 31.15 | bcd | B |
| 6 | 20.35 | de | DE | 2 | 30.55 | cd | B |
| 9 | 19.80 | e | E | 10 | 29.90 | d | B |

把 Argos 的纤维强度数据与氮（$X_1$）、磷（$X_2$）、钾（$X_3$）肥进行逐步回归，获得回归方程：

$$Y=172.91-12.90X_1-15.91X_2+30.28X_3+31.48X_1^2-16.28X_2^2-30.67X_3^2-0.25X_1X_2+12.69X_1X_3$$

相关系数 $r$=1.0，$F$=1717，显著水平 $P$=0.0195，决定系数=0.999 92，剩余通径系数=0.008 66。通过降维分析，得到以下方程，并绘制单因素的效应曲线。

由图 8-3 可知，亚麻纤维强度随着氮素水平的提高逐渐降低，在不施氮肥的−1~0 水平，下降较快，此后平缓并略有提高；随着磷素水平的提高，−1~0 水平强度平稳，超过 0 水平后逐渐下降；随着钾素水平的提高，−1~0 水平强度快速增加，此后保持平稳。在东北农业大学试验地的基础肥力条件下，钾肥影响最大，起促进作用，而氮和磷是负效应。

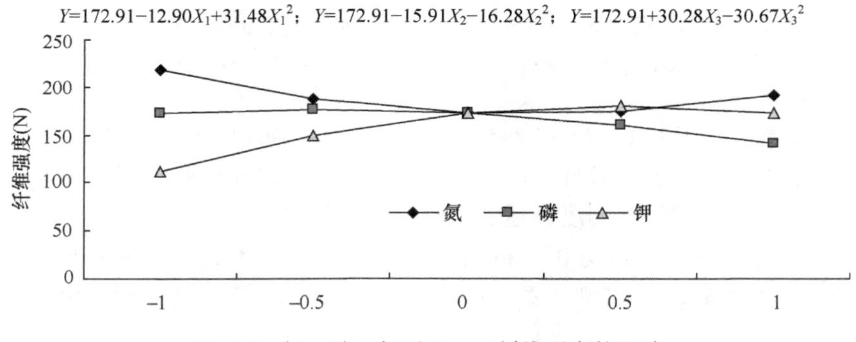


图 8-3　氮、磷、钾对 Argos 纤维强度的影响

两个品种不同施肥处理的可挠度差异均达到极显著，其中 Argos 的差异更大，最大是 43.05mm，而最低为 19.80mm，黑亚 14 号的变幅较小，在 29.90~40.60mm。两个品种可挠度较高的共同处理是处理 5，为施氮磷肥处理，可挠度较低的共同处理是处理 9，为施氮磷钾处理。

通过逐步回归分析，建立 Argos 的可挠度与氮（$X_1$）、磷（$X_2$）、钾（$X_3$）施肥水平间的回归方程：

$$Y=29.03+1.82X_2-5.85X_3-2.35X_1^2-5.56X_2^2+5.80X_3^2+5.15X_1X_2-6.27X_1X_3-4.20X_2X_3$$

相关系数 $r$=1.0，$F$=29.6，显著水平 $P$=0.1477，决定系数=0.995 67，剩余通径系数=0.065 82。

通过降维分析，得到以下方程，并绘制单因素的效应曲线。

由图 8-4 可知，随着氮素、磷素由不施肥的−1 水平增加到 0 水平，亚麻纤维可挠度逐渐增加，磷的作用大于氮，超过 0 水平，氮或磷的效应平稳中略有降低；随着施用钾（$X_3$）水平由−1 水平增加到 0 水平，亚麻纤维可挠度迅速降低，超过 0 水平后，可挠度保持稳定。

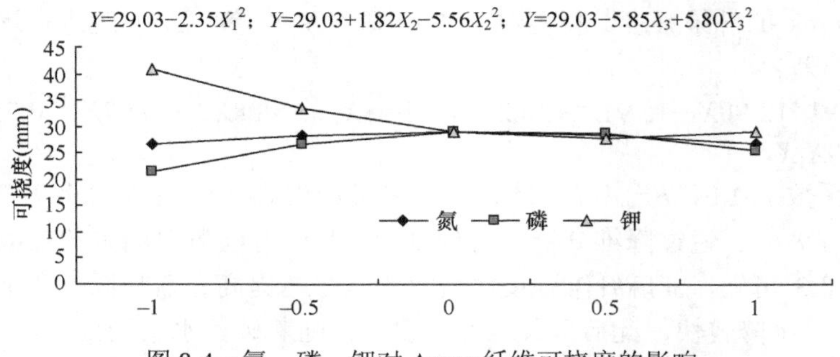


图 8-4　氮、磷、钾对 Argos 纤维可挠度的影响

### 8.4.1.2　富锦点试验

2004 年在富锦按照同样的设计进行了肥料试验，麻样统一在巴彦亚麻厂沤麻制麻，建立氮（$X_1$）、磷（$X_2$）、钾（$X_3$）与纤维强度的回归方程：

$$Y=151.5-3.126X_1+2.267X_2+0.024X_1^2-0.006X_2^2-0.000\ 47X_3^2-0.0080X_1X_2+0.029X_1X_3-0.0203X_2X_3$$

相关系数 $r$=0.913 36，$F$=3.7745，显著水平 $P$=0.0614。结果表明，在 2004 年富锦气候条件和当地土壤条件下，亚麻品种 Ariane 每公顷施用纯磷 135kg，不施用氮和钾肥可以得到纤维强度高达 347.5N 的优质纤维。

对上述方程进行降维分析，将其他两个肥料设为不施肥，分析另一种肥料对纤维强度的影响，得到氮、磷、钾的一元方程，同样可以分析两因素的互作（图 8-5）。

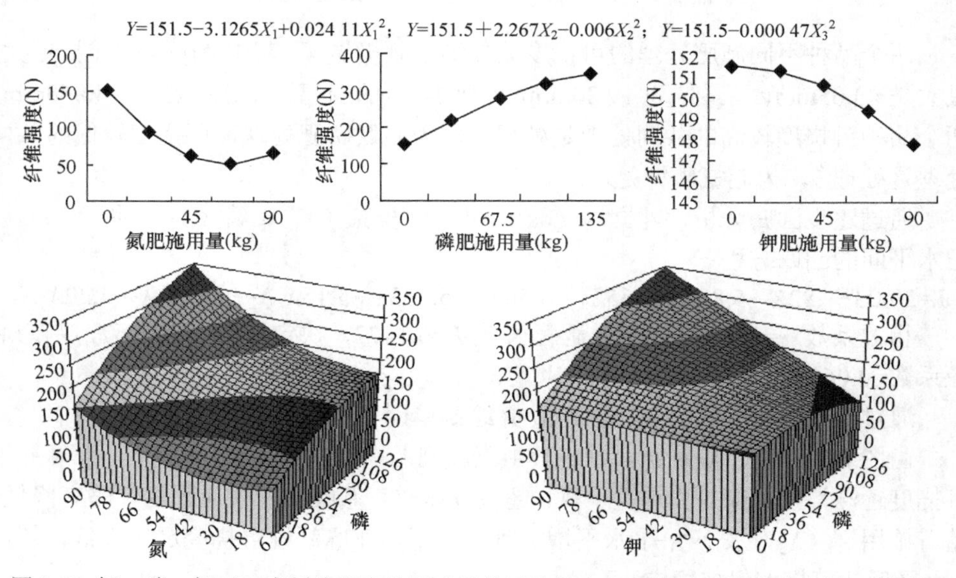


图 8-5　氮、磷、钾对亚麻纤维强度的影响及其互作效应（富锦）（彩图请扫封底二维码）

结果显示，在富锦种植的亚麻其纤维强度随着氮肥施用量增加而逐渐降低；随着磷肥的施用量增加纤维强度迅速增加，由不施用磷肥的 150N 提高到 135kg 磷肥时的 350N，效果十分显著；随着钾肥施用量的增加，纤维强度略有降低，说明钾肥的影响很小。

3 种肥料对纤维强度影响的大小为 P>N>K，这与当地土壤化学条件有关，富锦点的土壤基础肥力显示，其有机质（5.44%）、全氮（0.447%）、缓效钾（1172mg/kg）、碱解氮（362mg/kg）含量很高，而全磷（0.033%）偏低，速效磷（9.45mg/kg）极低。氮磷肥、磷钾肥间均有明显的互作，氮钾肥的作用受磷肥多少的影响很大。

用同样方法我们建立了氮（$X_1$）、磷（$X_2$）、钾（$X_3$）肥与纤维可挠度的回归方程：

$$Y=38.61+0.297X_1-0.1484X_2+0.0997X_3-0.002\,41X_1^2+0.000\,59X_2^2$$

相关系数 $r$=0.8772，$F$=6.0062，显著水平 $P$=0.0103。当不施用磷肥，同时施用氮肥 61.733kg、钾肥 90kg 时，可以得到可挠度 56.8mm 的纤维。

采用降维分析法，分析单个肥料作用及两个肥料的互作。由图 8-6 可知，随着氮肥或钾肥的增加，纤维可挠度均逐渐增加，当氮肥在试验范围内达到最多时可挠度略有降低；而纤维可挠度随着磷肥的施用逐渐降低，当磷肥施用 75kg 以后下降缓慢，接近一条直线。同样肥料间对纤维可挠度同样存在明显的互作。由于纤维强度与可挠度间存在一定的负相关关系，3 种肥料对二者的影响基本相反。

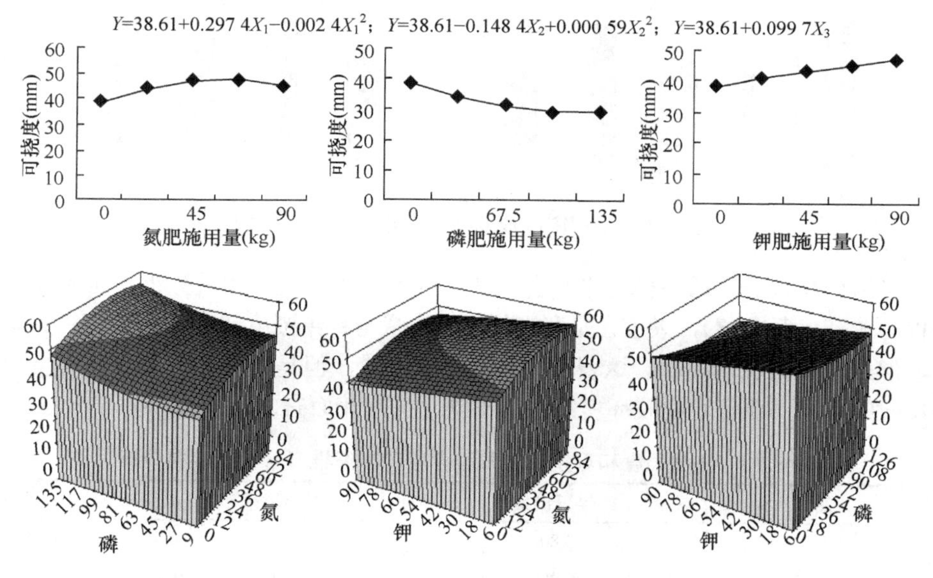


图 8-6　氮、磷、钾肥对纤维可挠度的影响及互作效应（富锦）（彩图请扫封底二维码）

### 8.4.2 不同密度麻茎的品质差异

由于种植密度不同，亚麻植株因其群体内部环境的差异，其生长、产量和品质都有所变化。由图 8-7 可知，随着密度增加，Argos 的纤维强度逐渐降低，超过正常密度 1.5 倍后不再变化，其可挠度对密度增加的响应与纤维强度相反，随着密度增加而增加。

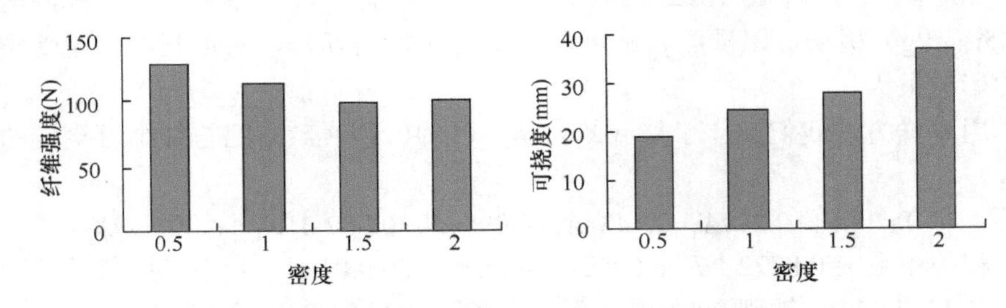


图 8-7 不同密度 Argos 纤维品质指标比较

双亚 7 号的品质指标随着密度的增加，表现出与 Argos 相似的趋势，但是数值上有波动（图 8-8）。总的来看，随着密度的增加、麻茎的变细，纤维强度呈现下降趋势，而可挠度呈现上升趋势。

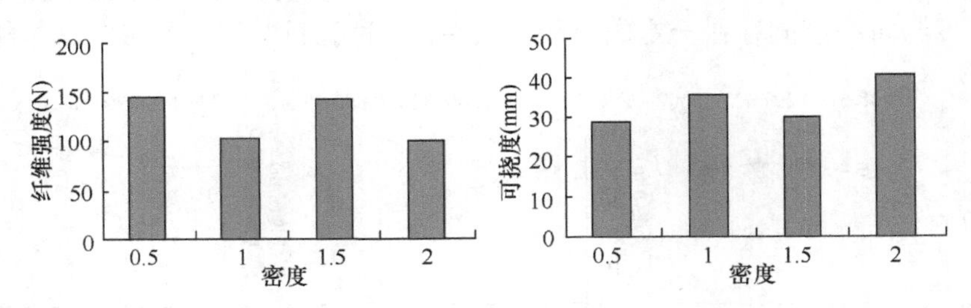


图 8-8 不同密度双亚 7 号纤维品质指标比较

对两个品种的品质指标与果胶含量和半纤维素含量进行相关分析，结果显示相关程度较高（表 8-18），果胶含量和半纤维素含量与纤维强度或可挠度的相关关系一致，但是品种间表现相反。这表明品种间存在差异，但是这种差异是品种对生长环境反应的不同，还是对脱胶环境反应的不同，抑或兼而有之，有待研究。

**表 8-18 纤维强度和可挠度与果胶含量和半纤维素含量的相关分析**

| 品种 | 品质指标 | 果胶 | 半纤维素 | 品种 | 品质指标 | 果胶 | 半纤维素 |
|---|---|---|---|---|---|---|---|
| Argos | 纤维强度 | 0.883* | 0.808 | 双亚 7 号 | 纤维强度 | −0.667 | −0.752 |
| | 可挠度 | −0.636 | −0.969** | | 可挠度 | 0.431 | 0.752 |

*相关关系显著（$P<0.05$），**相关关系极显著（$P<0.01$）

### 8.4.3 不同收获期麻茎的品质差异

两个品种的纤维品质指标对不同收获期的反应不同，Opaline 的纤维强度随着收获时期的延迟呈逐渐增加趋势，在工艺成熟期（7 月 21 日）达到一个高点，随后有些波动（图 8-9），而双亚 7 号随着收获日期的延迟呈逐渐降低趋势，但在工艺成熟期（7 月 27 日）有一个高点（图 8-10）。Opaline 可挠度的变化不大，波动中呈现下降趋势；双亚 7 号的可挠度变化稍大，波动中呈现上升趋势。

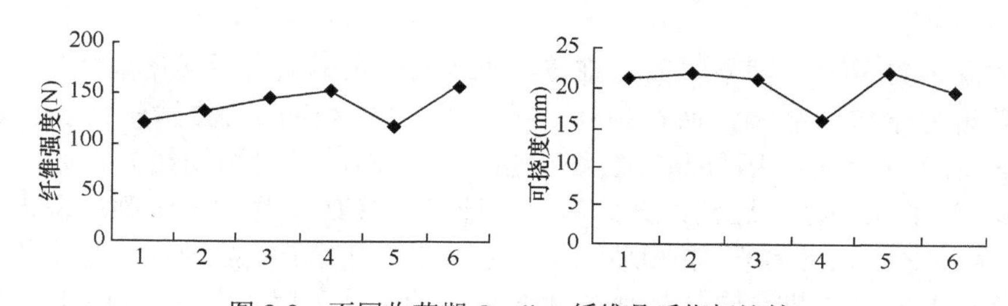


图 8-9 不同收获期 Opaline 纤维品质指标比较

1~6 分别代表 6 月 30 日、7 月 7 日、7 月 15 日、7 月 21 日、7 月 27 日、8 月 5 日收获的麻茎

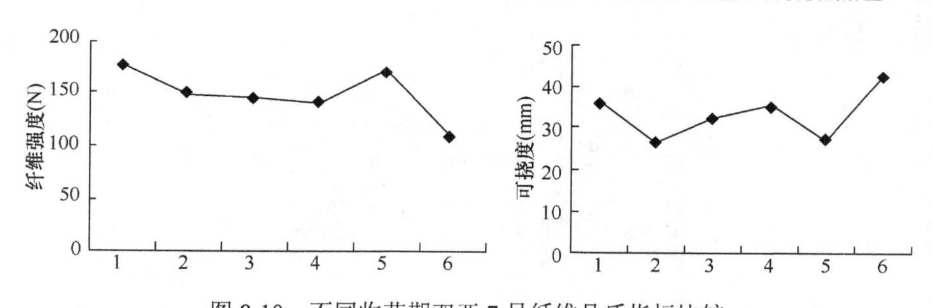


图 8-10 不同收获期双亚 7 号纤维品质指标比较

1~6 分别代表 6 月 30 日、7 月 7 日、7 月 15 日、7 月 21 日、7 月 27 日、8 月 5 日收获的麻茎

对两个品种纤维强度和可挠度与果胶含量和半纤维素含量进行相关分析，结果显示，Opaline 的品质指标与果胶和半纤维素含量相关程度不高，双亚 7 号的可挠度也与其相关程度不高，而纤维强度与果胶和半纤维素含量显著正相关（表 8-19）。

**表 8-19 纤维强度和可挠度与果胶含量和半纤维素含量的相关分析**

| 品种 | 品质指标 | 果胶 | 半纤维素 | 品种 | 品质指标 | 果胶 | 半纤维素 |
|---|---|---|---|---|---|---|---|
| Opaline | 纤维强度 | 0.276 | 0.377 | 双亚 7 号 | 纤维强度 | 0.727* | 0.725* |
| | 可挠度 | −0.297 | 0.052 | | 可挠度 | −0.143 | −0.047 |

*相关性显著（$P<0.05$）

# 8.5 沤麻过程对亚麻品质的影响

## 8.5.1 不同沤麻过程中纤维品质的变化比较

纤维强度和可挠度是亚麻纤维最重要的品质指标，与沤麻时间的长短和品种的不同有很大的关系。利用不同沤麻时间的纤维品质指标，对不同品种分别建立品质的变化曲线方程，*F* 检验均达到很高的显著水平，可以用于分析并绘制理论曲线。

由图 8-11 可知，随着时间的推移，纤维强度先增加而后又逐渐降低，国外品种普遍好于国内品种，而在国外品种当中又以 Ariane 为最好，Opaline 和 Viking 差不多接近，国外品种的纤维强度变化都可以用抛物线方程表示（表 8-20），并在 60h 左右达到最大。国内品种当中双亚 7 号的纤维强度最大，黑亚 11 号次之，双亚 5 号排在所有品种的最后。相对国内品种纤维强度的平稳略有降低的变化趋势，国外品种在 96h 后开始迅速下降，到 168~192h 其纤维强度与国内品种接近，可见国外品种相对国内品种而言更不耐沤，对沤麻时间的要求更严格。

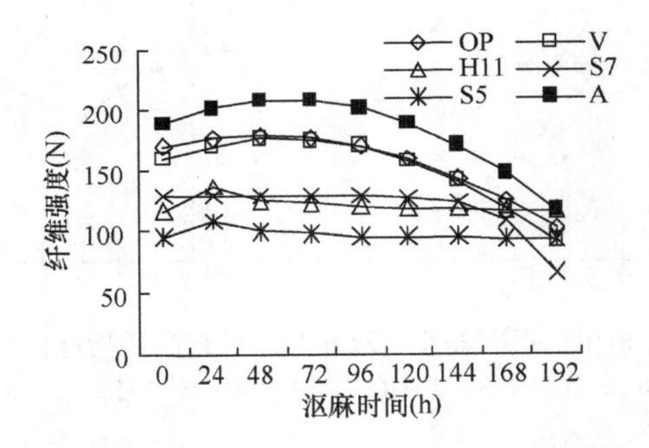


图 8-11　纤维强度在沤麻过程中的变化

**表 8-20　沤麻过程中亚麻纤维强度变化的理论方程**

| 品种 | 拟合方程 | 决定系数 | *F* 检验 | 显著水平 |
|---|---|---|---|---|
| 双亚 5 号 | $Y$=92.573 1exp（3.837 5/$X$） | 0.807 5 | 14.99 | 0.004 7 |
| 双亚 7 号 | $Y$=128.331 3/[1+exp(−12.852 0+0.066 63$X$)] | 0.743 3 | 4.32 | 0.059 9 |
| 黑亚 11 号 | $Y$=114.381 1+551.392 5/$X$ | 0.709 4 | 9.12 | 0.014 5 |
| Ariane | $Y$=189.660 8+0.622 575$X$−0.005 205$X^2$ | 0.829 1 | 8.79 | 0.009 6 |
| Opaline | $Y$=171.796 2+0.348 528$X$−0.003 724$X^2$ | 0.847 8 | 10.23 | 0.006 3 |
| Viking | $Y$=160.033 7+0.565 139$X$−0.004 822$X^2$ | 0.802 7 | 7.25 | 0.016 0 |

在可挠度方面，随着时间的增加，情况正好相反，国内品种普遍好于国外品种。在国内品种当中双亚 5 号的可挠度在 24h 内增加很快，在以后的时间内趋于稳定，波动不大，双亚 7 号的可挠度随着时间的变化呈线性增加，黑亚 11 号的变化规律和双亚 5 号相近，但增加的幅度不如双亚 5 号，最后稳定的值也低于双亚 5 号。在国外品种中 Opaline 和 Viking 的变化相似，均呈抛物线变化，并在 96h 达到最大，而 Ariane 则呈线性趋势递减（图 8-12，表 8-21）。

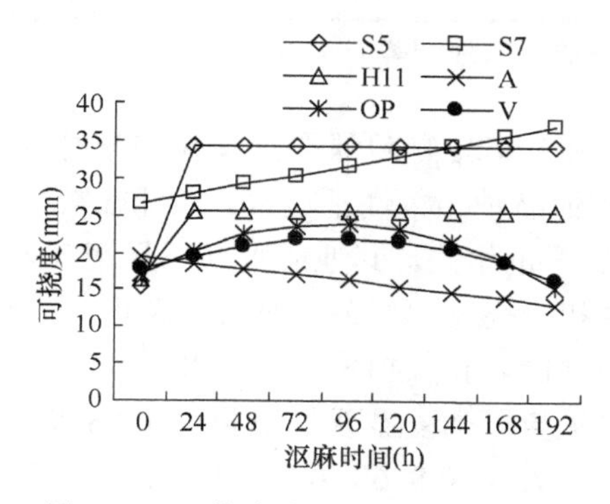


图 8-12 可挠度在沤麻过程中的变化

**表 8-21 沤麻过程中亚麻纤维可挠度变化的理论方程**

| 处理 | 拟合方程 | 决定系数 | $F$ 检验 | 显著水平 |
|---|---|---|---|---|
| 双亚 5 号 | $Y$=1/[0.029+0.036 2exp(−$X$)] | 0.754 4 | 11.89 | 0.007 3 |
| 双亚 7 号 | $Y$=26.44+0.055$X$ | 0.732 3 | 10.41 | 0.010 4 |
| 黑亚 11 号 | $Y$=1/[0.039+0.021 4exp(−$X$)] | 0.772 5 | 11.84 | 0.008 8 |
| Ariane | $Y$=19.42−0.032 3$X$ | 0.889 6 | 34.12 | 0.000 3 |
| Opaline | $Y$=17.13+0.150$X$−0.000 824$X^2$ | 0.807 4 | 7.49 | 0.014 7 |
| Viking | $Y$=17.684 1+0.094$X$−0.000 5$X^2$ | 0.859 4 | 7.06 | 0.035 0 |

由果胶与纤维强度的相关分析可以知道，品种 Viking 与果胶含量显著正相关，其他品种相关不显著，由果胶与纤维可挠度的相关分析可以知道，双亚 7 号、双亚 5 号显著相关，Ariane 极显著正相关，其他品种相关性不显著（表 8-22）。鉴于果胶含量与品质指标间不是简单的线性关系，我们有必要分段考虑果胶含量与纤维强度和可挠度的相关性。分析表明，品种 Opaline 在 72h 内，纤维强度与果胶含量极显著负相关（$-0.939\ 72^{**}$），在 72h 以后不相关，而其他品种都正相关。黑亚 11 号在 48h 内果胶含量与可挠度显著负相关（$-0.943\ 44^{*}$），在 48h 以后相关性不显著。国外品种在纤维强度最大时（72h）其果胶含量为 3%~4%，此时尽管双亚 7 号的果胶含量高于国外品种，但是其纤维强度却低于它们，这些均显示了品种间的差异及品质形成的复杂性。

表 8-22 不同品种沤麻过程中品质变化与两个组分间的相关分析

| 品质指标 | | OP | V | H11 | S7 | S5 | A |
|---|---|---|---|---|---|---|---|
| 纤维强度 | 果胶含量 | 0.500 | 0.692* | 0.285 | 0.482 | 0.080 | 0.589 |
| | 半纤维素 | 0.741* | 0.776** | 0.396 | 0.500 | 0.035 | 0.545 |
| 可挠度 | 果胶含量 | −0.372 | 0.315 | −0.350 | −0.740* | −0.681* | 0.847** |
| | 半纤维素 | 0.190 | 0.468 | −0.167 | −0.790** | −0.605 | 0.871** |

*相关关系显著（$P<0.05$），**相关关系极显著（$P<0.01$）

相关分析显示，品种 Viking 的纤维强度变化与半纤维素含量极显著正相关，Opaline 显著正相关，其他品种相关性不显著。半纤维素与双亚 7 号可挠度极显著负相关，与 Ariane 极显著正相关，其他品种都不显著（表 8-22）。在分段考虑半纤维素含量与纤维强度和可挠度的相关性时可以发现，品种 Opaline 在 72h 内，半纤维素含量与纤维强度极显著负相关（−0.9784**），在 72h 后不相关。黑亚 11 号在 48h 内半纤维素含量与可挠度显著负相关（−0.9819*），在 48h 后不显著，双亚 5 号在 96h 内显著负相关（−0.8760*），在 96h 后不相关。

### 8.5.2 沤麻环境条件对亚麻品质的影响

沤麻环境条件对亚麻脱胶过程影响很大，不仅是沤麻时间，沤麻的温度、水的 pH 和植株的含氮量等都有影响，因此我们设计温度、时间、氮素、起始 pH 4 个因子，采用二次均匀设计，利用 DPS 软件设计 5 个水平，共 10 个处理（表 8-23），选取两个品种（Opaline、双亚 7 号）分别进行脱胶试验。从工艺成熟期收获的原茎中取 20 份样品，每个样品取中部茎段 30cm 长，重 35g，放在长 35cm 左右的大玻璃试管当中加井水 280ml（水浴比 1∶8，接近实际生产），经过 15h 后换水，根据实验设计要求加入相应的尿素，用稀盐酸或稀氢氧化钠溶液调节起始 pH，而后放入不同温度的恒温箱中沤麻。处理结束取出麻茎晾干，人工剥麻，用于测量纤维强度和可挠度。

表 8-23 沤麻环境因子试验设计

| 处理 | 温度（℃） | 时间（天） | 氮素（%） | 起始 pH | 处理 | 温度（℃） | 时间（天） | 氮素（%） | 起始 pH |
|---|---|---|---|---|---|---|---|---|---|
| 1 | 28 | 6 | 2 | 5 | 6 | 28 | 3 | 1 | 9 |
| 2 | 36 | 3 | 0.5 | 5 | 7 | 32 | 5 | 0.5 | 7 |
| 3 | 32 | 5 | 1.5 | 7 | 8 | 24 | 7 | 1.5 | 8 |
| 4 | 36 | 6 | 0 | 9 | 9 | 24 | 4 | 0 | 6 |
| 5 | 40 | 7 | 1 | 6 | 10 | 40 | 4 | 2 | 8 |

#### 8.5.2.1 对纤维强度的影响

通过逐步回归分析建立温度（$X_1$）、时间（$X_2$）、氮素添加剂（$X_3$）和起始 pH（$X_4$）与 Opaline 纤维强度（$Y$）的回归方程：

$$Y=37.77+2.569X_1+61.85X_2-3.345X_2^2-21.79X_3^2-0.672X_1X_2-0.309X_1X_4-1.28X_2X_4+7.863X_3X_4$$

$F$＝1923，显著水平 $P$=0.0176，$F$ 检验达到显著水平，表明回归方程成立。当温度为 24℃、起始 pH 为 5.8、氮素添加剂为 0.9%、沤麻时间为 5 天时，其纤维强度可以达到最大 195.6N。

为了分析各个单一因子对纤维强度的影响，我们对方程进行降维处理，即固定任意 3 个因素（$X_1$、$X_2$、$X_3$、$X_4$ 的取值分别为 32、5、0、7）。

温度是影响纤维强度的重要外界因子，它直接影响微生物生长繁殖与果胶酶活性，从而间接影响纤维强度。结果显示，随着温度的升高，Opaline 的纤维强度逐渐降低，在 40℃时，强度只有 100N，比在 24℃时下降了 30%以上（图 8-13）。

随着沤麻时间的延长，Opaline 的纤维强度略有增加，超过 5 天后明显下降，主要是因为随着沤麻时间的延长，不仅纤维束周围的果胶被破坏掉，而且束内的胶质也被破坏了，因此亚麻纤维强度减小（图 8-14）。

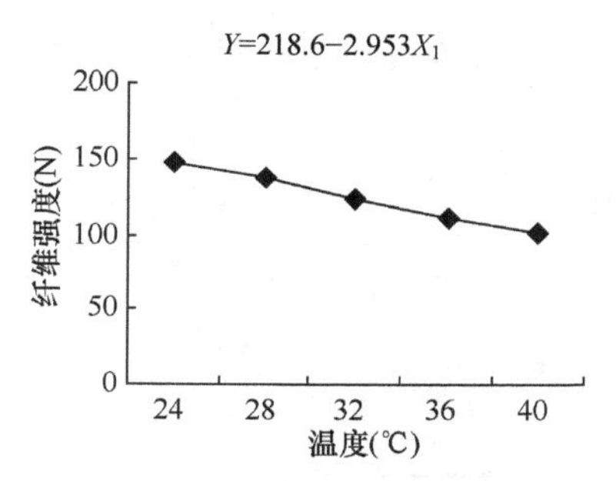


图 8-13 温度对纤维强度的影响

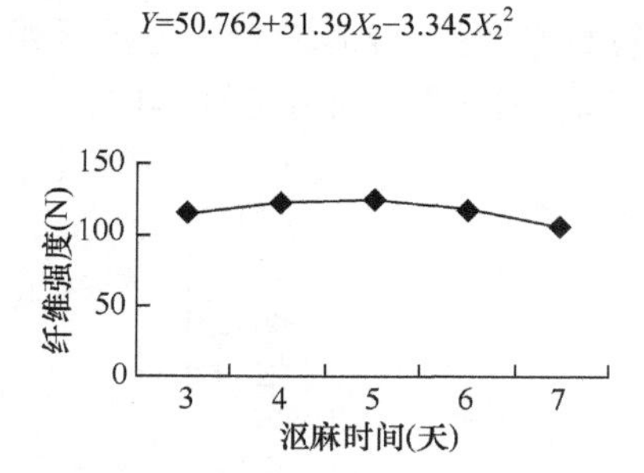


图 8-14 沤麻时间对纤维强度的影响

亚麻的生物沤麻过程实质是沤麻水中微生物利用麻茎中的果胶类物质作碳源、可溶性氮作为氮源进行发酵的过程。微生物的生长繁殖和产酶需要适宜的碳氮比，所以有必要在沤麻水中加入含氮物质（如尿素）。结果表明，随着氮素添加剂增加，Opaline 的纤维强度先较快增加，到 1.5%时纤维强度达到最大 157N，而后略有降低（图 8-15）。

pH 是影响微生物生长繁殖与果胶酶活性的一个重要外界因素，进而影响纤维强度。Opaline 的纤维强度随着起始 pH 的增加明显降低。显示酸性环境有利于沤麻微生物的繁殖（图 8-16）。

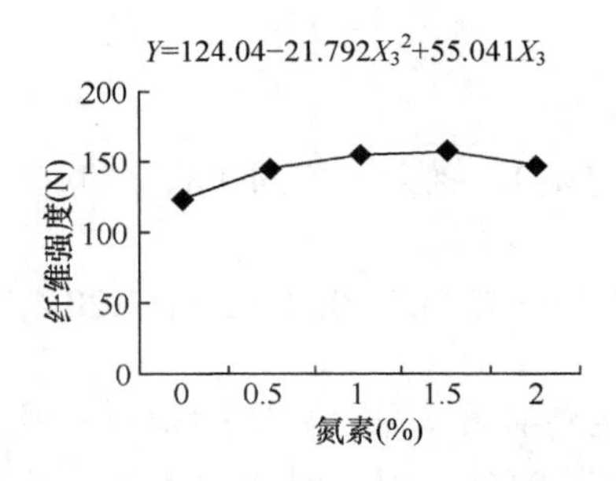


图 8-15　氮素添加剂含量对纤维强度的影响

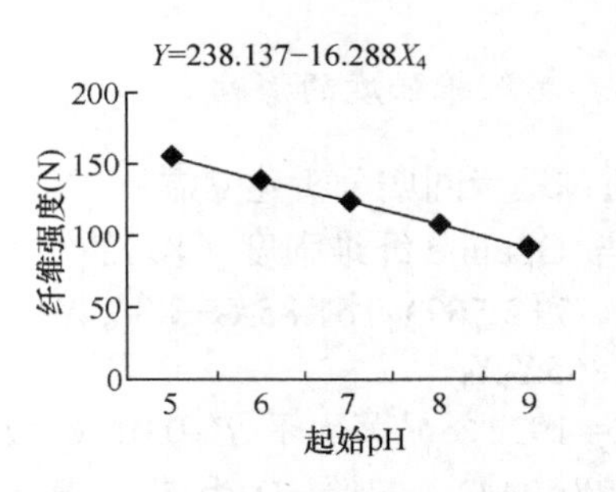


图 8-16　起始 pH 对纤维强度的影响

同样建立温度（$X_1$）、时间（$X_2$）、氮素添加剂（$X_3$）和起始 pH（$X_4$）与双亚 7 号纤维强度（$Y$）的回归方程：

$$Y=126.428+22.084X_2+96.119X_3-29.256X_3^2+0.432X_4^2-1.192X_1X_2+2.489X_1X_3+2.008X_2X_4-12.355X_3X_4$$

$F$=701.2482，显著水平 $P$=0.0292，达到显著水平，相关系数 $r$=0.999 91，表明方程拟合效果很好。当各个因素组合 $X_1$、$X_2$、$X_3$、$X_4$ 分别取值 24.0、7.0、0.76、9.0 时，可以获得最大纤维强度指标 259.2N。

对方程进行降维处理，即固定任意 3 个因素（$X_1$、$X_2$、$X_3$、$X_4$ 分别取值 30、6、0 和 7，即与现在生产相似条件），可以得到 4 个一元二次方程，分析单一因子对纤维强度的影响。

随着温度的升高，双亚 7 号的纤维强度直线下降，在 40℃时，强度只有 78.2N，比 24℃时下降了 59.4%（图 8-17）。

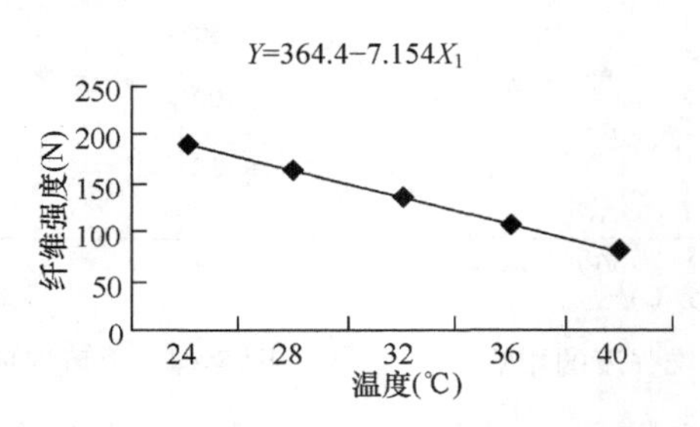


图 8-17　温度对双亚 7 号纤维强度的影响

随着沤麻时间的延长，其对双亚 7 号亚麻纤维强度的影响很小，从沤麻 3 天增加到 7 天，纤维强度线性略有增加，但是其斜率仅仅为 0.368，强度增加不到 0.1%，显示这个品种耐沤（图 8-18）。

氮素添加剂对双亚 7 号纤维强度的影响呈抛物线状，在含氮量达到 1.5%时，纤维强度达到一个最大值，为 210N，与不用氮素添加剂相比，纤维强度增加了 30%多，但是过量供给氮素会导致纤维强度下降（图 8-19）。

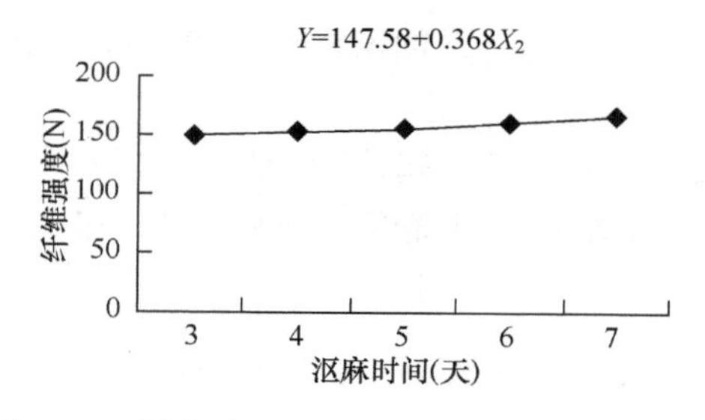


图 8-18 沤麻时间对双亚 7 号纤维强度的影响

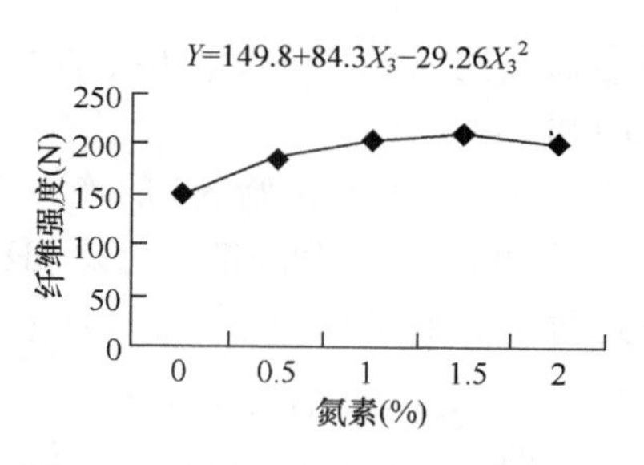


图 8-19 氮素添加剂含量对双亚 7 号纤维强度的影响

双亚 7 号纤维强度随着起始 pH 增加呈近似线性增加，当起始 pH 达到 9 时，纤维强度最大，为 187.7N，比 pH 为 5（酸性）和 7（中性）时分别增加了 62%和 25%（图 8-20）。这与 Opaline 的变化有所不同，这可能与品种间的差异有关，其确切原因有待进一步研究。

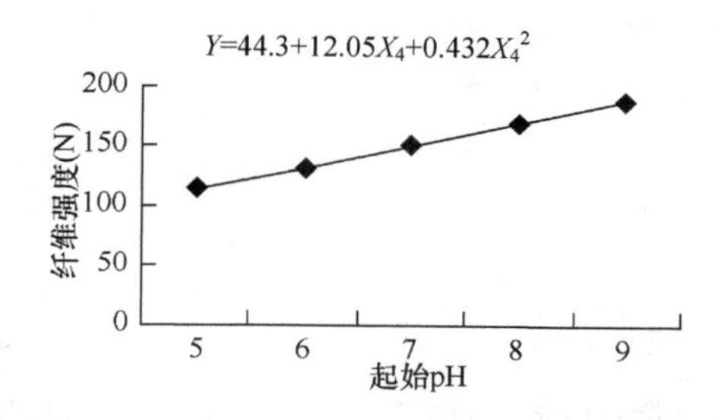


图 8-20 起始 pH 对双亚 7 号纤维强度的影响

#### 8.5.2.2 对可挠度的影响

与纤维强度一样，我们建立温度（$X_1$）、时间（$X_2$）、氮素添加剂（$X_3$）和起始 pH（$X_4$）与 Opaline 可挠度（$Y$）的回归方程：

$$Y=90.36+2.01X_2-20.15X_4-0.0035X_1^2-0.266X_2^2+0.3305X_3^2+1.34X_4^2-0.082X_1X_2+0.535X_2X_4$$

$F$＝10577.07，显著水平 $P$=0.0075，$F$ 检验达到极显著水平，表明回归方程成立。同样把任意 3 因素固定，讨论另一因子变化对可挠度的影响。

当温度升高时，可挠度也直线下降，在 40℃时降至最低。这与温度对亚麻纤维强度的影响相同，因此对于 Opaline 品种必须控制好温度（图 8-21）。

沤麻时间对可挠度也有影响，随着沤麻时间的延长，纤维可挠度迅速增大，到第 6 天时达到最大值，后趋于稳定（图 8-22）。

随着氮素添加剂量的逐步增加，纤维可挠度呈指数上升，当含氮量达到 2.5%时，可挠度也升至最大。显示其对可挠度提高有良好的促进作用。联系它对纤维强度的影响，在 Opaline 沤麻过程中，适当添加氮素添加剂是十分必要的（图 8-23）。

纤维可挠度随着起始 pH 的增大，变化比较缓慢，起始 pH 达到 6.5~7 时，可挠度降至 20mm，达到最低，起始 pH 进一步增加，可挠度又有所上升，在 25mm 上下波动（图 8-24）。

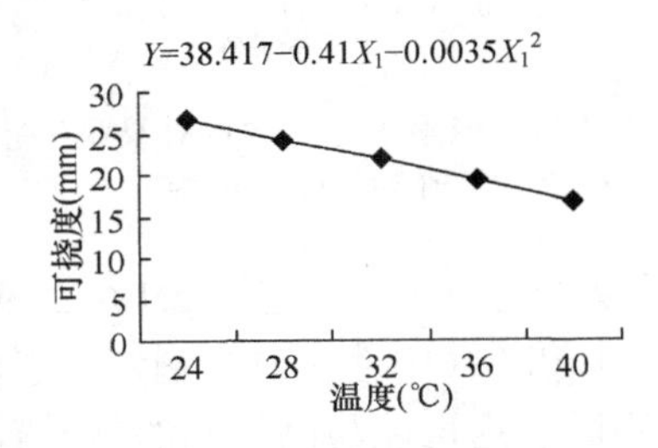


图 8-21 温度对可挠度的影响

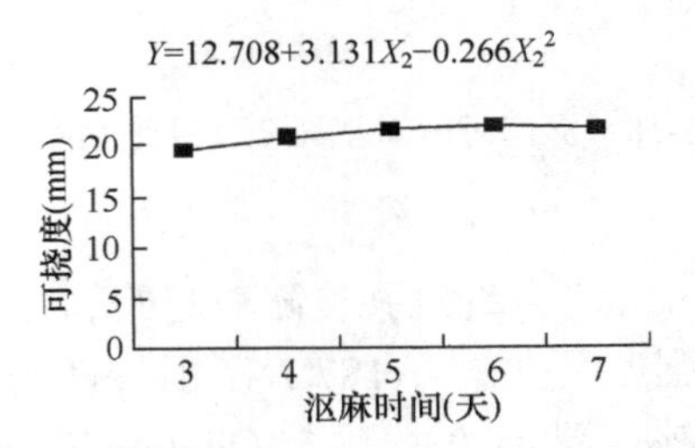


图 8-22 沤麻时间对可挠度的影响

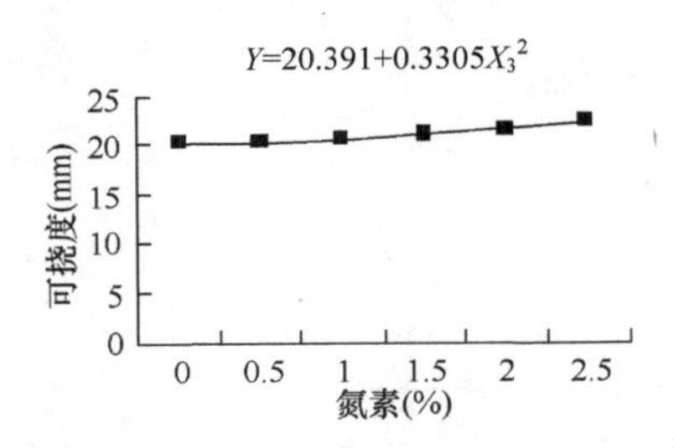


图 8-23 氮素添加剂量对可挠度的影响

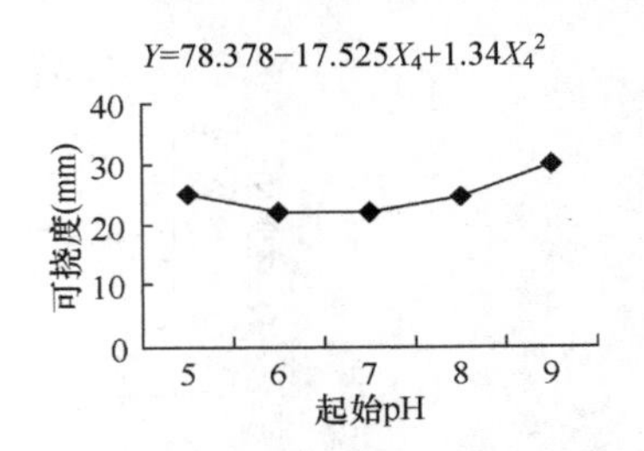


图 8-24 起始 pH 对可挠度的影响

围绕亚麻纤维品质，我们从品种、环境、栽培措施及脱胶过程进行了多方面的研究，得到了一些规律性的结果，同时也发现了更多的问题。影响品质的因素众多，亚麻纤维作为束纤维，其纤维细胞的解剖特点及打成麻的化学组成无疑是其品质形成与调控的物质基础，但是品种间经常出现矛盾的结果。应该看到，亚麻茎上纤维发育是一个依次发生的连续过程，不同部位的纤维的发育进程不同，受到外界环境的影响不同，包括脱胶过程的影响也不同，而品种间的差异可能在这一系列的过程中存在，并影响最终的品质。有关亚麻纤维品质形成与调控的规律十分复杂，这一问题还要进一步去研究。

（李明，付兴，李冬梅，贯新禹，于琳，于艳红）

# 9　亚麻开花、籽粒发育及油分积累研究

亚麻自被驯化以来，其种子就是重要的食物，因为其含有40%左右的油分和25%左右的蛋白质，在原产地之一的埃塞俄比亚还有富含碳水化合物的种类。目前，油用亚麻是世界主要油料作物之一，亚麻籽的用途除了油用和作为食品外，近年来还将其作为保健品来辅助治疗高血压、冠心病及部分癌症。

## 9.1　亚麻的开花规律

亚麻的开花规律可以从 3 个方面分析：一是单花开放习性，二是单株开花习性，三是群体开花习性。试验于 1989 年在东北农学院（现东北农业大学）院内试验地进行，采用 15cm 行距，8 行区，小区面积 $3m^2$，人工条播，播种密度为有效种子 2000 粒/$m^2$，施种肥磷酸二铵 112.5kg/$hm^2$。试验分 2 个部分：①不同类型品种试验，选用油用和兼用品种各 1 个，纤维品种 3 个（双亚 1 号、黑亚 3 号和黑亚 6 号）；②播期试验，分 5 个播期（4 月 30 号、5 月 5 号、5 月 10 号、5 月 15 号和 5 月 20 号），品种为黑亚 3 号。因严重干旱，采用坐水播种，并在枞形期浇水一次。前茬玉米。开花期逐日群体调查小区开花数，定株调查单株开花习性。在田间设置温湿度自记计，记录开花期的田间温湿度变化情况。

### 9.1.1　单花开放习性

对于亚麻单花开放过程中花器官的生长过程，张凤岭曾做过详细的描述，我们的观察侧重于环境条件对开花时间的影响。在哈尔滨地区，早晨 5 时，花瓣已张开，到 7 时，大多数花完全开放，至 9 时 30 分，大多数花瓣已脱落，开放时间约 4h。亚麻花开放受环境因素影响较大，正常情况花落时空气湿度（地上 30cm）已由早晨的 90%降低到 50%左右。如果遇到阴雨天，亚麻开花时间推迟 1h 左右，脱落时间也推迟，具体时间与湿度、风速等有关。1989 年 7 月 8 日，阴雨（非暴雨）导致湿度仅在 13 时降到 80%，其他时间一直是 100%，所以到 9 日上午花瓣仍未落。如果天气晴朗有风，则花瓣会提前脱落。以后的多年育种实践证实了前述观察，并发现亚麻开花时遇到高温干旱（如 1997 年夏季），开花会提前，持续时间缩短，花粉数量不足。

### 9.1.2 单株开花习性

一般认为亚麻花序为聚伞花序或总状花序，我们对栽培亚麻 3 种类型 5 个品种的观察，均为多歧聚伞花序，即顶花开后，其下侧枝的顶花分别开放，以此类推。亚麻花在空间排列上表现了很好的层次性，后开的花一定要超过其着生的顶花，如图 9-1、图 9-2 所示。聚伞花序属有限花序，但亚麻的这种开花习性，使其具有无限花序的特点，只要条件许可就持续开花。这在晚播亚麻中表现明显，植株生长繁茂出现“倒青”现象，而当时的光照又能满足其作为长日照植物的要求，使其不断分化花芽并开花。

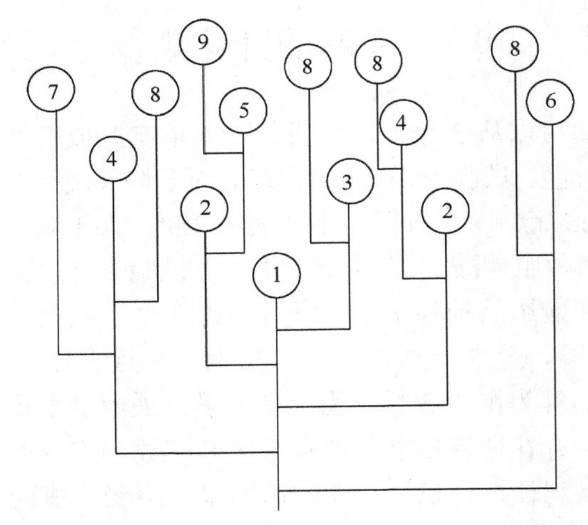


图 9-1　纤维亚麻开花顺序（黑亚 3 号，1989 年 4 月 30 日播种）

1. 6.24；2. 6.26；3. 6.27；4. 6.28；5. 6.29；6. 6.30；7. 7.1；8. 7.4；9. 7.6（开花月.日）

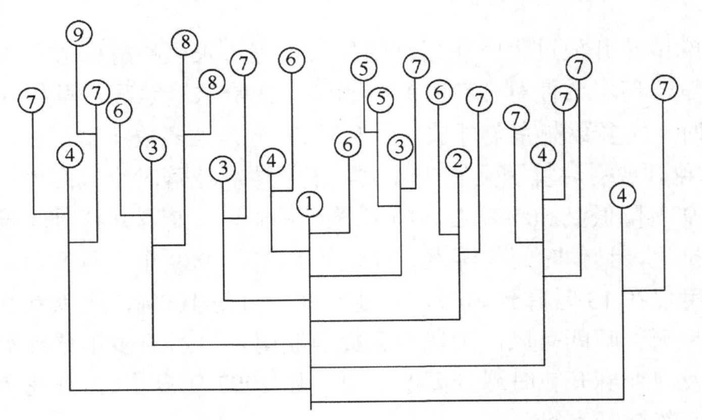

图 9-2　油用亚麻开花顺序（1989 年 5 月 5 日播种）

1. 6.28；2. 6.30；3. 7.1；4. 7.2；5. 7.4；6. 7.5；7. 7.6；8. 7.7；9. 7.8（开花月.日）

亚麻单株开花持续时间，纤维亚麻一般在 7 天左右，油用亚麻一般在 10~15 天。具体持续期与品种特性及个体生长条件，如种植密度、环境条件等有很大关系。图 9-1 中纤维亚麻的持续期达 13 天，这与是小区边行有一定关系，选择边行植株主要是为了便于观察记录，但是开花数量较多花期较长。图 9-2 的油用亚麻的持续期为 12 天。

### 9.1.3 群体开花习性

亚麻田间群体的花期比较长，我们观察的结果是累计开花数由 10%到 33%为 3~4 天，由 10%到 50%为 4~7 天，由 10%到 90%约 15 天。例如，纤维品种双亚 1 号 13 天，黑亚 6 号 12 天，但兼用品种较长，为 18 天。纤维品种晚播导致花期延长，但由 10%到 33%均在 3~4 天，由 10%到 50%均在 5~6 天，所以延长的部分主要是 50%以后（表 9-1）。

表 9-1 不同处理累计开花数的百分比与累计天数

| | 播期Ⅰ | 播期Ⅱ | 播期Ⅲ | 播期Ⅳ | 播期Ⅴ | 双亚 1 号 | 黑亚 3 号 | 黑亚 6 号 | 油用 | 兼用 |
|---|---|---|---|---|---|---|---|---|---|---|
| 月.日 | 6.28 | 7.3 | 7.6 | 7.10 | 7.15 | 7.5 | 7.8 | 7.7 | 7.1 | 6.27 |
| 天数 | 7 | 5 | 7 | 7 | 8 | 6 | 9 | 7 | 9 | 5 |
| 开花比例（%） | 8.7 | 8.8 | 9.3 | 11.2 | 10.2 | 8.4 | 10.7 | 7.4 | 8.6 | 9.3 |
| 月.日 | 7.2 | 7.6 | 7.9 | 7.13 | 7.18 | 7.9 | 7.11 | 7.10 | 7.6 | 7.1 |
| 天数 | 11 | 8 | 10 | 10 | 11 | 10 | 12 | 10 | 14 | 9 |
| 开花比例（%） | 35.3 | 31.7 | 32 | 31.9 | 33 | 37.8 | 29 | 32.7 | 32.4 | 33 |
| 月.日 | 7.4 | 7.8 | 7.12 | 7.16 | 7.21 | 7.11 | 7.14 | 7.11 | 7.8 | 7.4 |
| 天数 | 13 | 10 | 13 | 13 | 14 | 12 | 15 | 11 | 16 | 12 |
| 开花比例（%） | 47.7 | 49.8 | 53.3 | 53.2 | 51 | 51.5 | 54 | 47.3 | 46.3 | 50 |
| 月.日 | 7.12 | 7.18 | 7.28 | 8.2 | 8.3 | 7.18 | 7.20 | 7.19 | 7.17 | 7.15 |
| 天数 | 21 | 20 | 29 | 30 | 27 | 19 | 21 | 19 | 25 | 23 |
| 开花比例（%） | 89.5 | 90.8 | 90 | 90.5 | 89.3 | 90.6 | 89 | 89.8 | 89.9 | 91 |

随着播期的推迟，最大日开花数逐渐减少，5 个播期依次为：860 朵、790 朵、784 朵、776 朵、620 朵，说明田间亚麻生长的整齐度下降，使得花芽分化和花朵开放的集中程度下降。特别是 5 月 10 日以后播种的 3 个播期处理，亚麻花开放数量降到一个稳定的低点后，又逐日上升，使得花期延长 10 天以上，出现“倒开花”现象（图 9-3），这是与亚麻植株的“倒青”生长相适应的，对亚麻纤维及种子生长均不利。

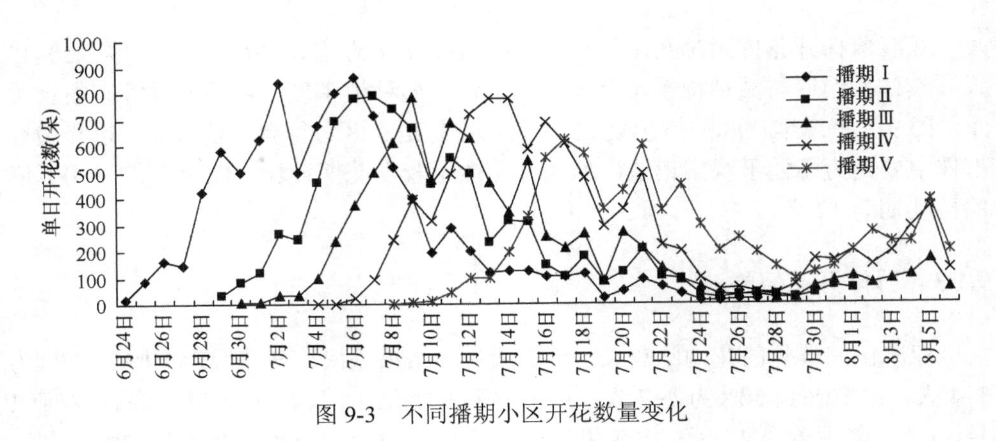


图 9-3　不同播期小区开花数量变化

不同品种间小区开花的高峰日期和集中阶段也存在差别。兼用品种的高峰日期出现最早，且集中阶段也最靠前，总体呈前重型。油用亚麻的高峰值最大，出现日期和集中阶段仅次于兼用品种，总体表现对称。3 个纤维亚麻中，双亚 1 号开花数量最先增长，但是高峰值最低；黑亚 6 号增速最快，迅速达到峰值后缓慢降低；黑亚 3 号增速也较快，但是到达峰值最晚（图 9-4）。

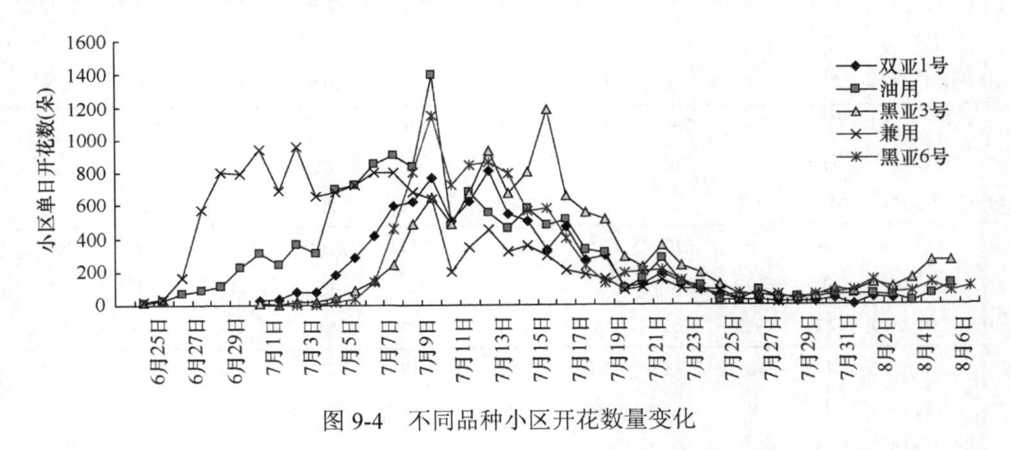


图 9-4　不同品种小区开花数量变化

1989 年春季干旱，夏季雨水较多，这对亚麻的群体开花有一定影响。品种特性也是一个重要因素，熟期偏晚、植株高大、花序分枝多的品种，开花期更长。此外，种子质量和整地播种质量也会有一定的影响，如果种子的整齐度差、种子的芽势差、播种质量差，则出苗整齐度差，群体的开花期会更长。从后来的实践看，如果播种时土壤墒情好，出苗整齐，且播期正常或适当早播（我们后来的播种时间都是在 4 月下旬），则纤维亚麻的花期并不会很长，除非因环境因素导致“倒青”生长现象。

# 9.2　亚麻籽粒发育规律

纤维亚麻收获的种子主要用于下年度的播种材料，有剩余则作为工业原料，而油用亚麻以收获亚麻籽为主要目的，用于食用、饲用和工业原料，因此种子发育好坏十分重要。油用亚麻试验设计参看 1.2。

## 9.2.1　油用亚麻籽粒生长动态

籽粒发育初期，含水量较高，呈透明状，质地较软，随着生育进程的推进，籽粒颜色变为乳白色或浅绿色，胚组织发育完全。随着进一步灌浆，籽粒含水量大幅度下降，种皮出现光泽，籽粒变硬实富有弹性，到籽粒完熟期，种子水分含量降到最低，外观油亮而富有质感，比较坚硬。对调查数据（表 9-2）进行方程拟合，建立各品种的籽粒干重积累曲线的回归方程，可用方程 $Y=K/[1+\exp(a-bX)]$ 表示（式中，$Y$ 为籽粒干重，$X$ 为籽粒发育天数），$F$ 检验达极显著（表 9-3），方程拟合很好。由图 9-5 可以看出，品种 CN18996 的籽粒干物质积累一直最多，最终千粒重 8g 多，而品种内 075 前期籽粒干物质积累较多，但在 15 天以后开始变化缓慢，由于熟期偏晚，成熟期病害较重，籽粒发育不良，千粒重仅 5g 多一点。

**表 9-2　不同品种油用亚麻籽粒干重动态变化**

| 品种 | 取样 | 1 | 2 | 3 | 4 | 5 | 6 | 7 |
|---|---|---|---|---|---|---|---|---|
| CN18996 | 时间 | 6 月 20 日 | 6 月 27 日 | 7 月 7 日 | 7 月 13 日 | 7 月 20 日 | 7 月 27 日 | |
| | 粒重（mg） | 1.978 | 3.481 | 5.703 | 7.396 | — | 8.591 | |
| 伊亚 1 号 | 时间 | 6 月 27 日 | 7 月 7 日 | 7 月 14 日 | 7 月 21 日 | 7 月 28 日 | 8 月 3 日 | 8 月 10 日 |
| | 粒重（mg） | 1.469 | 3.677 | 5.353 | 7.126 | 7.143 | 7.489 | 7.069 |
| 内 075 | 时间 | 7 月 7 日 | 7 月 13 日 | 7 月 20 日 | 7 月 27 日 | 8 月 4 日 | 8 月 10 日 | |
| | 粒重（mg） | 2.23 | 2.844 | 4.316 | 5.483 | 5.293 | 5.245 | |
| CN19002 | 时间 | 7 月 7 日 | 7 月 14 日 | 7 月 21 日 | 7 月 28 日 | 8 月 4 日 | 8 月 12 日 | |
| | 粒重（mg） | 3.035 | 3.451 | 4.581 | 5.698 | 5.799 | 5.846 | |

**表 9-3　不同油用亚麻籽粒生长动态**

| 品种 | 方程 | $F$ 检验 | 显著水平 | 决定系数 |
|---|---|---|---|---|
| CN18996 | $Y=0.008\,884/[1+\exp(2.339\,4-0.128\,185X)]$ | 135.7 | 0.001 1 | 0.99 |
| 内 075 | $Y=0.007\,411/[1+\exp(2.770\,8-0.162\,976X)]$ | 294.3 | 0.000 1 | 0.99 |
| CN19002 | $Y=0.005\,417/[1+\exp(2.025\,0-0.178\,693X)]$ | 64.0 | 0.000 9 | 0.97 |
| 伊亚 1 号 | $Y=0.005\,880/[1+\exp(1.606\,1-0.153\,121X)]$ | 30.5 | 0.003 8 | 0.94 |

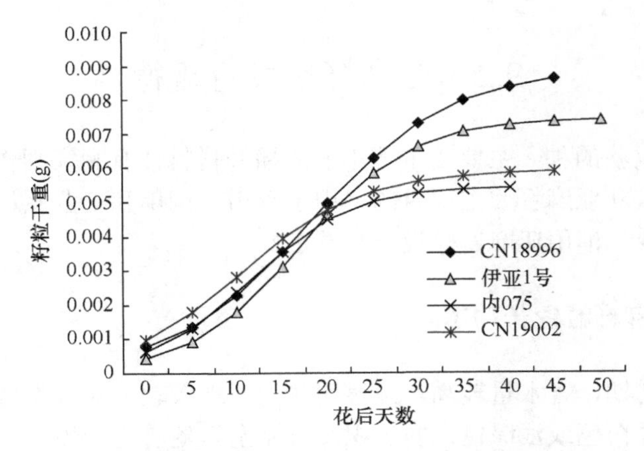


图 9-5　不同品种油用亚麻籽粒干物质积累动态

### 9.2.2　播期对纤维亚麻籽粒发育的影响

在哈尔滨地区 5 月 5 日是正常播期，提前几天或拖后几天，对亚麻种子的影响不大，但是播期明显推迟，会导致亚麻籽粒发育不良，具体表现在籽粒的长度变小，千粒重降低，种子含油率降低（表 9-4）。收获的种子经过 2 个月后熟后进行发芽试验，发芽势和发芽率均随着播期的推迟而降低，从发芽势来看，后 2 个播期明显降低，从发芽率来看，最后 1 个播期明显降低，这反映了种子质量的降低。

**表 9-4　不同播期处理黑亚 3 号种子性状**

| 处理 | 播期 I | 播期 II | 播期III | 播期IV | 播期V |
|---|---|---|---|---|---|
| 籽粒长度（mm） | 4.04 | 4.05 | 3.97 | 3.89 | 3.87 |
| 籽粒宽度（mm） | 2.13 | 2.10 | 2.07 | 2.09 | 2.12 |
| 千粒重（g） | 4.45 | 4.66 | 4.52 | 4.22 | 3.61 |
| 含油率（%） | 38.2 | 39.0 | 38.9 | 36.4 | 36.2 |
| 发芽势（%） | 93.5 | 92.0 | 89.8 | 84.3 | 68.0 |
| 发芽率（%） | 96.5 | 92.5 | 92.2 | 90.5 | 77.5 |

播期推迟，有利于亚麻的营养生长，对花芽分化和种子生长不利，表现在最大单日开花数量降低、籽粒长度减小、千粒重降低，特别是第III播期、第IV播期原茎产量明显增加，种子产量明显降低，而第V播期由于一定程度的倒伏，原茎产量下降，同时种子产量降低（表 9-5）。种子产量与原茎产量的比值——粒茎比也很好地反映了播期对营养生长和生殖生长的影响，播期推迟（本质是光、温、水条件的改变）一方面影响种子“库”的构建，另一方面影响种子“库”的充实，最终影响种子的产量和质量。

表 9-5 不同播期处理亚麻籽粒产量和原茎产量

| 处理 | 播期Ⅰ | 播期Ⅱ | 播期Ⅲ | 播期Ⅳ | 播期Ⅴ |
|---|---|---|---|---|---|
| 种子产量（$kg/hm^2$） | 1356.5 | 1236.0 | 753.5 | 668.8 | 255.1 |
| 原茎产量（$kg/hm^2$） | 6863.3 | 7803.8 | 7530.0 | 8981.3 | 6567 |
| 粒茎比 | 0.197 | 0.157 | 0.100 | 0.075 | 0.038 |

## 9.3 亚麻籽的油分、脂肪酸和蛋白质积累规律

亚麻籽粒中最大的内容物就是油分，其次是蛋白质。油分组成中的一个重要特点就是亚麻酸含量非常高，其次是油酸和亚油酸，棕榈酸和硬脂酸含量较低，还有其他一些脂肪酸，但是含量更低，一般不做调查。

### 9.3.1 油用亚麻籽油分积累动态

油用亚麻籽粒中油分含量变化如图 9-6 所示，伊亚 1 号前期增加迅速，第一次调查在 13%左右，第二次调查就增加到 35%左右，此后进一步增加到高点后波动变化并略有降低。CN18996 前期比其他品种含油率略低，但是后来居上，最终的含油率最高（近 40%），内 075 最低（超过 36%）。

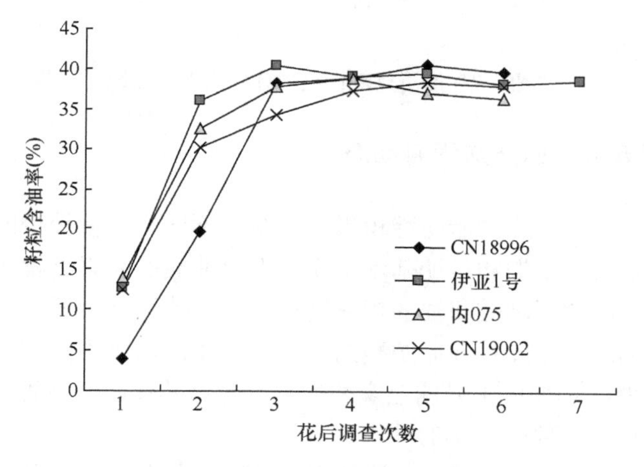


图 9-6 油用亚麻籽粒含油率变化曲线

单粒亚麻籽中油分积累符合逻辑斯谛方程（表 9-6），从图 9-7 可以看出，4 个品种种子含油量积累趋势相同，差别在于 CN18996 和伊亚 1 号的直线积累期在 10~30 天，而内 075 和 CN19002 的直线积累期在 10~20 天。由于粒重的差别和含

油率的差别，最终单粒油分重量的大小差异较大，CN18996 种子完全成熟时为 0.0034g，伊亚 1 号为 0.0028g，CN19002 为 0.0023g，内 075 为 0.002g。

表 9-6 不同油用亚麻籽粒油分积累动态

| 品种 | 方程 | $F$ 检验 | 显著水平 | 决定系数 |
|---|---|---|---|---|
| CN18996 | $Y$=0.0034/[1+exp(4.2815−0.2014$X$)] | 1185.6 | 0.0001 | 0.9987 |
| 伊亚 1 号 | $Y$=0.0028/[1+exp(3.9689−0.2216$X$)] | 362.8 | 0.0001 | 0.9945 |
| 内 075 | $Y$=0.0020/[1+exp(3.5929−0.2623$X$)] | 84.7 | 0.0023 | 0.9826 |
| CN19002 | $Y$=0.0023/[1+exp(2.7712−0.1782$X$)] | 246. 9 | 0.0005 | 0.9940 |

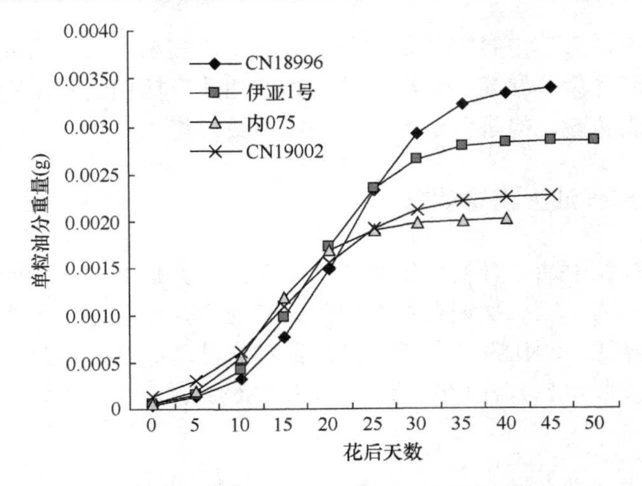


图 9-7 油用亚麻籽粒油分积累理论曲线

### 9.3.2 油用亚麻籽粒脂肪酸积累动态

在种子成熟过程中不同脂肪酸积累规律略有不同，含量较少的棕榈酸和硬脂酸主要是前期积累，中期和后期基本不变；而亚油酸的积累过程要更长些，持续到中期；含量最高的亚麻酸和油酸积累过程更长，持续到后期，但是快速积累阶段还是在中前期。4 个品种间脂肪酸的积累规律相同，所不同的是各自积累量的差异，如 CN18996 和伊亚 1 号的亚麻酸积累量超过其他两个品种，CN18996 的油酸积累量超过其他品种（图 9-8）。

亚麻酸是亚麻籽中含量最高的脂肪酸，从图 9-9 中可以看出，前 3~4 次调查时，除了 CN19002 含量较高外，其他品种表现了逐渐增加的变化趋势（个别异常数据应是试验误差引起的），在籽粒发育后期趋于稳定或略有降低，其中 CN18996 含量略低，其他 3 个品种在 50%左右。

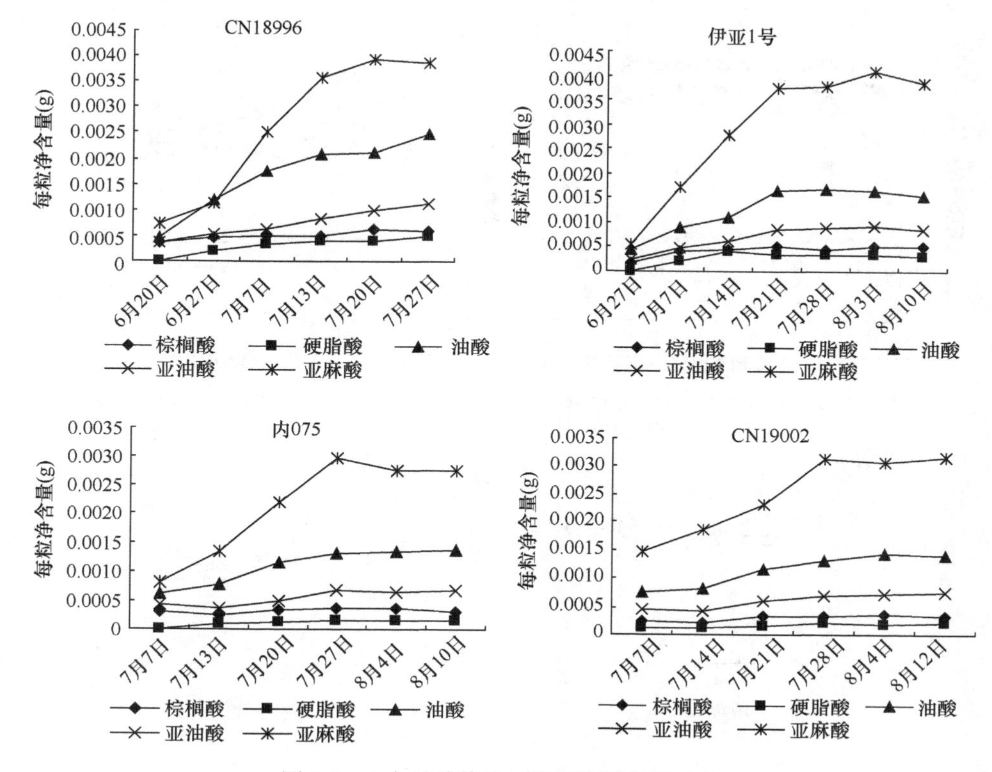


图 9-8 4 个品种单粒 5 种脂肪酸积累动态

油酸含量仅低于亚麻酸，在前 3~4 次取样时，油酸含量呈逐渐降低的趋势，其中 CN18996 含量较高，伊亚 1 号降低速度较快。在生育后期也趋向稳定，略有增减。4 个品种最终含量在 25%上下，但是差别略大。油酸含量前期变化与亚麻酸含量恰好相反，有此消彼长的关系。

4 个品种亚麻籽中亚油酸含量变化趋势基本相同，第 1 次调查时（开花后 8 天左右）亚油酸含量最高在 15%~20%，随着籽粒发育，其含量逐渐下降，到第 3 次调查时（开花后 21 天左右）含量接近 12%，并基本保持不变直到籽粒完全成熟。

随着亚麻籽粒的发育，4 个品种棕榈酸含量均呈逐渐降低的变化趋势，第 1 次调查时最高，CN18996 为 17.9%，CN19002 为 8.56%。品种中 CN19002 的棕榈酸含量始终低于其他 3 个品种，其前期下降速度也较慢，其他 3 个品种在第 4 次调查前下降迅速，此后所有品种均缓慢降低，最终 4 个品种的棕榈酸含量趋于 6%左右。

亚麻籽发育过程中硬脂酸含量变化比较小，总的趋势是略有降低。CN18996 和伊亚 1 号硬脂酸含量始终保持在 5%上下波动。CN19002 和内 075 硬脂酸含量在 3%~4%波动。

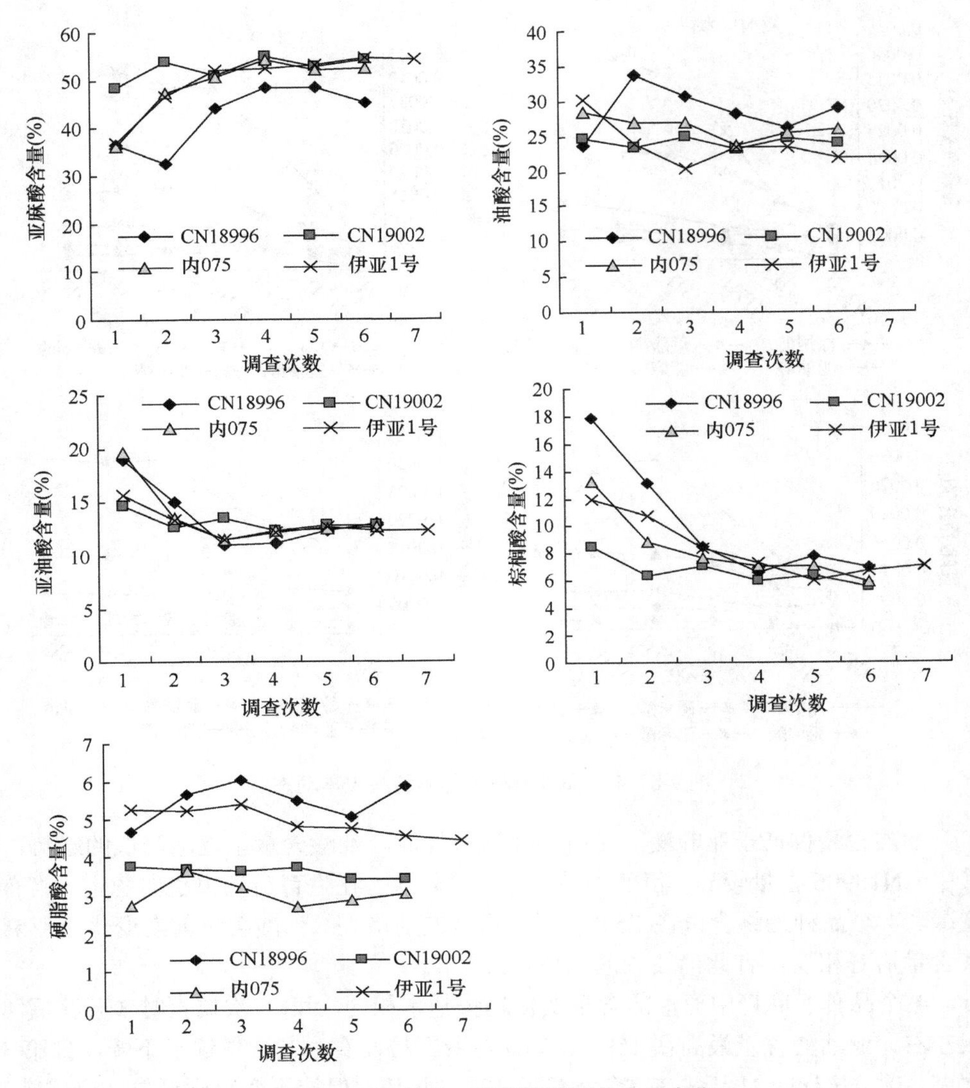


图 9-9　4 个品种 5 种脂肪酸百分含量变化

### 9.3.3　油用亚麻籽粒蛋白质积累动态

不同品种油用亚麻籽粒蛋白质含量变化稍有不同，前期缓慢增加趋势一致，品种间仅数量有差异，但是后期 2 个含量较低的品种缓慢降低，2 个含量较高的品种迅速下降，并低于前者（图 9-10）。籽粒蛋白质积累初期速度较快，中期积累速度线性增加，随着籽粒的成熟，蛋白质含量逐渐稳定，最后达到最大值。蛋白质积累符合逻辑斯谛方程（图 9-11）。有关拟合分析略去。

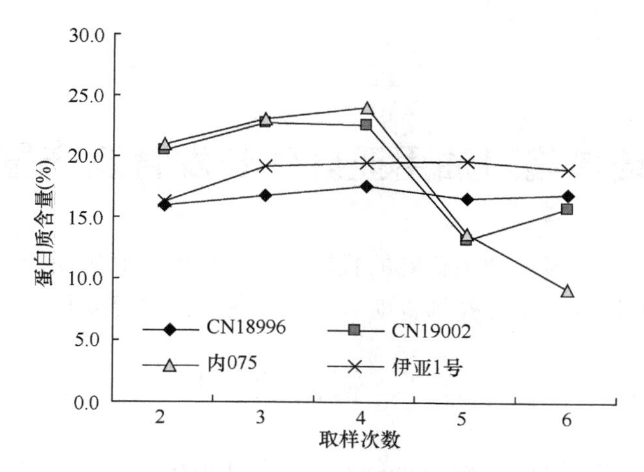


图 9-10　4 个品种籽粒蛋白质变化

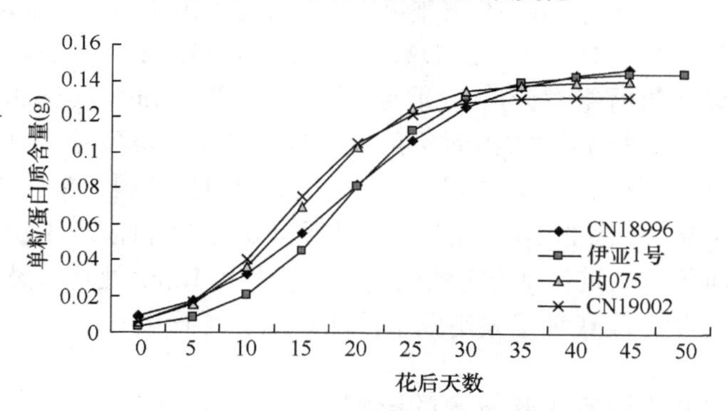


图 9-11　4 个品种单粒蛋白质积累动态理论曲线

（李明，周亚东）

# 10　栽培措施对油用亚麻生长发育及产量的影响

历史上黑龙江省没有油用亚麻的栽培，因此我们针对播期、播种密度和施肥等栽培措施进行研究，希望找到本地适宜的播期、播种密度和施肥规律。

## 10.1　播期的影响

试验选用加拿大高产品种 Flanders，于 2010 年在东北农业大学植物类实习基地进行。设计 5 个播期，间隔 10 天播种一次，由于气候原因，实际播种日期分别为 2010 年 4 月 10 号（D1）、22 号（D2），5 月 1 号（D3）、12 号（D4）、21 号（D5）。试验采用单因素随机区组设计，3 次重复。小区面积为 3.6m$^2$，行长 3m，行距 0.3m，设计播种密度为 450 株/m$^2$。按田间保苗率 70%和种子实际发芽率计算播种量。出苗时间分别为 4 月 30 日、5 月 2 日、5 月 12 日、5 月 20 日、5 月 29 日。开花前追施尿素 150kg/hm$^2$。因 2010 年初夏干旱严重，6 月 14 日灌水 1 次。不同生育期调查株高、叶面积和干重。种子完熟期收获，取中间 1.2m$^2$ 测产，另取 10 株考种，调查相应农艺性状。收获种子采用残余法测定油分含量。

### 10.1.1　播期对油用亚麻生长发育的影响

5 个播期油用亚麻的株高变化均符合逻辑斯谛方程，表现为慢—快—慢，但是播期间差别明显。早播的油用亚麻由于温度低生长缓慢，表现在前一个“慢”期长，“快”期速度不高，因此生育期长，株高偏矮。播种越晚，其前一个“慢”期越短，“快”期越长且速度越快，但是由于日照长度的影响，生育期缩短，D3、D4 和 D5 之间差别明显。D1 和 D2 间隔 11 天播种但是出苗仅间隔 1 天，出苗后的生长基本重合。从最终株高来看，前 3 个播期的株高较为接近，在 50cm 左右，而后 2 个播期株高明显超过前 3 个播期，D5 播期的油用亚麻株高最高达到约 75cm（图 10-1）。这主要是由于温湿度适宜，其前期生长速度明显偏高，节间伸长明显。

油用亚麻中后期单株叶面积可以用抛物线方程来拟合（图 10-2）。不同播期间叶面积变化差异很大，随着播期的推迟，其叶面积前期增加速度越快，达到最大叶面积的时间越早，且最大值越大。本试验过程中由于 6 月干旱严重，D3 播期的最大叶面积低于前 2 个播期。后 2 个播期油用亚麻生长得更加繁茂，但是其叶面积下降得更加迅速，这对后期的光合作用产生了不利影响，而且由于雨季到来，容易倒伏。

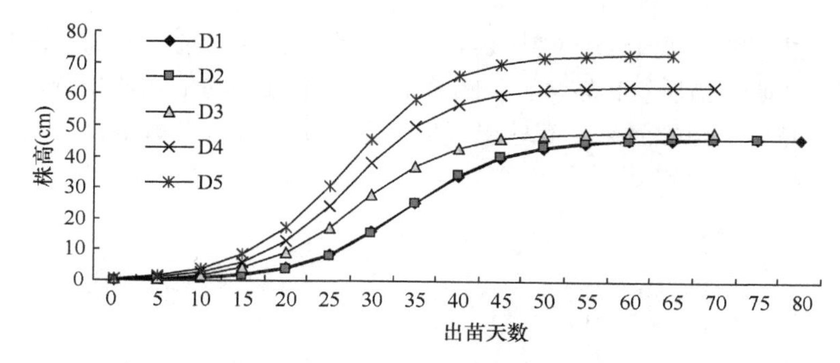


图 10-1 不同播期下油用亚麻株高生长理论曲线

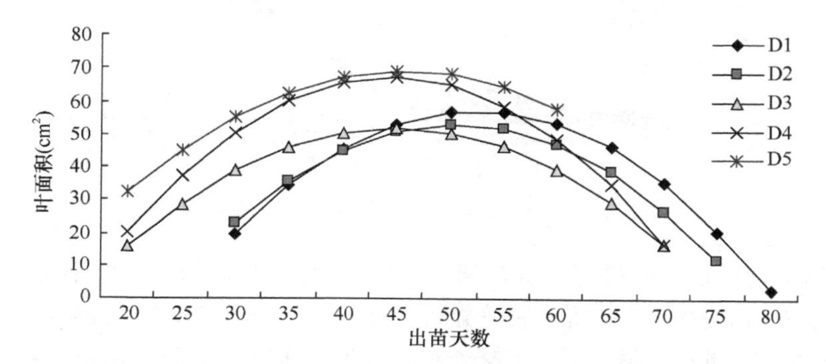


图 10-2 不同播期下油用亚麻中后期单株叶面积变化理论曲线

油用亚麻的叶面积指数（LAI）变化与叶面积相似，其中后期同样可以用抛物线方程来拟合（图 10-3）。但是播期间的差异与单株叶面积不同，这主要是由于播期推迟，土壤干旱导致出苗率、保苗率和整齐度下降，最终收获株数降低。D1 的 LAI 最大，D1~D4 依次降低，D4 尽管个体繁茂但收获株数最少，所以 LAI 最低，D5 的 LAI 较高，超过 D3 和 D4，与 D2 近似，这与其个体繁茂有关。

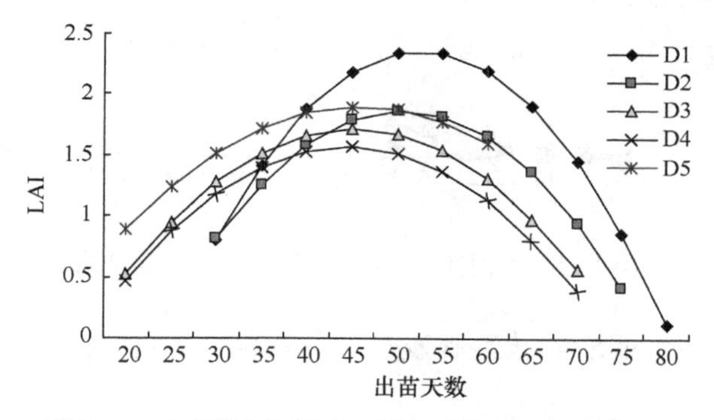


图 10-3 不同播期油用亚麻中后期 LAI 理论曲线

前 2 个播期油用亚麻的干物质积累较为接近，其中 D2 由于后期叶面积比 D1

略低，干物质积累略低于 D1（图 10-4）；后 3 个播期由于前期叶面积增加迅速，生长繁茂，中期干物质积累较多，且随着播期推迟，D5 的干物质积累在后期不再增加，主要是由于雨季到来，有些出现倒伏及病害，籽粒发育不良，最终的单株干重低于 D4，与 D3 接近。

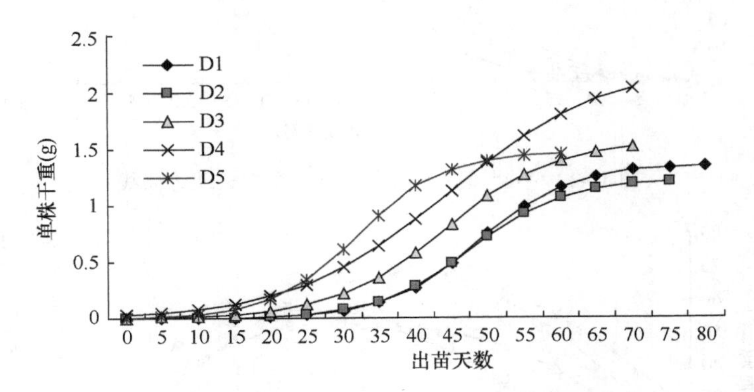


图 10-4　不同播期油用亚麻单株干重理论曲线

群体干物质积累同样符合逻辑斯谛方程，但是与个体积累有所不同（图 10-5）。D1 和 D2 在开花后的干物质积累差异明显加大，这与二者 LAI 的差异有关，最终 D1 的群体干物质积累最多。与单株一致，后 3 个播期的中期干物质积累明显高于前 2 个播期，但是由于生育期短和 LAI 低，其群体干物质最终积累量均低于 D1，但是 D3 和 D4 均高于 D2，而 D5 最小。

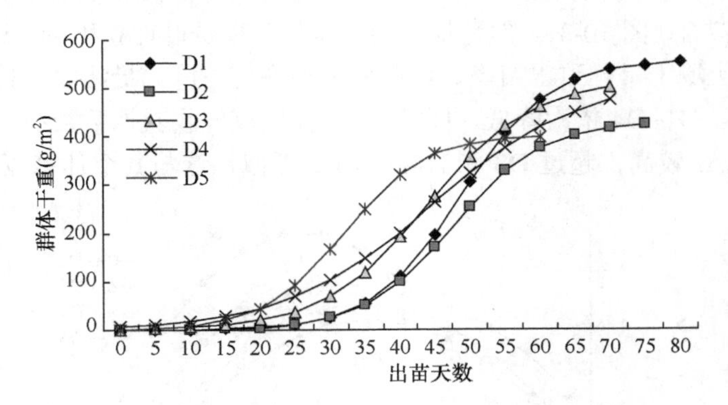


图 10-5　不同播期油用亚麻群体干重理论曲线

### 10.1.2　播期对油用亚麻农艺性状及产量的影响

随着播期的延后，油用亚麻的主要农艺性状有很大的变化。株高随着播期延后呈逐渐增加趋势，但在 D1、D2、D3 间无显著差异，但与 D4、D5 有极显著差异，而 D4 与 D5 间也有极显著差异（表 10-1）。D1~D3 播期茎基部没有分枝，但是 D4、D5 播期部分植株出现分枝。随着播期的延后，单株上部分枝数呈明显的增加趋势，由 D1 的 4.6 增加到 D5 的 8.2。主茎蒴果数也逐渐增加，由 D1 的 15.9 增加到 D4 的 23.5，但是 D5 播期主茎蒴果数量明显下降，甚至比 D1 播期还少。无效果数随着播期的延后逐渐增加，特别是后 2 个播期与前 3 个播期差别明显。总粒数 D3 最高，而 D5 基本无种子。D1、D2、D3 播期的千粒重接近，三者与 D4、D5 的差异显著，播期越早的千粒重越高。单株粒重只有 D5 播期与其他播期差异极显著，D3 单株粒重较高与收获株数低有关。

**表 10-1　不同播期处理成熟植株的农艺性状及差异显著性检验**

| 处理 | 株高（cm） | 基部分枝数 | 上部分枝数 | 主茎蒴果数 | 分枝蒴果数 | 无效果数 | 总粒数 | 千粒重（g） | 单株粒重（g） |
|---|---|---|---|---|---|---|---|---|---|
| D1 | 43.9cC | 0.0 | 4.6 | 15.9 | 0 | 0.5 | 113.3 | 5.0aA | 0.57aA |
| D2 | 43.9cC | 0.0 | 4.8 | 16.1 | 0 | 0.4 | 113.7 | 4.9abA | 0.55aA |
| D3 | 48.5cC | 0.0 | 5.6 | 19.9 | 0 | 0.9 | 146.8 | 4.9abA | 0.71aA |
| D4 | 59.6bB | 0.6 | 6.2 | 23.5 | 7 | 6.9 | 122.0 | 4.1cA | 0.50aA |
| D5 | 72.5aA | 0.9 | 8.2 | 11.8 | 4.9 | 6.9 | 3.7 | 4.2bcA | 0.016bB |

注：不同小写、大写字母分别表示在 0.05 水平和 0.01 水平差异显著

试验结果（表 10-2）表明，前 3 个播期的产量和含油率差异不显著，但是 D2 的产量最高，而 D3 的含油率最高，单位面积产油量最高的是 D2。D4 播期的产量和含油率与前 3 个播期比较，降低明显，差异显著性检验表明达到极显著水平，D5 播期的亚麻籽粒产量极低，由于收获的种子少且不饱满，未测定含油率。上述结果显示，在黑龙江省油用亚麻不宜播种过晚，适期早播有利于产量形成和油分积累。在 2010 年哈尔滨市的气候条件下，4 月 20 日播种最好。

**表 10-2　不同播期油用亚麻籽粒产量和含油率**

| 处理 | Ⅰ（kg/hm$^2$） | Ⅱ（kg/hm$^2$） | Ⅲ（kg/hm$^2$） | 平均产量（kg/hm$^2$） | 含油率（%） | 单位面积产油量（kg/hm$^2$） |
|---|---|---|---|---|---|---|
| D1 | 1583.3 | 1545.0 | 1582.5 | 1570.3aA | 37.6aA | 590 |
| D2 | 1775.8 | 1719.2 | 1479.2 | 1658.1aA | 37.4aA | 620 |
| D3 | 1535.8 | 1692.5 | 1375.8 | 1534.7aA | 38.2aA | 586 |
| D4 | 715.8 | 725.0 | 885.8 | 775.6bB | 35.5bB | 275 |
| D5 | 41.7 | 50.8 | 34.2 | 42.2cC | — | |

注：不同小写、大写字母分别表示在 0.05 水平和 0.01 水平差异显著

综上所述，油用亚麻的生长受播期影响很大。随着播期延后，前期发育速度增加，叶面积、株高、干物质积累明显加快，个体生长繁茂，单株上部的分枝数呈明显增加趋势，主茎的蒴果数逐渐增加，但是无效果数也逐渐增加，特别是后

2 个播期与前 3 个播期差别明显。过晚播导致籽粒发育不好，含油率降低，产量下降。从黑龙江的气候来看，5 月升温较快，播期过晚尽管温湿度条件更有利于油用亚麻的营养生长，但是繁茂的群体和生育后期的阴雨天气导致倒伏和病害，开花数量多但是结果数量明显减少，无效果数明显增加，而且种子发育不良，因此在黑龙江省油用亚麻不宜播种过晚，适期早播有利于产量形成和油分积累，但是也要注意防止干旱。2010 年土壤底墒很好，早播出麻率高，但是 5 月缺乏降雨，进入 6 月仍然没有降雨，气候明显异常，对亚麻等早春密植作物影响较大，6 月 14 日对试验田灌水一次。结合多年经验和后来的实践，黑龙江省南部地区的适宜播期在 4 月下旬，北部地区在 5 月上旬。品种的熟期应该选择中早熟的，晚熟品种不可避免会出现倒伏和病害。

## 10.2 播种密度的影响

试验采用加拿大高产品种 Flanders，设计 5 个播种密度，即 250 株/$m^2$、350 株/$m^2$、450 株/$m^2$、550 株/$m^2$、650 株/$m^2$，分别用 D1、D2、D3、D4、D5 表示。试验采用随机区组设计，3 次重复。小区面积 3.6$m^2$，行长 3m，行距 0.3m。4 月 23 日播种，5 月 6 日出苗。开花前追施尿素 150kg/$hm^2$。田间管理、取样调查及考种等同前。

### 10.2.1 播种密度对油用亚麻生长发育的影响

播种密度对油用亚麻的前期生长影响不大，不同密度间株高差异不显著，到开花期前后，不同群体间表现出差异（表 10-3），D5 处理的株高明显低于其他处理，D1 处理明显高于其他处理，显示不同群体内养分和水分的竞争程度不同。

**表 10-3 不同群体下油用亚麻株高变化**（单位：cm）

| 处理 | 5 月 27 日 | 6 月 9 日 | 6 月 20 日 | 6 月 30 日 | 7 月 10 日 | 7 月 19 日 |
|---|---|---|---|---|---|---|
| D1 | 9.35 aA | 31.07 aA | 48.74 aA | 52.05 aA | 54.15 aA | 50.34 aA |
| D2 | 8.91 aA | 29.8 aA | 48.81 aA | 46.65 bB | 49.97 abAB | 50.57 aA |
| D3 | 8.74 aA | 29.05 aA | 45.88 aA | 48.40 bB | 45.82 bcBC | 50.65 aA |
| D4 | 9.8 aA | 29.01 aA | 43.67 bA | 45.74 cB | 43.36 cC | 42.63 bB |
| D5 | 8.56 aA | 29.38 aA | 42.20bB | 45.91 bcB | 42.66 cC | 43.74 bB |

注：不同小写、大写字母分别表示在 0.05 水平和 0.01 水平差异显著

随着密度增大，单株最大叶面积逐渐降低，达到单株最大叶面积的时间有所提前，其中 D1 最晚，出现在 6 月 30 日，达到 81.5$cm^2$（表 10-4）。这是因为，该群体最小，光、水、肥竞争少，个体发育良好，不仅主茎叶片数量稍多、叶片肥

大，而且分枝的叶片数量大增；种植密度高的处理，由于竞争激烈，不利于个体生长，分枝数量减少，且叶面积达到最大后下降迅速，D5 处理 6 月 30 日比 10 天前单株叶面积减少近一半。

表 10-4 不同群体下油用亚麻单株叶面积变化（单位：$cm^2$）

| 处理 | 5 月 27 日 | 6 月 9 日 | 6 月 20 日 | 6 月 30 日 | 7 月 10 日 | 7 月 19 日 |
|---|---|---|---|---|---|---|
| D1 | 8.2 | 42.4 | 65.4 | 81.5 | 55 | 2.9 |
| D2 | 6.2 | 32.7 | 57.7 | 45.1 | 26.9 | 8.7 |
| D3 | 5.7 | 38.5 | 58.1 | 55.3 | 27 | 10.3 |
| D4 | 7.4 | 42.2 | 50.5 | 39 | 31.2 | 7.7 |
| D5 | 6.3 | 33.6 | 57.6 | 30.2 | 25.7 | 4.9 |

与群体产量更密切相关的是群体叶面积指数（LAI），由于密度不同，LAI 与单株叶面积的变化规律不同（表 10-5）。生育前期各处理间的 LAI 差异较大，高密度处理 LAI 增加迅速，D5 的最大 LAI 值最大，达到 2.92，D1 的最大 LAI 出现最晚。生育后期高密度处理 LAI 下降最快，而 D1、D2 处理 LAI 下降缓慢。受密度影响，最大 LAI 随着密度的增加而增加。

表 10-5 不同群体下油用亚麻 LAI 变化

| 处理 | 5 月 27 日 | 6 月 9 日 | 6 月 20 日 | 6 月 30 日 | 7 月 10 日 | 7 月 19 日 |
|---|---|---|---|---|---|---|
| D1 | 0.17 | 0.90 | 1.38 | 1.73 | 1.16 | 0.06 |
| D2 | 0.19 | 0.99 | 1.75 | 1.36 | 0.81 | 0.26 |
| D3 | 0.23 | 1.54 | 2.32 | 2.21 | 1.08 | 0.41 |
| D4 | 0.37 | 2.11 | 2.53 | 1.95 | 1.56 | 0.39 |
| D5 | 0.32 | 1.71 | 2.92 | 1.53 | 1.30 | 0.25 |

前期密度的影响较小，随着油用亚麻的生长，密度对干物质积累的影响加大，小群体的单株干重明显偏高，而大群体的明显偏低，开花后更加明显。在中后期，D1 干物质积累最大，到完熟期，D1 最高，D2、D3 的单株干重接近，而 D4、D5 的单株干重较低，说明种植密度过大导致单株间竞争激烈，单株叶面积下降，影响其干物质的积累（表 10-6）。

表 10-6 不同群体下油用亚麻单株干重变化（单位：g）

| 处理 | 5 月 27 日 | 6 月 9 日 | 6 月 20 日 | 6 月 30 日 | 7 月 10 日 | 7 月 19 日 |
|---|---|---|---|---|---|---|
| D1 | 0.074 | 0.277 | 0.798 | 1.748 | 2.767 | 1.925 |
| D2 | 0.052 | 0.225 | 0.829 | 1.059 | 1.496 | 1.675 |
| D3 | 0.057 | 0.233 | 0.647 | 1.164 | 1.289 | 1.588 |
| D4 | 0.066 | 0.251 | 0.564 | 0.894 | 1.108 | 0.987 |
| D5 | 0.061 | 0.196 | 0.631 | 0.823 | 0.943 | 1.075 |

群体干物质积累趋势与单株相似，但是不同密度间的变化与个体不同（表10-7）。前期密度小的群体干物质积累少，密度大的积累多；到中期不同群体间差别变小，到了后期，随着密度的增加，群体干物质呈现先增加后减小的趋势。

**表 10-7　不同密度下油用亚麻群体干重变化**（单位：$g/m^2$）

| 处理 | 5月27日 | 6月9日 | 6月20日 | 6月30日 | 7月10日 | 7月19日 |
|---|---|---|---|---|---|---|
| D1 | 15.7 | 58.6 | 168.9 | 370.0 | 585.7 | 407.5 |
| D2 | 15.7 | 68.1 | 250.8 | 320.3 | 452.5 | 506.7 |
| D3 | 22.8 | 93.2 | 258.8 | 465.6 | 515.6 | 635.2 |
| D4 | 33.0 | 125.5 | 282.0 | 447.0 | 554.0 | 493.5 |
| D5 | 31.0 | 99.5 | 320.2 | 417.7 | 478.6 | 545.6 |

### 10.2.2　不同播种密度对油用亚麻农艺性状、产量和含油率的影响

群体大小对油用亚麻生长发育影响很大，随着种植密度的增加，油用亚麻的株高呈现逐渐降低的趋势，前3个处理间差异不显著，后2个处理间差异也不显著，但是前3个处理与后2个处理间差异显著或极显著。分枝数也随着种植密度的增加而逐渐降低，前2个处理与后2个处理间差异显著或极显著，其他处理间差异不显著。随着种植密度的增加，主茎果数呈现明显的下降趋势，除了后2个处理间差异不显著，其他处理间差异显著或极显著。总粒数随着种植密度的增加而逐渐减少，多数处理间差异显著或极显著。随着种植密度的增加，千粒重略有增加，但是处理间并不显著。单株粒重随着种植密度的增加呈现逐渐降低的趋势，前3个处理与后2个处理间差异显著，其中D1与D4、D5间差异极显著（表10-8）。

**表 10-8　不同密度试验考种结果及差异显著性检验**

| 处理 | 株高（cm） | 分枝数 | 主茎果数 | 无效果 | 总粒数 | 千粒重（g） | 单株粒重（g） |
|---|---|---|---|---|---|---|---|
| D1 | 48.9aA | 6.4aA | 25.1aA | 0.3 | 172aA | 4.88aA | 0.843aA |
| D2 | 47.8aA | 6.0abAB | 20.5bB | 0.5 | 144abA | 4.87aA | 0.702aAB |
| D3 | 46.7aAB | 5.7bcBC | 18.1cC | 0.2 | 136.3bA | 4.94aA | 0.673aABC |
| D4 | 43.5bB | 5.3cdBC | 14.1dD | 0.2 | 82.3cB | 5.18aA | 0.426bC |
| D5 | 44.5bB | 5.2dC | 14.6dD | 0.1 | 88.4cB | 5.20aA | 0.454bBC |

注：不同小写、大写字母分别表示在0.05水平和0.01水平差异显著

相关分析显示，决定单株粒重的主要性状是分枝数、主茎果数、总粒数、株高，相关系数分别为0.965、0.972、0.999和0.986。千粒重与单株粒重的相关系数为−0.944 91，有较大的负相关关系。

籽粒含油率随着密度的增加，呈现下降的趋势，从差异显著性来看，不同密

度处理间的籽粒产量和含油率均未达到显著性差异（表 10-9），这与油用亚麻通过分枝来自我调节有关，也受试验小区间产量波动略大影响。如果以考种的单株产量结合实际收获株数来计算的理论产量判断，D3 和 D4 处理较好，即适宜的收获株数在 500 株/$m^2$ 左右较为理想。

**表 10-9 不同密度处理对油用亚麻籽粒产量和含油率的影响**

| 处理 | 籽粒产量（$kg/hm^2$） | 含油率（%） | 产油量（$kg/hm^2$） |
| --- | --- | --- | --- |
| D1 | 1679.2aA | 39.5aA | 663 |
| D2 | 1707.2aA | 38.6aA | 659 |
| D3 | 1634.7aA | 38.9aA | 636 |
| D4 | 1622.8aA | 38.5aA | 625 |
| D5 | 1684.4aA | 38.3aA | 645 |

注：不同小写、大写字母分别表示在 0.05 水平和 0.01 水平差异显著

## 10.3 氮、磷、钾肥的影响

试验采用加拿大高产品种 Flanders，采用三因素二次饱和 D-最优设计，包括氮、磷、钾 3 种营养元素，分别采用尿素、重过磷酸钙和硫酸钾，共 10 个处理，各处理详见表 10-10。随机区组设计，3 次重复。小区面积 3.6$m^2$，行长 3m，行距 0.3m，4 行区。2010 年和 2011 年安排试验，其中 2011 年 4 月 28 日播种，所有肥料按行称量，人工开沟先分别施入肥料，侧面再开沟掩埋肥料后播种，确保种肥分离。5 月 9 日出苗。

**表 10-10 肥料处理系数矩阵和相应施肥量**

| 处理号 | $X_1$ | $X_2$ | $X_3$ | N（$kg/hm^2$） | $P_2O_5$（$kg/hm^2$） | $K_2O$（$kg/hm^2$） |
| --- | --- | --- | --- | --- | --- | --- |
| 1 | −1 | −1 | −1 | 0 | 0 | 0 |
| 2 | 1 | −1 | −1 | 150 | 0 | 0 |
| 3 | −1 | 1 | −1 | 0 | 270 | 0 |
| 4 | −1 | −1 | 1 | 0 | 0 | 180 |
| 5 | 0.192 | 0.192 | −1 | 89.4 | 161.0 | 0.0 |
| 6 | 0.192 | −1 | 0.192 | 89.4 | 0.0 | 107.3 |
| 7 | −1 | 0.192 | 0.192 | 0.0 | 161.0 | 107.3 |
| 8 | −0.291 | 1 | 1 | 53.2 | 270.0 | 180.0 |
| 9 | 1 | −0.291 | 1 | 150.0 | 95.7 | 180.0 |
| 10 | 1 | 1 | −0.291 | 150.0 | 270.0 | 63.8 |

分别在开花期和成熟期采样，调查同前。种子完熟期收获，取中间 1.2$m^2$ 测产。下文数据来自 2011 年。

### 10.3.1 肥料对油用亚麻生长发育的影响

肥料对作物生长发育的影响很大。从开花期调查看出（表 10-11），肥料对基部分枝数的影响最大，对株高的影响最小。无论何种肥料或何种配比其干重均超过对照（处理 1），而干物质积累最多的两个处理（处理 9、处理 10）均是含有氮磷钾 3 种肥料的。干物质的积累离不开光合面积，叶面积大有利于合成更多的光合产物。从表 10-11 可以看出，同时施用氮磷钾肥（处理 9、处理 10）的单株叶面积相对大些，此外，处理 8 和单施氮肥（处理 2）或磷肥（处理 3）也较高。

表 10-11 开花期不同处理农艺性状

| 处理 | 株高（cm） | 分枝数 | 茎干重（g） | 叶干重（g） | 单株干重（g） | 叶面积（$cm^2$） |
|---|---|---|---|---|---|---|
| 1 | 54.83 | 0 | 0.70 | 0.22 | 0.93 | 64.7 |
| 2 | 54.94 | 0.4 | 0.91 | 0.23 | 1.14 | 70.2 |
| 3 | 53.67 | 0 | 0.87 | 0.24 | 1.11 | 69.0 |
| 4 | 59.29 | 0 | 0.87 | 0.21 | 1.08 | 63.3 |
| 5 | 55.53 | 0 | 0.77 | 0.19 | 0.96 | 46.0 |
| 6 | 58.49 | 0.3 | 0.82 | 0.25 | 1.07 | 64.9 |
| 7 | 60.56 | 0.1 | 0.91 | 0.24 | 1.15 | 61.9 |
| 8 | 57.87 | 0.6 | 0.89 | 0.30 | 1.19 | 69.5 |
| 9 | 62.21 | 0.5 | 1.14 | 0.30 | 1.44 | 81.4 |
| 10 | 59.41 | 0.7 | 1.09 | 0.31 | 1.39 | 76.0 |
| 变异系数（%） | 4.9 | 106.0 | 14.8 | 16.6 | 14.3 | 14.1 |

从成熟期的调查可以看出，肥料的影响依然存在（表 10-12）。含氮肥的处理（处理 8、处理 9、处理 10、处理 5、处理 6、处理 2）的叶面积保持较大，施用磷钾肥（处理 7）和单施钾肥（处理 4）的与对照（处理 1）接近；对于千粒重来说，单施氮肥（处理 2）的最高，施用磷钾肥（处理 7）和同时施用氮磷钾肥（处理 9）的相对于低些，但仍超过对照。

表 10-12 成熟期不同处理农艺性状

| 处理 | 株高（cm） | 分枝数 | 单株干重（g） | 叶面积（$cm^2$） | 千粒重（g） |
|---|---|---|---|---|---|
| 1 | 53.24 | 0 | 1.19 | 24.3 | 5.18 |
| 2 | 55.22 | 0 | 1.40 | 34.1 | 5.96 |
| 3 | 56.57 | 0 | 1.31 | 29.6 | 5.58 |
| 4 | 58.79 | 0.1 | 1.55 | 23.5 | 5.42 |
| 5 | 58.06 | 0 | 1.34 | 32.5 | 5.44 |
| 6 | 58.58 | 0 | 1.60 | 30.5 | 5.50 |

续表

| 处理 | 株高（cm） | 分枝数 | 单株干重（g） | 叶面积（$cm^2$） | 千粒重（g） |
|---|---|---|---|---|---|
| 7 | 60.79 | 0.1 | 1.75 | 22.2 | 5.36 |
| 8 | 57.41 | 0.1 | 1.62 | 38.2 | 5.62 |
| 9 | 57.39 | 0 | 1.52 | 33.8 | 5.36 |
| 10 | 57.76 | 0.3 | 1.63 | 39.1 | 5.50 |
| 变异系数（%） | 3.6 | 161.0 | 11.7 | 19.3 | 3.8 |

施用肥料不仅对亚麻的干物质积累有一定的影响，还影响干物质的分配。对于茎干重比例来说，处理 7（施用磷钾肥）最高，而处理 4、处理 6 和处理 9 的相对于低些；对于叶干重比例来说，氮肥的影响很大，施用氮肥（处理 2）、氮钾肥（处理 6）和同时施用氮磷钾肥（处理 8、处理 9、处理 10）的相对于高些，单施钾肥（处理 4）和施用磷钾肥（处理 7）的较低；对于蒴果重比例来说，单施钾肥（处理 4）最高，施用氮磷钾肥的处理 9 也较高，而处理 10 最低（其中钾肥较少）（表 10-13）。

**表 10-13 成熟期干物质分配比例**

| 处理 | 茎干重（g） | % | 叶干重（g） | % | 上部分枝干重（g） | % | 蒴果干重（g） | % |
|---|---|---|---|---|---|---|---|---|
| 1 | 0.43 | 35.7 | 0.05 | 4.3 | 0.16 | 13.6 | 0.55 | 46.4 |
| 2 | 0.49 | 35.1 | 0.07 | 4.7 | 0.21 | 15 | 0.63 | 45.2 |
| 3 | 0.47 | 35.7 | 0.05 | 3.9 | 0.16 | 12.4 | 0.63 | 47.9 |
| 4 | 0.53 | 34.5 | 0.04 | 2.7 | 0.16 | 10.6 | 0.81 | 52.2 |
| 5 | 0.47 | 35.2 | 0.06 | 4.2 | 0.17 | 12.5 | 0.64 | 48 |
| 6 | 0.55 | 34.2 | 0.07 | 4.7 | 0.20 | 12.6 | 0.78 | 48.5 |
| 7 | 0.71 | 40.6 | 0.05 | 2.9 | 0.18 | 10.2 | 0.81 | 46.3 |
| 8 | 0.58 | 35.7 | 0.08 | 4.8 | 0.21 | 12.7 | 0.76 | 46.8 |
| 9 | 0.52 | 34.1 | 0.07 | 4.7 | 0.18 | 11.6 | 0.75 | 49.6 |
| 10 | 0.63 | 38.5 | 0.09 | 5.5 | 0.21 | 12.6 | 0.71 | 43.4 |

注：%指占地上部总干重的比例

### 10.3.2 肥料对油用亚麻产量的影响

肥料对油用亚麻产量的影响较大，处理间变异系数为 13.7%，远大于对含油率的影响，对产油量的影响与对产量的影响一致。处理 7 和处理 9 的产量和产油量排在前 2 位，处理 2 和处理 8 的产量和产油量排在后 2 位，最高的比最低的产量增加 60%；处理 4 的含油率最高，处理 6 的含油率最低，最高与最低间差了 3.2 个百分点（表 10-14）。

表 10-14 肥料对油用亚麻产量及含油率的影响

| 处理 | 1 | 2 | 3 | 4 | 5 | 6 | 7 | 8 | 9 | 10 | CV |
|---|---|---|---|---|---|---|---|---|---|---|---|
| 产量（$kg/hm^2$） | 1225 | 919.2 | 1201.7 | 1166.7 | 1108.3 | 1316.7 | 1471.7 | 1000.8 | 1356.7 | 1242.5 | 13.70% |
| 含油率（%） | 37.7 | 39 | 39.6 | 40.5 | 39 | 37.3 | 38.4 | 39.8 | 40.1 | 38 | 2.80% |
| 产油量（$kg/hm^2$） | 462 | 358 | 476 | 473 | 432 | 491 | 565 | 398 | 544 | 472 | 13.20% |

10.3.2.1 氮、磷、钾对油用亚麻产量的影响

对试验数据进行拟合，获得氮（$X_1$）、磷（$X_2$）、钾（$X_3$）对油用亚麻籽粒产量（$Y$）的回归方程：

$$Y=1406.9-36.15X_1-35.01X_2+41.72X_3+68.70X_1^2-124.12X_2^2-236.67X_3^2+103.97X_1X_3-36.14X_2X_3$$

对方程进行 $F$ 检验，$F$=33.43，$P$=0.133，决定系数=0.9981，剩余通径系数=0.061，显示方程拟合较好。在 2011 年东北农业大学试验站的气候土壤条件下，氮磷钾施肥量分别在−1、−0.111 和−0.1122 水平时，即不施氮肥配合 $P_2O_5$ 120$kg/hm^2$ 和 $K_2O$ 79.9$kg/hm^2$ 时，可以获得最高产量 1517.6$kg/hm^2$。

通过降维进行单因素分析，即固定任意 2 个因素在−1 水平，即不施肥情况下，得到另一个因素与产量的二次回归方程。结果表明，随着施氮量的增加，油用亚麻的产量呈递减趋势。产量由 1212$kg/hm^2$ 到 931.8$kg/hm^2$ 递减变化。磷肥和钾肥对油用亚麻产量的影响呈抛物线形，产量均在 0 水平时达到最大，即磷肥在 135$kg/hm^2$ 时产量达到最大值 1337$kg/hm^2$，钾肥在 90$kg/hm^2$ 时产量达到最大值 1422.6$kg/hm^2$（图 10-6）。在本试验设计范围内，3 种肥料对产量的影响顺序为钾>氮>磷。

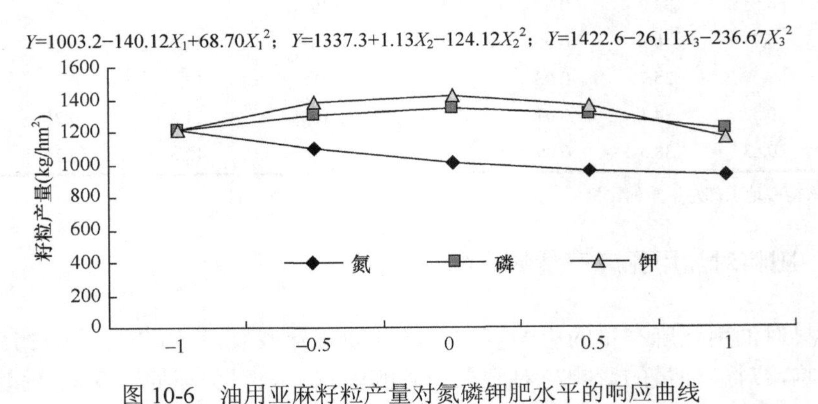


图 10-6 油用亚麻籽粒产量对氮磷钾肥水平的响应曲线

10.3.2.2 氮、磷、钾对油用亚麻含油率的影响

对所得含油率数据进行拟合，获得氮（$X_1$）、磷（$X_2$）、钾（$X_3$）对油用亚麻

籽粒含油率（$Y$）的回归方程：

$$Y=37.5+0.279X_2+0.575X_3+0.505X_1^2-0.253X_2^2+1.842X_3^2-0.256X_1X_2-0.410X_1X_3-0.415X_2X_3$$

对方程进行 $F$ 检验，$F$=319.6，$P$=0.043，决定系数=0.9998，剩余通径系数=0.0197，显示方程拟合很好。在 2011 年东北农业大学试验站的气候土壤条件下，氮磷钾施肥量分别为−0.9998、0.2329、1 时，即不施氮肥，施用 $P_2O_5$ 166.4kg/hm$^2$ 和 $K_2O$ 180kg/hm$^2$ 时，可以获得最高含油率 40.9%。

为了进一步分析氮、磷、钾对含油率的影响，同样对上述方程进行−1 水平（不施肥情况下）降维分析，得到 3 个方程。

结果表明，在不施用磷钾肥情况下，油用亚麻的含油率随着氮素水平提高呈缓慢增加的趋势，含油率在 37.5%~38.9%；当不施氮钾肥时，含油率随着施磷水平的提高近似线性增加，含油率从 37.5%到 39.4%递增变化；不施氮磷肥时，含油率随着施钾水平的提高呈先略有降低后快速增加的趋势，油率在 37.2%~40.5%（图 10-7）。因此，钾肥的影响大于磷肥大于氮肥。

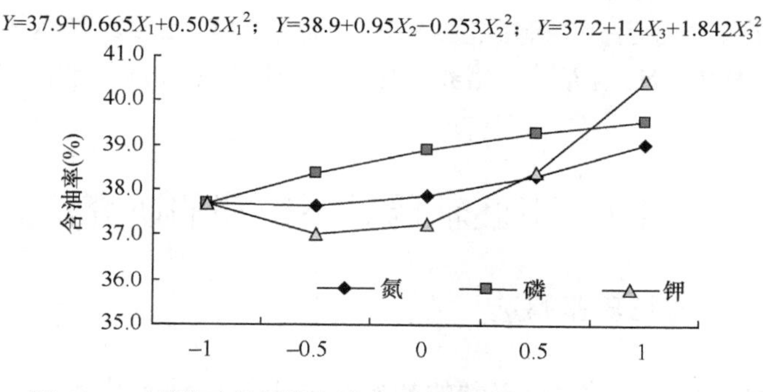


图 10-7　油用亚麻籽粒含油率对氮磷钾肥水平的响应曲线

（李明，周亚东，朱有利）

# 11　亚麻组织培养研究

植物组织培养是指植物的组织、器官、细胞或原生质体在特定的培养基和培养条件下形成完整的植株或生产具有经济价值的产品的过程，在杂交育种、脱毒快繁、次生代谢产物生产、有益突变体的筛选、植物种质保存及基因工程等方面得到广泛应用。亚麻是一个很好的遗传转化研究体系（Tejavathi et al.，2000）。有关亚麻组织培养的报道较多，但是有关亚麻体细胞胚（简称体胚）发生的仅一例（Cunha and Ferreira，1996）。尽管有许多科研工作者从亚麻茎、胚轴、根中诱导出再生芽，但是不同培养基、不同基因型、不同日龄外植体等因素在亚麻组织培养过程中对再生能力的影响也不尽相同，所以器官发生再生体系还有待进一步研究。

本研究的组织培养条件是光照强度2000lx，光周期16h光/8h暗，温度24℃±2℃。暗培养的培养条件是光照强度<50lx，温度24℃±2℃。基本培养基采用MS培养基、$B_5$培养基、$N_6$培养基，培养基配制时先将其配制成母液，保存于4℃冰箱中备用。

## 11.1　下胚轴诱导不定芽的研究

### 11.1.1　不定芽诱导培养基筛选

将培养20天绿色、致密、坚硬的初始愈伤组织接种到基本培养基为MS、$B_5$、$N_6$的不定芽诱导培养基上进行不定芽的诱导，激素水平均为1mg/L IAA、2.5mg/L KT。至继代培养的第20天观察统计不定芽的诱导率（产生的健康不定芽的外植体数/愈伤组织数×100%）和生长情况，以MS、$B_5$、$N_6$为基本培养基的诱导率分别为81.1%、95.4%和80.3%（图11-1）。所以，同等条件下$B_5$培养基为不定芽诱导最佳培养基。

### 11.1.2　不同激素组合对不定芽诱导的影响

将以黑亚14号（H14）下胚轴为外植体进行了20天初始诱导而形成的愈伤组织转至$B_5$分化培养基中，进行出芽诱导，实验设14个激素处理，不定芽诱导率见表11-1，诱导频率（产生健康不定芽数/愈伤组织数×100%）见表11-2。

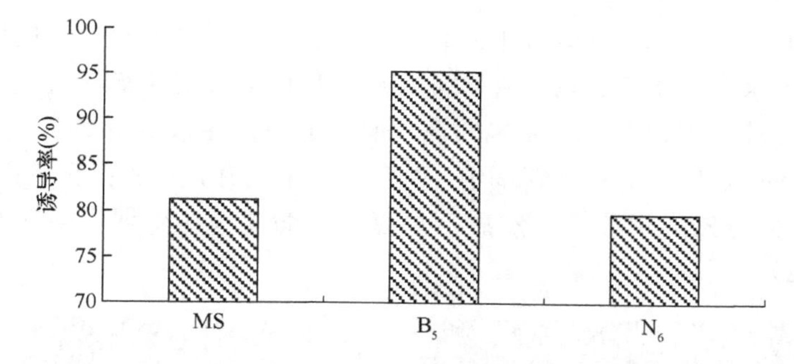


图 11-1　不同基本培养基对不定芽诱导的影响

**表 11-1　不同激素水平下不定芽诱导率（%）**

| 处理 | 平均值 | 标准差 | 5%显著水平 | 1%极显著水平 | 生长态势 |
|---|---|---|---|---|---|
| 4 | 98 | 2 | a | A | ++++ |
| 3 | 92 | 2 | b | A | ++++ |
| 7 | 84 | 4 | c | B | +++ |
| 8 | 81 | 3 | c | BC | +++ |
| 9 | 76 | 6 | d | CD | +++ |
| 14 | 73 | 3 | d | D | ++ |
| 13 | 62 | 2 | e | E | ++ |
| 10 | 62 | 2 | e | E | ++ |
| 6 | 57 | 3 | ef | EF | ++ |
| 1 | 56 | 3 | ef | EF | ++ |
| 2 | 54 | 5 | fg | EFG | + |
| 11 | 54 | 4 | fg | EFG | ++ |
| 5 | 50 | 2 | gh | FG | + |
| 12 | 48 | 3 | h | G | +++ |

注：++++表示生长良好，+++表示生长较好，++表示生长一般，+表示生长不好

**表 11-2　不同激素水平下不定芽平均出芽数与诱导频率**

| 处理 | IAA (mg/L) | KT (mg/L) | 2,4-D (mg/L) | 6-BA (mg/L) | 平均值 | 标准差 | 5%显著水平 | 1%极显著水平 | 平均出芽数 |
|---|---|---|---|---|---|---|---|---|---|
| 4 | 1 | 2.5 | | | 7.70 | 0.10 | a | A | 7.89 |
| 7 | | | 1 | 2 | 5.73 | 0.06 | b | B | 6.81 |
| 3 | 1 | 2 | | | 4.70 | 0.10 | c | C | 5.11 |
| 8 | | | 0.5 | 1 | 3.46 | 0.15 | d | D | 4.27 |
| 10 | | 1 | | | 3.36 | 0.15 | d | D | 5.46 |
| 9 | | | 0.5 | 0.5 | 1.41 | 0.03 | e | E | 1.87 |
| 13 | 0.5 | 1 | | 0.5 | 1.30 | 0.18 | ef | EF | 2.10 |
| 6 | | | 2 | 4 | 1.16 | 0.12 | fg | FG | 2.03 |
| 5 | 0.5 | 0.5 | | | 1.10 | 0.09 | g | FG | 2.22 |
| 14 | 0.5 | 1 | | 1 | 1.03 | 0.07 | g | G | 1.41 |
| 11 | | | | 1 | 1.01 | 0.07 | g | G | 1.87 |
| 2 | 1 | 1.5 | | | 0.71 | 0.03 | h | H | 1.31 |
| 12 | 0.5 | 0.5 | | 1 | 0.68 | 0.02 | h | H | 1.65 |
| 1 | 1 | 1 | | | 0.68 | 0.06 | h | H | 1.20 |

从表 11-1、表 11-2 可以看出，4 号培养基的诱导率达 98%，诱导频率达到 7.7 倍，按照这两项指标来看，在 5%显著水平上 4 号培养基与其他培养基差异显著。3 号培养基不定芽诱导率也较高，但不定芽诱导频率不如 7 号培养基。在只有激动素的 10 号、11 号培养基中，也产生了不定芽，但是它的生长状态一般。芽的产生过程是先产生芽点，然后是芽点基部的伸长，表现出器官发生的单极性（图 11-2）。

图 11-2　亚麻下胚轴愈伤组织生长及不定芽发生与生长

1. 黑亚 14 号下胚轴的初始愈伤组织；2. Opaline 在继代培养基上的愈伤组织；
3、4. 黑亚 14 号愈伤组织发生的不定芽

## 11.2　下胚轴诱导体胚发生的研究

### 11.2.1　亚麻体胚发生途径的初始愈伤诱导

取生长健壮的 10 天左右的亚麻无菌苗，将外植体切段接种于以体细胞胚发生为目标的初始诱导培养基上进行培养。

试验结果表明，4 号、5 号培养基组合是初始诱导愈伤率比较高的组合，其出愈生长状态比较好。随着 2,4-D 使用量的增加，出愈水平呈现下降态势，生长状态更是急剧变坏。在高浓度的 2,4-D 水平下显现出抑制植株生长的现象，6 号、7 号、8 号培养基中愈伤团的大小比 4 号、5 号培养基中的小一倍，生长也不旺

盛。1 号、2 号培养基中，2,4-D 的含量小于以上几个培养基组合，其愈伤团的生长状态比 4 号、5 号培养基中愈伤团差一些，但远好于 6 号、7 号、8 号的生长情况。9~13 号培养基是缺少了 6-BA 的培养基，其 2,4-D 的浓度梯度与 4~8 号一致，这 5 个培养基激素组合的生长状态与 4~8 号的梯度表现相似，只是生长状态不如前者（表 11-3）。

**表 11-3　不同激素组合对亚麻体胚初始愈伤诱导的影响**

| 序号 | 培养基 | 2,4-D (mg/L) | 6-BA (mg/L) | ZT (mg/L) | NAA (mg/L) | 水解酪蛋白 | 接种数（块） | 胚轴（天） | 愈伤形成（天） | 出愈率（%） | 生长状态 | 继代后产生体胚率（%） |
|---|---|---|---|---|---|---|---|---|---|---|---|---|
| 1 | MS | 0.1 | 0.5 | | | 500 | 70 | 5 | 13 | 80 | ++ | 0 |
| 2 | MS | 0.25 | 0.5 | | | 500 | 70 | 5 | 13 | 88.6 | ++ | 0 |
| 3 | MS | 0.5 | 0.5 | | | 500 | 70 | 4 | 13 | 95.7 | +++ | 0 |
| 4 | MS | 1 | 0.5 | | | 500 | 70 | 3 | 10 | 97.1 | ++++ | 15.3 |
| 5 | MS | 2 | 0.5 | | | 500 | 70 | 3 | 10 | 98.5 | ++++ | 32.1 |
| 6 | MS | 5 | 0.5 | | | 500 | 70 | 3 | 10 | 93 | ++ | 0 |
| 7 | MS | 8 | 0.5 | | | 500 | 70 | 4 | 12 | 92.8 | ++ | 0 |
| 8 | MS | 10 | 0.5 | | | 500 | 70 | 4 | 12 | 91.4 | + | 0 |
| 9 | MS | 1 | | | | 500 | 70 | 4 | 12 | 90 | +++ | 3.4 |
| 10 | MS | 2 | | | | 500 | 70 | 4 | 12 | 92.3 | +++ | 7 |
| 11 | MS | 5 | | | | 500 | 70 | 4 | 13 | 85.2 | +++ | 0 |
| 12 | MS | 8 | | | | 500 | 70 | 5 | 13 | 80 | ++ | 0 |
| 13 | MS | 10 | | | | 500 | 70 | 5 | 13 | 74.2 | ++ | 0 |
| 14 | MS | 0.4 | | 1.6 | | 500 | 70 | 4 | 10 | 90 | + | 0 |
| 15 | MS | | 1 | | 1 | 500 | 70 | 3 | 11 | 93.4 | ++++ | 0 |
| 16 | MS | | 0.5 | | 0.5 | 500 | 70 | 3 | 10 | 93.7 | ++++ | 0 |
| 17 | MS | | 0.5 | | 1 | 500 | 70 | 3 | 10 | 97.1 | ++++ | 0 |
| 18 | $B_5$ | 2 | 0.5 | | | 300 | 70 | 3 | 10 | 95.7 | +++ | 0 |

注：++++表示生长良好，+++表示生长较好，++表示生长一般，+表示生长不好

14 号组合是 2,4-D 与 ZT 的结合，出愈率为 90%；15~18 号培养基激素组合出愈率也比较高，其中，18 号组合的激素与 5 号一致，但以 $B_5$ 作为基本培养基。虽然这 5 种培养组合的愈伤组织生长状态也较好，但在后期的培养中均未见产生体胚。

亚麻体细胞胚发生途径的愈伤组织的形态特征明显区别于以器官发生为目标的初始愈伤组织，表现为相对软、黄、白，呈细小的不太明显的颗粒状，这都是胚性愈伤组织或可以诱导成胚性愈伤组织的特征。

### 11.2.2　亚麻体胚诱导

选取黑亚 14 号（H14）和 Opaline（OP）两个品种进行体胚诱导，首先在 38 号培养基上接种两个品种的下胚轴，20 天后转到 64 号培养基上继代培养，诱导

体胚发生，20 天后诱导出体胚。H14 与 OP 两个品种在出愈环节差异不大，前者比后者低 3.3 个百分点（表 11-4），但是在体胚发生方面存在明显差异，H14 体胚发生率为 30%左右，而 OP 未能检到有体胚发生。说明亚麻通过体胚发生途径实现植株再生没有器官发生途径容易，体胚发生受基因型影响较大（图 11-3）。

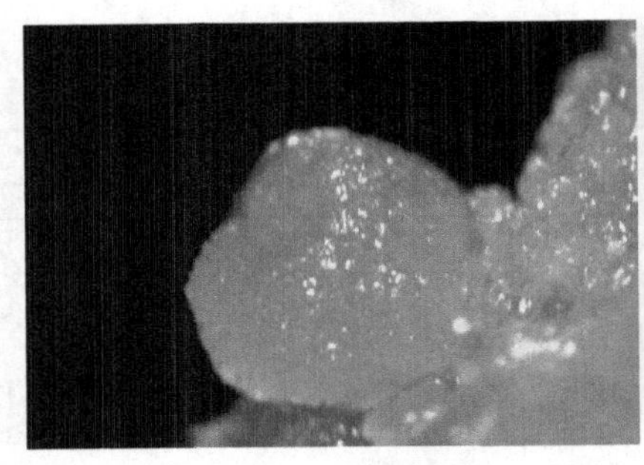
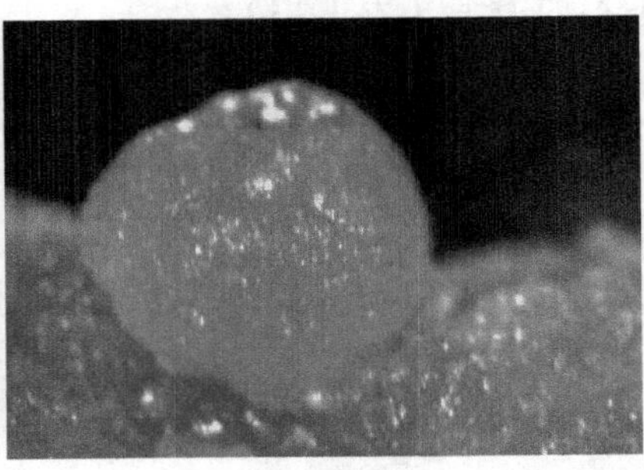

图 11-3 黑亚 14 号亚麻下胚轴心形胚（左图，×12.5）和球形胚（右图，×16）

**表 11-4 不同基因型愈伤组织和体胚诱导的比较**

| 品种 | 接种数（块） | 出愈数（块） | 出愈率（%） | 发生体胚愈伤数（块） | 体胚发生率（%） |
|---|---|---|---|---|---|
| H14 | 30 | 29 | 96.7 | 9 | 30 |
| OP | 30 | 30 | 100 | 0 | 0 |

为了调查光照对体胚发生的影响，设计了 7 天和 14 天的黑暗培育处理。经过 40 天的诱导观察，结果显示，暗处理对胚性愈伤的发生并无明显作用（表 11-5）。0 天暗处理的胚性出愈率为 96.9%，高于 7 天暗处理 94.3%的胚性出愈率，低于 14 天暗处理 97.1%的胚性出愈率。说明在诱导愈伤发生方面，H14 并不需要特别的光处理。球形胚愈伤数结果表明，体胚发生过程中对光没有特别的要求，暗处理 7 天的愈伤组织比没有经过暗处理的愈伤组织体胚发生率低了近 0.5 个百分点，暗处理 14 天比未经过暗处理的体胚发生率高 1.7 个百分点，差异不明显。愈伤组织的生长状态有明显的不同，未经暗处理的材料色泽偏浅黄，经过暗处理的材料色泽偏白。经检测，光照胚性愈伤组织叶绿素含量为 0.0117mg/g FW，暗处理的胚性愈伤组织叶绿素含量为 0.0034mg/g FW，叶绿素含量相差很多。

**表 11-5 黑暗处理时间对诱导愈伤组织的影响**

| 黑暗处理（天） | 接种数（块） | 胚性愈伤数（块） | 胚性出愈率（%） | 球形胚愈伤数（个） | 体胚发生率（%） | 生长状态 |
|---|---|---|---|---|---|---|
| 0 | 98 | 95 | 96.9 | 31 | 31.6 | 愈伤组织浅黄色 |
| 7 | 106 | 100 | 94.3 | 33 | 31.1 | 愈伤组织黄白色 |
| 14 | 105 | 102 | 97.1 | 35 | 33.3 | 愈伤组织黄白色 |

选取 H14 的胚性愈伤组织（图 11-4）转至诱导培养基上进行体胚诱导。只有

图 11-4　亚麻下胚轴胚性愈伤组织

1、2. Opaline 胚性愈伤组织（黄白色×12. 5 和绿色×10）；3~5. 黑亚 14 号胚性愈伤组织（黄绿色×8、黄色×8、白色×12. 5）；6. Opaline 非胚性愈伤组织（×8）；7、8. Opaline 褐化愈伤组织（×6、×12. 5）

在 9 号、12 号、13 号的培养基中有体细胞胚发生，发生体胚的比例也不高，分别为 6.7%、16.7%、36.7%（表 11-6）。在发生体胚的愈伤团里，以 13 号（0.5mg/L NAA、0.5mg/L 6-BA，CH500）处理体胚量最高。9 号、12 号、13 号培养基中体胚发生的愈伤团比例也与每块愈伤团中体胚数量的比例较为一致。这说明，无论是从体胚发生的比例还是从每块发生体胚的愈伤团中所含体胚的数量上来分析，13 号处理都是最优的。

所有处理愈伤组织生长状态良好，只有 4 号、5 号的生长状态相对差一点。生长状态普遍较好说明愈伤组织只经过一次继代处理，机体就处于生长的旺盛期，再生能力强。4 号、5 号生长状态略比其他激素组合差一点，可能是 2,4-D 在体内的累积在某种程度上抑制了细胞的分生能力。因此，愈伤团的生长状态并不是导致是否出体胚的主要原因，原因可能还是激素水平影响了其体细胞胚的发生率。

**表 11-6　亚麻在不同诱导条件下的体细胞胚发生率**

| 序号 | 培养基 | 2,4-D (mg/L) | 6-BA (mg/L) | ZT (mg/L) | NAA (mg/L) | 水解酪蛋白 | 接种数（块） | 体胚发生数（块） | 体胚发生量 | 诱导率（%） | 愈伤组织生长状态 |
|---|---|---|---|---|---|---|---|---|---|---|---|
| 1 | MS | 0.1 | 0.5 | | | 500 | 30 | 0 | 0 | 0 | ++++ |
| 2 | MS | 0.25 | 0.5 | | | 500 | 30 | 0 | 0 | 0 | ++++ |
| 3 | MS | 0.5 | 0.5 | | | 500 | 30 | 0 | 0 | 0 | ++++ |
| 4 | MS | 1 | 0.5 | | | 500 | 30 | 0 | 0 | 0 | +++ |
| 5 | MS | 2 | 0.5 | | | 500 | 30 | 0 | 0 | 0 | +++ |
| 6 | MS | 0.4 | | 1.6 | | 500 | 30 | 0 | 0 | 0 | ++++ |
| 7 | MS | | 0.2 | | 0.1 | 500 | 30 | 0 | 0 | 0 | ++++ |
| 8 | MS | | 0.1 | | 0.2 | 500 | 30 | 0 | 0 | 0 | ++++ |
| 9 | MS | | 0.2 | | 0.2 | 500 | 30 | 2 | 少 | 6.7 | ++++ |
| 10 | MS | | 0.1 | | 0.1 | 500 | 30 | 0 | 0 | 0 | ++++ |
| 11 | MS | | 1 | | 0.5 | 500 | 30 | 0 | 0 | 0 | ++++ |
| 12 | MS | | 1 | | 1 | 500 | 30 | 5 | 较少 | 16.7 | ++++ |
| 13 | MS | | 0.5 | | 0.5 | 500 | 30 | 11 | 较多 | 36.7 | ++++ |
| 14 | MS | | 0.5 | | 1 | 500 | 30 | 0 | 0 | 0 | ++++ |
| 15 | $B_5$ | | 0.5 | | 0.5 | 500 | 30 | 0 | 0 | 0 | ++++ |

注：表中数据为 3 次实验的平均值，++++表示生长良好，+++表示生长较好

# 11.3 亚麻形态发生组织细胞学研究

## 11.3.1 显微结构研究

组织细胞学是研究细胞结构和生理功能的基础。不同阶段的愈伤组织其细胞结构、细胞形态和细胞内含物都存在着较大的差别。在植物体细胞胚发生过程中，对处于不同发育时期的体细胞胚进行组织细胞学研究，是鉴别体细胞胚发育时期和了解细胞形态结构特点的重要内容。

在普通光学显微镜下，对亚麻 H14 和 OP 初始愈伤组织、胚性愈伤组织、非胚性愈伤组织、不定芽和褐化愈伤组织进行了石蜡切片组织细胞学观察。观察结果表明，亚麻 H14 和 OP 间各观察对象基本无差异。以下以 OP 为例说明，初始愈伤组织由排列紧密的细胞组成，细胞形态比较一致，细胞质较浓厚。亚麻非胚性愈伤组织细胞较大，形状不规则，细胞质稀少，细胞核小。亚麻胚性愈伤组织细胞小，细胞规则，排列紧密，细胞质浓厚，细胞核大，染色深，是典型的胚性细胞。亚麻器官发生途径中再分化阶段的器官原基是由一个或一小团分化细胞分裂形成的，它们产生小团分生组织，其细胞内充满稠密的原生质，细胞核显著增大。亚麻褐化愈伤组织细胞核小，液泡大，内容物少。亚麻 OP 器官发生途径中形成不定芽（图 11-5）。

对体细胞胚发生进行组织细胞学观察。亚麻胚性愈伤组织呈黄白色，细颗粒状，表面湿润。组织切片观察表明，胚性愈伤组织主要由胚性细胞组成，细胞小，形态规则，细胞质浓厚，细胞核大。当其转移到体细胞胚诱导培养基后，胚性细胞继续分裂，开始体细胞胚发生过程。我们通过石蜡切片只在亚麻 H14 这个品种中观察到了球形胚和心形胚。体胚发生过程的组织切片观察显示，此时细胞分裂旺盛，可观察到 2 细胞、3 细胞原胚及各种形态的原胚细胞团。这些胚性细胞团有的位于胚性愈伤组织的表面，有的位于胚性愈伤组织的内部。接下来可观察到球形胚和心形胚的出现（图 11-6）。我们没有观察到其他形状的体细胞胚，可能是发育到心形胚之后往次生体胚方向发展而未发育成鱼雷形胚、子叶胚。

## 11.3.2 超微结构研究

### 11.3.2.1 透射电镜观察

对 H14 初始愈伤组织、胚性愈伤组织、非胚性愈伤组织和褐化愈伤组织的透射电镜观察显示，初始愈伤组织细胞有非常明显的中央大液泡，细胞质被中央大

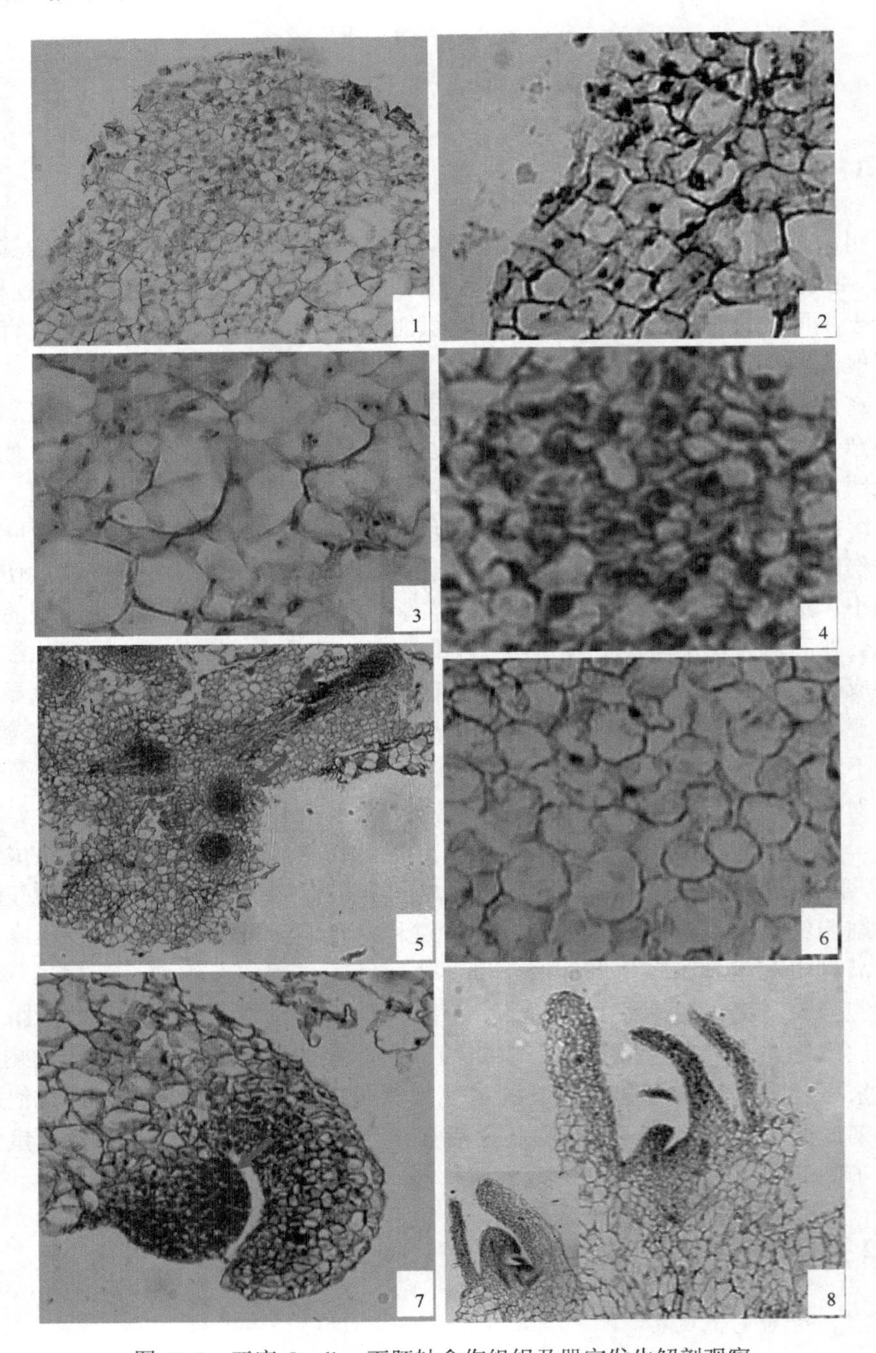


图 11-5　亚麻 Opaline 下胚轴愈伤组织及器官发生解剖观察

1. 初始愈伤组织（×10）；2. 初始愈伤组织细胞排列紧密规则（×20）；3. 非胚性愈伤组织（×20）；4. 胚性愈伤组织（×40）；5. 愈伤组织内部分生细胞团（×10）；6. 褐化愈伤组织（×20）；7. 分生细胞团（×10）；8. 不定芽（×4）

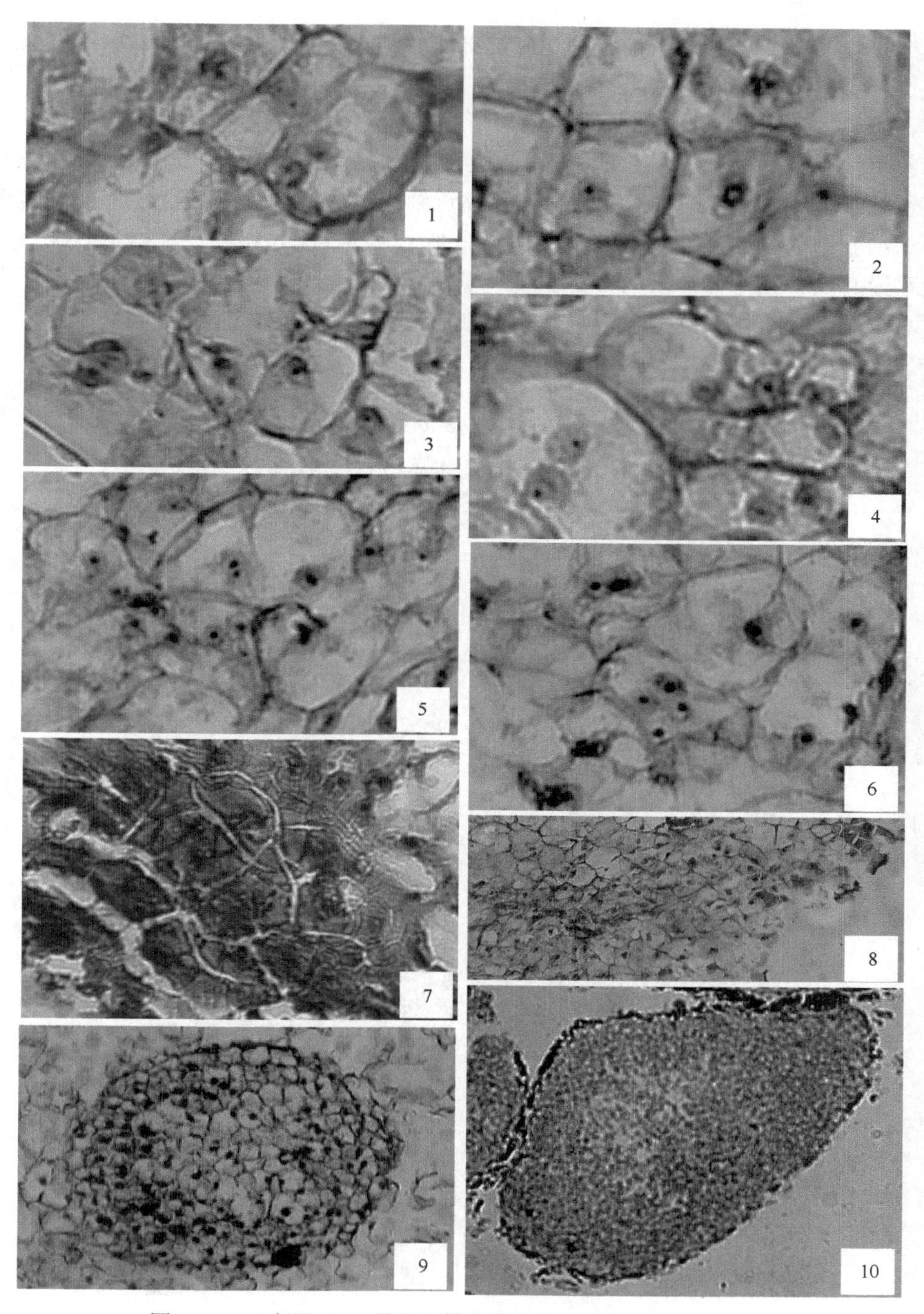


图 11-6　亚麻黑亚 14 号下胚轴愈伤组织及体胚发生解剖观察

1、2. 胚性细胞（×40）；3~6. 2 细胞、3 细胞原胚（×40）；7. 多细胞原胚（×20）；8. 愈伤组织边缘多细胞原胚（×4）；9. 球形胚（×16）；10. 心形胚（×4）

液泡挤压成一薄层分布于细胞的边缘，细胞核被大液泡挤压，位于细胞的一角，但仍可观察到核仁的存在（图 11-7-1）。在初始愈伤组织细胞质中可观察到有叶绿体、线粒体存在（图 11-7-2，图 11-7-4）。胚性愈伤组织细胞有浓厚的细胞质，充满整个细胞，细胞核大，核仁明显，可观察到其内含有淀粉粒的叶绿体(图 11-7-3)。胚性细胞体积小，有很多淀粉粒分布在靠近细胞膜的区域（图 11-7-5）。胚性愈伤组织细胞壁与初始愈伤组织细胞壁相比加厚，非胚性愈伤组织只能偶见叶绿体，几乎没有其他细胞器（图 11-7-7）。褐化愈伤组织细胞几乎完全为中央大液泡所占据，细胞质被挤压到四周，很难观察到细胞核和其他细胞器（图 11-7-8）。

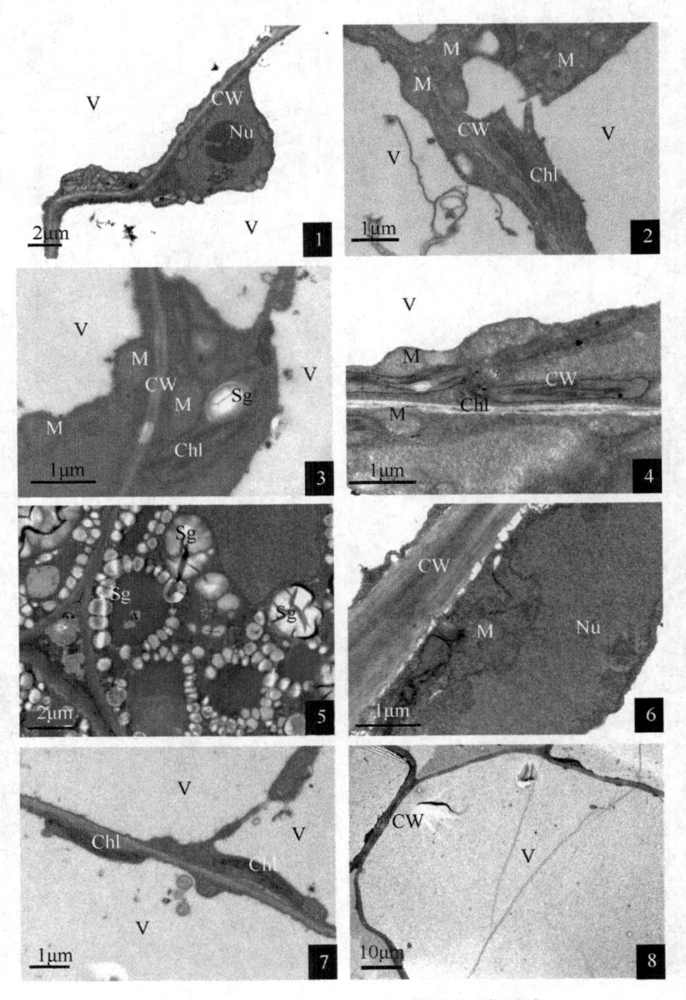


图 11-7　亚麻愈伤组织的透射电镜观察

1. 初始愈伤组织示细胞核仁（Nu）；2. 初始愈伤组织示线粒体（M）、叶绿体（Chl）；3~6. 胚性愈伤组织示线粒体、叶绿体、淀粉粒（Sg）、细胞壁（CW）、细胞核；7. 非胚性愈伤组织示叶绿体；8. 褐化愈伤组织示液泡（V）

### 11.3.2.2 扫描电镜观察

本实验以 H14 下胚轴为外植体的初始愈伤组织，子叶为外植体的初始愈伤组织、胚性愈伤组织、非胚性愈伤组织、不定芽和褐化愈伤组织为研究对象。

扫描电镜下可以观察到，下胚轴为外植体的初始愈伤组织表面较光滑，细胞排列紧密，细胞与细胞之间没有空隙（图 11-8-1），子叶为外植体的初始愈伤组织

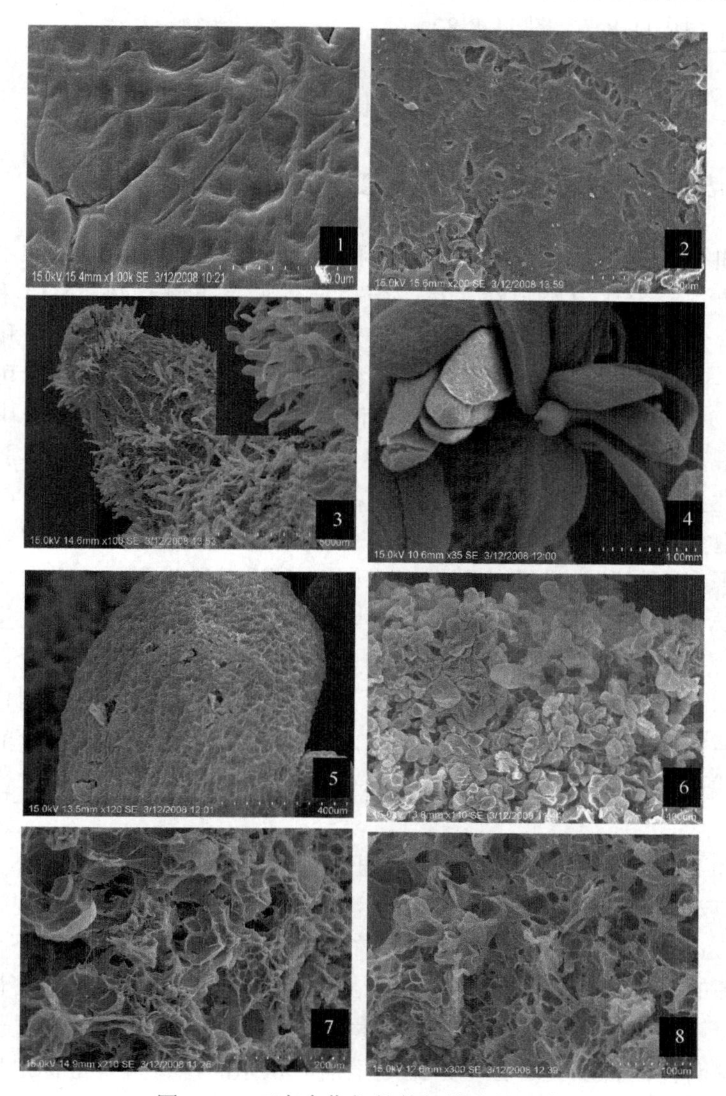


图 11-8 亚麻愈伤组织的扫描电镜观察

1. 下胚轴为外植体的初始愈伤组织；2. 子叶为外植体的初始愈伤组织；3. 愈伤组织再分化出侧根及右上角的根毛；4. 愈伤组织再分化出不定芽；5. 不定芽的叶；6. 胚性愈伤组织；7. 非胚性愈伤组织；8. 褐化愈伤组织

仍可见到气孔(图 11-8-2)。子叶为外植体的愈伤组织再分化出不定根(图 11-8-3)。下胚轴为外植体的愈伤组织再分化出不定芽(图 11-8-4),不定芽的叶表面比较光滑(图 11-8-5)。胚性愈伤组织与非胚性愈伤组织的表面结构存在较大的差别。胚性愈伤组织表面粗糙,细胞形成团粒结构,形成团粒的细胞之间结合紧密,团粒与团粒之间结合松散,可观察到大的空隙,细胞形状比较规则(图 11-8-6)。非胚性愈伤组织和褐化愈伤组织表面结构疏松,有较多的覆盖物,呈片状,细胞形状极其不规则(图 11-8-7,图 11-8-8)。

## 11.4 亚麻形态发生的生理生化特性研究

### 11.4.1 可溶性蛋白和可溶性糖含量的变化

H14 和 OP 器官发生途径中,两品种均表现出不定芽出现之前蛋白质含量呈上升趋势,当分化出不定芽之后,蛋白质含量呈下降趋势。H14 和 OP 的可溶性蛋白含量的最低值都出现在褐化组织中,分别为 0.13mg/g FW 和 0.18mg/g FW(图 11-9)。在离体培养过程中,愈伤组织褐变死亡,必然引起可溶性蛋白含量下降。H14 的最高值出现在球形胚阶段,为 0.53mg/g FW,OP 中的可溶性蛋白含量最高值出现在初始愈伤组织中,为 0.88mg/g FW,高于非胚性愈伤组织的可溶性蛋白含量。可溶性蛋白含量在胚性愈伤组织中的升高,与细胞分裂增殖、细胞数量大量增加有关;随着出愈细胞数减少,可溶性蛋白含量处于相对稳定水平。体胚发生早期从胚性细胞团到原胚期到球形胚,蛋白质含量变化呈"V"形,原胚时期略有下降。分化培养的初期胚性愈伤细胞大量分化,可溶性蛋白含量略升高,原胚、球形胚时期可溶性蛋白含量再次上升,可见亚麻体胚发生和发育过程中,可溶性蛋白含量的变化是与生长阶段相对应的。胚胎发生的实质是受基因调控的,是基因按顺序表达的结果,基因表达的产物以蛋白质的形式表现出来,因此在胚性细胞分化和发育过程中,必然有蛋白质含量的变化。

H14 和 OP 可溶性糖含量的峰值均出现在无菌苗中,二者差异不大,分别为 2.68mg/g FW 和 2.64mg/g FW;不定芽中可溶性糖的含量也较高,分别为 0.87mg/g FW 和 0.93mg/g FW(图 11-10),说明在亚麻植株的正常生长状态下,可溶性糖含量是很高的,糖是构成亚麻植株能量结构的主要成分之一。从可溶性糖含量变化的趋势可以看出,OP 的可溶性糖含量趋势为无菌苗>初始愈伤组织>非胚性愈伤组织,说明在器官发生途径中,糖是呈消耗状态的,直至不定芽出现又出现了一个较高值;H14 的可溶性糖含量为胚性愈伤<原胚期<球形胚期,从胚性细胞形成早期即胚性愈伤组织时期到胚的形成,可溶性糖含量呈增加趋势,出现体胚发

生途径中的累积，为细胞分裂和发育提供能量和物质基础，也为体胚后期成熟及萌发提供了必要的物质和能量基础。这表明可溶性糖的积累与胚性细胞分化能力和体细胞胚早期发育时期的转折密切相关。

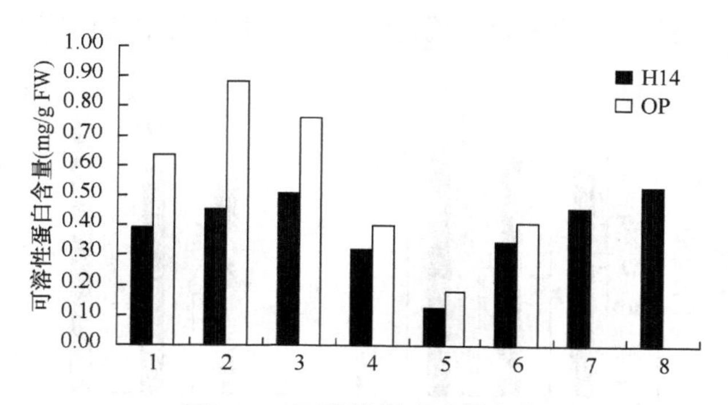


图 11-9　可溶性蛋白含量变化

1. 无菌苗；2. 初始愈伤组织；3. 胚性愈伤组织；4. 非胚性愈伤组织；5. 褐化愈伤组织；6. 不定芽；7. 原胚；8. 球形胚

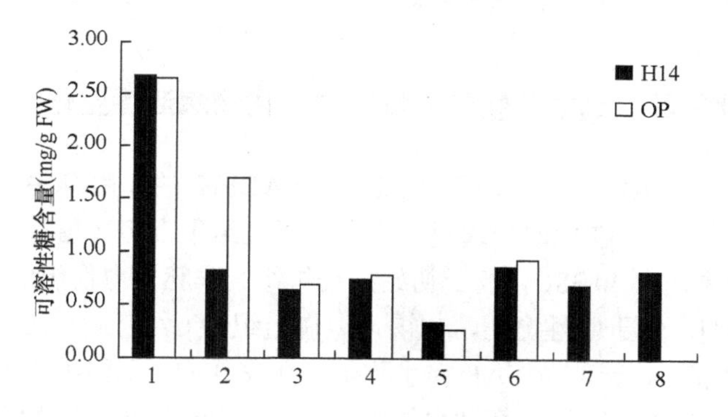


图 11-10　可溶性糖含量变化

1. 无菌苗；2. 初始愈伤组织；3. 胚性愈伤组织；4. 非胚性愈伤组织；5. 褐化愈伤组织；6. 不定芽；7. 原胚；8. 球形胚

### 11.4.2　核酸含量的变化

核酸（DNA、RNA）是重要的生物大分子，是基因及其表达的物质载体。能够提高能量代谢，促进蛋白质（酶）的合成，进而从整体上提高生理代谢水平。H14 的核酸含量最高值出现在球形胚时期，为 1.27mg/g FW，说明体胚发生早期核酸代谢比较旺盛。胚性愈伤组织中为 1.18mg/g FW，非胚性愈伤组织中为 0.22mg/g FW。OP 的核酸含量最高值出现在无菌苗时期，为 0.74mg/g FW，非胚性愈伤组织时期含量为 0.13mg/g FW（图 11-11）。实验表明，核酸含量的变化与细胞分化和器官的形成有密切关系。两个基因型胚性愈伤组织中的核酸含量比非胚性愈伤组织要高，前者的核酸代谢比后者活跃，这些生化代谢上的差异反映了二者组织内部各种代谢的差别。已分化的细胞一旦被启动，细胞分裂就很活跃。褐化组织中的核酸含量在两品种中都是最低的，H14 的含量为 0.09mg/g FW，OP 的含量为 0.10mg/g FW，这说明在褐化组织中，很少发生遗传信息的转移。

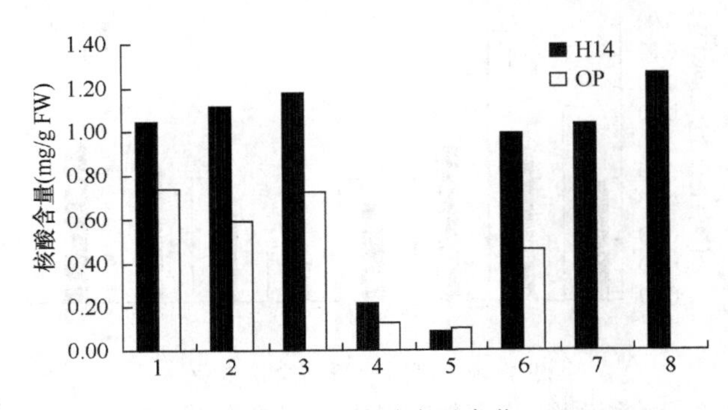


图 11-11　核酸含量变化

1. 无菌苗；2. 初始愈伤组织；3. 胚性愈伤组织；4. 非胚性愈伤组织；5. 褐化愈伤组织；6. 不定芽；7. 原胚；8. 球形胚

### 11.4.3　过氧化氢酶、超氧化物歧化酶和过氧化物酶活性变化

过氧化氢酶（CAT）与生长素、NADH、NADPH 的作用有关，与植物体内的代谢、抗性关系密切，在代谢中起重要作用。研究结果表明（图 11-12），H14 无菌苗 CAT 活性最高，为 40.38U，高于初始愈伤组织。非胚性愈伤组织的 CAT 活性比较低，为 11.86U，低于胚性愈伤，与褐化愈伤组织中 CAT 活性 10.75U 比较接近。OP 的实验结果表明，无菌苗 CAT 活性最高，为 36.95U，愈伤组织中，胚性愈伤组织 CAT 活性为 17.4U，高于非胚性愈伤组织、褐化愈伤组织和初始愈伤组织。CAT 是植物中的抗氧化酶之一，其活性的变化反映了这些愈伤组织生理状态的差异。在整个体胚发生早期过程中，表现为 CAT 活性高，这与细胞的分裂、分化及多细胞原胚和球形胚的发育有关。两品种的最低 CAT 值都出现在褐化愈伤组织中，说明这种愈伤组织的过氧化氢含量较高、被分解的较少，氧化情况比较严重。

超氧化物歧化酶（SOD）是需氧生物中普遍存在的一种金属酶，植物处于逆境或生长发育后期，植物体内活性氧代谢系统的平衡就会受到影响，SOD 能消除逆境中生成的氧自由基，SOD 是防护氧自由基对细胞膜系统伤害的保护酶。实验结果显示（图 11-13），H14 无菌苗的 SOD 活性是最高的，为 42.86U，不定芽次之，为 36.25U。愈伤组织中，较高的是胚性愈伤组织（35.51U）、原胚（34.1U）和球形胚（35.78U），最低值出现在初始愈伤组织中（15.73U）。无菌苗和不定芽期的 SOD 活性比较高是因为正常的植株内 SOD 的活性是比较高的，这是维持机

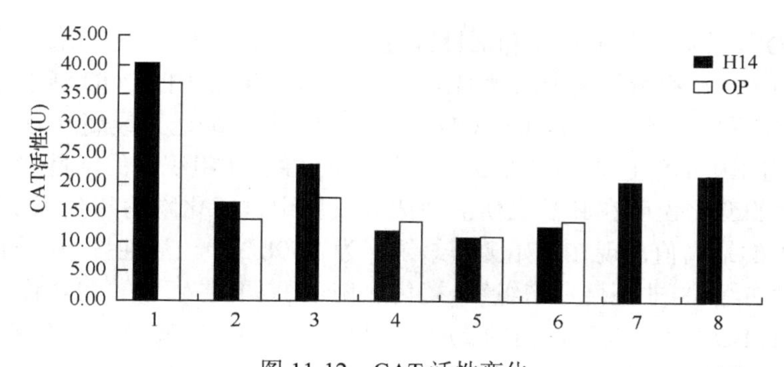


图 11-12　CAT 活性变化

1. 无菌苗；2. 初始愈伤组织；3. 胚性愈伤组织；4. 非胚性愈伤组织；5. 褐化愈伤组织；6. 不定芽；7. 原胚；8. 球形胚

体正常代谢的需要。初始愈伤组织中的 SOD 活性很低，其活性值仅为无菌苗的 36.7%，这是反映了初始愈伤组织阶段愈伤组织生长旺盛，处于生长发育的前期，SOD 活性是偏低的。也是因为同样的原因，OP 的最低值出现在初始愈伤组织阶段，为 16.32U。OP 的最高值为褐化愈伤组织，3 次测定的平均值为 35.98U，这可能与该愈伤组织经过了长期的继代，处于逆境的生理状态有关。

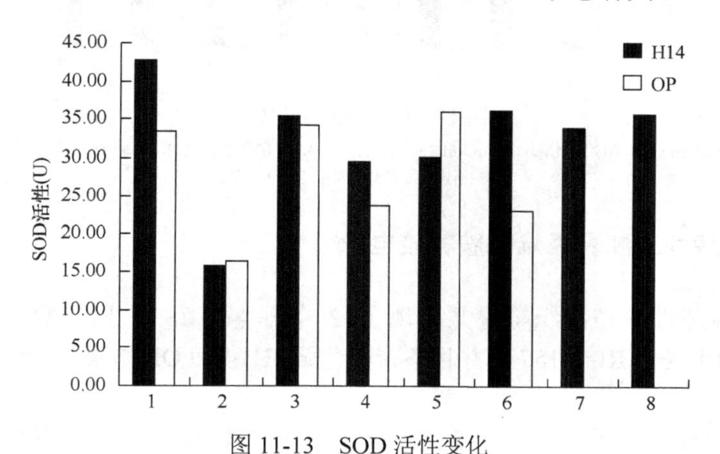


图 11-13　SOD 活性变化

1. 无菌苗；2. 初始愈伤组织；3. 胚性愈伤组织；4. 非胚性愈伤组织；5. 褐化愈伤组织；6. 不定芽；7. 原胚；8. 球形胚

过氧化物酶（POD）在植物生长发育过程中起着非常重要的作用，与植物的呼吸作用、光合作用及吲哚乙酸的氧化等有关，在代谢中调控 IAA 含量水平，免除机体内产生过氧化氢的毒害作用。一方面，POD 是高等植物苯丙烷类代谢中重要的诱导酶，参与的反应与植物体内一些极重要的生理活动相关，如植物的抗机械损伤、抵抗病原物的侵入，与细胞的分裂分化、组织器官的分化及生长发育关系密切，并与木质素的形成直接相关，被认为是木质化作用和组织分化的标志酶，另外，POD 及其同工酶的变化和活性改变还被看作是芽和根的分化及胚状体发生的一个指示酶。在亚麻的两个品种 H14 和 OP 中，无菌苗中的 POD 活性是最低的，仅为 167.5U 和 202.5U。H14 的 POD 活性在球形胚时期达到最高，为 3286.5U，胚性愈伤组织中的活性为 3158.75U，高于非胚性愈伤组织中的活性 2738.13U。POD 活性的变化说明在胚性愈伤的建成和发展中过氧化物酶起到了重要的调控作用。OP 的最高值出现在初始愈伤组织，为 5598.20U，活性排序为初始愈伤组织>胚性愈伤组织>非胚性愈伤组织>褐化愈伤组织>不定芽（图 11-14）。OP 初始愈伤组织的 POD 活性为无菌苗的 27 倍，初始愈伤组织中 POD 活性偏高的原因可能是外植体被从无菌苗中切割下来，处于机械性损伤之后的生长状态，导致 POD 活性大幅升高。

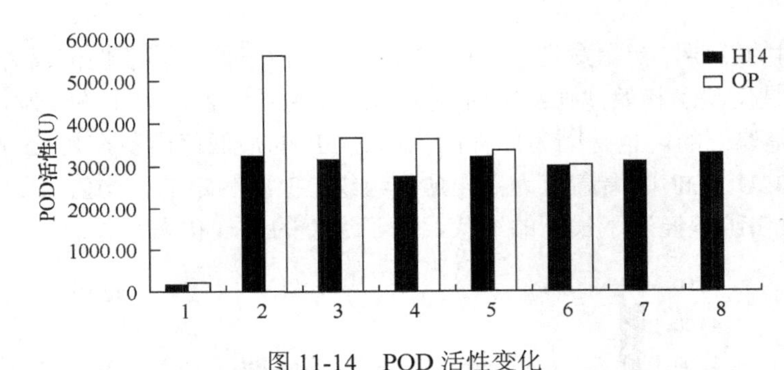


图 11-14 POD 活性变化

1. 无菌苗；2. 初始愈伤组织；3. 胚性愈伤组织；4. 非胚性愈伤组织；5. 褐化愈伤组织；6. 不定芽；7. 原胚；8. 球形胚

### 11.4.4 酯酶同工酶聚丙烯酰胺凝胶电泳

在亚麻胚性愈伤组织阶段共出现了 2 条酯酶（EST）同工酶酶带，即 E1（Rf=0.122）和 E2（Rf=0.157），并且条带颜色强，H14 和 OP 结果相一致（图 11-15，表 11-7）。

亚麻体胚发生的早期原胚阶段，共出现了 5 条 EST 同工酶的酶带，即 E1、E2、E3（Rf=0.383）、E5（Rf=0.504）和 E6（Rf=0.600）。与胚性愈伤组织阶段相比多出了 3 条带，分别是 E3、E5 和 E6，并且这 3 条带到球形胚阶段均消失了，这 3 条带可能是早期原胚阶段发生的特异酶，在早期原胚阶段起重要作用。

亚麻球形胚阶段共有 2 条 EST 同工酶酶带，即 E1 和 E2。与早期原胚阶段相比有 3 条酶带消失，分别是 E3、E5 和 E6。可以说，亚麻在由胚性愈伤组织发育到早期原胚阶段，EST 同工酶酶带数量增加，当发育到球形胚时期，EST 同工酶酶带数量又减少，并且在这些酶带的表达量上也存在着一定的差异。

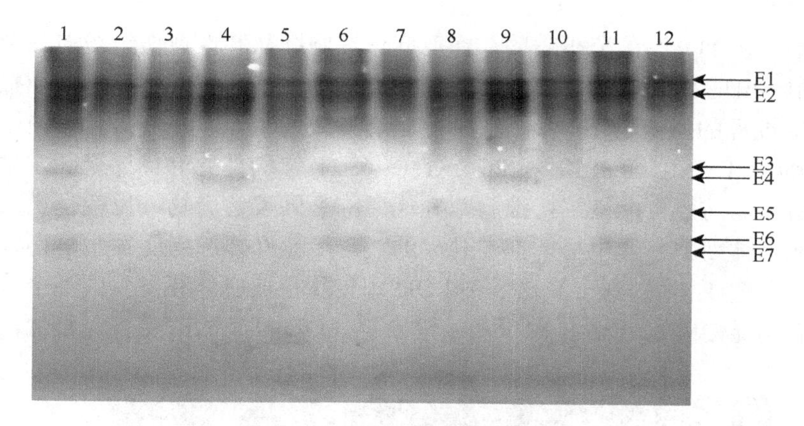


图 11-15 酯酶同工酶电泳图谱

1. H14 无菌苗；2. H14 初始愈伤组织；3. H14 胚性愈伤组织；4. H14 非胚性愈伤组织；5. H14 褐化愈伤组织；6. OP 无菌苗；7. OP 初始愈伤组织；8. OP 胚性愈伤组织；9. OP 非胚性愈伤组织；10. OP 褐化愈伤组织；11. H14 原胚；12. H14 球形胚

**表 11-7 酯酶同工酶的相对迁移率**

| 编号 | 相对迁移率 | 1 | 2 | 3 | 4 | 5 | 6 | 7 | 8 | 9 | 10 | 11 | 12 |
|---|---|---|---|---|---|---|---|---|---|---|---|---|---|
| E1 | 0.122 | 强 | 强 | 强 | 强 | 强 | 强 | 强 | 强 | 强 | 强 | 强 | 强 |
| E2 | 0.157 | 强 | 强 | 强 | 强 | 强 | 强 | 强 | 强 | 强 | 强 | 强 | 强 |
| E3 | 0.383 |  |  |  |  |  | 中 |  |  |  |  | 中 |  |
| E4 | 0.400 | 中 |  |  | 中 |  |  |  |  | 中 |  |  |  |
| E5 | 0.504 |  |  |  |  |  | 弱 |  |  |  |  | 弱 |  |
| E6 | 0.600 |  |  |  | 弱 |  | 弱 |  |  | 浅 |  | 弱 |  |
| E7 | 0.617 | 浅 |  |  |  |  |  |  |  |  |  |  |  |

注：强、中、弱、浅表示酶带颜色差异

1. H14 无菌苗；2. H14 初始愈伤组织；3. H14 胚性愈伤组织；4. H14 非胚性愈伤组织；5. H14 褐化愈伤组织；6. OP 无菌苗；7. OP 初始愈伤组织；8. OP 胚性愈伤组织；9. OP 非胚性愈伤组织；10. OP 褐化愈伤组织；11. H14 原胚；12. H14 球形胚

亚麻非胚性愈伤组织阶段共出现了 4 条带，即 E1、E2、E4（Rf=0.400）和 E6，H14 和 OP 结果基本一致，只是 H14 的 E6 条带颜色弱，而 OP 的 E6 条带颜色浅。

亚麻褐化愈伤组织中共出现 2 条带，分别是 E1 和 E2。与非胚性愈伤组织阶段相比，少了 2 条带，分别是 E4 和 E6。同工酶酶带的出现和消失与愈伤组织细胞分化和发育状态相对应。

### 11.4.5 过氧化物酶同工酶聚丙烯酰胺凝胶电泳

对亚麻体细胞胚发生早期的过氧化物酶（POD）同工酶图谱（图 11-16）及相

对迁移率（表 11-8）的分析表明，在亚麻体细胞胚从胚性愈伤组织向球形胚发育的过程中，出现 9 条 POD 同工酶酶带。但是，这 9 条酶带并不是贯穿于整个早期体胚发生过程的，有 3 条酶带贯穿于亚麻体胚发生早期的整个过程中，即 P1（Rf=0.104）、P5（Rf=0.381）和 P6（Rf=0.463）。它们是亚麻体细胞胚发生早期各个阶段所必需的，可能是维持细胞基础代谢的基因表达产物，也就是说，它们的基因在亚麻体细胞胚发生早期都是开启的，对于亚麻体细胞胚发生早期各个阶段的维持具有重要作用。但是，这 3 种 POD 同工酶在亚麻体胚发生的各个阶段的含量存在着明显的差别，其中 P1 和 P6 这 2 条 POD 同工酶酶带着色很深，活性很

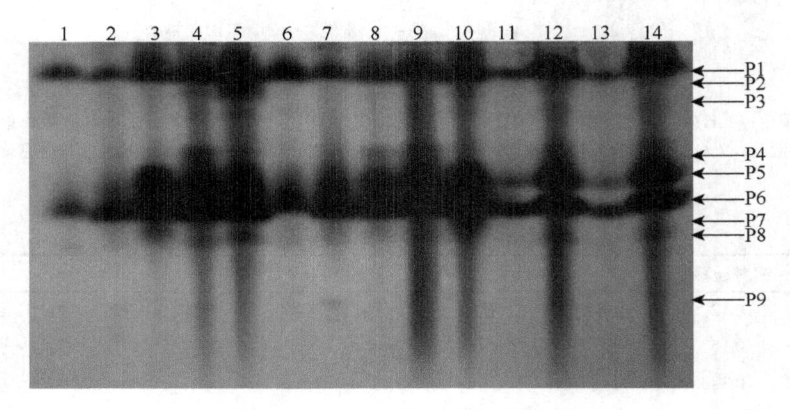


图 11-16 POD 同工酶电泳图谱

1. H14 无菌苗；2. H14 初始愈伤组织；3. H14 胚性愈伤组织；4. H14 非胚性愈伤组织；5. H14 褐化愈伤组织；6. OP 无菌苗；7. OP 初始愈伤组织；8. OP 胚性愈伤组织；9. OP 非胚性愈伤组织；10. OP 褐化愈伤组织；11. H14 不定芽；12. H14 原胚；13. OP 不定芽；14. H14 球形胚

**表 11-8 POD 同工酶的相对迁移率**

| 编号 | 相对迁移率 | 1 | 2 | 3 | 4 | 5 | 6 | 7 | 8 | 9 | 10 | 11 | 12 | 13 | 14 |
|---|---|---|---|---|---|---|---|---|---|---|---|---|---|---|---|
| P1 | 0.104 | 中 | 中 | 强 | 强 | 强 | 强 | 强 | 强 | 强 | 强 | 中 | 强 | 中 | 强 |
| P2 | 0.149 | | | | 浅 | 强 | | | | 浅 | 浅 | | 中 | | 浅 |
| P3 | 0.194 | | | | 弱 | 弱 | | | | 弱 | 弱 | | 弱 | | 浅 |
| P4 | 0.306 | | | | 中 | | | | 浅 | 中 | | | | | |
| P5 | 0.381 | | | 强 | 中 | 强 | | 中 | 中 | 强 | 强 | 弱 | 强 | 弱 | 强 |
| P6 | 0.463 | 中 | 强 | 强 | 强 | 强 | 中 | 强 | 强 | 强 | 强 | 强 | 强 | 强 | 强 |
| P7 | 0.478 | | | 强 | | | | | 浅 | | | | | | 中 |
| P8 | 0.522 | 浅 | 浅 | | 中 | 中 | 浅 | 浅 | 浅 | 中 | 中 | | 强 | | 强 |
| P9 | 0.634 | | 浅 | | | | | 浅 | | | | | | | |

注：强、中、弱、浅表示酶带颜色差异

1. H14 无菌苗；2. H14 初始愈伤组织；3. H14 胚性愈伤组织；4. H14 非胚性愈伤组织；5. H14 褐化愈伤组织；6. OP 无菌苗；7. OP 初始愈伤组织；8. OP 胚性愈伤组织；9. OP 非胚性愈伤组织；10. OP 褐化愈伤组织；11. H14 不定芽；12. H14 原胚；13. OP 不定芽；14. H14 球形胚

强；P5 着色较深，活性较强。可能是因为不同的 POD 同工酶在亚麻体胚发生早期所起的作用有所差异。

在亚麻胚性愈伤组织阶段共出现了 4 条 POD 同工酶酶带，即 P1、P5、P6、P7（Rf=0.478），且这 4 条 POD 同工酶酶带在表达上存在着强弱的差别。另外，OP 的胚性愈伤组织比 H14 胚性愈伤组织多了 P4（Rf=0.306）和 P8（Rf=0.522）两条酶带，但 P4 和 P8 这两条带颜色较浅，这可能与基因型不同有关。其中 P7 是胚性愈伤组织阶段所特有的 POD 同工酶酶带，可以作为亚麻胚性愈伤组织阶段的生化标记。这条 POD 同工酶酶带在亚麻胚性愈伤组织中的染色较深，活性较强，则说明其在胚性愈伤组织时期与该酶有关的代谢很活跃，并且可能是维系亚麻胚性愈伤组织处于该阶段的生理基础。随着体细胞胚发生进入球形胚，P7 这条 POD 同工酶酶带就随之减弱了。

当亚麻体胚发生进入早期原胚阶段时，共出现 6 条 POD 同工酶酶带，除了具有 P1、P5、P6 外，还出现了 P8、P2（Rf=0.149）和 P3（Rf=0.194）这 3 条 POD 同工酶酶带。说明其在早期原胚阶段与该酶有关的代谢很活跃，并且可能是维系亚麻胚性愈伤组织处于该阶段的生理基础。

与原胚相比，亚麻体胚发生的球形胚阶段的 POD 同工酶酶带多了一条带 P7，共出现了 7 条 POD 同工酶酶带，即 Pl、P2、P3、P5、P6、P7、P8。在胚性阶段出现的 P4 同工酶酶带，在亚麻体胚进入球形胚阶段时，已经消失。

亚麻非胚性愈伤组织的 POD 同工酶酶带共出现了 7 条带，H14 和 OP 的结果一致，即 Pl、P2（Rf=0.149）、P3（Rf=0.194）、P4、P5、P6、P8。非胚性愈伤组织大多数条带颜色比较强，可能与所处的状态有关。

亚麻褐化愈伤组织的 POD 同工酶与非胚性愈伤组织的相比减少了一条带 P4，H14 和 OP 的结果一致。褐化愈伤组织的多数条带颜色比较强，与非胚性愈伤组织有些相似，这可能由于应对逆境而合成了大量的同工酶。

### 11.4.6 淀粉酶同工酶聚丙烯酰胺凝胶电泳

与亚麻体胚发生早期的 POD 同工酶相比，亚麻体细胞胚发生早期淀粉酶同工酶的变化不是很大。在体细胞胚发生过程中，共出现了 7 条淀粉酶同工酶酶带，即 A1（Rf=0.214）、A2（Rf=0.265）、A3（Rf=0.350）、A4（Rf=0.650）、A5（Rf=0.684）、A6（Rf=0.872）、A7（Rf=0.906）（图 11-17，表 11-9）。其中 A4 同工酶酶带在各个阶段均存在。在亚麻胚性愈伤组织中共存在着 3 条淀粉酶同工酶酶带，即 A1、A4 和 A5。A1 和 A5 这两条带在 H14 中存在，而在 OP 中没有这两条带，可能是基因型不同的原因。

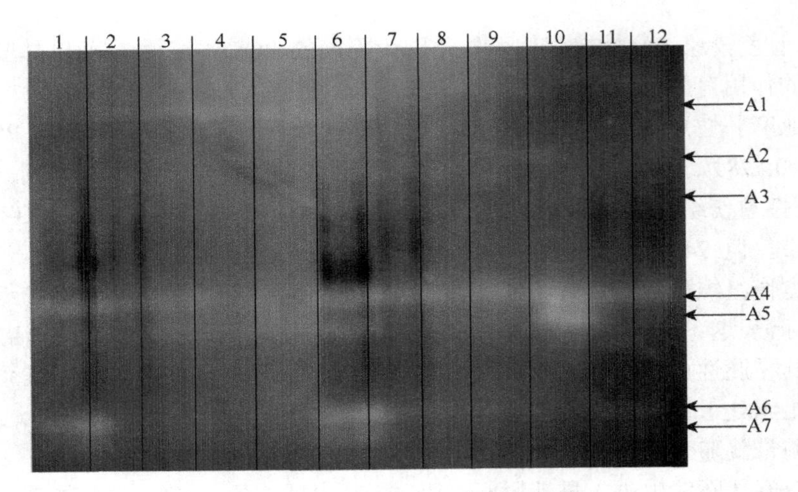


图 11-17　淀粉酶同工酶电泳图谱

1. H14 无菌苗；2. H14 初始愈伤组织；3. H14 胚性愈伤组织；4. H14 非胚性愈伤组织；5. H14 褐化愈伤组织；6. OP 无菌苗；7. OP 初始愈伤组织；8. OP 胚性愈伤组织；9. OP 非胚性愈伤组织；10. OP 褐化愈伤组织；11. H14 原胚；12. H14 球形胚

**表 11-9　淀粉酶同工酶的相对迁移率**

| 编号 | 相对迁移率 | 1 | 2 | 3 | 4 | 5 | 6 | 7 | 8 | 9 | 10 | 11 | 12 |
|---|---|---|---|---|---|---|---|---|---|---|---|---|---|
| A1 | 0.214 | 浅 | 浅 | 浅 | 浅 | 浅 | | | | | | | |
| A2 | 0.265 | | | | | | | | | 浅 | | | |
| A3 | 0.350 | | | | 浅 | 浅 | | | | | | | |
| A4 | 0.650 | 强 | 强 | 强 | 强 | 强 | 强 | 强 | 强 | 强 | 强 | 强 | 强 |
| A5 | 0.684 | | | 弱 | 弱 | 弱 | 弱 | | | | 强 | | |
| A6 | 0.872 | 中 | | | | | 强 | | | | | | |
| A7 | 0.906 | | | | | | 弱 | | | | | | |

注：强、中、弱、浅表示酶带颜色差异

1. H14 无菌苗；2. H14 初始愈伤组织；3. H14 胚性愈伤组织；4. H14 非胚性愈伤组织；5. H14 褐化愈伤组织；6. OP 无菌苗；7. OP 初始愈伤组织；8. OP 胚性愈伤组织；9. OP 非胚性愈伤组织；10. OP 褐化愈伤组织；11. H14 原胚；12. H14 球形胚

在亚麻原胚中比胚性愈伤组织少两条带，即 A1 和 A5。A1 条带颜色浅，A5 条带颜色弱。亚麻球形胚阶段出现的条带和原胚阶段出现的条带一致。亚麻非胚性愈伤组织阶段共出现 5 条带，其中 H14 共出现 4 条带，即 A1、A3、A4 和 A5；OP 共出现 2 条带，即 A2 和 A4。亚麻褐化愈伤组织阶段共出现 4 条带，其中 H14 共出现 4 条带，即 A1、A3、A4 和 A5；OP 共出现 2 条带，即 A4 和 A5。OP 的褐化愈伤组织与其非胚性愈伤组织相比，出现颜色明显的 A5 条带。

### 11.4.7　蛋白质 SDS-聚丙烯酰胺凝胶电泳

图 11-18 显示，3 和 5 蛋白质条带较少，即非胚性愈伤组织和褐化愈伤组织的蛋白质含量比无菌苗、胚性愈伤组织、初始愈伤组织少。各泳道分别出现了多种蛋白质组分，其分子量为 24~100kDa，且存在着特异蛋白质的产生与消失，H14 胚性愈伤组织中可溶性蛋白含量与组分远高于或多于非胚性愈伤组织，而且胚性愈伤组织中 45~50kDa 的胚胎发生特异蛋白质组分较多，胚性愈伤组织在 47kDa 处有一条明显的特异性条带。

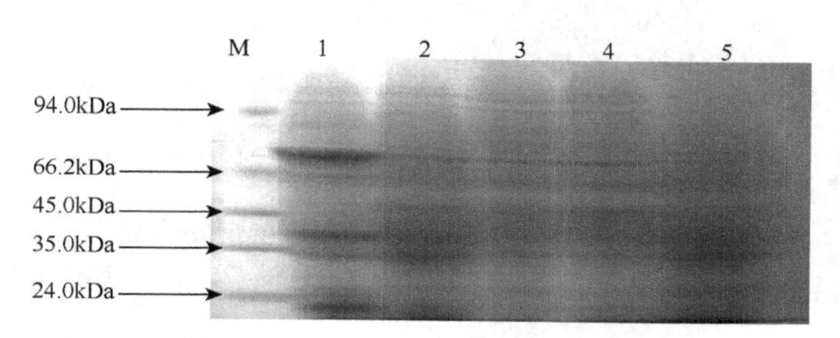


图 11-18　H14 可溶性蛋白的 SDS-聚丙烯酰胺凝胶电泳图谱

图中 M 为 Protein Marker Ⅱ，1、2、3、4、5 分别为无菌苗、胚性愈伤组织、非胚性愈伤组织、初始愈伤组织、褐化愈伤组织

图 11-19 中共出现了多种蛋白质组分，其分子量为 24~94kDa，且存在着特异蛋白质的产生与消失。从图 11-19 可以看出，3 和 5 蛋白质较少，即非胚性愈伤组织和褐化愈伤组织的蛋白质含量比无菌苗、胚性愈伤组织、初始愈伤组织要少。其结果和 H14 的结果一致。胚性愈伤组织中可溶性蛋白含量与组分远高于或多于非胚性愈伤组织，胚性愈伤组织中存在 45~55kDa 的胚胎发生特异蛋白质组分，且在 50kDa 处有一条明显的特异性条带。

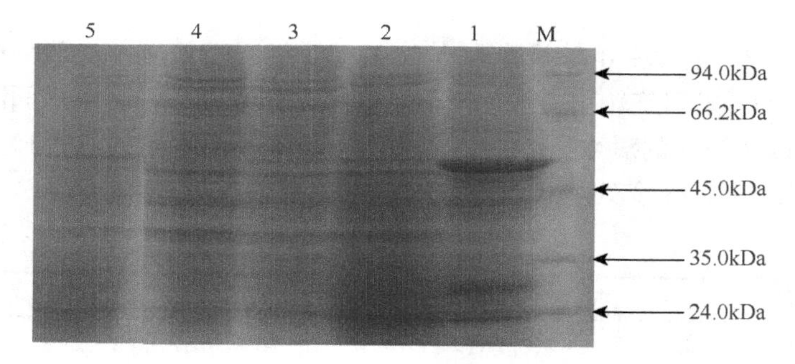


图 11-19　Opaline 可溶性蛋白的 SDS-聚丙烯酰胺凝胶电泳图谱

图中 M 为 Protein Marker Ⅱ，1、2、3、4、5 分别为无菌苗、胚性愈伤组织、非胚性愈伤组织、初始愈伤组织、褐化愈伤组织

在H14体细胞胚发生早期的过程中，共出现了多种蛋白质组分，其分子量为24~100kDa，且存在着特异蛋白质的产生与消失，24kDa以下也有一些小的蛋白质片段，球形胚在49kDa有一条特异性条带（图11-20）。

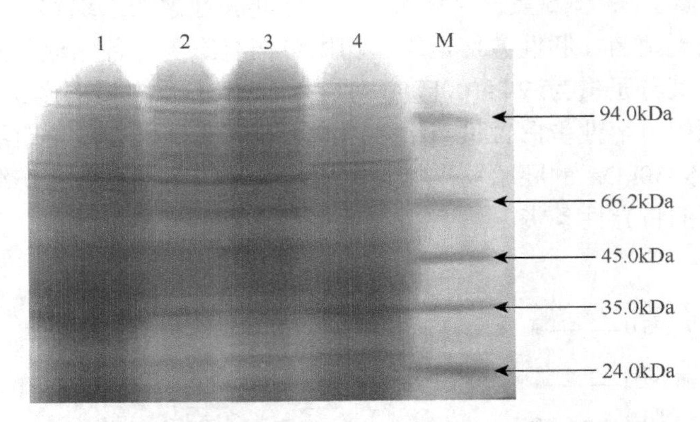


图11-20　H14可溶性蛋白的SDS-聚丙烯酰胺凝胶电泳图谱

图中M为Protein Marker Ⅱ，1、2、3、4分别为胚性愈伤组织、原胚、非胚性愈伤组织、球形胚

## 11.5　亚麻愈伤组织生长影响因素研究

愈伤组织是组织培养过程中的基础材料，为了研究影响亚麻愈伤组织生长的因素，选择培养的黑亚14号无菌苗（出苗一周后）下胚轴为外植体，材料大小为1~2mm，将取得的亚麻材料置于含有不同处理的MS培养基中，每个处理5瓶，每瓶接种10个左右外置体。4周之后，将下胚轴愈伤组织小块转移到与原来成分相同的新鲜培养基上，于25℃下光照培养。以类似方式以后每2~3周继代1次。结合第一次继代，调查出愈情况，出愈率=形成愈伤组织的外植体数/接种外植体数×100%。结合第二次继代，在继代前后称量每瓶重量，其差值为每瓶愈伤组织鲜重。

试验选用4个因素：6-苄基腺嘌呤（6-BA）、萘乙酸（NAA）、脱落酸（ABA）、脯氨酸（PRO）。采用旋转正交设计，为了低水平间隔密些，高水平间隔稀些，编码尺度采用以2为底的对数（徐中儒，1988），设置不同水平的激素和脯氨酸进行愈伤诱导，试验共25个处理（表11-10）。

表11-10　试验设计

| | $X_1$ | $X_2$ | $X_3$ | $X_4$ | 6-BA（mg/L） | NAA（mg/L） | ABA（mg/L） | PRO（mg/L） |
|---|---|---|---|---|---|---|---|---|
| 1 | −1 | −1 | −1 | −1 | 1 | 2 | 0.5 | 5 |
| 2 | 1 | −1 | −1 | −1 | 4 | 2 | 0.5 | 5 |
| 3 | −1 | 1 | −1 | −1 | 1 | 8 | 0.5 | 5 |

续表

| | $X_1$ | $X_2$ | $X_3$ | $X_4$ | 6-BA（mg/L） | NAA（mg/L） | ABA（mg/L） | PRO（mg/L） |
|---|---|---|---|---|---|---|---|---|
| 4 | 1 | 1 | −1 | −1 | 4 | 8 | 0.5 | 5 |
| 5 | −1 | −1 | 1 | −1 | 1 | 2 | 2 | 5 |
| 6 | 1 | −1 | 1 | −1 | 4 | 2 | 2 | 5 |
| 7 | −1 | 1 | 1 | −1 | 1 | 8 | 2 | 5 |
| 8 | 1 | 1 | 1 | −1 | 4 | 8 | 2 | 5 |
| 9 | −1 | −1 | −1 | 1 | 1 | 2 | 0.5 | 20 |
| 10 | 1 | −1 | −1 | 1 | 4 | 2 | 0.5 | 20 |
| 11 | −1 | 1 | −1 | 1 | 1 | 8 | 0.5 | 20 |
| 12 | 1 | 1 | −1 | 1 | 4 | 8 | 0.5 | 20 |
| 13 | −1 | −1 | 1 | 1 | 1 | 2 | 2 | 20 |
| 14 | 1 | −1 | 1 | 1 | 4 | 2 | 2 | 20 |
| 15 | −1 | 1 | 1 | 1 | 1 | 8 | 2 | 20 |
| 16 | 1 | 1 | 1 | 1 | 4 | 8 | 2 | 20 |
| 17 | −2 | 0 | 0 | 0 | 0.5 | 4 | 1 | 10 |
| 18 | 2 | 0 | 0 | 0 | 8 | 4 | 1 | 10 |
| 19 | 0 | −2 | 0 | 0 | 2 | 1 | 1 | 10 |
| 20 | 0 | 2 | 0 | 0 | 2 | 16 | 1 | 10 |
| 21 | 0 | 0 | −2 | 0 | 2 | 4 | 0.25 | 10 |
| 22 | 0 | 0 | 2 | 0 | 2 | 4 | 4 | 10 |
| 23 | 0 | 0 | 0 | −2 | 2 | 4 | 1 | 2.5 |
| 24 | 0 | 0 | 0 | 2 | 2 | 4 | 1 | 40 |
| 25 | 0 | 0 | 0 | 0 | 2 | 4 | 1 | 10 |

### 11.5.1　对愈伤组织诱导的影响

在本试验中不同处理均能够高频率诱导亚麻下胚轴形成愈伤组织，且处理间出愈率在 91%~100%（表 11-11），显示处理间差异较小，因此不对各因素的影响做进一步分析。

**表 11-11　不同处理出愈情况**

| 处理 | 重复 1 | | 重复 2 | | 重复 3 | | 重复 4 | | 重复 5 | | 平均出愈率 |
|---|---|---|---|---|---|---|---|---|---|---|---|
| | 愈伤数 | 外植体数 | 愈伤数 | 外植体数 | 愈伤数 | 外植体数 | 愈伤数 | 外植体数 | 愈伤数 | 外植体数 | |
| 1 | 14 | 15 | 10 | 10 | 7 | 7 | 10 | 10 | 12 | 12 | 0.987 |
| 2 | 14 | 14 | 10 | 10 | 10 | 11 | 14 | 14 | 11 | 12 | 0.965 |
| 3 | 5 | 5 | 9 | 9 | 11 | 11 | 6 | 8 | 10 | 10 | 0.95 |
| 4 | 13 | 13 | 13 | 14 | 9 | 9 | 9 | 9 | 11 | 12 | 0.969 |

续表

| 处理 | 重复1 | | 重复2 | | 重复3 | | 重复4 | | 重复5 | | 平均出愈率 |
|---|---|---|---|---|---|---|---|---|---|---|---|
| | 愈伤数 | 外植体数 | 愈伤数 | 外植体数 | 愈伤数 | 外植体数 | 愈伤数 | 外植体数 | 愈伤数 | 外植体数 | |
| 5 | 11 | 11 | 12 | 12 | 8 | 8 | 10 | 10 | 10 | 10 | 1 |
| 6 | 10 | 10 | 10 | 11 | 9 | 10 | 16 | 16 | 10 | 10 | 0.962 |
| 7 | 8 | 8 | 15 | 15 | 10 | 10 | 9 | 9 | 13 | 13 | 1 |
| 8 | 11 | 11 | 8 | 8 | 13 | 13 | 12 | 12 | 13 | 13 | 1 |
| 9 | 9 | 9 | 11 | 11 | 7 | 8 | 11 | 11 | 10 | 10 | 0.975 |
| 10 | 12 | 13 | 13 | 13 | 12 | 12 | 10 | 11 | 14 | 14 | 0.966 |
| 11 | 10 | 11 | 8 | 8 | 8 | 8 | 12 | 13 | 6 | 7 | 0.938 |
| 12 | 7 | 7 | 10 | 10 | 9 | 9 | 13 | 13 | 6 | 6 | 1 |
| 13 | 12 | 13 | 8 | 8 | 13 | 13 | 9 | 9 | 12 | 12 | 0.985 |
| 14 | 11 | 11 | 10 | 11 | 8 | 9 | 12 | 12 | 10 | 13 | 0.913 |
| 15 | 11 | 11 | 7 | 8 | 10 | 10 | 7 | 7 | 11 | 11 | 0.975 |
| 16 | 10 | 10 | 10 | 11 | 12 | 13 | 12 | 12 | 8 | 10 | 0.926 |
| 17 | 6 | 8 | 9 | 9 | 10 | 10 | 13 | 13 | 9 | 9 | 0.95 |
| 18 | 9 | 9 | 10 | 11 | 10 | 12 | 12 | 12 | 13 | 13 | 0.948 |
| 19 | 9 | 9 | 9 | 9 | 12 | 12 | 11 | 11 | 11 | 11 | 1 |
| 20 | 7 | 7 | 10 | 10 | 6 | 6 | 10 | 10 | 9 | 9 | 1 |
| 21 | 11 | 11 | 9 | 9 | 15 | 15 | 13 | 13 | 11 | 11 | 1 |
| 22 | 8 | 8 | 10 | 10 | 11 | 11 | 9 | 9 | 10 | 10 | 1 |
| 23 | 11 | 11 | 9 | 9 | 7 | 7 | 11 | 12 | — | — | 0.979 |
| 24 | 14 | 14 | 9 | 9 | 8 | 8 | 10 | 10 | 11 | 11 | 1 |
| 25 | 9 | 10 | 11 | 11 | 13 | 13 | 12 | 12 | 12 | 12 | 0.98 |

### 11.5.2 对愈伤组织生长的影响

以6-苄基腺嘌呤（$X_1$）、萘乙酸（$X_2$）、脱落酸（$X_3$）、脯氨酸（$X_4$）为自变量，建立4个因素与愈伤组织重量（$Y$）的回归方程：

$$Y=2.80-0.569X_1-0.329X_2+0.368X_3+0.103X_4+0.029X_1^2+0.0094X_2^2-0.101X_3^2-0.0019X_4^2+0.050X_1X_2-0.0845X_1X_3+0.0207X_2X_3-0.0068X_2X_4-0.0108X_3X_4$$

$F$=3.1925，显著水平 $P$=0.0309，表明该方程拟合较好，达到显著水平。当4个因素分别取值0.5、1.0、0.86和18.61时，最有利于愈伤组织的生长，培养8周每瓶可以获得最大的鲜重3.42g。

为了进一步分析每个因素的影响，采用降维法，将任意3个因素固定，得到另一个因素的效应曲线（图11-21）。

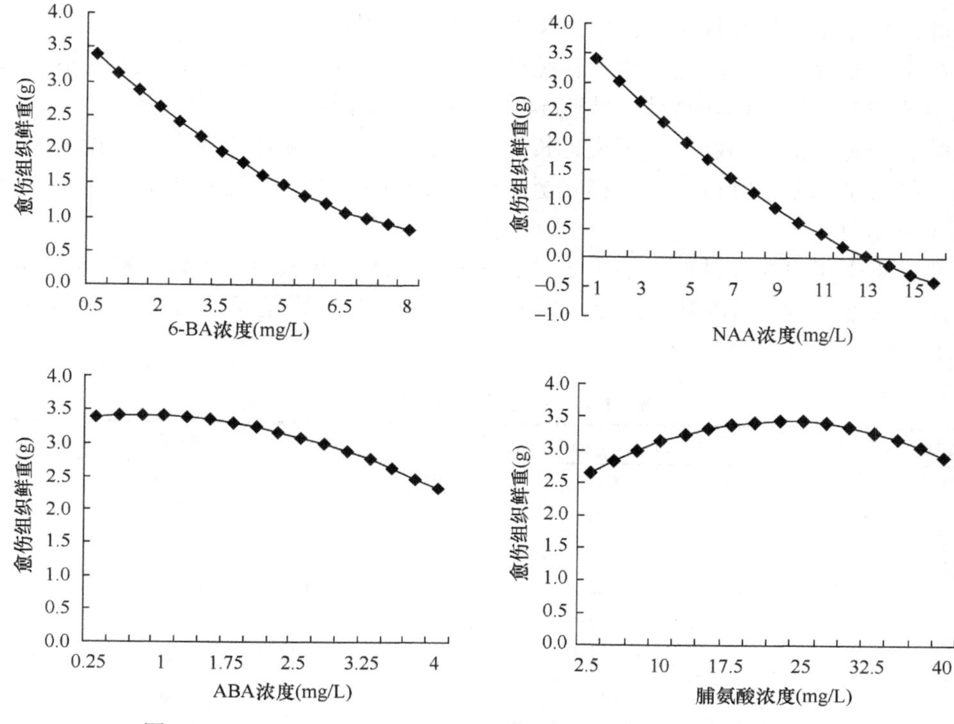


图 11-21 6-BA、NAA、ABA、PRO 对亚麻愈伤组织生长的影响

随着 6-BA 浓度的逐渐增加，亚麻愈伤组织鲜重逐渐减少，表明单独高浓度的 6-BA 对亚麻愈伤组织的生长有抑制作用。随着 NAA 浓度的逐渐增加，亚麻愈伤组织生物量逐渐减少，说明单独高浓度的 NAA 对亚麻愈伤组织的生长有抑制作用。随着 ABA 浓度的逐渐增加，在起初小范围内（小于 1mg/L）对亚麻愈伤组织生长有一点促进作用，而后转变为不利影响，显示高浓度的 ABA 对亚麻愈伤组织的生长有抑制作用。随着脯氨酸浓度的逐渐增加，亚麻愈伤组织生长速度逐渐加快，到最高点（脯氨酸浓度大约为 25mg/L）后逐渐降低，因此适量使用脯氨酸有利于亚麻愈伤组织的生长。

高浓度 6-BA、NAA、ABA 都会抑制亚麻愈伤组织的生长，中等浓度的脯氨酸会促进亚麻愈伤组织的生长。从愈伤组织生长状况来看，低 6-BA 高 NAA 组合有利于获得胚性愈伤组织。

## 11.6 亚麻苗诱导生根的研究

为了系统研究亚麻再生苗生根的影响因素，从激素（NAA、IBA）浓度、琼脂浓度、蔗糖含量及 MS 培养基的浓度 4 个方面入手，以离体实生苗为对象研究亚麻根系分化、生长规律，优化MS生根培养基配比。

由于亚麻组织培养的不定苗存在苗龄不一、素质各异的问题，我们选取同批实生苗作为试验材料。品种为黑亚14号。在MS培养基上萌发15天，待第一对真叶展开时，选择粗壮、无污染、长势一致的幼苗。在超净工作台上，用高温消毒后的镊子掐取子叶以上部分移栽至生根培养基中。每个处理各5瓶，每瓶中移入3个幼苗。

试验采用正交设计，考虑了5个因素：萘乙酸（NAA）、吲哚丁酸（IBA）、琼脂、蔗糖和MS培养基的浓度，每个因素4个水平，详见表11-12，其中培养基分0.25、0.5、0.75和1倍。

**表11-12　5因素4水平正交设计**

| 处理 | $X_1$ | $X_2$ | $X_3$ | $X_4$ | $X_5$ | NAA（mg/L） | IBA（mg/L） | 琼脂（g/L） | 蔗糖（g/L） | MS培养基 |
|---|---|---|---|---|---|---|---|---|---|---|
| 1 | 1 | 1 | 1 | 1 | 1 | 0.001 | 0.0001 | 5 | 10 | 0.25 |
| 2 | 1 | 2 | 2 | 2 | 2 | 0.001 | 0.001 | 6 | 20 | 0.5 |
| 3 | 1 | 3 | 3 | 3 | 3 | 0.001 | 0.01 | 7 | 30 | 0.75 |
| 4 | 1 | 4 | 4 | 4 | 4 | 0.001 | 0.1 | 8 | 40 | 1 |
| 5 | 2 | 1 | 2 | 3 | 4 | 0.01 | 0.0001 | 6 | 30 | 1 |
| 6 | 2 | 2 | 1 | 4 | 3 | 0.01 | 0.001 | 5 | 40 | 0.75 |
| 7 | 2 | 3 | 4 | 1 | 2 | 0.01 | 0.01 | 8 | 10 | 0.5 |
| 8 | 2 | 4 | 3 | 2 | 1 | 0.01 | 0.1 | 7 | 20 | 0.25 |
| 9 | 3 | 1 | 3 | 4 | 2 | 0.1 | 0.0001 | 7 | 40 | 0.5 |
| 10 | 3 | 2 | 4 | 3 | 1 | 0.1 | 0.001 | 8 | 30 | 0.25 |
| 11 | 3 | 3 | 1 | 2 | 4 | 0.1 | 0.01 | 5 | 20 | 1 |
| 12 | 3 | 4 | 2 | 1 | 3 | 0.1 | 0.1 | 6 | 10 | 0.75 |
| 13 | 4 | 1 | 4 | 2 | 3 | 1 | 0.0001 | 8 | 20 | 0.75 |
| 14 | 4 | 2 | 3 | 1 | 4 | 1 | 0.001 | 7 | 10 | 1 |
| 15 | 4 | 3 | 2 | 4 | 1 | 1 | 0.01 | 6 | 40 | 0.25 |
| 16 | 4 | 4 | 1 | 3 | 2 | 1 | 0.1 | 5 | 30 | 0.5 |

两周后根诱导成功，观察并记录生根数及根长。根长以最长的3个根的根长为基准，取平均值，只有愈伤团的记作0根长。生根率=每瓶中生根的离体苗株数/每瓶中总株数×100%。

### 11.6.1　几个因素对根系诱导分化的影响

生根率反映了培养基中外界条件对亚麻根系分化、生长的影响。处理对亚麻苗的生根影响极大，处理间差异极其显著。在所有的处理中，生根率最高的是处理3，最差的是处理11；生根数最多的是处理4，最少的是处理11；而平均根长最长的为处理 9，最差的为处理 11（表 11-13）。下面针对几个指标分别探讨 5 个因素的影响。

表 11-13 不同处理亚麻离体苗生根情况

| 处理 | 生根率（%） | 生根数（条） | 平均根长（cm） | 处理 | 生根率（%） | 生根数（条） | 平均根长（cm） |
|---|---|---|---|---|---|---|---|
| 1 | 92 | 4.25 | 10.88 | 9 | 56 | 7 | 13 |
| 2 | 75 | 7.5 | 8.875 | 10 | 58 | 8 | 12.17 |
| 3 | 100 | 8.83 | 12.67 | 11 | 0 | 0 | 0 |
| 4 | 92 | 10.5 | 9.833 | 12 | 17 | 2.5 | 1.5 |
| 5 | 78 | 9.72 | 11.61 | 13 | 58 | 2.06 | 1.944 |
| 6 | 67 | 4.5 | 8.833 | 14 | 42 | 2.83 | 1.5 |
| 7 | 67 | 5 | 4.556 | 15 | 17 | 5 | 2.5 |
| 8 | 67 | 4.5 | 3.667 | 16 | 33 | 8.17 | 2.167 |

对几个因素影响的极差分析表明，影响生根率最主要的因素是 NAA 的添加量，其次为 IBA、琼脂和蔗糖，MS 培养基浓度影响最小。随着 NAA 和 IBA 浓度的逐渐增加，生根率逐渐降低。而蔗糖和琼脂的影响正好相反，随着量的增加，生根率呈现上升趋势，但糖分过高反而起到抑制作用，抑制了根的产生(表 11-14)。当 NAA 在水平 1，而其他 4 个因素均在水平 3 时，诱导率达 100%。

表 11-14 几个因素对生根率影响的极差分析（%）

| 因子 | 水平 1 | 水平 2 | 水平 3 | 水平 4 | 极差 *R* |
|---|---|---|---|---|---|
| NAA | 89.8 | 69.8 | 32.8 | 37.5 | 57.0 |
| IBA | 71.0 | 60.5 | 46.0 | 52.3 | 25.0 |
| 琼脂 | 48.0 | 46.8 | 66.3 | 68.8 | 22.0 |
| 蔗糖 | 54.5 | 50.0 | 67.3 | 58.0 | 17.3 |
| MS 培养基 | 58.5 | 57.8 | 60.5 | 53.0 | 7.5 |

### 11.6.2 几个因素对根系生长的影响

生根数是培养基中各因素影响亚麻根系分化、生长的定量反映，它关系到亚麻离体苗在移栽后的成活率。对几个因素影响的极差分析表明（表 11-15），低浓度的 NAA 明显增加了生根数量，高浓度的琼脂和蔗糖对生根比较有利， IBA 和 MS 培养基浓度变化的影响较小，在试验设计的范围内影响生根数量多少的极差排序为：蔗糖浓度>NAA 浓度>MS 培养基浓度>琼脂浓度>IBA 浓度。

表 11-15　几个因素对生根数量（条）影响的极差分析

| 因子 | 水平 1 | 水平 2 | 水平 3 | 水平 4 | 极差 *R* |
|---|---|---|---|---|---|
| NAA | 7.77 | 5.93 | 4.38 | 4.52 | 3.39 |
| IBA | 5.76 | 5.71 | 4.71 | 6.42 | 1.71 |
| 琼脂 | 4.23 | 6.18 | 5.79 | 6.39 | 2.16 |
| 蔗糖 | 3.65 | 3.52 | 8.68 | 6.75 | 5.16 |
| MS 培养基 | 5.44 | 6.92 | 4.47 | 5.76 | 2.45 |

根长是反映亚麻根诱导效果的一个次要因素。对几个因素影响进行极差分析，结果表明，影响根长的因素排序为：NAA 浓度>蔗糖浓度>IBA 浓度>琼脂浓度>MS 培养基浓度。分别考虑时，低 NAA、低 IBA 和低 MS，高琼脂和高糖分下最有利于根系的伸长生长（表 11-16）。从试验的 16 个处理看，处理 9 和处理 3 的根长最长，前者 NAA 为 0.1mg/L，IBA 为 0.0001mg/L，蔗糖为 40g/L，琼脂含量为 7g/L，MS 培养基浓度为 1/2。而后者 NAA 为 0.001mg/L，IBA 为 0.01mg/L，蔗糖在培养基中为 30g/L，琼脂含量为 7g/L，MS 培养基浓度为 3/4。

表 11-16　几个因素对根长影响的极差分析（单位：cm）

| 因子 | 水平 1 | 水平 2 | 水平 3 | 水平 4 | 极差 *R* |
|---|---|---|---|---|---|
| NAA | 10.564 50 | 7.166 50 | 6.667 50 | 2.027 75 | 8.536 8 |
| IBA | 9.358 50 | 7.844 50 | 4.931 50 | 4.291 75 | 5.066 8 |
| 琼脂 | 5.470 00 | 6.121 25 | 7.709 25 | 7.125 75 | 2.239 2 |
| 蔗糖 | 4.609 00 | 3.621 50 | 9.654 25 | 8.541 50 | 6.032 8 |
| MS 培养基 | 7.304 25 | 7.149 50 | 6.236 75 | 5.735 75 | 1.568 5 |

在研究的 5 个因素中影响亚麻生根诱导的主要因素是 NAA 浓度和蔗糖的含量，其次是 MS 培养基的浓度，IBA 和琼脂浓度的影响略小。生根率、生根数和根长都受这 3 个因素的影响，最后得到了培养基 3/4 MS+0.001mg/L NAA+0.01mg/L IBA+7g/L 琼脂+30g/L 蔗糖，可能是较好的亚麻生根培养基。

（王克臣，冷超，李明）

# 12 亚麻遗传与性状相关研究

## 12.1 亚麻 EST-SSR 分子标记的开发与应用

### 12.1.1 亚麻 EST 中 SSR 的检测分析

2007 年利用 SSRIT 软件对从 NCBI 下载的 7947 条表达序列标签（EST）中检索出 239 条含有简单序列重复（SSR）的序列，占 EST 总数的 3.0%。在检索出的 EST-SSR 序列中，含有二核苷酸重复、三核苷酸重复和四核苷酸重复，未检索出五核苷酸重复、六核苷酸重复。三核苷酸重复发生频率最高，共 160 条，占检出总数的 66.9%；二核苷酸重复 49 条，占 20.5%；四核苷酸重复 30 条，占 12.6%（表 12-1）。

**表 12-1 EST- SSR 序列中不同重复核苷酸数的数量及百分比**

| 重复核苷酸数 | EST- SSR 数量（条） | 百分比（%） |
|---|---|---|
| 二核苷酸 | 49 | 20.5 |
| 三核苷酸 | 160 | 66.9 |
| 四核苷酸 | 30 | 12.6 |
| EST-SSR 总数 | 239 | |

检索出的 EST-SSR 序列重复类型分布有明显差别，在 49 条二核苷酸重复中 CT（15 条）、TA（12 条）两种类型出现频率较高，其次是 AT（7 条）和 TC（7 条），出现频率相同，共占 7 种二核苷酸重复类型总数的 83.7%；在 160 条三核苷酸重复中，TCT（15 条）、TAA（14 条）、TTC（11 条）3 种重复类型出现频率较高，其次是 GAA（9 条）、CAA（9 条）和 CTT（9 条），出现频率相同，共占 41 种三核苷酸重复类型总数的 41.9%；在 30 条四核苷酸重复中，AGAA（19 条）为主要重复类型，占 30 种四核苷酸重复类型总数的 63.3%，其他重复类型除 CTTT（2 条）外，皆出现一次（表 12-2）。

**表 12-2 EST-SSR 序列中不同重复类型及其数量和百分比**

| 重复单元数 | 重复单元 | EST-SSR 数量（条） | 百分比（%） |
|---|---|---|---|
| 二核苷酸 | CT | 15 | 30.6 |
| | TA | 12 | 24.5 |
| | AT/TC | 7 | 14.3 |

续表

| 重复单元数 | 重复单元 | EST-SSR 数量（条） | 百分比（%） |
|---|---|---|---|
| 三核苷酸 | TCT | 15 | 9.4 |
| | TAA | 14 | 8.8 |
| | TTC | 11 | 6.9 |
| | GAA/CAA/CTT | 9 | 5.6 |
| 四核苷酸 | AGAA | 19 | 63.3 |

利用 Primer Premier 5.0 对 239 条 EST-SSR 序列共设计了 65 对引物。在 20 份亚麻材料中有 52 对引物能够扩增出清晰的目的条带，引物可用率为 80%；其中 32 对引物在不同的亚麻材料间显示出多态性，占引物总数的 49.2%。图 12-1 为引物 SYES12 和引物 SYES45 在 20 份亚麻材料中扩增产物电泳检测结果。

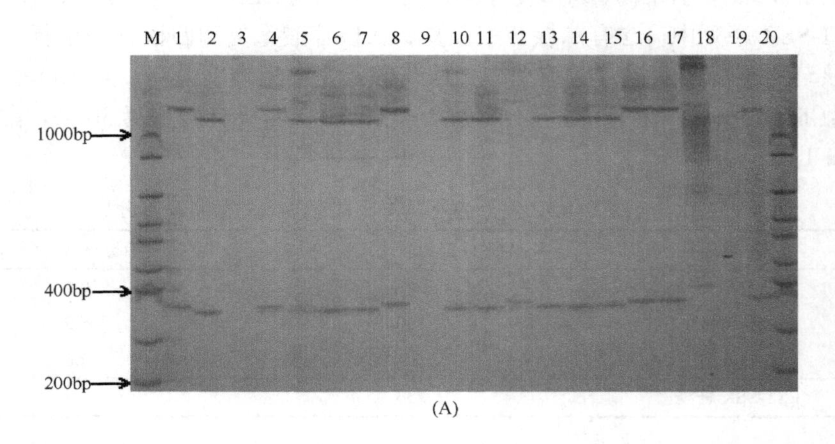


(A)

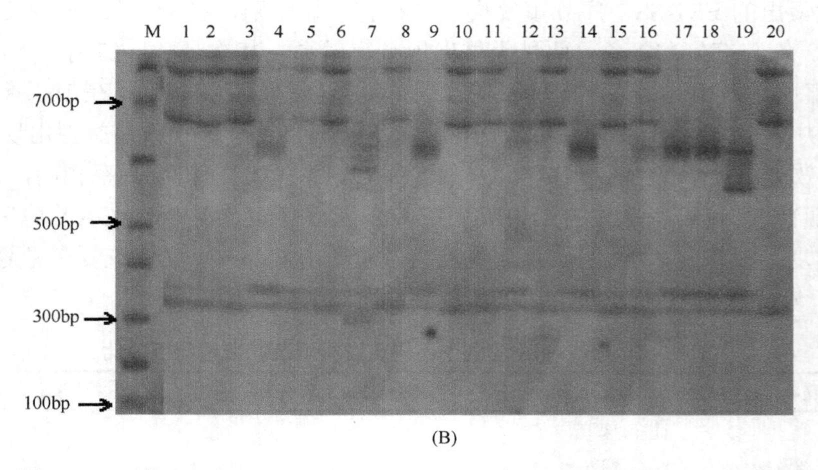


(B)

图 12-1 引物 SYES12（A）和 SYES45（B）在 20 份亚麻材料中扩增结果

M. Marker 100bp Ladder；20 份材料参见图 12-2

32 对具有多态性的引物从核苷酸上来看，含三核苷酸重复的引物 23 对，二核苷酸重复 6 对，四核苷酸重复 3 对。共含有 25 个重复类型，其中含 TC 和 TCT 重复的引物 3 对；含 TA、ATT 和 ATG 重复的引物 2 对；含其他重复类型的引物各 1 对。32 对引物共扩增出 82 条带，平均 2.6 条，变幅为 1~6 条，8 对引物扩增出 1 条产物带，其余 24 对扩增出 2 条或 2 条以上条带。其中多态性条带共 50 条，占扩增总条带的 61.0%（表 12-3）。

**表 12-3 亚麻 EST-SSR 引物序列**

| 引物编号 | 重复单元 | 引物序列（5′→3′） | 退火温度（℃） | 扩增片段（bp） | 扩增条带数 | 多态性条带数 |
|---|---|---|---|---|---|---|
| SYES1 | AGAA | CTGCGGCAAGTGAAGACC<br>CACGGAAATCAAAGAAGAACCA | 56 | 210 | 2 | 1 |
| SYES2 | ATC | GTCACCACCACAACCAAA<br>CCATCCATATCTTACCCT | 55 | 141 | 6 | 4 |
| SYES5 | AT | GTGGTCGGTAAAGATAGGC<br>GTTCAAATGACGCTCTGG | 55 | 255 | 2 | 2 |
| SYES7 | AGC | TCGGGTGAAGATAGAAGG<br>AGACTGGAGGACTGAGGG | 55 | 438 | 3 | 1 |
| SYES8 | AGG | AGGGAACCTTACTTCTGTG<br>CAAATGTGGTATGGCTGA | 53 | 284 | 4 | 2 |
| SYES9 | ATA | GACGCCTCCTTGGTTATT<br>GGCTACTGGTCCCTCTGT | 55 | 451 | 1 | 1 |
| SYES11 | ATT | CTTCTCGGCTCCCTCATA<br>ACGATCTCCTGGATTTCTTTA | 54 | 131 | 2 | 1 |
| SYES12 | ATT | CGCTACTTTGCTTCTACTA<br>CTGGAGGTGATTTACGAC | 53 | 368 | 2 | 2 |
| SYES14 | TAT | GCTTGTCGCTCACTCCTG<br>GACGCATCACGCTGTTTT | 55 | 432 | 4 | 2 |
| SYES15 | TTC | CTTTGCGTCCAGATTTCA<br>ACCTCCGACTCTTCCCTA | 53 | 193 | 2 | 2 |
| SYES22 | CGA | CGACGACTACGAGGCTTAT<br>GGAATCTACCAGTGCGAAA | 55 | 229 | 1 | 1 |
| SYES26 | TTGC | GGTCGTTCAGTCACTCGG<br>GTAGCAACCTTCCCTTCG | 57 | 251 | 2 | 1 |
| SYES31 | TA | CGTTGGCTAAGGAGGTCG<br>GCGGCAATGAAACTGATG | 55 | 279 | 1 | 1 |
| SYES32 | TA | GGATGGGTTCCTTGCTTG<br>CGGTCGGGTACTCCTTGA | 53 | 183 | 3 | 2 |
| SYES33 | TC | CTATCAACGGCAGCAAAT<br>GGAGGTGGAAGTAGTGGG | 60 | 131 | 1 | 1 |
| SYES35 | TC | AGTGCCACAAGGATACGA<br>AGATGGTTGGACGGAGAT | 55 | 168 | 2 | 1 |
| SYES36 | TC | CCCCGTCCGTTGATTCTC<br>ACGCCTCTTCTTCCTCTTGG | 55 | 228 | 3 | 1 |

续表

| 引物编号 | 重复单元 | 引物序列（5′→3′） | 退火温度（℃） | 扩增片段（bp） | 扩增条带数 | 多态性条带数 |
|---|---|---|---|---|---|---|
| SYES37 | ATG | CGTAATGGCACCCAAAGT<br>CAGCAGCAGATAATGAGTAAGA | 56 | 489 | 1 | 1 |
| SYES39 | ATG | CAGTAACTCCCTGTTTGTCC<br>TCCCTCCTCATAATCTTCAC | 55 | 213 | 2 | 2 |
| SYES40 | ATC | TCCCTCCTCATAATCTTCAC<br>TGGTATCGGGACTGTTGT | 53 | 233 | 6 | 3 |
| SYES41 | ACA | AAAGATGGGAGAAGGTCA<br>GGGAGGTGGGTTAGATTA | 55 | 259 | 4 | 1 |
| SYES43 | AGA | CTCGCCGTTCCTCAAAGC<br>GAAGCGGAGTGGGTGGTT | 60 | 191 | 3 | 2 |
| SYES45 | AAT | ATGCCTGCTCTATGTTCTTA<br>ATCTCGCTTGAGGTTGTG | 54 | 364 | 4 | 4 |
| SYES46 | AAC | CCTGGCGATTCAGTCAAA<br>GTGGTGGAAGGAGAACAAAG | 56 | 117 | 3 | 1 |
| SYES47 | TCT | GCTGCCACTCACATTCAA<br>ACCCTCGGTCACCATAAA | 56 | 204 | 2 | 1 |
| SYES48 | TCT | TCTTCCCACCCTATCTCC<br>TCCAGTCAGGCTCGTCTT | 57 | 301 | 3 | 2 |
| SYES51 | TCT | ACCAATAATCACAGAGGGCTAC<br>CTTCAGTGGGAGGAGGGA | 58 | 325 | 1 | 1 |
| SYES53 | TAA | CGAATACATCACCCAACG<br>TTCAACCACAACGCATAA | 55 | 341 | 2 | 1 |
| SYES59 | GAA | AGGTCCTCCAGGTCGTTC<br>GGGCTATTGCCTATTTGA | 55 | 152 | 1 | 1 |
| SYES63 | CAA | CACAGTCACCACCCAATA<br>AACATAGCAGCAGAAAGTAA | 55 | 459 | 1 | 1 |
| SYES67 | CCG | ATGGAAGGTAAAGCGAGAA<br>GAAGGGAGGGTGGTGAGA | 55 | 110 | 6 | 2 |
| SYES68 | CTAG | CTTCGGAGGAGTCTGATA<br>AAGGGTGTAACCAATGAG | 54 | 257 | 2 | 1 |

### 12.1.2 20份亚麻材料聚类分析结果

利用筛选出的32对EST-SSR引物对20份亚麻材料的扩增产物进行聚类分析。

结果表明，遗传相似系数为0.45~0.89。以0.65为阈值可将20个品种分为五大类，其中16份材料被聚类在第一大类，4个油用品种CN98816、

CN97311、CN101131 和 CN100910 各为一类，且与第一大类亲缘关系较远。第一大类在 0.70 处又可被分为三类，双亚 3 号、CN101108、CN101115、黑亚 10 号、黑亚 12 号、黑亚 14 号和 Opaline 7 个纤用品种被首先聚为一类；第二类中包括 3 个纤用品种 CN98346、CN101114、L281 和 4 个油用品种 CN100767、CN101352、CN101431、CN101429；第三类包括张亚 2 号和内 056 这两个国内选育的亚麻品种（图 12-2）。

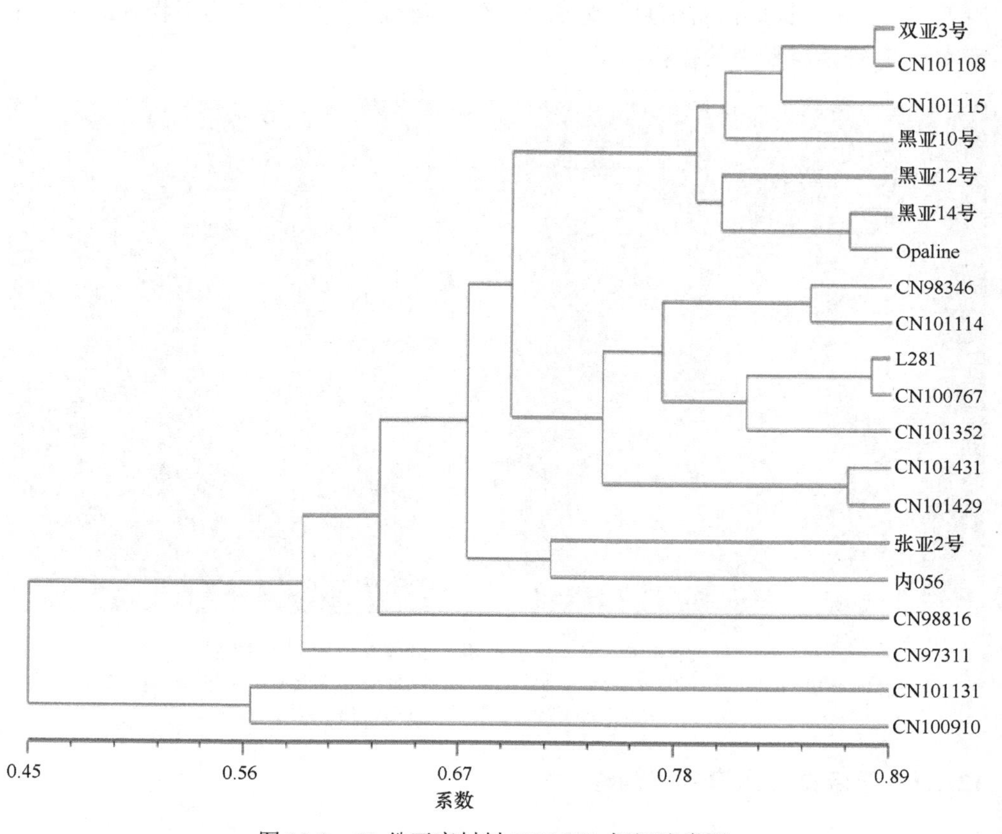


图 12-2 20 份亚麻材料 EST-SSR 标记聚类图

### 12.1.3 构建遗传图谱特异性引物筛选结果

在 20 份亚麻材料中表现出遗传多态性的 32 对 EST-SSR 引物中有 14 对在两个亲本材料 CN98816 和 Opaline 中表现出多态性，分别为引物 SYES2、SYES8、SYES9、SYES12、SYES22、SYES26、SYES31、SYES32、SYES36、SYES45、SYES46、SYES48、SYES53、SYES63。引用张建平等开发的 14 对引

物中在两个亲本材料中表现出多态性的2对引物，分别为引物5868-2（引物序列为 S：5′-CATCGTCGGTATGTTTGG-3′；A：5′-TGAATCTGAGCGTTGAGC-3′）和引物2205-1（引物序列为S：5′-CCGCCACTTCTACTCACC-3′；A：5′-AAATG-TCAAT CGGCAACC-3′）。

将这16对EST-SSR引物在亲本材料和$F_2$群体材料中进行聚丙烯酰胺凝胶电泳分析，按ABH法（来自母本记为A，来自父本记为B，等合型记为H，缺失的用“—”表示）读取谱带信息作为遗传连锁分析数据。图12-3为引物SYES12在亲本和$F_2$群体材料中的扩增结果。

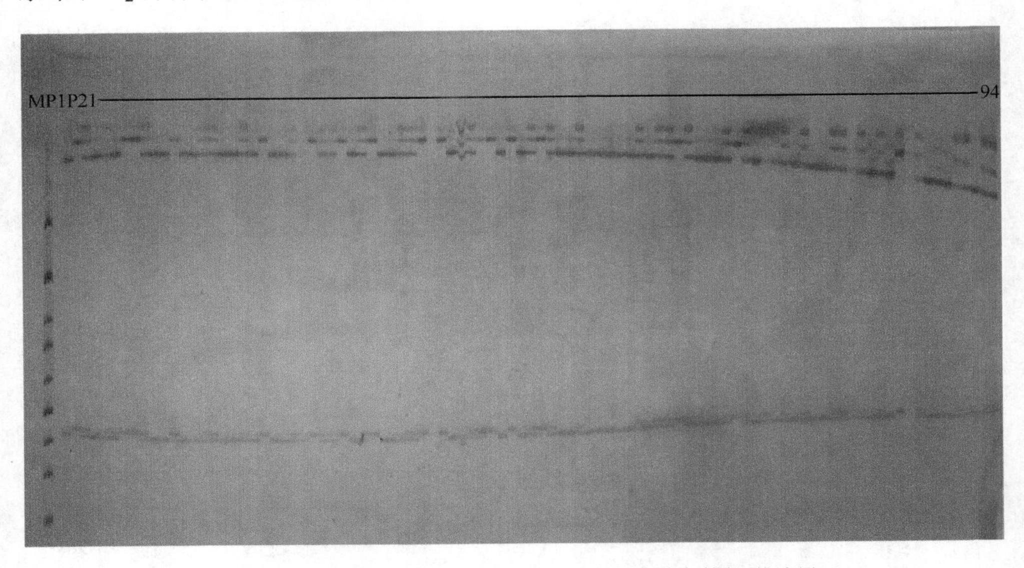


图12-3　引物SYES12在亲本和$F_2$群体材料中的扩增结果

M为Maker 100bp Ladder；泳道P1、P2分别代表母本材料CN98816和父本材料Opaline PCR结果；泳道1~94代表$F_2$群体材料PCR结果

### 12.1.4　亚麻遗传图谱初步构建

利用Mapmaker/EXP version 3.0软件构建分子标记连锁图谱。将16个EST-SSR标记中的13个定位到了3个连锁群上，覆盖基因组长度43.4cM，平均图距3.3cM，另有3个标记未与3个连锁群连锁，分别为SYES2、SYES12和SYES22。其中连锁群a包含了3个标记，连锁群b包含7个标记，连锁群c包含3个标记。遗传距离最大的连锁群是连锁群b，为37.2cM，平均距离为5.3cM；其次是连锁群c，为5.1cM，平均距离1.7cM；连锁群a的遗传距离最小，为1.1cM，平均距离为0.4cM（图12-4）。

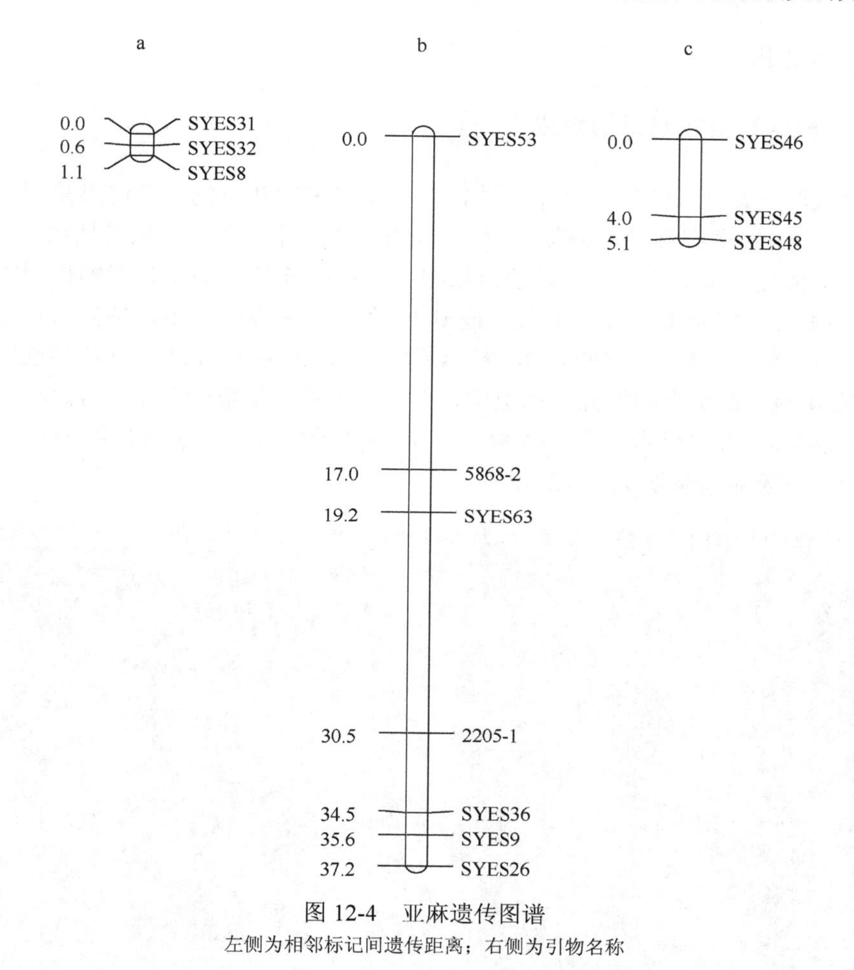


图 12-4　亚麻遗传图谱

左侧为相邻标记间遗传距离；右侧为引物名称

## 12.2　基于 SRAP 的亚麻遗传图谱初步研究

相关序列扩增多态性（SRAP）分子标记是由 Li 和 Quiros 于 2001 年开发的一种以 PCR 为基础的分子标记方法，是根据基因外显子里 GC 含量丰富而启动子和内含子里 AT 含量丰富的特点，分别以 17 个核苷酸片段和 18 个核苷酸片段为正、反向引物进行组合，对可读框（ORF）进行扩增。根据不同个体及物种的内含子、启动子与间隔区长度不同而产生多态性扩增产物。

我们以高纤品种 Opaline 为母本，以一个具有蒴果开裂特性的偏原始类型的材料 CN100910 为父本，构建 $F_2$ 群体用于本研究。根据 Li 和 Quiros（2001）的报道及前人的研究，由上海生工合成 SRAP 引物。2011 年在东北农业大学香坊试验站将亲本及 $F_2$ 群体材料点播，取分枝提取 DNA 用于分析，成熟期调查有关农艺性状。

### 12.2.1 SRAP 引物对筛选结果

经过筛选，从 513 对引物中成功得到 294 对 SRAP 引物，经过再验证后，最终筛选出 63 对多态性好，条带清晰、稳定的引物（图 12-5），共扩增出条带 842 条，其中特异条带 249 条，占总条带数的 29.57%，多态性较高。引物扩增的条带 4~28 条不等，特异条带最少 1 条，最多 13 条。在所有引物中，特异条带比率最低的是 M19E19，仅为 5.56%。特异条带比率最高的为 M7E20，其特异性比率达到了 76.47%，在所有的特异性标记中，来自父本的标记数 163 个，占总特异性条带的 65.46%；来自母本的标记数 86 个，占总特异性条带的 34.54%，最终筛选到的引物名称及条带情况见表 12-4。

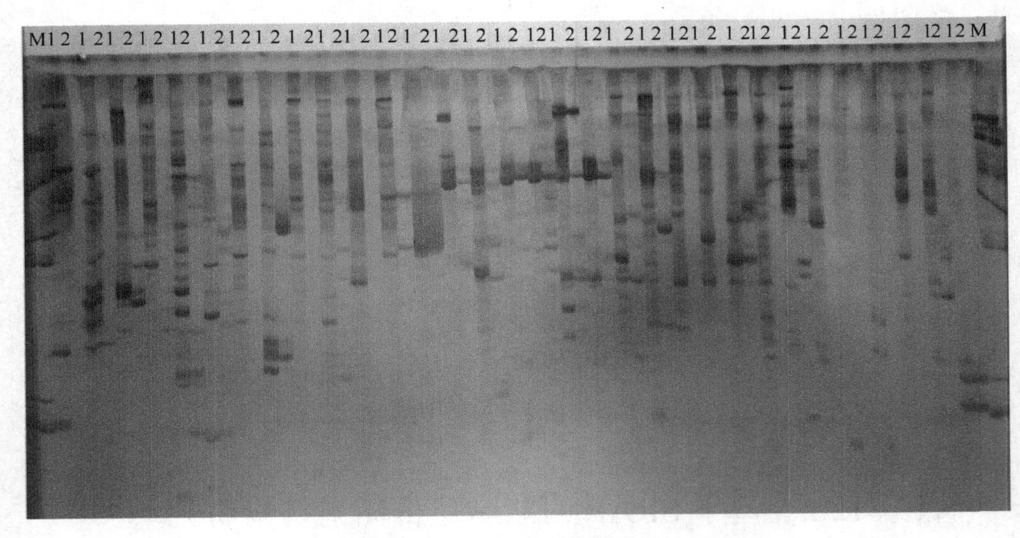

图 12-5 部分引物最终筛选图片

1 泳道为父本材料 CN100910；2 泳道为母本材料 Opaline；M 是 Marker DL5000

**表 12-4 最终筛选出的引物名称及其扩增条带**

| 引物名称 | 总条带 | 父本 | 母本 | 特异条带 | 多态性（%） | 引物名称 | 总条带 | 父本 | 母本 | 特异条带 | 多态性（%） |
|---|---|---|---|---|---|---|---|---|---|---|---|
| M2E6 | 9 | 2 | 1 | 3 | 33.33 | M8E18 | 20 | 3 | 3 | 6 | 30.00 |
| M2E22 | 9 | 3 | 1 | 4 | 44.44 | M8E21 | 12 | 7 | 2 | 9 | 75.00 |
| M4E4 | 8 | 3 | 2 | 5 | 62.50 | M11E1 | 17 | 2 | 2 | 4 | 23.53 |
| M3E23 | 10 | 3 | 0 | 3 | 30.00 | M5E18 | 14 | 2 | 2 | 4 | 28.57 |
| M4E5 | 13 | 3 | 2 | 5 | 38.46 | M8E19 | 9 | 1 | 1 | 2 | 22.22 |

续表

| 引物名称 | 总条带 | 父本 | 母本 | 特异条带 | 多态性（%） | 引物名称 | 总条带 | 父本 | 母本 | 特异条带 | 多态性（%） |
|---|---|---|---|---|---|---|---|---|---|---|---|
| M4E10 | 23 | 3 | 3 | 6 | 26.09 | M11E8 | 14 | 2 | 4 | 6 | 42.86 |
| M4E13 | 11 | 4 | 0 | 4 | 36.36 | M12E2 | 13 | 1 | 1 | 2 | 15.38 |
| M5E7 | 15 | 1 | 0 | 1 | 6.67 | M12E3 | 15 | 2 | 4 | 6 | 40.00 |
| M5E9 | 15 | 4 | 1 | 5 | 33.33 | M7E3 | 9 | 6 | 0 | 6 | 66.67 |
| M5E10 | 25 | 3 | 0 | 3 | 12.00 | M4E3 | 17 | 2 | 0 | 2 | 11.76 |
| M5E14 | 10 | 2 | 0 | 2 | 20.00 | M15E24 | 15 | 1 | 1 | 2 | 13.33 |
| M5E26 | 16 | 4 | 1 | 5 | 31.25 | M12E25 | 28 | 2 | 3 | 5 | 17.86 |
| M10E17 | 13 | 1 | 1 | 2 | 15.38 | M14E6 | 15 | 0 | 2 | 2 | 13.33 |
| M10E13 | 10 | 2 | 0 | 2 | 20.00 | M6E3 | 16 | 1 | 2 | 3 | 18.75 |
| M6E1 | 16 | 3 | 2 | 5 | 31.25 | M15E25 | 17 | 1 | 1 | 2 | 11.76 |
| M6E5 | 16 | 1 | 3 | 4 | 25.00 | M14E3 | 7 | 1 | 1 | 2 | 28.57 |
| M10E18 | 9 | 1 | 0 | 1 | 11.11 | M16E12 | 10 | 3 | 1 | 4 | 40.00 |
| M11E4 | 4 | 0 | 1 | 1 | 25.00 | M17E1 | 13 | 4 | 1 | 5 | 38.46 |
| M6E8 | 17 | 3 | 2 | 5 | 29.41 | M15E4 | 12 | 3 | 2 | 5 | 41.67 |
| M6E26 | 13 | 3 | 1 | 4 | 30.77 | M15E5 | 17 | 3 | 2 | 5 | 29.41 |
| M6E27 | 12 | 1 | 3 | 4 | 33.33 | M16E24 | 21 | 5 | 1 | 6 | 28.57 |
| M7E9 | 17 | 9 | 1 | 10 | 58.82 | M16E3 | 12 | 3 | 1 | 4 | 33.33 |
| M7E10 | 9 | 4 | 1 | 5 | 55.56 | M16E15 | 11 | 3 | 1 | 4 | 36.36 |
| M7E18 | 17 | 4 | 3 | 7 | 41.18 | M7E8 | 10 | 2 | 0 | 2 | 20.00 |
| M7E20 | 17 | 9 | 4 | 13 | 76.47 | M19E8 | 8 | 2 | 0 | 2 | 25.00 |
| M8E10 | 12 | 2 | 3 | 5 | 41.67 | M16E27 | 8 | 3 | 0 | 3 | 37.50 |
| M10E21 | 11 | 4 | 0 | 4 | 36.36 | M14E7 | 13 | 3 | 3 | 6 | 46.15 |
| M11E18 | 12 | 2 | 1 | 3 | 25.00 | M5E3 | 8 | 1 | 0 | 1 | 12.50 |
| M7E26 | 11 | 3 | 1 | 4 | 36.36 | M18E3 | 18 | 1 | 2 | 3 | 16.67 |
| M15E8 | 11 | 0 | 2 | 2 | 18.18 | M19E13 | 14 | 2 | 1 | 3 | 21.43 |
| M12E14 | 11 | 2 | 1 | 3 | 27.27 | M19E19 | 18 | 1 | 0 | 1 | 5.56 |
| M8E5 | 9 | 1 | 1 | 2 | 22.22 | 总计 | 842 | 163 | 86 | 249 | 29.57 |

### 12.2.2 连锁图谱的构建

利用 Mapmaker/Exp 3.0 软件构建基于 SRAP 标记的亚麻连锁图谱，利用所得的 249 个标记构建了一张包括 18 个连锁群的亚麻连锁图谱。共有 169 个特异位点被标记在图谱中，比率为 67.87%。图中偏分离标记 80 个，比率为 47.3%。在这张连锁图谱上，除 L1、L2、L5、L8、L10、L11、L12、L18 外，其他 8 个连锁群都有偏分离标记存在。所有的连锁群中，图距最长的连锁群是 L16，包括 34 个多态性位点，总长 120.30cM，平均图距 3.54cM，图距最短的连锁群是 L9，包括两个多态位点，两标记间图距 0.1cM。所有的连锁群上，标记间最短距离为 0.10cM，最长距离 43.10cM。连锁图总长 499.30cM，平均图距约为 2.95cM（表 12-5，图 12-6）。

表 12-5 SRAP 标记在连锁图谱上的分布

| 连锁群名称 | 标记数 | 偏分离标记 | 长度（cM） | 平均图距（cM） |
|---|---|---|---|---|
| L1 | 2 | 0 | 43.10 | 43.10 |
| L2 | 2 | 0 | 43.10 | 43.10 |
| L3 | 2 | 2 | 12.60 | 12.60 |
| L4 | 17 | 10 | 29.00 | 1.71 |
| L5 | 2 | 0 | 12.60 | 12.60 |
| L6 | 2 | 2 | 9.80 | 9.80 |
| L7 | 2 | 2 | 8.50 | 8.50 |
| L8 | 5 | 0 | 29.70 | 5.94 |
| L9 | 2 | 2 | 0.10 | 0.10 |
| L10 | 2 | 0 | 12.60 | 12.60 |
| L11 | 2 | 0 | 5.90 | 5.90 |
| L12 | 3 | 0 | 15.60 | 5.20 |
| L13 | 17 | 7 | 31.90 | 1.88 |
| L14 | 8 | 7 | 6.50 | 0.81 |
| L15 | 6 | 5 | 25.70 | 4.28 |
| L16 | 34 | 33 | 120.30 | 3.54 |
| L17 | 33 | 10 | 46.60 | 1.41 |
| L18 | 28 | 0 | 45.70 | 1.63 |
| 整张图谱 | 169 | 80 | 499.30 | 2.95 |

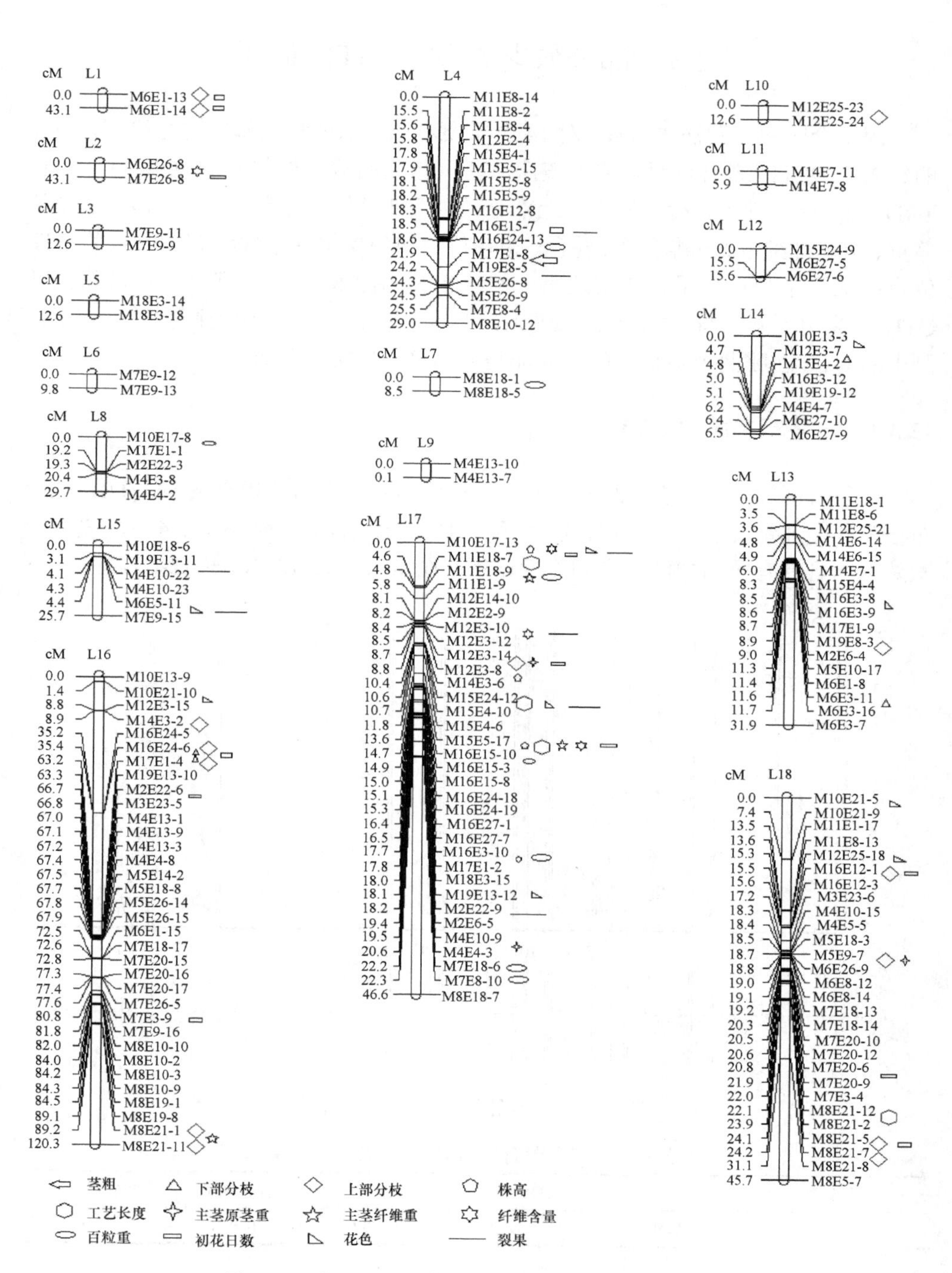


图 12-6 基于 SRAP 技术构建的亚麻 QTL 连锁图谱

## 12.3 部分农艺性状的 QTL 研究

用复合区间作图法（CIM）对 14 个重要农艺性状的相关基因进行检测，所得的结果中没有检测出与蒴果数和整株原茎重相关的数量性状基因位点（QTL）；LOD≥2.5 的条件下，检测出了与上部分枝、下部分枝、株高、工艺长度、主茎原茎重、主茎纤维重、纤维含量、花色、初花日数和裂果这 9 个性状有关的主效 QTL 位点；测出了与百粒重、茎粗这两个性状相关的微效 QTL。我们将所有得到的 QTL 结果用不同的符号标记在了连锁图谱上（图 12-6），图中所画位置只表示检测出的 QTL 在哪两个标记之间，并非是连锁群上实际的位置。

### 12.3.1 与茎粗有关的 QTL

用复合区间作图法在 18 个连锁群上只检测到一个与茎粗有关的 QTL，它分布在第 4 个连锁群上，位于 M17E1-8 和 M19E8-5 之间，贡献率为 2.46%，是一个微效基因且具有负的加性效应和显性作用（图 12-6，图 12-7，表 12-6）。

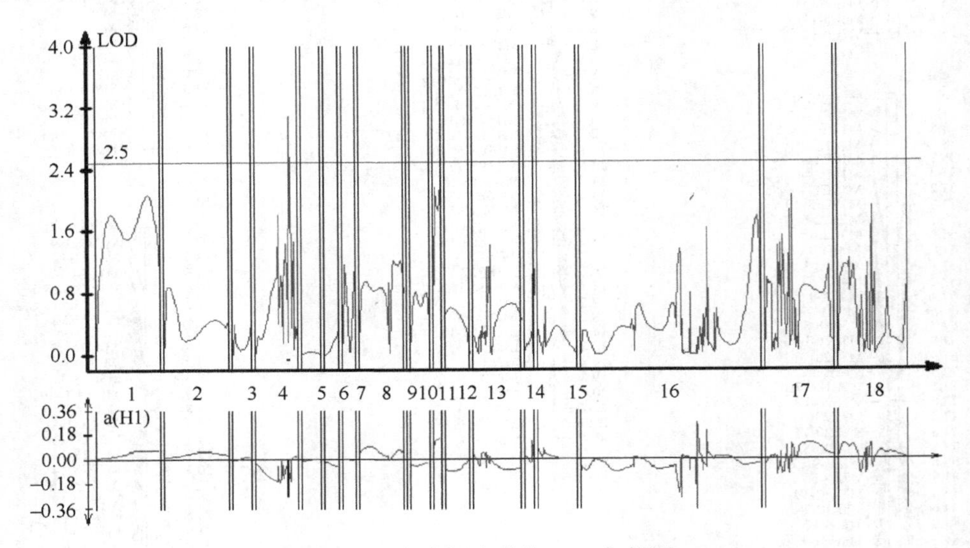


图 12-7 与茎粗有关的 QTL 扫描图

**表 12-6 与茎粗有关的 QTL 分布及贡献率**

| 连锁群 | QTL 位置 | LOD 值 | 加性效应 | 显性效应 | 贡献率（%） |
|---|---|---|---|---|---|
| 4 | 22.91 | 3.09 | −0.2782 | −0.3924 | 2.46 |

### 12.3.2 与下部分枝有关的 QTL

检测到了与下部分枝有关的 4 个 QTL，4 个 QTL 中有两个表现出加性效应，两个表现出负加性效应。其中贡献率最大的 QTL 位于第 13 个连锁群上，位于 M6E3-11 和 M6E3-16 两个标记间的区域，贡献率为 16.32%。在第 16 个连锁群上分布着 2 个 QTL，还有 1 个分布在 14 连锁群上，这 3 个 QTL 的贡献率为 1.06%~6.51%（图 12-6，表 12-7）。

表 12-7 与下部分枝有关的 QTL 分布及贡献率

| 连锁群 | QTL 位置 | LOD 值 | 加性效应 | 显性效应 | 贡献率（%） |
|---|---|---|---|---|---|
| 13 | 11.41 | 4.39 | 0.8529 | −0.3688 | 16.32 |
| 14 | 4.71 | 2.89 | −0.1275 | 3.164 | 3.39 |
| 16 | 40.41 | 2.92 | 0.0946 | 1.6939 | 1.06 |
| 16 | 58.41 | 3.36 | −0.1979 | 1.7779 | 6.51 |

### 12.3.3 与上部分枝有关的 QTL

共检测出 14 个与上部分枝有关的 QTL。在第 1 连锁群上检测出 2 个，第 10 连锁群、第 13 连锁群、第 17 连锁群上分别检测出 1 个，第 18 连锁群上检测出 4 个，第 16 连锁群上最多，共发现 5 个 QTL。其中第 13 连锁群上的 QTL 贡献率最高，它分布在 M19E8-3 与 M2E6-4 这两个标记间的区域内，表现出负加性效应和正的显性效应。剩下的 13 个 QTL 的贡献率都不足 5%，都是微效基因。这 13 个 QTL 中，第 2 个、第 3 个、第 4 个、第 7 个、第 9 个、第 10 个、第 11 个、第 12 个 QTL 均表现为负的加性效应，其余 5 个 QTL 具有正的加性效应（图 12-6，表 12-8）。

表 12-8 与上部分枝有关的 QTL 分布及贡献率

| 连锁群 | QTL 位置 | LOD 值 | 加性效应 | 显性效应 | 贡献率（%） |
|---|---|---|---|---|---|
| 1 | 3.01 | 2.79 | 0.0082 | 4.4638 | 0.82 |
| 1 | 41.01 | 2.88 | −0.1251 | 4.7967 | 0.93 |
| 10 | 9.01 | 3.43 | −0.0948 | 4.2597 | 0.76 |
| 13 | 8.91 | 5.74 | −0.1013 | 6.4773 | 6.41 |
| 16 | 10.91 | 2.92 | 0.0131 | 4.5204 | 0.09 |
| 16 | 36.41 | 4.06 | 0.2281 | 4.571 | 3.07 |
| 16 | 62.41 | 3.66 | −0.0629 | 4.6521 | 0.59 |
| 16 | 92.21 | 3.68 | 0.1684 | 4.2428 | 0.11 |

续表

| 连锁群 | QTL 位置 | LOD 值 | 加性效应 | 显性效应 | 贡献率（%） |
|---|---|---|---|---|---|
| 16 | 117.21 | 3.72 | −0.1601 | 4.462 | 0.03 |
| 17 | 8.71 | 2.63 | −0.5828 | 7.5769 | 0.30 |
| 18 | 15.51 | 2.72 | −0.0615 | 4.0376 | 3.26 |
| 18 | 18.81 | 5.69 | −0.1842 | 4.4367 | 2.06 |
| 18 | 24.11 | 5.07 | 0.1357 | 5.2917 | 0.94 |
| 18 | 30.21 | 4.74 | 0.1434 | 5.2433 | 0.54 |

### 12.3.4 与株高有关的 QTL

检测到与株高相关的 3 个 QTL，它们都分布第 17 连锁群上。其中贡献值最大的标记在 M10E17-13 与 M11E18-7 两标记区间内，贡献率为 45.05%。另外两个位于 M12E3-8 和 M14E3-6 之间、M15E5-17 和 M16E15-10 之间的区域内，贡献率分别为 24.40%、36.42%。这 3 个 QTL 都有加性效应，且表现为负的显性效应（图 12-6，表 12-9）。

**表 12-9　与株高有关的 QTL 位点及贡献率**

| 连锁群 | QTL 位置 | LOD 值 | 加性效应 | 显性效应 | 贡献率（%） |
|---|---|---|---|---|---|
| 17 | 3.01 | 12.58 | 9.512 | −28.7409 | 45.05 |
| 17 | 9.81 | 7.42 | 5.1755 | −31.76 | 24.40 |
| 17 | 14.61 | 9.35 | 7.9437 | −26.6492 | 36.42 |

### 12.3.5 与工艺长度有关的 QTL

与工艺长度有关的 4 个 QTL 分别分布在第 17 连锁群、第 18 连锁群上，其中具有加性效应的 3 个 QTL 分布在第 17 连锁群上，具有负加性效应的 1 个 QTL 分布在第 18 连锁群上。这 4 个 QTL 中贡献率最大的分布在第 17 连锁群上，位于 M11E18-7 和 M11E18-9 两位点间的区域内，贡献率为 31.48%（图 12-6，表 12-10）。

**表 12-10　与工艺长度有关的 QTL 位点及贡献率**

| 连锁群 | QTL 位置 | LOD 值 | 加性效应 | 显性效应 | 贡献率（%） |
|---|---|---|---|---|---|
| 17 | 4.71 | 13.09 | 8.0293 | −6.5366 | 31.48 |
| 17 | 10.61 | 10.45 | 7.814 | 8.5269 | 23.23 |
| 17 | 14.61 | 10.83 | 8.2245 | 12.18 | 23.56 |
| 18 | 23.91 | 4.43 | −1.6144 | −15.9882 | 0.84 |

### 12.3.6　与主茎原茎重有关的 QTL

与主茎原茎重有关的 2 个 QTL 分布在第 17 连锁群上，1 个分布在第 18 连锁群上。这 3 个位点的贡献率都大于 5%，都是主效基因，其中 2 个表现为负的加性效应和显性效应，另一个表现出加性效应和负的显性效应（图 12-6，表 12-11）。

表 12-11　与主茎原茎重有关的 QTL 位点及贡献率

| 连锁群 | QTL 位置 | LOD 值 | 加性效应 | 显性效应 | 贡献率（%） |
|---|---|---|---|---|---|
| 17 | 8.71 | 3.28 | −0.7143 | 0.6294 | 11.86 |
| 17 | 19.51 | 3.50 | 0.65 | −0.4997 | 11.17 |
| 18 | 18.81 | 4.60 | −0.3996 | 0.4312 | 16.37 |

### 12.3.7　与主茎纤维重有关的 QTL

与主茎纤维重有关的 3 个 QTL 分布在第 16 连锁群、第 17 连锁群上，这 3 个 QTL 都表现出显性效应。贡献率最大的 QTL 分布在第 17 连锁群上，其贡献率为 16.93%，它分布在 M11E18-9 和 M11E1-9 的区域内（图 12-6，表 12-12）。

表 12-12　与主茎纤维重有关的 QTL 分布及贡献率

| 连锁群 | QTL 位置 | LOD 值 | 加性效应 | 显性效应 | 贡献率（%） |
|---|---|---|---|---|---|
| 16 | 114.21 | 4.59 | −0.0618 | 0.0877 | 10.21 |
| 17 | 4.81 | 8.70 | 0.153 | 0.0919 | 16.93 |
| 17 | 14.61 | 6.13 | 0.1466 | 0.0565 | 13.63 |

### 12.3.8　与纤维含量有关的 QTL

与纤维含量有关的 4 个 QTL 分布在第 2 连锁群、第 17 连锁群上，在第 17 连锁群上的 3 个位点都具有加性效应且都是主效基因，在第 2 连锁群上的 1 个位点具有负的加性效应，是微效基因。贡献率最大的 QTL 在第 17 连锁群上，其贡献率为 23.35%，分布在 M15E5-17 与 M16E15-10 两位点之间的区域内（图 12-6，表 12-13）。

表 12-13　与纤维含量有关的 QTL 分布及贡献值

| 连锁群 | QTL 位置 | LOD 值 | 加性效应 | 显性效应 | 贡献率（%） |
|---|---|---|---|---|---|
| 2 | 4.01 | 2.54 | −0.0024 | 0.0409 | 0.64 |
| 17 | 4.01 | 10.44 | 0.0306 | 0.0067 | 21.93 |
| 17 | 8.71 | 9.53 | 0.0279 | 0.018 | 20.32 |
| 17 | 14.61 | 6.80 | 0.0278 | −0.0155 | 23.35 |

### 12.3.9 与百粒重有关的 QTL

检测出的与百粒重有关的 QTL 都是微效基因（贡献率<5%）。这 8 个 QTL 分布在第 4 连锁群、第 7 连锁群、第 8 连锁群、第 17 连锁群这 4 个连锁群上，其中第 17 连锁群上检测到了 5 个 QTL 位点，其余的连锁群上都只有 1 个 QTL，这些 QTL 中有 2 个具有加性效应，其余 6 个都表现出负的加性效应(图 12-6，表 12-14)。

**表 12-14 与百粒重有关的 QTL 分布及贡献值**

| 连锁群 | QTL 位置 | LOD 值 | 加性效应 | 显性效应 | 贡献率（%） |
|---|---|---|---|---|---|
| 4 | 23.91 | 2.74 | −0.0217 | −0.0542 | 4.13 |
| 7 | 2.01 | 3.38 | 0.0081 | −0.071 | 4.30 |
| 8 | 18.01 | 2.66 | −0.0054 | −0.0709 | 0.84 |
| 17 | 5.81 | 3.21 | −0.0017 | −0.1073 | 0.74 |
| 17 | 14.91 | 5.26 | −0.0112 | −0.1064 | 0.15 |
| 17 | 17.81 | 4.74 | −0.0046 | −0.0912 | 0.06 |
| 17 | 25.31 | 4.82 | 0.0031 | −0.0809 | 1.49 |
| 17 | 43.31 | 4.67 | −0.0006 | −0.0827 | 0.27 |

### 12.3.10 与初花日数有关的 QTL

我们将出苗到出现第一朵花之间间隔的天数定义为初花日数，这是一个与熟期有关的数量性状。与初花日数有关的 QTL 分布在第 1 连锁群、第 2 连锁群、第 4 连锁群、第 16 连锁群、第 17 连锁群、第 18 连锁群上，共有 13 个 QTL，其中贡献率最大的 3 个 QTL 都分布在第 17 连锁群上，都表现出正的加性效应。其余 10 个 QTL 中有一半表现出加性效应，一半表现出负加性效应（图 12-6，表 12-15）。

**表 12-15 与初花日数有关的 QTL 分布及贡献值**

| 连锁群 | QTL 位置 | LOD 值 | 加性效应 | 显性效应 | 贡献率（%） |
|---|---|---|---|---|---|
| 1 | 1.01 | 3.28 | 0.087 | −7.3222 | 0.16 |
| 1 | 42.01 | 3.30 | −0.1066 | −7.2993 | 0.22 |
| 2 | 42.01 | 3.27 | 0.2622 | −7.325 | 0.21 |
| 4 | 18.51 | 4.08 | −0.2318 | −5.2854 | 0.00 |
| 16 | 61.41 | 3.90 | −0.579 | −4.1205 | 0.54 |
| 16 | 66.71 | 4.20 | −1.9952 | 0.8458 | 5.57 |
| 16 | 80.81 | 2.73 | 1.4324 | 1.4449 | 2.82 |
| 17 | 4.01 | 25.68 | 4.4931 | −3.1462 | 51.21 |

续表

| 连锁群 | QTL 位置 | LOD 值 | 加性效应 | 显性效应 | 贡献率（%） |
|---|---|---|---|---|---|
| 17 | 8.71 | 17.97 | 4.2434 | 4.8162 | 38.37 |
| 17 | 14.61 | 19.59 | 4.2 | 4.4951 | 54.10 |
| 18 | 15.61 | 3.36 | −0.0843 | −7.3795 | 0.10 |
| 18 | 20.81 | 3.62 | 0.2271 | −7.2227 | 0.87 |
| 18 | 24.11 | 3.32 | 0.2083 | −6.9018 | 0.24 |

### 12.3.11 与花色有关的 QTL

在调查农艺性状时我们发现 $F_2$ 群体材料在花色上存在严重的偏分离现象，我们对检测出的 9 个与花色相关的 QTL 进行分析后发现，这些 QTL 中贡献率较大的是第 17 连锁群上的 3 个 QTL，其贡献率达到 43.21%~47.72%，且都表现出加性效应。其他几个 QTL 都是微效基因。这个结果与农艺性状调查结果相符，说明母本 Opaline 的基因本身就存在导致花色产生偏分离的 QTL（图 12-6，表 12-16）。

表 12-16　与花色有关的 QTL 分布及贡献值

| 连锁群 | QTL 位置 | LOD 值 | 加性效应 | 显性效应 | 贡献率（%） |
|---|---|---|---|---|---|
| 13 | 8.51 | 2.75 | 0.0847 | −0.3992 | 0.02 |
| 14 | 2.01 | 33.74 | −0.3964 | −0.8659 | 0.00 |
| 15 | 13.41 | 8.82 | 0.337 | 0.3521 | 0.02 |
| 16 | 86.51 | 2.63 | 0.0691 | −0.0564 | 0.53 |
| 17 | 3.01 | 47.51 | 0.0712 | −2.0342 | 47.72 |
| 17 | 10.61 | 26.12 | 0.9083 | 0.9033 | 43.21 |
| 17 | 18.11 | 48.33 | 0.5419 | −1.5365 | 47.41 |
| 18 | 7.01 | 11.32 | −0.0033 | −0.6795 | 0.03 |
| 18 | 15.41 | 9.79 | −0.0254 | −0.6498 | 0.17 |

### 12.3.12 与裂果有关的 QTL

在双亲材料中，CN100910 是一个典型的具有裂果性状的种用农家种，它的裂果性状与野生亚麻相似。共检测出 7 个与裂果相关的区域，它们分布在第 4、第 15、第 17 这 3 个连锁群上。这些 QTL 中有 2 个位于第 17 连锁群的基因位点，其贡献率分别高达 53.02%和 56.83%（图 12-6，表 12-17）。

表 12-17　与裂果有关的基因分布及贡献值

| 连锁群 | QTL 位置 | LOD 值 | 加性效应 | 显性效应 | 贡献率（%） |
|---|---|---|---|---|---|
| 4 | 18.51 | 14.16 | −0.1503 | −2.1491 | 0.60 |
| 4 | 24.21 | 11.57 | −0.0355 | 1.9928 | 0.12 |
| 15 | 4.11 | 23.14 | 0.6388 | −1.1601 | 16.15 |
| 15 | 15.41 | 4.28 | −0.6316 | −0.6228 | 0.28 |
| 17 | 3.01 | 125.00 | 0.1403 | −1.8581 | 53.02 |
| 17 | 8.41 | 20.44 | 0.9848 | 1.1676 | 6.67 |
| 17 | 10.61 | 34.35 | 0.8923 | −1.179 | 56.83 |

## 12.4　纤维亚麻主要农艺性状的遗传力与配合力

2011 年选用 9 份不同遗传基础的亚麻品种进行了不完全双列杂交，6 个高纤品种作母本（$P_2$）[CN101114（D）、CN101115（E）、CN101127-1（F）、CN101268（G）、Super（H）、Laura（I）]，3 个高产品种作父本（$P_1$）[P-2（A）、S3（B）、H12（C）]，获得杂交种，2012 年于哈尔滨市东北农业大学香坊实验基地种植亲本和杂交种，5cm 点播，行距 30cm，共 18 个处理，3 次重复，采用随机区组设计。4 月 30 日播种，5 月 9 日出苗，8 月 2 日收获。测量株高、工艺长度、茎粗、茎分枝、茎重。实验室沤麻，人工剥麻，测量纤维重，计算纤维含量。

### 12.4.1　主要农艺性状的方差分析

本试验围绕亚麻纤维产量这个核心，选取了株高、工艺长度、茎粗、茎重、上部分枝数和纤维含量等 6 个相关的主要农艺性状进行分析。

方差分析显示，株高组合间的差异极显著，父本（$P_1$）间差异不显著，母本（$P_2$）间差异不显著，但是父母本间互作差异极显著。工艺长度组合间差异极显著，父本间差异显著，母本间差异不显著，但是父母本间互作差异极显著。茎粗、上部分枝数、纤维含量和茎重的方差分析结果与株高相似，都是组合及父母本互作差异极显著，父本间及母本间差异不显著（表 12-18）。

表 12-18　6 个性状的方差分析

| 变异来源 | 自由度 | 株高 | 工艺长度 | 茎粗 | 上部分枝数 | 纤维含量 | 茎重 |
|---|---|---|---|---|---|---|---|
| 区组 | 2 | 5.611 | 5.6811 | 0.0013 | 1.877 | 0.0002 | 2.633 |
| 组合 | 17 | $60.39^{**}$ | $73.91^{**}$ | $0.057^{**}$ | $1.837^{**}$ | $0.001^{**}$ | $73.23^{**}$ |
| $P_1$ | 2 | 87.28 | $231.34^{*}$ | 0.024 | 0.08 | 0.002 | 114.4 |
| $P_2$ | 5 | 93.04 | 64.92 | 0.081 | 2.014 | 0.0006 | 65.62 |

续表

| 变异来源 | 自由度 | 株高 | 工艺长度 | 茎粗 | 上部分枝数 | 纤维含量 | 茎重 |
|---|---|---|---|---|---|---|---|
| $P_1 \times P_2$ | 10 | 38.68** | 46.92** | 0.051** | 2.100** | 0.001** | 68.81** |
| 误差 | 34 | 4.884 | 10.01 | 0.0054 | 0.478 | 0.0001 | 8.386 |

*差异显著（$P$<0.05），**差异极显著（$P$<0.01）

### 12.4.2 主要农艺性状的配合力分析

在亲本的选配中，一般配合力是对基因加性效应的量度。由于遗传中加性效应易被遗传与固定，因此各性状的一般配合力有利于育种中亲本的选配。

从表 12-19 可看出，同一性状不同亲本的一般配合力相对效应不同，株高正效应值较高的有 Super、CN101127-1 和 S3；工艺长度正效应值较高的有 CN101127-1、P-2、CN101268、Super 和 S3；茎粗正效应值较高的有 Super、CN101127-1 和 S3；上部分枝数负效应值较大的有 Laura、CN101114 和 H12；纤维含量正效应值较高的有 CN101114、P-2、CN101115 和 Super；茎重正效应值较高的有 Super、CN101127-1、S3 和 CN101115。9 个亲本中 Super、P-2 和 S3 的一般配合力效应值均为正值，CN101127-1 多数是正值，可以在育种中加以利用。

**表 12-19 亲本 6 个性状的一般配合力相对平均值**

| 亲本 | 性状 | | | | | |
|---|---|---|---|---|---|---|
| | 株高 | 工艺长度 | 茎粗 | 上部分枝数 | 纤维含量 | 茎重 |
| P-2（A） | 0.4608 | 4.8004 | 0.4651 | 6.0015 | 7.0298 | 3.5904 |
| S3（B） | 2.0849 | 2.316 | 2.3588 | 1.0221 | 0.9364 | 13.9236 |
| H12（C） | −2.5457 | −7.1164 | −2.8239 | −1.0221 | −7.9662 | −17.514 |
| CN101114（D） | −5.8580 | −5.3221 | −11.4950 | −6.6440 | 7.4650 | −24.3052 |
| CN101115（E） | −0.3715 | −3.8445 | 0.2658 | 8.0068 | 5.0910 | 6.0377 |
| CN101127-1（F） | 2.2865 | 6.2520 | 6.2458 | 1.1925 | −5.9879 | 15.4245 |
| CN101268（G） | −1.3412 | 3.4267 | −2.7243 | 2.5554 | −3.2973 | −4.0836 |
| Super（H） | 3.9462 | 2.6473 | 7.2425 | 5.6218 | 2.4796 | 20.3051 |
| Laura（I） | 1.3381 | −3.1593 | 0.4651 | −10.7325 | −5.7505 | −13.3786 |

特殊配合力相对效应反映杂交组合的非加性效应大小，是显性、超显性、上位基因与环境互作的综合结果，一般只能在杂交后代表现出来，显性效应易在后代的纯化中减退，较难在上下代之间稳定遗传，但如果特殊配合力效应是加性×加性的上位影响，则可以从中选育出更优良的品种。18 个参试组合 6 个性状的特殊配合力效应值各不同且与杂种优势关系密切，通常特殊配合力效应值越高，一般杂种优势越强，亲本或亲本中一方的一般配合力也较高，如 D×B、F×C、E×C、

H×B 组合的杂交后代分别在株高、工艺长度、上部分枝数、茎重性状形成上表现突出（表 12-20）。此外，也有个别一般配合力为负值，而在单个性状的特殊配合力表现较好的组合，如 G×C 组合的杂交后代在茎粗形成上表现突出。子代亚麻的性状表现同时受亲本一般配合力相对效应和组合特殊配合力相对效应共同作用，通常亦可用配合力总效应表示。总体表现，G×A 和 F×C 两个组合最好，其株高、工艺长度、纤维含量和茎重都是正值，而茎粗和分枝数前者都是负值，后者茎粗正值而上部分枝数极小。

**表 12-20 各组合的特殊配合力相对效应值**

| 组合 | 性状 | | | | | |
|---|---|---|---|---|---|---|
| | 株高 | 工艺长度 | 茎粗 | 上部分枝数 | 纤维含量 | 茎重 |
| D×A | −2.879 | −4.606 | −2.857 | −2.385 | −1.490 | −20.10 |
| E×A | 0.775 | 2.276 | 9.302 | −2.726 | −1.728 | 5.302 |
| F×A | −2.417 | −7.938 | 4.518 | 4.089 | −13.20 | 21.60 |
| G×A | 4.376 | 5.761 | −3.256 | −6.474 | 8.797 | 0.612 |
| H×A | 1.080 | 2.448 | −6.047 | −6.474 | 1.833 | −28.31 |
| I×A | −0.935 | 2.058 | −1.661 | 13.97 | 5.790 | 20.90 |
| D×B | 4.779 | 1.328 | 4.817 | 0.6814 | −6.080 | 13.95 |
| E×B | 0.075 | 1.370 | 7.409 | −11.93 | −0.383 | 1.008 |
| F×B | −2.014 | −0.309 | −9.934 | −4.089 | −1.886 | −42.71 |
| G×B | −0.164 | 6.024 | −7.542 | −0.341 | 10.38 | −25.95 |
| H×B | 1.092 | −1.381 | 6.412 | 2.726 | −11.07 | 32.95 |
| I×B | −3.768 | −7.031 | −1.163 | 12.95 | 9.035 | 20.74 |
| D×C | −1.900 | 3.278 | −1.960 | 1.704 | 7.5706 | 6.150 |
| E×C | −0.850 | −3.646 | −16.71 | 14.65 | 2.110 | −6.310 |
| F×C | 4.431 | 8.247 | 5.415 | 0.000 | 15.09 | 21.11 |
| G×C | −4.212 | −11.78 | 10.80 | 6.814 | −19.18 | 25.34 |
| H×C | −2.173 | −1.067 | −0.365 | 3.748 | 9.232 | −4.64 |
| I×C | 4.703 | 4.973 | 2.824 | −26.92 | −14.82 | −41.65 |

### 12.4.3 主要农艺性状的遗传力分析

研究所用亲本的特殊配合力基因型方差均大于一般配合力基因型方差（表 12-21），说明在性状形成上特殊配合力的作用较大。一般配合力和特殊配合力的相对重要性因性状不同而有明显差异。各性状的群体特殊配合力方差均大于 50%，说明非加性遗传作用较显著，尤其茎粗、上部分枝数、纤维含量、茎重的群体特殊配合力方差接近或大于 90%，说明非加性遗传作用占主导地位。育种上要重视组合鉴评工作。株高、工艺长度的群体一般配合力方差接近50%，说明在重视组合鉴评工作的同时也要结合亲本的选择。

**表12-21 6个性状的基因型方差与群体配合力方差**

| | | | 株高 | 工艺长度 | 茎粗 | 上部分枝数 | 纤维含量 | 茎重 |
|---|---|---|---|---|---|---|---|---|
| 基因型方差 | g.c.a. | $\sigma_1^2$ | 2.6997 | 10.2459 | 0 | 0 | 0.0001 | 2.5312 |
| | | $\sigma_2^2$ | 6.0399 | 2.0008 | 0.0033 | 0 | 0 | 0 |
| | s.c.a. | $\sigma_{12}^2$ | 11.266 | 12.303 | 0.0152 | 0.5407 | 0.0003 | 20.1405 |
| | | $\sigma_e^2$ | 4.8844 | 10.0084 | 0.0054 | 0.4784 | 0.0001 | 8.3864 |
| 群体配合力方差 | | $V_g$ | 43.69 | 49.89 | 17.79 | 0 | 17.52 | 11.16 |
| | | $V_{g1}$ | 13.49 | 41.74 | 0 | 0 | 0.25 | 11.16 |
| | | $V_{g2}$ | 30.19 | 8.15 | 17.84 | 0 | 0 | 0 |
| | | $V_s$ | 56.31 | 50.11 | 82.21 | 100 | 82.48 | 88.84 |

注：g.c.a. 一般配合力；s.c.a. 特殊配合力；$\sigma_1^2$. $P_1$群体的一般配合力基因型方差；$\sigma_2^2$. $P_2$群体的一般配合力基因型方差；$\sigma_{12}^2$. $P_{12}$群体的特殊配合力基因型方差；$\sigma_e^2$. 环境方差；$V_g$. 群体一般配合力方差；$V_{g1}$. $P_1$群体的一般配合力方差；$V_{g2}$. $P_2$群体的一般配合力方差；$V_s$. 群体特殊配合力方差

进一步分解群体一般配合力方差可知，在不同性状的形成中父本和母本的作用不同：工艺长度、茎重受父本影响较明显，株高、茎粗、上部分枝数受母本影响较明显。

遗传力的大小可作为表型选株时确定选择指标的依据。由表12-22可知，6种农艺性状的广义遗传力大小顺序：株高>茎粗>纤维含量>茎重>工艺长度>上部分枝数。其中，上部分枝数的遗传力较低，由亲本直接遗传给杂交后代的能力较弱，而受环境和客观栽培条件的影响较大，应在中期、晚期世代进行多次定向选择，放宽选择尺度。株高的遗传力较高，工艺长度、茎粗、茎重、纤维含量的遗传力中等偏高，这些性状不易受环境条件的影响，早期世代选择的可靠性很大。各性状均表现为广义遗传力高于狭义遗传力，且差异特别大。表明各性状的非加性遗传作用较显著。育种上要重视组合鉴评工作。

**表12-22 亚麻主要农艺性状的遗传力（%）**

| | 株高 | 工艺长度 | 茎粗 | 上部分枝数 | 纤维含量 | 茎重 |
|---|---|---|---|---|---|---|
| 广义遗传力 $h_B^2$ | 80.38 | 71.04 | 77.32 | 53.06 | 74.77 | 73 |
| 狭义遗传力 $h_N^2$ | 35.11 | 35.44 | 13.76 | 0 | 13.1 | 8.15 |

## 12.5 纤维亚麻农艺性状的相关分析

本研究利用了国内外21个不同基因型，包括11个国内品种（黑亚3号、黑亚4号、黑亚6号、黑亚7号、黑亚10号、双亚1号、双亚2号、双亚3号、双亚5号、双948、86039），以及10个国外品种（Opaline、Ariane、Marina、Evelin、Argos、Armos、Viking、Belinka、fany、比2）。试验在东北农业大学校内试验地进行，小区长3m，8行区，行距15cm。1997年4月29日人工播种，播种有效种子2000粒/m$^2$，计划保苗1500株/m$^2$，田间管理同一般生产田，工艺成熟期收获。

收获时选取具有代表性的单株考种，调查株高、工艺长度、茎粗、叶片数、上部分枝数、基部10节长度、梢部10cm叶片数、原茎重等。室内用恒温箱（28℃）温水沤麻5天，利用干燥箱烘干后称干茎重，人工剥麻后称纤维重，计算干茎制成率和纤维含量。利用DPS软件对原始数据进行标准化变换，分别针对纤维重和出麻率计算关联系数，求关联度，并据此排序，进行灰色关联分析（表12-23）。

**表12-23 不同品种考种结果**

| 品种 | 株高 $x_1$(cm) | 工艺长度 $x_2$(cm) | 茎粗 $x_3$(mm) | 上部分枝数 $x_4$(个) | 叶片数 $x_5$(个) | 基部10节长度 $x_6$(cm) | 梢部10 cm叶片数 $x_7$(个) | 原茎重 $x_8$(g) | 干茎重 $x_9$(g) | 纤维重 $x_{10}$(g) | 干茎制成率 $x_{11}$ | 纤维含量 $x_{12}$ |
|---|---|---|---|---|---|---|---|---|---|---|---|---|
| 1 | 62 | 56.1 | 1.4 | 3 | 120 | 3.5 | 16 | 0.417 | 0.31 | 0.102 | 0.743 | 0.329 |
| 2 | 63 | 54.7 | 1.5 | 4 | 116 | 3.5 | 20 | 0.453 | 0.35 | 0.141 | 0.762 | 0.409 |
| 3 | 60 | 51.5 | 1.5 | 4 | 93 | 3.9 | 13 | 0.413 | 0.31 | 0.123 | 0.760 | 0.392 |
| 4 | 65 | 58.0 | 1.5 | 3 | 132 | 2.9 | 18 | 0.502 | 0.35 | 0.107 | 0.691 | 0.308 |
| 5 | 59 | 51.4 | 1.5 | 4 | 100 | 3.1 | 17 | 0.404 | 0.30 | 0.119 | 0.750 | 0.393 |
| 6 | 66 | 56.5 | 1.5 | 5 | 113 | 4.8 | 19 | 0.467 | 0.34 | 0.101 | 0.728 | 0.297 |
| 7 | 66 | 56.7 | 1.7 | 4 | 134 | 4.2 | 19 | 0.633 | 0.45 | 0.134 | 0.717 | 0.295 |
| 8 | 55 | 49.1 | 1.4 | 3 | 120 | 3.3 | 22 | 0.379 | 0.27 | 0.104 | 0.720 | 0.381 |
| 9 | 63 | 57.1 | 1.4 | 3 | 130 | 2.6 | 16 | 0.424 | 0.31 | 0.104 | 0.738 | 0.332 |
| 10 | 84 | 73.6 | 1.5 | 4 | 141 | 3.1 | 15 | 0.691 | 0.50 | 0.133 | 0.721 | 0.267 |
| 11 | 80 | 72.7 | 1.5 | 3 | 139 | 3.3 | 19 | 0.651 | 0.44 | 0.101 | 0.668 | 0.232 |
| 12 | 82 | 73.1 | 1.5 | 4 | 116 | 5.5 | 12 | 0.544 | 0.44 | 0.100 | 0.800 | 0.230 |
| 13 | 77 | 70.8 | 1.4 | 3 | 109 | 5.1 | 14 | 0.404 | 0.31 | 0.088 | 0.772 | 0.282 |
| 14 | 75 | 62.8 | 1.9 | 5 | 130 | 4.8 | 15 | 0.806 | 0.58 | 0.165 | 0.723 | 0.283 |
| 15 | 85 | 75.5 | 1.6 | 5 | 120 | 4.3 | 16 | 0.648 | 0.49 | 0.130 | 0.750 | 0.268 |
| 16 | 76 | 64.4 | 1.6 | 4 | 103 | 4.4 | 14 | 0.573 | 0.42 | 0.109 | 0.730 | 0.261 |
| 17 | 82 | 70.4 | 1.7 | 4 | 126 | 3.4 | 11 | 0.633 | 0.45 | 0.121 | 0.709 | 0.27 |
| 18 | 84 | 74.7 | 1.5 | 3 | 132 | 4.0 | 15 | 0.569 | 0.41 | 0.107 | 0.724 | 0.26 |
| 19 | 71 | 63.0 | 1.9 | 5 | 124 | 3.8 | 20 | 0.666 | 0.50 | 0.113 | 0.745 | 0.228 |
| 20 | 63 | 55.2 | 1.3 | 4 | 134 | 2.7 | 18 | 0.408 | 0.29 | 0.100 | 0.718 | 0.341 |
| 21 | 83 | 72.6 | 1.3 | 3 | 130 | 4.0 | 11 | 0.593 | 0.45 | 0.109 | 0.761 | 0.242 |

相关分析显示，纤维重与茎粗、原茎重、干茎重和上部分枝数呈极显著正相关关系，相关系数分别为0.62$^{**}$、0.58$^{**}$、0.58$^{**}$和0.55$^{**}$；出麻率与株高、工艺长度呈极显著负相关关系，相关系数分别为–0.83$^{**}$、–0.83$^{**}$，与原茎重和干茎重呈显著负相关关系，相关系数分别为–0.70$^{*}$和–0.71$^{*}$，与叶片数和基部10节长度呈

显著负相关关系，相关系数分别为$-0.43^{*}$、$0.42^{*}$。

对考种结果做标准差标准化处理，分别求纤维重和出麻率与各对应性状点的绝对差值，计算各性状（$x_1 \sim x_8$）与纤维重之间的关联度：$G(9,1)=0.698\,92$、$G(9,2)=0.712\,97$、$G(9,3)=0.781\,54$、$G(9,4)=0.753\,56$、$G(9,5)=0.700\,10$、$G(9,6)=0.746\,15$、$G(9,7)=0.688\,19$、$G(9,8)=0.772\,10$；计算各性状（$x_1 \sim x_8$）与出麻率之间的关联度：$G(9,1)=0.615\,99$、$G(9,2)=0.620\,62$、$G(9,3)=0.681\,49$、$G(9,4)=0.695\,31$、$G(9,5)=0.691\,25$、$G(9,6)=0.746\,17$、$G(9,7)=0.789\,46$、$G(9,8)=0.621\,42$。

在灰色关联分析中，因子的重要性用关联度表示，关联度越大表明因子越重要。与单株纤维重相关的性状排序是：茎粗>原茎重>上部分枝数>基部 10 节长度>工艺长度>叶片数>株高>梢部 10cm 叶片数。与出麻率相关的性状排序是：梢部 10cm 叶片数>基部 10 节长度>上部分枝数>叶片数>茎粗>原茎重>工艺长度>株高。

（姜硕，苏钰，魏文，李明）

# 13　亚麻及其近源种的亲缘关系研究

亚麻是人类最早利用的植物之一，作为重要的纤维作物和油料作物，曾经广泛种植于南亚次大陆、西亚、北非和欧洲各地（Durrant，1976），也被世界各地的先人发掘作为草药来利用，现在 α-亚麻酸的营养保健价值和木酚素（lignan）对前列腺癌和乳腺癌的预防作用日益受到重视（Muir and Westcott，2003）。关于亚麻栽培种（*Linum usitatissimum*）的进化途径尚未定论（Zohary and Hopf，2000），多数意见认为其是人类对单一野生种选择的结果，但是也有多起源的观点，认为包括中国西北在内都是起源地之一。除了部分近缘种的观赏价值外，人们也在关心直接利用部分近缘种的纤维和油分的可能性，以及用于拓宽栽培种遗传背景的可能途径。

据加拿大植物基因资源中心（PGRC）的统计，世界 8 个主要亚麻基因库共收集了亚麻近缘种 53 种 883 份材料（不包括未鉴定的），其中俄罗斯 2 个库分别收集了 31 种 164 份和 22 种 106 份，美国库收集了 34 种 139 份，德国库收集了 26 种 202 份。在确定染色体数量的 36 种中，包括 $2n$=16、18、20、24、26、28、30、34、36、72、80 等，存在巨大差异（Diederichsen，2007）。还有 17 种不清楚染色体数目（表 13-1）。

**表 13-1　世界主要亚麻资源**

| 种 | 德国 | 俄罗斯 | 美国 | 波兰 | 俄罗斯 | 加拿大 | 罗马尼亚 | 匈牙利 | 总计 | 染色体数量 $2n$ | 花色 | 生命周期 | 起源地 |
|---|---|---|---|---|---|---|---|---|---|---|---|---|---|
| *L. africanum* | | | | | | | 2 | | 2 | 30 | 白 | 多年生（灌木） | 非洲南部 |
| *L. alpinum* | 1 | 3 | 2 | 2 | 1 | | | | 9 | 18 | 蓝 | 多年生 | 中欧、北乌拉尔山脉 |
| *L. altaicum* | 3 | 3 | 2 | 2 | 1 | 2 | 1 | 1 | 15 | 18 | 蓝 | 多年生 | 西西伯利亚 |
| *L. amurense* | | 1 | | | | | | | 1 | 18 | 蓝 | 多年生 | 中国东北及黑龙江流域 |
| *L. anglicum* | | 1 | | | | | | | 1 | 18、32、36 | 蓝 | 多年生 | 英格兰 |
| *L. austriacum* | 16 | 18 | 22 | 7 | 14 | 3 | 10 | 9 | 99 | 18、36 | 蓝 | 多年生 | 中东欧、近东、西伯利亚 |
| *L. baicalense* | | | 5 | | | | | | 5 | — | 蓝 | 多年生 | 东西伯利亚、蒙古国北部 |
| *L. bienne* | 120 | 45 | 14 | 4 | 64 | 13 | 17 | 2 | 279 | 30 | 浅蓝 | 冬季-一年生 | 近东、地中海、西欧 |
| *L. campanulatum* | 1 | 2 | 1 | 3 | 1 | 1 | | | 9 | 24、28 | 黄 | 多年生 | 地中海西部 |
| *L. capitatum* | 2 | 1 | | 6 | 1 | 1 | | | 11 | 34 | 黄 | 多年生 | 巴尔干半岛 |

续表

| 种 | 德国 | 俄罗斯 | 美国 | 波兰 | 俄罗斯 | 加拿大 | 罗马尼亚 | 匈牙利 | 总计 | 染色体数量 $2n$ | 花色 | 生命周期 | 起源地 |
|---|---|---|---|---|---|---|---|---|---|---|---|---|---|
| *L. catharticum* | | | 9 | | | | | | 9 | 16 | 白 | 一年生 | 欧洲、地中海、近东 |
| *L. corymbiferum* | | | 1 | | | | 3 | | 4 | 30 | 黄、白 | 多年生 | 北非 |
| *L. corymbulosum* | | | 1 | | | | | | 1 | 18 | 黄 | 一年生 | 地中海、近东、中亚 |
| *L. decumbens* | 2 | 1 | | 3 | | 1 | 1 | | 8 | 30 | 红 | 一年生 | 南欧 |
| *L. dolomiticum* | | 1 | | | | | | | 1 | 28 | 黄 | 多年生 | 匈牙利 |
| *L. elegans* | 1 | | 1 | | 1 | 1 | | | 4 | — | 黄 | 多年生 | 巴尔干半岛 |
| *L. euxinum* | | 4 | 1 | | 1 | 1 | | | 7 | — | 蓝 | 多年生 | 克里米亚半岛 |
| *L. extraaxillare* | | 3 | | | | | | | 3 | 18 | 蓝 | 多年生 | 喀尔巴阡山脉、中欧 |
| *L. flavum* | 9 | 7 | 13 | 7 | 1 | 6 | | 6 | 49 | 28、30 | 黄 | 多年生 | 南欧、中欧、高加索 |
| *L. grandiflorum* | 9 | 20 | 5 | | 8 | 7 | 3 | 2 | 54 | 16 | 红 | 一年生 | 阿尔及利亚 |
| *L. hirsutum* | 2 | | 9 | 6 | 1 | 1 | 1 | | 20 | 16、18、30 | 紫 | 多年生 | 中东欧、近东 |
| *L. hypericifolium* | | | 2 | | | | | | 2 | — | 粉 | 多年生 | 高加索 |
| *L. komarovii* | 1 | 4 | 1 | 2 | 1 | 2 | | | 11 | — | 蓝 | 多年生 | 东西伯利亚 |
| *L. leonii* | 1 | 2 | 1 | 1 | 1 | 1 | | | 7 | 18 | 蓝 | 多年生 | 法国、德国 |
| *L. lewisii* | 2 | 3 | 10 | 1 | 1 | 11 | | | 28 | 18 | 蓝 | 多年生 | 北美洲 |
| *L. littorale* | | | 1 | | | | | | 1 | — | 黄 | 多年生(不确定) | 巴西、乌拉圭 |
| *L. macrorhizum* | | 1 | | 2 | | | | | 3 | — | 蓝 | 多年生 | 中亚 |
| *L. marginale* | 1 | | 2 | | | | 1 | | 4 | 80 | 浅蓝 | 多年生 | 澳大利亚南部和西部 |
| *L. maritimum* | | | 1 | | | | | | 1 | 20 | 黄 | 多年生 | 地中海、近东 |
| *L. marschallianum* | | 1 | | | | | | | 1 | — | 蓝 | 多年生 | 克里米亚半岛 |
| *L. medium* | | | 1 | | | | | | 1 | 30、36、72 | 黄 | 多年生 | 北美洲、巴哈马群岛 |
| *L. mesostylum* | 2 | | | 3 | 1 | | | | 6 | — | 蓝 | 多年生 | 中亚 |
| *L. mucronatum* | | | 1 | | | | | | 1 | — | 黄 | 多年生 | 近东、高加索 |
| *L. narbonense* | 2 | 6 | 3 | 2 | 1 | 4 | 1 | | 19 | 18、20、28 | 蓝 | 多年生 | 地中海 |
| *L. nervosum* | | 1 | | | | | 1 | | 2 | 30 | 蓝 | 多年生 | 南欧、东欧 |
| *L. nodiflorum* | 2 | | | | | | | | 2 | 26 | 黄 | 一年生 | 地中海、克里米亚半岛、近东 |
| *L. pallescens* | 2 | 1 | 1 | 3 | 1 | 1 | 2 | | 11 | 30 | 蓝 | 多年生 | 西西伯利亚 |
| *L. perenne* | 9 | 20 | 15 | 33 | 2 | 10 | 13 | 5 | 107 | 18、36 | 蓝、白 | 多年生 | 中欧、东欧、近东、西伯利亚 |

续表

| 种 | 德国 | 俄罗斯 | 美国 | 波兰 | 俄罗斯 | 加拿大 | 罗马尼亚 | 匈牙利 | 总计 | 染色体数量 $2n$ | 花色 | 生命周期 | 起源地 |
|---|---|---|---|---|---|---|---|---|---|---|---|---|---|
| *L. pubescens* | | 2 | | | | | | | 2 | 18 | 粉 | 一年生 | 近东、巴尔干半岛 |
| *L. punctatum* | | | | | | | | 1 | 1 | — | 蓝 | 多年生 | 西西里岛、希腊 |
| *L. rigidum* | | | | | | 1 | | | 1 | 30 | 黄 | 多年生(不确定) | 北美洲 |
| *L. setaceum* | | | 1 | | | | | | 1 | — | 黄 | 一年生 | 西班牙、葡萄牙 |
| *L. stelleroides* | 1 | 1 | 1 | 3 | 1 | 1 | | | 8 | — | 蓝 | 一年生 | 东西伯利亚 |
| *L. strictum* | | 2 | 3 | | | 3 | 1 | | 9 | 18、30、32 | 黄 | 一年生 | 南欧、地中海、近东 |
| *L. suffruticosum* | 1 | | 1 | 1 | | | | | 3 | — | 浅粉、白 | 多年生 | 南欧、西欧 |
| *L. sulcatum* | | | | | | | 1 | | 1 | 30 | 黄 | 一年生 | 北美洲 |
| *L. tauricum* | 3 | | 1 | 9 | 1 | 1 | | | 15 | — | 黄 | 多年生 | 东南欧、地中海、高加索 |
| *L. tenue* | | | | | | | 1 | | 1 | 30 | 黄 | 一年生 | 西班牙、葡萄牙 |
| *L. tenuifolium* | 6 | 4 | 3 | 3 | 1 | 1 | | | 18 | 16、18 | 浅粉、浅紫 | 多年生 | 近东、地中海、中欧 |
| *L. thracicum* | 2 | 2 | 1 | 8 | 1 | 1 | | | 15 | — | 黄 | 多年生 | 巴尔干半岛 |
| *L. trigynum* (syn. *L. gallicum*) | 1 | 2 | 3 | | | 2 | 1 | | 9 | 20 | 黄 | 一年生 | 南欧、中欧、地中海、近东 |
| *L. violascens* | | 1 | | | | | | | 1 | — | 紫蓝 | 多年生 | 西西伯利亚 |
| *L. viscosum* | | 1 | | | | | | | 1 | 16 | 粉 | 多年生 | 南中欧 |
| 总计 | 202 | 164 | 139 | 111 | 106 | 76 | 60 | 26 | 884 | | | | |
| 种的数量 | 26 | 31 | 34 | 22 | 22 | 24 | 17 | 7 | 53 | | | | |

亚麻属是双子叶植物纲蔷薇亚纲亚麻科的一个属，亚麻属有 200 多种，主要分布于温带、地中海地区和西伯利亚大草原，栽培种与野生的 *Linum bienne*（即 *L. angustifolium*）具有相同的染色体（$2n$=30），两者可以容易地相互杂交（Gill and Yermanos，1967a）。早在 1837 年 Reichenbach 就出版了第一个亚麻属分类方案，目前多采用由 Winkler 于 1931 年提出并经过后人修改的分类方法（Rogers，1972），该方案将亚麻属分为 6 个部分（section）：*Linum*、*Dasylinum*、*Linastrum*、*Cathartolinum*、*Syllinum*、*Cliococca*。前人多认为亚麻栽培种是人类对野生种 *L. angustifolium* 的变异进行选择的结果（Heer，1872；Schilling，1931），这个假说陆续得到植物地理学（Hjelmquist，1950）、细胞遗传学（Gill and Yermanos，1967b）和植物形态学研究（Diederichsen and Hammer，1995）的支持，Diederichsen 和 Hammer（1995）建议把 *L. angustifolium* 和栽培种合并为一个。Chennaveeraiah 和 Joshi（1983）提出，在 *Linum* 部分内 *L. angustifolium* 进一步分化出 *L. africanum*、*L. usitatissimum*

及其亚种 *L. usitatissimum* spp. *crepitans*，但是也不排除栽培种来自 *L. strictum* 的可能。

但是仅仅依靠形态、植物地理学方面的知识并不能够保证分类的有效，近年来人们探索利用多种先进技术如染色体的 C 带型（Muravenko et al.，2001）、种子贮藏蛋白片断电泳（Kutuzova et al.，1999）、种子油分组成的气相色谱（Polyakov et al.，2000）和同工酶位点（Yurenkova et al.，2005）等来研究亚麻属植物间的关系。Muravenko 等（2001）认为，*L. austriacum*（2*n*=18）和 *L. grandiflorum*（2*n*=16）均起源于一个染色体为 8 或 9 的祖先，可能在进化过程中染色体复制差错形成两个种，因为两者的染色体相似程度很高，具有紧密的系统发生关系。Yurenkova 等（2005）对 4 个野生种（*L. grandiflorum*、*L. bienne*、*L. perenne*、*L. austriacum*）和 2 份栽培种进行了研究，从叶片的葡糖-6-磷酸脱氢酶、谷草转氨酶、细胞色素 C 氧化酶的同工酶特点，以及种子油中的脂肪酸相对数量和水平分析了彼此间的遗传多样性，研究发现，同工酶的位点具有多态性，可以用脂肪酸的数量和比例严格地区分种间差异。研究结果显示，研究的 5 个种有一个共同的祖先，*L. grandiflorum* 是亚麻进化早期阶段的一个系统发生的分支。Muravenko 等（2004）利用荧光原位杂交（FISH）技术研究了 45S 和 5S 核糖体基因在 5 个亚麻属植物染色体中的位点。但是这些还仅是方法的探讨。

Rogers（1969）根据形态学特点将北美洲亚麻属近 40 种划分为 3 组，其中蓝花组包括两个种（*L. lewisii* 和 *L. pratense*），均来自欧亚大陆，经过西伯利亚-阿拉斯加到达北美洲；白花组只有一个种 *L. catharticum*，较晚来自欧洲（在欧洲广泛分布）；而黄花组最大、最复杂，主要起源于美洲。学者还曾对亚麻属植物蓝亚麻（*L. perenne*）进行过研究，包括同源四倍体、异源四倍体和二倍体（2*n*=18）间花药及减数分裂的差别（Ockendon，1971），以及不同地方材料在种子萌发特性上的种内差异（Meyer and Kitchen，1994）。

世界著名植物起源地学家 Vavilov（1926，1951）认为亚麻栽培种是多起源地的，具有遗传多样性的地理中心包括欧洲—西伯利亚、地中海、中亚、西亚和埃塞俄比亚。南亚次大陆也有丰富的亚麻资源，也被认为是一个起源地。Fu 等（2005）对加拿大收集的近 3000 份栽培种材料的随机扩增多态性 DNA（RAPD）分析显示，来自印度的材料与其他地区的材料距离最远。我国的东北紧邻西伯利亚，西北与中亚相连，而且我国的西南包括西藏都有野生亚麻的存在。根据《中国植物志》记载，我国已知有 9 种，除了栽培种外，8 个近缘种多分布在东北、华北北部、西北和西南等地。其中分布最广的野亚麻（*L. stelleroides*）还出现在华中和华南，在东北还有黑水亚麻（*L. amurense*）和垂果亚麻（*L. nutans*），而异萼亚麻（*L. heterosepalum*）和垂果亚麻未被 8 个世界主要亚麻资源库收藏（或确认）。20 世纪 80 年代后国内陆续有野生亚麻被采集的报道，如吉林长白山（李今兰和金硕柞，

1986）、黑龙江林甸（颜忠锋等，1993）和陕西七里川（王玉富和王延周，2005）的 *L. stelleroides*，河北坝上（胡汝温，1982）的 *L. grandiflorum* 和 *L. angustifolium*，河北张北（米君等，2003）、新疆（王兆木，1990；张正等，2006）和青海（肖运峰等，1978）的宿根亚麻（*L. perenne*）。这些植物种的确认主要靠形态鉴定，仅河北坝上的材料是根据染色体判断的，但是两个种均未出现在《中国植物志》上，其后米君等（2003）在相同地区没有发现相同种，因此结果存疑。根据国外资料，中国近缘种的染色体数量 3 种（*L. corymbulosum*、阿尔泰亚麻 *L. altaicum* 和 *L. amurense*）是 18，一种（*L. perenne*）是 18 或 36，只有 *L. pallescens* 与栽培种相同（$2n$=30），其余 3 个未知。米君等（2003）尝试多种办法将 *L. perenne* 与栽培种进行杂交，肖运峰等（1978）对青海 *L. perenne* 的生物学特性（光感应性、好氧性、吸水性等）和生态性状（耐寒、耐瘠薄、耐沙埋）进行了研究，分析了籽粒油分组成和含量，以及纤维质量和产量，认为可以直接用于栽培生产。目前，国内缺乏对亚麻属植物的收集和系统研究，有 3 种植物的染色体数量不明，种内和种间的遗传多样性不了解，药用价值不清楚，抗病性、抗旱性、抗寒性等优质基因资源有待开发。

随着分子生物学的飞速发展，许多分子标记如限制性片段长度多态性（RFLP）、RAPD、扩增片段长度多态性（AFLP）、SSR 等被开发出来，这些标记在数量和多态性方面优于同工酶等（Karp et al.，1997b），分子生物学技术也被用于植物的分类与起源研究。Campbell 等（1995）最先把 RAPD-PCR 技术用于亚麻进化分析，Fu 等（2002a，2002b）、Fu（2006）利用 RAPD 分子标记技术对亚麻属 7 种 12 份材料进行分析，遗传分析显示种间存在很大的变异，而栽培种和 *L. angustifolium* 间的相似度超过其他种间，聚类分析始终划分在一个类群。因此认为从分子水平提供证据证明了 *L. angustifolium* 是栽培亚麻的野生祖先。研究还支持 *L. perenne*、*L. leonii* 和 *L. mesosylum* 间关系密切的观点。Robin 和 Fu（2005）利用基因树研究了不同类型栽培种和多份 *L. angustifolium* 材料的 *Sad2* 基因位点的遗传多样性，结论进一步支持栽培种亚麻的单一起源的观点。但是该研究仅选择一个有关不饱和脂肪酸合成酶的基因而未考虑其他基因，仅仅利用 2 个物种，缺乏其他亚麻近缘种的数据支持，影响了结论的充分性。Armbruster 等（2006）对西班牙南部的花柱异常材料（*Linum suffruticosum*）的研究表明，在亚麻属中花柱异常有几个独立的来源，并且至少有一种发生了逆转。这也间接表明亚麻属植物进化的复杂。Day 等（2005）报道了从发育的亚麻麻皮中获得 3 个纤维素合酶的 EST，随后 Chen 等（2007）在 GenBank 登记了 3 个 *CesA* 基因序列。因此有必要利用纤维素合酶基因对亚麻属植物开展分子进化研究。

人们研究亚麻近缘种的一个重要目的是拓宽栽培种的遗传背景。Seetharam（1972）曾在亚麻属种间进行杂交，染色体相同（$2n$=30）的 9 种间 12 个组合均获得杂交后代，而不同染色体的种间 14 个组合仅个别获得种子，种植后没有获得后代，全部失败。因此通过常规杂交方式只能利用那些相同染色体的种，而不同种的利用就要应用现代的分子生物学技术，通过转基因的方式把一些有益的基因转移到栽培种中。也有人在考虑直接利用亚麻近缘种，如前面提到的 *L. perenne* 栽培，而野亚麻的韧皮纤维也可以作纺织和造纸原料，另外一些种可以作观赏植物，如在欧洲和北美洲的 *L. perenne* 和 *L. grandiflorum* 都作为花卉栽培，我国的异萼亚麻花朵较大，也可以作观赏植物。开发亚麻属植物的药用价值也是近年来的研究热点，除了研究栽培种的药用价值（张才煜等，2005），也开始研究亚麻近缘种（如 *L. boissieri*、*L. mucronatum* 等）次生代谢产物的药用价值（Konuklugil et al., 2005）。

无论从亚麻进化研究还是亚麻属植物的开发利用角度考虑，都有必要开展中国亚麻属植物的收集、种内的遗传多样性、种间的遗传差异及中国亚麻近缘种与栽培种的关系研究，从分子水平探讨亚麻栽培种的进化规律，为今后合理利用和开发亚麻野生资源提供理论指导。

## 13.1 栽培亚麻及其近源种的亲缘关系

试验选择了 65 份材料，其中野生种 16 种 25 个材料，栽培种 40 个材料（表 13-2），在温室内盆栽种植，对其植物学性状进行调查，其中对质量性状进行赋值（表 13-3）。取茎中部成熟叶片，采用 FAA 固定石蜡切片法调查叶片厚度、主脉维管束导管数、导管细胞直径、导管细胞壁厚度。

**表 13-2 试验所用材料**

| 编号 | 样品名 | 种名 | 使用类型 | 编号 | 样品名 | 种名 | 使用类型 |
|---|---|---|---|---|---|---|---|
| 1 | CN18996 | *Linum usitatissimum* | 油用 | 13 | CN101146 | *Linum usitatissimum* | 油用 |
| 2 | CN101397 | *Linum usitatissimum* | 纤用 | 14 | CN97587 | *Linum usitatissimum* | 油用 |
| 3 | HY14 | *Linum usitatissimum* | 纤用 | 15 | CN100669 | *Linum usitatissimum* | 油用 |
| 4 | CN100935 | *Linum usitatissimum* | 纤用 | 16 | Ariane | *Linum usitatissimum* | 纤用 |
| 5 | CN101098 | *Linum usitatissimum* | 纤用 | 17 | CN101136 | *Linum usitatissimum* | 纤用 |
| 6 | CN18991 | *Linum usitatissimum* | 纤用 | 18 | Diane | *Linum usitatissimum* | 纤用 |
| 7 | CN101176 | *Linum usitatissimum* | 油用 | 19 | CN101091 | *Linum usitatissimum* | 纤用 |
| 8 | CN101294 | *Linum usitatissimum* | 纤用 | 20 | HY7 | *Linum usitatissimum* | 纤用 |
| 9 | CN101352 | *Linum usitatissimum* | 纤用 | 21 | CN101405 | *Linum usitatissimum* | 纤用 |
| 10 | CN101134 | *Linum usitatissimum* | 纤用 | 22 | CN100827 | *Linum usitatissimum* | 油用 |
| 11 | CN40084 | *Linum usitatissimum* | 纤用 | 23 | CN100910 | *Linum usitatissimum* | 油用 |
| 12 | Opaline | *Linum usitatissimum* | 纤用 | 24 | SY5 | *Linum usitatissimum* | 纤用 |

续表

| 编号 | 样品名 | 种名 | 使用类型 | 编号 | 样品名 | 种名 | 使用类型 |
|---|---|---|---|---|---|---|---|
| 25 | SY8 | *Linum usitatissimum* | 纤用 | 46 | CN107255 | *Linum austriacum* | 野生 |
| 26 | CN97659 | *Linum usitatissimum* | 油用 | 47 | CN19030 | *Linum leonii* | 野生 |
| 27 | CN19009 | *Linum usitatissimum* | 油用 | 48 | CN19179 | *Linum perenne* | 野生 |
| 28 | CN33391 | *Linum usitatissimum* | 纤用 | 49 | CN107277 | *Linum strictum* | 野生 |
| 29 | HY3 | *Linum usitatissimum* | 纤用 | 50 | CN107296 | *Linum angustifolium* | 野生 |
| 30 | CN98303 | *Linum usitatissimum* | 纤用 | 51 | CN19028 | *Linum decumbens* | 野生 |
| 31 | CN98816 | *Linum usitatissimum* | 油用 | 52 | CN107295 | *Linum angustifolium* | 野生 |
| 32 | CN44316 | *Linum usitatissimum* | 油用 | 53 | CN19027 | *Linum grandiflorum* | 野生 |
| 33 | CN100632 | *Linum usitatissimum* | 油用 | 54 | CN107260 | *Linum grandiflorum* | 野生 |
| 34 | SY3 | *Linum usitatissimum* | 纤用 | 55 | CN19024 | *Linum perenne* | 野生 |
| 35 | CN101132 | *Linum usitatissimum* | 油用 | 56 | CN19181 | *Linum flavum* | 野生 |
| 36 | CN101037 | *Linum usitatissimum* | 纤用 | 57 | T1216 | *Linum grandiflorum* | 野生 |
| 37 | CN101096 | *Linum usitatissimum* | 纤用 | 58 | CN19025 | *Linum perenne* | 野生 |
| 38 | CN100889 | *Linum usitatissimum* | 油用 | 59 | CN107274 | *Linum stelleroides* | 野生 |
| 39 | CN32545 | *Linum usitatissimum* | 纤用 | 60 | CN19021 | *Linum bienne* | 野生 |
| 40 | YY1 | *Linum usitatissimum* | 油用 | 61 | T1464 | *Linum flavum* | 野生 |
| 41 | CN19182 | *Linum altaicum* | 野生 | 62 | CN107259 | *Linum grandiflorum* | 野生 |
| 42 | CN107288 | *Linum austriacum* | 野生 | 63 | CN107269 | *Linum tenuifolium* | 野生 |
| 43 | CN107264 | *Linum narbonese* | 野生 | 64 | CN107275 | *Linum tauricum* | 野生 |
| 44 | CN107286 | *Linum altaicum* | 野生 | 65 | T1245 | *Linum komarovii* | 野生 |
| 45 | CN107294 | *Linum euxinum* | 野生 | | | | |

**表 13-3 亚麻质量性状及其赋值情况**

| 质量性状 | 赋值 |
|---|---|
| 生命周期 | 一年生=1，多年生=2 |
| 生长习性 | 直立=1，半直立=2，平卧=3 |
| 主茎有无 | 有=1，无=2 |
| 植株基部分枝否 | 是=1，否=2 |
| 分枝习性 | 有限=1，无限=2 |
| 叶形 | 披针形=1，线形披针=2，匙状=3，硬质披针=4，类针状叶=5 |
| 花冠形状 | 杯状=1，碗状=2，碟状=3 |
| 花冠颜色 | 蓝色=1，天蓝=2，浅蓝=3，白蓝色=4，白色=5，白微紫=6，浅红=7，红=8，黄=9 |
| 花瓣叠加 | 是=1，否=2 |
| 花粉囊颜色 | 蓝灰=1，浅蓝=2，浅橘红=3，浅黄=4，深紫=5，黑=6 |
| 柱头颜色 | 蓝=1，天蓝=2，浅蓝=3，白=4，白微紫=5，浅紫=6，浅绿=7，红=8，黑=9 |
| 种皮颜色 | 浅褐=1，褐=2，浅黑褐=3，黑褐=4，黑=5，浅褐微绿=6，褐微棕=7，黄=8 |
| 裂果情况 | 微裂=1，裂=2 |

采用 SPSS 13.0 软件进行主成分（PCA）分析。采用 NTSYS-PC 2.1 软件进行数据标准化，用其中的 Qualitative Data 程序计算简单匹配系数，并获得矩阵，用其中的 SAHN 程序和 UPGMA 方法进行聚类分析，并通过 Treeplot 模块生成聚类图。

### 13.1.1 基于植物学性状的分析

#### 13.1.1.1 种间差异分析

65 份亚麻属植物从观察的表型上大致可分为以下几种类型：①一年生、直立生长、有限分枝且分枝在茎上、披针形叶，栽培种亚麻及个别野生种（*Linum strictum*、*Linum grandiflorum*）属于此类；②一年生、直立或半直立生长、从根部无限分枝、披针形叶、裂果，包括 *Linum angustifolium*、*Linum decumbens*、*Linum bienne*；③多年生、平卧生长、从根部无限分枝、线性披针叶、裂果，包括 *Linum altaicum*、*Linum austriacum*、*Linum euxinum*、*Linum leonii*、*Linum perenne*、*Linum komarovii*、*Linum stelleroides*；④多年生、半直立生长、从根部无限分枝、匙状叶，包括 *Linum flavum*、*Linum tauricum*；⑤个别表现型性状略有特别的种，如 *Linum tenuifolium*（CN107269）为多年生、平卧、根部无限分枝、叶片极似针叶；*Linum narbonese*（CN107264）为多年生、平卧、根部无限分枝、叶片类似披针且表皮质密。

对 65 份亚麻属材料的 21 个形态、解剖及生长习性性状分析表明，不同性状在材料间表现了不同程度的多样性（表 13-4）。其中，分枝习性变异最大，而叶主脉导管壁厚变异最小，说明叶主脉导管壁厚较其他性状相对稳定。21 个性状的平均变异系数为 0.47，变幅为 0.12~1.36。说明亚麻种间变异相对较为丰富。其中，变异系数>0.5 的性状为：分枝习性>花冠颜色、花粉囊颜色>种皮颜色>叶主脉导管数>生长习性>叶形。说明在种间，这些性状离散程度较大，变异丰富。

**表 13-4 部分亚麻属植物形态、解剖及生长习性特征种间多样性统计**

| 性状 | 平均数 | 最大值 | 最小值 | 标准差 | 变异系数 |
|---|---|---|---|---|---|
| 生命周期 | 1.24 | 2 | 1 | 0.43 | 0.35 |
| 生长习性 | 1.54 | 3 | 1 | 0.87 | 0.56 |
| 主茎有无 | 1.31 | 2 | 1 | 0.47 | 0.36 |
| 植株基部分枝否 | 1.69 | 2 | 1 | 0.47 | 0.27 |
| 分枝习性 | 1.32 | 2 | 1 | 0.47 | 1.36 |
| 叶形 | 1.43 | 5 | 1 | 0.79 | 0.55 |
| 花冠形状 | 0.23 | 3 | 1 | 0.58 | 0.26 |
| 花冠颜色 | 3.06 | 9 | 1 | 2.78 | 0.90 |
| 花瓣叠加 | 1.17 | 2 | 1 | 0.38 | 0.32 |

续表

| 性状 | 平均数 | 最大值 | 最小值 | 标准差 | 变异系数 |
|---|---|---|---|---|---|
| 花粉囊颜色 | 1.74 | 6 | 1 | 1.57 | 0.90 |
| 柱头颜色 | 4.68 | 9 | 1 | 1.63 | 0.35 |
| 种皮颜色 | 2.45 | 8 | 1 | 1.53 | 0.63 |
| 裂果情况 | 1.25 | 2 | 1 | 0.43 | 0.34 |
| 花冠直径（cm） | 1.76 | 3.57 | 0.87 | 0.61 | 0.35 |
| 花瓣长度（cm） | 1.22 | 2.57 | 0.72 | 0.4 | 0.33 |
| 花瓣宽度（cm） | 0.84 | 1.4 | 0.42 | 0.23 | 0.27 |
| 百粒重（g） | 0.39 | 0.89 | 0.03 | 0.19 | 0.48 |
| 叶片厚度（μm，100×） | 241.52 | 502.47 | 136.5 | 56.89 | 0.24 |
| 叶主脉导管数（个） | 45.34 | 164.5 | 20.5 | 26.77 | 0.59 |
| 叶主脉导管直径（μm，400×） | 50.13 | 72.16 | 29.61 | 12.35 | 0.25 |
| 叶主脉导管壁厚（μm，400×） | 7.85 | 10.57 | 6.16 | 0.93 | 0.12 |
| 均值 | | | | | 0.47 |

在对65份亚麻材料的叶片横截面的调查中，只有叶主脉导管数变异较大，变异系数为0.59。从对解剖性状的直观调查中也可以看到，一些种的叶片主脉发达，导管数量特别多（如 *Linum flavum*），从直观来看，野生种的叶主脉要比栽培种发达，叶主脉导管数明显多于栽培种，这可能和生长环境有关，野生种长期生活在野外，发达的维管系统有利于抵御恶劣的气候条件，而栽培种由于长期处于人为管理之下，生境相对稳定、适宜生长，因此，经过长期的自然选择，其维管系统相对退化。

#### 13.1.1.2 种内差异分析

种内8个性状的变异系数都较小（表13-5），变异最大的是叶主脉导管直径，为0.25，最小的是百粒重和叶片厚度，仅为0.02。总体来看，各性状的种内变异系数值，解剖学性状要大于其他测量性状，其中，最大为叶主脉导管直径，在各个种内的变异都相对较大，其次为叶主脉导管壁厚，在种内，百粒重的变异相对最小。而花冠直径、花瓣长度、花瓣宽度及叶片厚度，在种内都变异较小。

**表13-5 部分亚麻属植物测量性状种内差异分析**

| 编号 | 种名 | 花冠直径 | | | 花瓣长度 | | | 花瓣宽度 | | |
|---|---|---|---|---|---|---|---|---|---|---|
| | | 均值 | 变幅 | 变异系数 | 均值 | 变幅 | 变异系数 | 均值 | 变幅 | 变异系数 |
| 1 | *L. usitatissimum* | 1.58 | 0.8~2.5 | 0.07 | 1.13 | 0.7~1.6 | 0.05 | 0.83 | 0.35~1.2 | 0.06 |
| 2 | *L. altaicum* | — | — | — | — | — | — | — | — | — |
| 3 | *L. austriacum* | — | — | — | — | — | — | — | — | — |

续表

| 编号 | 种名 | 花冠直径 | | | 花瓣长度 | | | 花瓣宽度 | | |
|---|---|---|---|---|---|---|---|---|---|---|
| | | 均值 | 变幅 | 变异系数 | 均值 | 变幅 | 变异系数 | 均值 | 变幅 | 变异系数 |
| 4 | *L. narbonese* | — | — | — | — | — | — | — | — | — |
| 5 | *L. euxinum* | — | — | — | — | — | — | — | — | — |
| 6 | *L. leonii* | — | — | — | — | — | — | — | — | — |
| 7 | *L. perenne* | 2.23 | 2.1~2.3 | 0.05 | 1.2 | 1.1~1.3 | 0.08 | 0.97 | 0.9~1 | 0.06 |
| 8 | *L. strictum* | — | — | — | — | — | — | — | — | — |
| 9 | *L. angustifolium* | 1.12 | 0.8~1.5 | 0.09 | 0.77 | 0.7~0.8 | 0.043 | 0.46 | 0.4~0.55 | 0.16 |
| 10 | *L. decumbens* | 1.5 | 1.4~1.7 | 0.12 | 1.33 | 1.3~1.4 | 0.04 | 0.53 | 0.5~0.6 | 0.11 |
| 11 | *L. grandiflorum* | 3.42 | 3.1~3.8 | 0.07 | 2.45 | 2~2.7 | 0.08 | 1.38 | 1.2~1.6 | 0.08 |
| 12 | *L. flavum* | — | — | — | — | — | — | — | — | — |
| 13 | *L. stelleroides* | 3.17 | 3~3.4 | 0.07 | 0.8 | 1.5~1.9 | 0.14 | 1.17 | 1.1~1.3 | 0.1 |
| 14 | *L. bienne* | 1.37 | 1.3~1.4 | 0.04 | 0.8 | 0.7~0.9 | 0.12 | 0.49 | 0.45~0.52 | 0.07 |
| 15 | *L. tenuifolium* | 2.07 | 2~2.1 | 0.03 | 1.07 | 1~1.1 | 0.05 | 0.48 | 0.45~0.5 | 0.06 |
| 16 | *L. tauricum* | — | — | — | — | — | — | — | — | — |
| 17 | *L. komarovii* | 1.93 | 1.8~2.1 | 0.08 | 1.0 | 0.9~1.1 | 0.1 | 0.63 | 0.5~0.7 | 0.18 |

| 编号 | 种名 | 百粒重 | | | 叶片厚度 | | | 叶主脉导管数 | | |
|---|---|---|---|---|---|---|---|---|---|---|
| | | 均值 | 变幅 | 变异系数 | 均值 | 变幅 | 变异系数 | 均值 | 变幅 | 变异系数 |
| 1 | *L. usitatissimum* | 0.5 | 0.36~0.91 | 0.02 | 239.6 | 181.2~339.8 | 0.04 | 30 | 20~41 | 0.08 |
| 2 | *L. altaicum* | 0.163 | 0.15~0.17 | 0.035 | 285.3 | 245.7~305.9 | 0.099 | 71 | 61~86 | 0.19 |
| 3 | *L. austriacum* | 0.16 | 0.14~0.17 | 0.029 | 231.0 | 213.8~247.6 | 0.1 | 79 | 71~90 | 0.13 |
| 4 | *L. narbonese* | 0.36 | 0.35~0.37 | 0.02 | 307.9 | 264.6~351.2 | 0.05 | 64 | 61~67 | 0.11 |
| 5 | *L. euxinum* | 0.17 | 0.16~0.175 | 0.02 | 366.6 | 360.4~369.9 | 0.09 | 76 | 70~85 | 0.1 |
| 6 | *L. leonii* | 0.26 | 0.25~0.27 | 0.03 | 199.9 | 180.2~218.7 | 0.08 | 86 | 81~91 | 0.09 |
| 7 | *L. perenne* | 0.224 | 0.14~0.28 | 0.034 | 224.3 | 211.6~233.3 | 0.03 | 62 | 51~72 | 0.18 |
| 8 | *L. strictum* | 0.03 | 0.029~0.03 | 0.05 | 230.3 | 210.1~250.5 | 0.09 | 75 | 71~78 | 0.07 |
| 9 | *L. angustifolium* | 0.15 | 0.14~0.16 | 0.029 | 181.6 | 171.7~195.6 | 0.04 | 58 | 50~72 | 0.18 |
| 10 | *L. decumbens* | 0.22 | 0.2~0.24 | 0.13 | 186.8 | 180.3~192.4 | 0.02 | 76 | 70~83 | 0.1 |
| 11 | *L. grandiflorum* | 0.34 | 0.33~0.38 | 0.03 | 195.5 | 146~198.5 | 0.2 | 49 | 36~61 | 0.27 |
| 12 | *L. flavum* | 0.14 | 0.11~0.164 | 0.034 | 455.9 | 404.8~506.9 | 0.14 | 132 | 109~170 | 0.3 |
| 13 | *L. stelleroides* | 0.19 | 0.18~0.195 | 0.04 | 212.1 | 204.2~220.2 | 0.04 | 84 | 75~90 | 0.08 |
| 14 | *L. bienne* | 0.134 | 0.13~0.14 | 0.04 | 163.2 | 153.9~172.3 | 0.05 | 51 | 43~58 | 0.15 |
| 15 | *L. tenuifolium* | 0.06 | 0.058~0.06 | 0.02 | 284.6 | 262.1~307.2 | 0.04 | 84 | 79~88 | 0.09 |
| 16 | *L. tauricum* | 0.14 | 0.13~0.14 | 0.05 | — | — | — | — | — | — |
| 17 | *L. komarovii* | 0.26 | 0.25~0.27 | 0.03 | 238.8 | 221.1~256.6 | 0.08 | 34 | 30~37 | 0.11 |

续表

| 编号 | 种名 | 叶主脉导管直径 | | | 叶主脉导管壁厚 | | |
|---|---|---|---|---|---|---|---|
| | | 均值 | 变幅 | 变异系数 | 均值 | 变幅 | 变异系数 |
| 1 | *L. usitatissimum* | 58.2 | 21.9~114.5 | 0.23 | 8.1 | 4.08~18.4 | 0.16 |
| 2 | *L. altaicum* | 32.7 | 20.7~46.4 | 0.19 | 7.4 | 2.75~11.4 | 0.18 |
| 3 | *L. austriacum* | 31.4 | 21.7~45.9 | 0.18 | 7.04 | 4.2~11.5 | 0.17 |
| 4 | *L. narbonese* | 44.3 | 25.5~63.5 | 0.25 | 8.75 | 5.75~12.5 | 0.19 |
| 5 | *L. euxinum* | 32.1 | 17.6~48.3 | 0.19 | 6.06 | 3.98~9.3 | 0.18 |
| 6 | *L. leonii* | 29.6 | 18.9~48.4 | 0.2 | 6.8 | 4.6~10.3 | 0.2 |
| 7 | *L. perenne* | 33.4 | 22.1~49 | 0.16 | 7.7 | 4.0~14.5 | 0.17 |
| 8 | *L. strictum* | 39.7 | 25.5~71.5 | 0.24 | 7.6 | 5.2~11 | 0.17 |
| 9 | *L. angustifolium* | 35.4 | 20.6~56.7 | 0.18 | 7.31 | 1.9~11.2 | 0.19 |
| 10 | *L. decumbens* | 39.2 | 18~59.8 | 0.24 | 7.9 | 5.4~11.8 | 0.19 |
| 11 | *L. grandiflorum* | 36.5 | 15.1~69.7 | 0.24 | 7.0 | 3.8~10.1 | 0.17 |
| 12 | *L. flavum* | 49.0 | 25.5~82.3 | 0.22 | 8.2 | 4.5~12.8 | 0.16 |
| 13 | *L. stelleroides* | 37 | 20.1~58.7 | 0.23 | 7.0 | 5.2~9.4 | 0.17 |
| 14 | *L. bienne* | 34.5 | 23.5~45.5 | 0.17 | 8.4 | 4.5~12.9 | 0.21 |
| 15 | *L. tenuifolium* | 31.5 | 22.4~47.6 | 0.18 | 7.2 | 4.2~9.3 | 0.15 |
| 16 | *L. tauricum* | — | — | — | — | — | — |
| 17 | *L. komarovii* | 30.9 | 22.1~41.9 | 0.18 | 6.3 | 4.5~8.8 | 0.14 |

注：“—”表示数据缺失

综上所述，所调查的亚麻属植物的形态、解剖性状无论是从观察上还是从变异分析上来看，都存在很大差异，但这些差异主要存在于种间，尤其在分枝习性、花冠颜色、花粉囊颜色、种皮颜色、生长习性、叶形等外部表现型上，遗传多样性丰富。

#### 13.1.1.3 聚类分析

对 65 份材料的形态性状进行聚类分析发现（图 13-1），系数为 0.208 时，将所有材料分为两类：①*Linum usitatissimum*、*Linum grandiflorum*；②*Linum strictum*、*Linum decumbens*、*Linum perenne*、*Linum narbonese*、*Linum komarovii*、*Linum leonii*、*Linum stelleroides*、*Linum austriacum*、*Linum euxinum*、*Linum altaicum*、*Linum angustifolium*、*Linum tenuifolium*、*Linum bienne*。

当系数为 0.29 时，可将材料分为四大类：①栽培种；②*Linum grandiflorum*；③*Linum altaicum*、*Linum austriacum*、*Linum euxinum*、*Linum flavum*、*Linum tauricum*、*Linum narbonese*、*Linum strictum*；④*Linum leonii*、*Linum komarovii*、*Linum perenne*、*Linum stelleroides*、*Linum angustifolium*、*Linum bienne*、*Linum tenuifolium*、*Linum decumbens*。

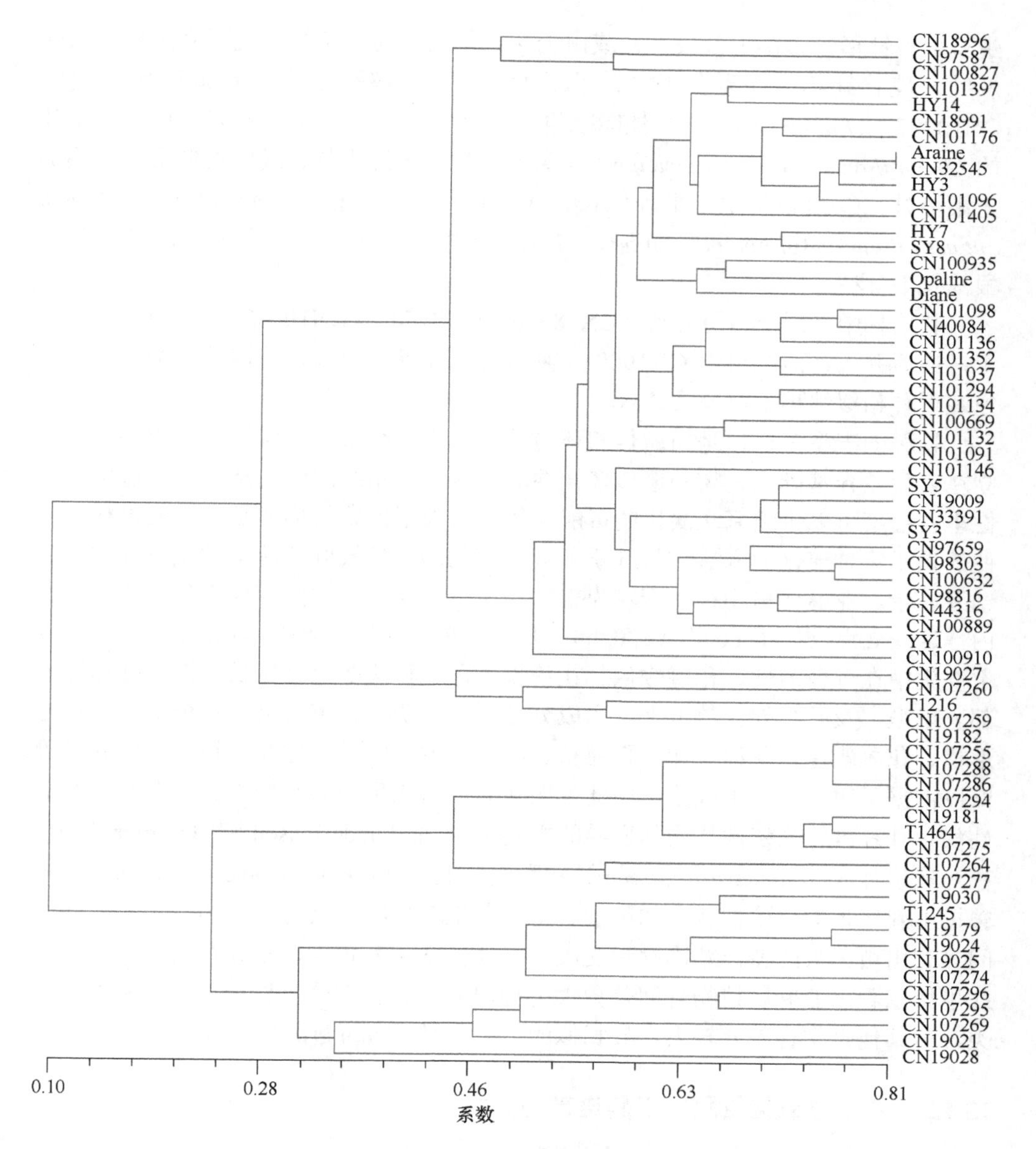


图 13-1　65 份材料的形态解剖性状聚类分析

当系数为 0.44 时，65 份材料分为六大类：①栽培种 *Linum usitatissimum*；②*Linum grandiflorum*；③*Linum altaicum*、*Linum austriacum*、*Linum euxinum*、*Linum flavum*、*Linum tauricum*、*Linum narbonese*、*Linum strictum*；④*Linum leonii*、*Linum komarovii*、*Linum perenne*、*Linum stelleroides*；⑤*Linum angustifolium*、*Linum bienne*、*Linum tenuifolium*；⑥*Linum decumbens*。六大类的各自特点为：①表现为一年生、直立

生长、披针形叶、茎上分枝、蓝或白色花；②表现为一年生、近直立生长、披针形叶，碟状红花；③为多年生、平卧生长、线状披针形叶、根部无限分枝[除CN107277（*Linum strictum*）外]和多年生、半直立生长、根部无限分枝、匙状叶的 *Linum flavum*、*Linum tauricum*；④为多年生、平卧生长、线状披针形叶、根部无限分枝；⑤为多年生、平卧生长、线状披针形叶、根部无限分枝（除 *Linum angustifolium*）；⑥*Linum decumbens* 与栽培种相似，一年生、直立生长、披针形叶、根部有限分枝。

栽培种中，3 个油用品种（CN18996、CN97587、CN100827）聚为单独的一组，最后并入，而大组中 CN100910 具有野生亚麻的裂果特性，其在聚类上与其他栽培种相似性稍小，最后并入。

物种的表型多样性是由遗传和环境共同作用的结果，传统植物分类学主要建立在表型差异基础上。物种遗传多样性的丰富，是系统演化的结果，从遗传多样性丰富程度可以推断系统演化的可能途径。而表型性状的描述是一种最直观、简便的揭示物种演化的方法。对 65 份亚麻属植物的表型及叶片解剖性状变异的研究结果显示，亚麻属植物存在着较为丰富的遗传变异，但这些变异在种间要大于种内，这一观点支持了 Fu 等（2002b）利用 RAPD 方法得到的相同结论。种间变异主要集中在分枝习性、花冠颜色、花粉囊颜色、种皮颜色、生长习性、叶形等外部表现型上及叶片导管数量上。主成分分析也表明，花瓣长度、花瓣宽度、花冠形状、花冠颜色、花瓣叠加、百粒重、叶片厚度、叶主脉导管直径、叶主脉导管壁厚占据了第一、二主成分，由此说明亚麻属植物生殖系统的性状，尤其是花的性状和叶片维管系统性状是其变异的主要来源，而 Diederichsen 和 Hammer（1995）在对栽培种（*Linum usitatissimum*）和野生白亚麻（*Linum bienne*）变异的研究中曾提出栽培种的生殖性状，如种子、花、蒴果的性状，具有较高的变异，而两种间只有出苗天数的变异范围存在交叉，其他性状相差较大，不存在交叉范围。由此也可以看出亚麻属植物种间差异大于种内差异。表型分析显示，栽培种独立一类，与其他野生种差异较大，最相似的野生种是 *Linum grandiflorum*。

### 13.1.2　基于过氧化氢酶同工酶谱带的分析

生物体的遗传性状是由基因控制的，不同生长阶段基因的表达都使等位酶的表达存在很大差异，等位酶作为一种稳定的蛋白质组学标记，它所揭露的酶蛋白的多态性从基因产物去认识基因的存在和表达，等位酶分析由于其设备简单、样品需要量少、获得结果迅速等特点适合对多种材料进行分析，目前已被广泛应用于生命科学研究的各个领域（葛颂，1994；王中仁，1996）。

过氧化物酶是广泛存在于各种生物体内的一类同工酶家族，已经应用到葡萄

（刘三军等，1998）、猕猴桃（陈万秋，2001）、荔枝（庞瑞媛和韦一能，2001）、西瓜（仇志军等，1994）等多个物种的遗传多样性分析中，在这些分析中，过氧化物酶都能够扩增出多态带，用于区分品种间的遗传差异。关于亚麻栽培种中酶谱分析的报道很多（Tyson，1973；Gorman et al.，1993），证明亚麻在同工酶位点上存在多态性（Yurenkova et al.，2005），但缺少与亚麻属植物的演化问题结合，也没有看到针对多个亚麻属物种进行分析的报道。

#### 13.1.2.1　酶谱分析

对部分亚麻属植物的过氧化物酶进行电泳，绘制酶谱模式图（图 13-2），亚麻属植物的过氧化物酶具有丰富的种间多样性，14 个亚麻种共分离出 19 条相对迁移率不等的谱带，各材料分离的谱带数量为 1~7 条，平均每个种扩增出 4.4 条，其中，具有最多谱带的种为 CN19030（*Linum leonii*）、CN19021（*Linum bienne*）、

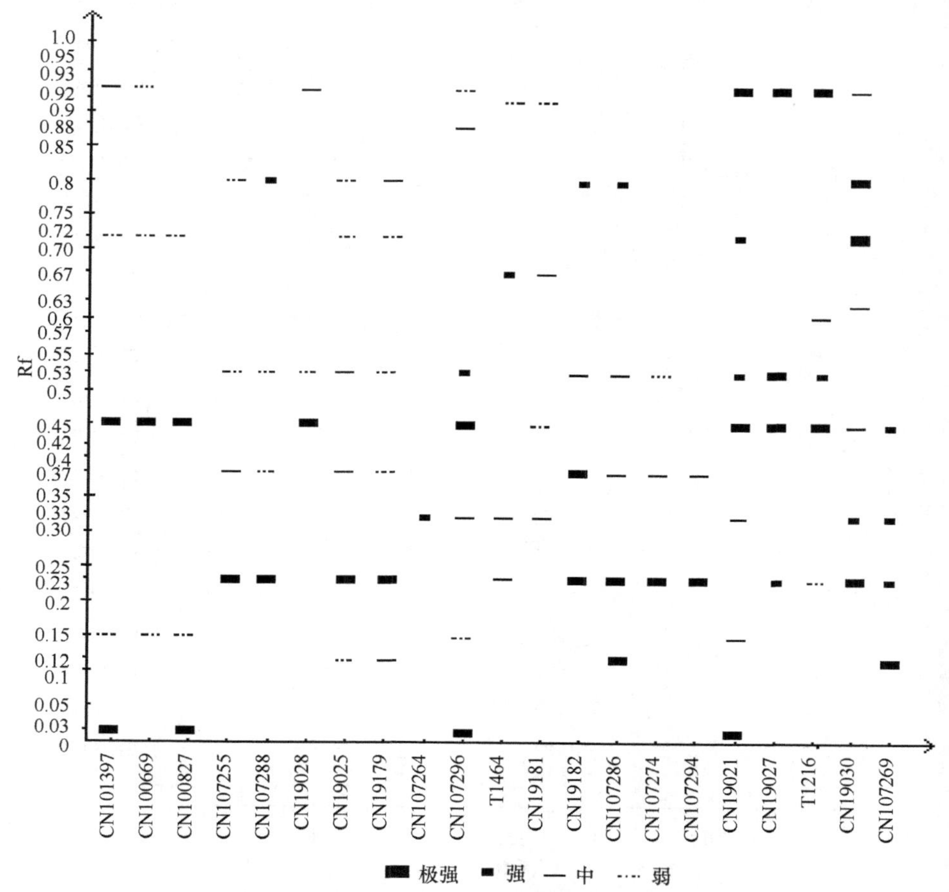


图 13-2　亚麻属 14 种的过氧化物酶酶谱模式图

CN107296（*Linum angustifolium*），而最少的种仅扩增出 1 条带，为 CN107264（*Linum narbonese*）。栽培品种 40 份材料共分为 3 种情况，38 份材料具有相同的扩增图谱，而油用材料 CN100669 和 CN100827 分别在 Rf=0.03 和 Rf=0.93 处出现了谱带缺失。从图 13-2 中还可以看到，种间在谱带的强弱上有非常大的差异，而所用同种材料在个别谱带上也出现了类似的情况，如栽培种内部（绝大多数栽培种和 CN100669、CN100827）、CN107255 与 CN107288（*Linum austriacum*）、CN19025 与 CN19179（*Linum perenne*）。由此说明，亚麻种内也有一定的遗传差异，但这种遗传差异明显小于种间差异。

13.1.2.2　聚类分析

对同工酶电泳的 14 个亚麻种进行聚类分析发现（图 13-3），在过氧化物酶水平上，各种间相似程度较高，相似系数为 0.63~1.00。当相似系数 SM=0.74 时，可

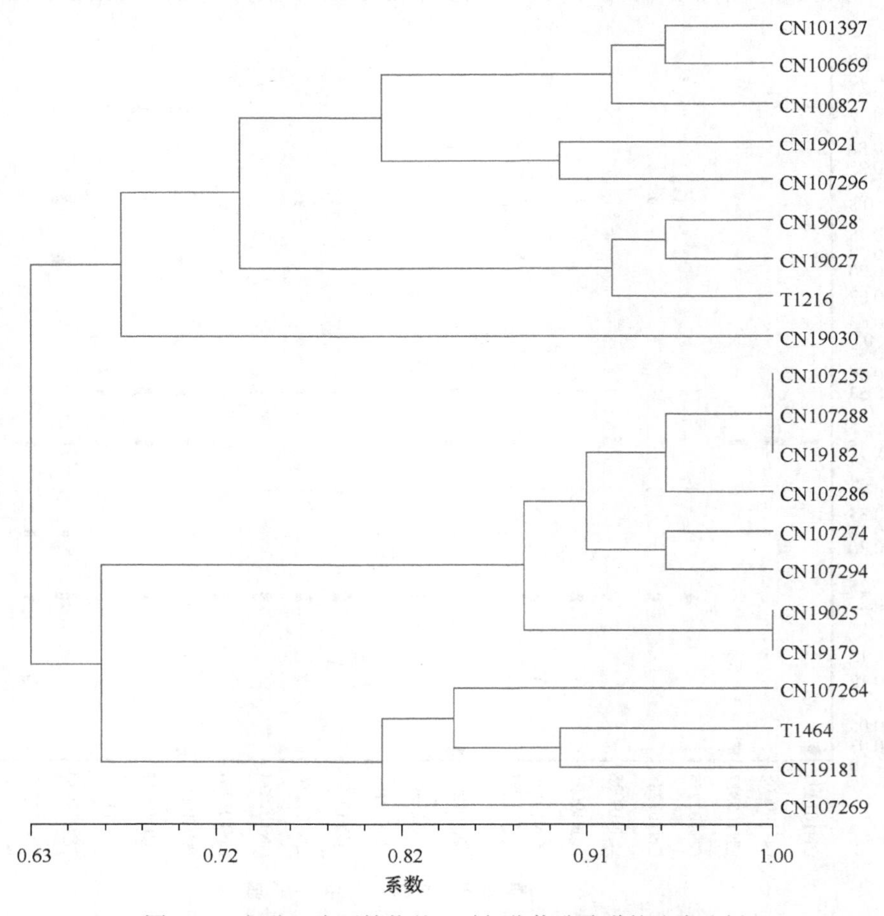


图 13-3　部分亚麻属植物基于过氧化物酶酶谱的聚类分析

将上述14个亚麻种分为如下5个类群：①栽培种（*Linum usitatissimum*）和CN19021（*Linum bienne*）、CN107296（*Linum angustifolium*）；②CN19028（*Linum decumbens*）、CN19027、T1216（*Linum grandiflorum*）；③CN19030（*Linum leonii*）；④CN107255、CN107288（*Linum austriacum*）、CN19182、CN107286（*Linum altaicum*）、CN107274（*Linum stelleroides*）、CN107294（*Linum euxinum*）、CN19025、CN19179（*Linum perenne*）；⑤CN107264（*Linum narbonese*）、T1464、CN19181（*Linum flavum*）、CN107269（*Linum tenuifolium*）。由以上分类可以发现，距离栽培品种最近的野生种为*Linum bienne*、*Linum angustifolium*，它们与栽培种在过氧化物酶水平的相似性达到了81%，而*Linum decumbens*、*Linum grandiflorum*在它们的上一级分支中，接着是*Linum leonii*，而第三类群的各野生种与栽培亚麻的相似性也达到了73%。

本研究结果显示，亚麻属种间在酶水平存在丰富的遗传多样性，亚麻属的14种在酶谱上的多态性（*p*）可以达到94.7%，而Hamrick和Godt（1990）对165属449种共653篇等位酶研究发现，双子叶植物多态位点百分率平均值为44.8%，由此看来，亚麻属植物的多态性远远高于双子叶植物的平均值。另外，亚麻属植物种内也存在酶表达的差异，同一种内的不同材料间存在酶带的缺失、表达强弱的差异。K.KRULÍCVÁ（2002）曾对28份亚麻油用和纤用品种的5个发育阶段检测18种酶的多态性发现，18个酶谱的平均多态性为45.52%，所有多态性的酶能区分其所用栽培种中的20个（71%）。综合前人在栽培种上的工作和我们对亚麻属近缘种的研究结果，在同工酶水平上，也能证明亚麻属植物种间多样性要大于种内多样性。本书首次从酶水平分析亚麻属植物的亲缘关系，结果表明，亚麻栽培种（*Linum usitatissimum*）和CN19021（*Linum bienne*）、CN107296（*Linum angustifolium*）的关系最为密切，相似性最高，这与前面的表型分析结果不同。

### 13.1.3 基于SRAP的分析

此前报道中，用于亚麻的标记方法中最常用的就是RAPD标记技术（Fu et al.，2001，2002a；Fu，2005，2006；Diederichsen and Fu，2006；Cullis et al.，1999；邓欣等，2007），其他相关技术如ISSR、AFLP也有报道（van Treuren et al.，2001），而RAPD技术由于其重现性差、与农艺性状相关性不好等缺点，目前已很少使用。SRAP标记主要针对基因组的可读框进行扩增，而基因组中，可读框可能对应一个真正的单一的基因产物，也就是说，SRAP的每一条谱带都可能对应着一个完整的基因。因此，从理论上来看，SRAP标记应该是存在多态且稳定可靠的标记方法。从实践上来看，Budak等（2004b）以野牛草为材料比较了RAPD、ISSR、SSR和AFLP 4种分子标记技术，结果表明，SRAP标记有最高的多态性和最强的区分能力；Li和Quiros（2001）对芸薹属植物的研究表明，50%以上的SRAP标记与已知的基因相联系，因此本研究选用此标记。

13.1.3.1　聚类分析

通过初筛选择了多态性比较好的 20 对 SRAP 引物（表 13-6）对 65 份亚麻属植物进行分子标记，并进行聚类分析。

**表 13-6　20 对引物组合产生的多态性条带数**

| 引物组合 | 多态性带数 | 总带数 | 多态性（*p*）（%） | 引物组合 | 多态性带数 | 总带数 | 多态性（*p*）（%） |
|---|---|---|---|---|---|---|---|
| Me1/Em9 | 27 | 38 | 71.05 | Me8/Em9 | 12 | 13 | 92.31 |
| Me2/Em5 | 19 | 21 | 90.48 | Me9/Em10 | 22 | 23 | 95.65 |
| Me3/Em2 | 16 | 17 | 94.12 | Me10/Em3 | 16 | 19 | 84.21 |
| Me3/Em10 | 27 | 30 | 90.00 | Me10/Em6 | 21 | 26 | 80.77 |
| Me3/Em16 | 16 | 16 | 100.00 | Me10/Em7 | 23 | 27 | 85.19 |
| Me4/Em3 | 14 | 18 | 77.78 | Me10/Em15 | 30 | 33 | 90.91 |
| Me5/Em16 | 18 | 19 | 94.74 | Me10/Em16 | 22 | 28 | 78.57 |
| Me6/Em6 | 21 | 26 | 80.77 | Me11/Em16 | 27 | 33 | 81.82 |
| Me6/Em9 | 21 | 22 | 95.45 | Me13/Em6 | 34 | 37 | 91.89 |
| Me7/Em9 | 17 | 21 | 80.95 | 平均 | 20.85 | 24.15 | 87.21 |
| Me8/Em6 | 14 | 16 | 87.50 |  |  |  |  |

根据 UPGMA 聚类（图 13-4），简单相似系数为 0.676，将 65 份材料分为两大类：①栽培种和 3 个近缘种；②其他野生种。与栽培种相似度最高的 3 种是 *Linum bienne*、*Linum tenuifolium* 和 *Linum angustifolium*。当相似系数为 0.793 时，可以将栽培种和所有野生近缘种区分开，除了栽培种独立成组外，野生材料被分为 11 个组。

在栽培种内，当相似系数为 0.892 时，栽培群体中的 CN98816、CN32545、CN100889 被划分出来，当相似系数为 0.958 时，又可以将剩余材料细分为 3 个部分，当相似系数为 0.966 时，最后一个栽培种的大分支被划分为两部分，其中一组全部为油用材料（CN18996、CN97587、CN97659、CN101146、YY1）。

由聚类图可以看出，由野生种向栽培种的驯化过程也许是以油用类型为起始的，这与形态聚类中的结果基本一致，只是过程是由野生种 CN19021（*Linum bienne*）、CN107269（*Linum tenuifolium*）向油用品种 CN100889、CN100827 过渡。而与栽培种亲缘关系很近的种为 *Linum angustifolium*、*Linum tenuifolium*、*Linum bienne*，这与形态分类有所不同。

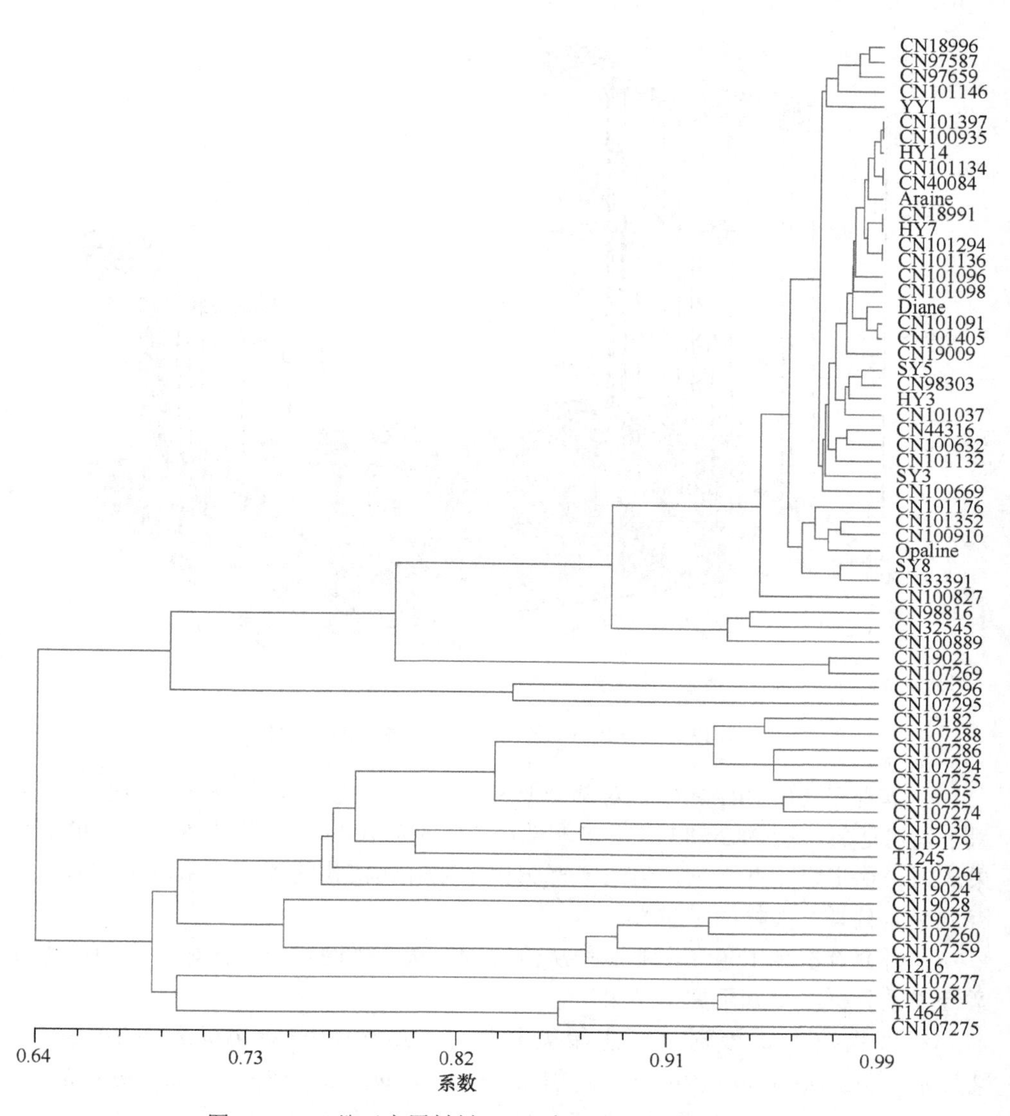


图 13-4 65 份亚麻属材料 SRAP 标记的 UPGMA 聚类图

### 13.1.3.2 主坐标分析

为了更好地反映材料间的亲缘关系，进行主坐标分析。如图 13-5 所示，栽培种和野生种之间的区分非常明显，距离栽培种关系最近的野生种为 CN19021（*Linum bienne*）、CN107269（*Linum tenuifolium*），其次为 CN107295、CN107296（*Linum angustifolium*），而栽培种中距离野生种最近的品种为油用类型 CN100889 和 CN98816。第一主坐标和第二主坐标贡献率分别为 42%和 8%。

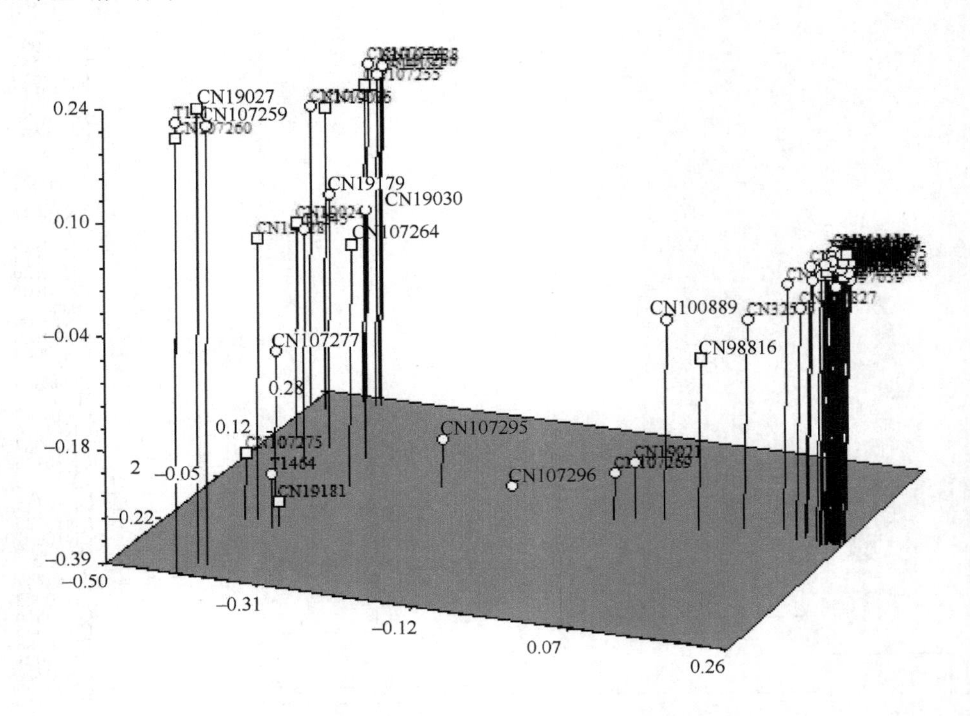


图 13-5 基于 SRAP 标记的主坐标分析三维图

在本研究利用 SRAP 标记对部分亚麻属植物进行扩增，扩增出的多态谱带数量平均可达每个引物 20.85 条，多态性在 71.05%~100%，平均为 87.2%，扩增结果清晰、稳定，由此看来，SRAP 标记用于亚麻属植物的亲缘关系研究不但非常有意义而且具有很好的多态性。

本研究首次利用了多个亚麻种从植物学性状、酶谱和分子标记 3 个角度进行亲缘关系分析，得到了如下结果。

相似系数为 0.29 时，形态聚类分为：①*Linum usitatissimum*（2*n*=30）；②*Linum grandiflorum*（2*n*=16）；③*Linum altaicum*（2*n*=18）、*Linum austriacum*（2*n*=18）、*Linum euxinum*（未知）、*Linum flavum*（不确定，2*n*=28 或 2*n*=30）、*Linum tauricum*（未知）、*Linum narbonese*（2*n*=18，也可能 2*n*=20）、*Linum strictum*（2*n*=18，也可能 2*n*=30、2*n*=32）；④*Linum leonii*（2*n*=18）、*Linum komarovii*（未知）、*Linum perenne*（2*n*=18，也可能 2*n*=36）；⑤*Linum stelleroides*（未知）、*Linum angustifolium*（2*n*=30，也可能 2*n*=32）、*Linum bienne*（2*n*=30）、*Linum tenuifolium*（2*n*=16）、*Linum decumbens*（2*n*=30）。

相似系数为 0.74 时，酶水平聚类表现为：①*Linum usitatissimum*（2*n*=30）、*Linum bienne*（2*n*=30）、*Linum angustifolium*（2*n*=30，也可能 2*n*=32）；②*Linum* *decumbens*（2*n*=30）、*Linum grandiflorum*（2*n*=16）；③*Linum leonii*（2*n*=18）；④*Linum austriacum*（2*n*=18）、*Linum altaicum*（2*n*=18）、*Linum stelleroides*（未知）、*Linum euxinum*（未知）、*Linum perenne*（2*n*=18，也可能 2*n*=36）；⑤*Linum narbonese*（2*n*=18，也可能 2*n*=20）、*Linum flavum*（不确定，2*n*=28 或 2*n*=30）、*Linum tenuifolium*（2*n*=16）。

相似系数为 0.712 时，SRAP 分子标记水平：①*Linum usitatissimum*（2*n*=30）、*Linum bienne*（2*n*=30）、*Linum tenuifolium*（2*n*=16）；②*Linum angustifolium*（2*n*=30，也可能 2*n*=32）；③*Linum perenne*（2*n*=18，也可能 2*n*=36）、*Linum narbonese*（2*n*=18 可能 2*n*=20）、*Linum komarovii*（未知）、*Linum leonii*（2*n*=18）、*Linum stelleroides*（未知）、*Linum austriacum*（2*n*=18）、*Linum euxinum*（未知）、*Linum altaicum*（2*n*=18）；④*Linum decumbens*（2*n*=30）、*Linum grandiflorum*（2*n*=16）；⑤*Linum strictum*（2*n*=18、2*n*=30、2*n*=32）；⑥*Linum flavum*（不确定，2*n*=28 或 2*n*=30）、*Linum tauricum*（未知）。

在 3 种方法的分析中，形态分析显示与栽培种关系最近的野生种为 *Linum grandiflorum*（2*n*=16），酶水平的分析表明与栽培种关系最近的为 *Linum bienne*（2*n*=30）、*Linum angustifolium*（2*n*=30，也可能 2*n*=32）两个种，而 SRAP 标记的结果是 *Linum angustifolium*（2*n*=30，也可能 2*n*=32）、*Linum tenuifolium*（2*n*=16）、*Linum bienne*（2*n*=30），3 种方法得到的结果并不完全一致。在形态聚类上，被认为与栽培亚麻有着最近亲缘关系的种 *Linum angustifolium*（2*n*=30，也可能 2*n*=32）、*Linum bienne*（2*n*=30）与栽培种却关系最远，说明在形态上二者相似度有一定差异，而具有 2*n*=16 条染色体的 *Linum grandiflorum* 在形态上更类似于栽培亚麻，但从酶和分子标记水平上看，二者与栽培品种关系很近，同时从相似系数也可知道，全部材料的形态相似系数为 0.1~0.81，而在酶和 SRAP 标记水平上分别为 0.63~1、0.64~0.99，由此看来，在酶和分子水平上有着更大的相似性，*Linum decumbens*（2*n*=30）、*L. tenuifolium*（2*n*=16）两个种分别在酶水平和分子水平上与栽培种有很近的亲缘关系并聚为一类。

不同方法得到的结果存在差异并不奇怪，因为各自调查的层次不同，角度不同，指标数量不同，都只能够从各自的角度和层次在一定程度上来反映事物本来的规律。如果每个方法调查的指标足够多，不同方法得到的结果的相似度必然提高，但在实践中是不可能做到的。相对植物学性状和蛋白质组性状的调查，分子标记有其优点（更好的随机性），但是想全面反映物种间的关系也需要大量的引物，获得尽可能多的多态性。不同分子标记间由于其多态性原理的不同也会有差异。Fu 等（2002b）对 7 个亚麻种的 RAPD 分析认为，*Linum usitatissimum*（2*n*=30）、*Linum angustifolium* 亲缘关系最近，被聚为一个群体，而 *Linum perenne*、*Linum leonii*、*Linum mesostylum* 具有非常近的亲缘关系，不仅聚为一类，还支持了早期

Ockendon 和 Walters（1968）提出的应该将这 3 种与其他一些种进行统一的观点，*Linum decumbens*、*Linum grandiflorum* 被聚为了一类。我们利用 SRAP 标记的结果是 *Linum angustifolium*、*Linum tenuifolium*、*Linum bienne* 与栽培种关系最为密切，这与 Fu 等的结果相似。

### 13.1.4 基于纤维素合酶基因片段序列的分析

应用序列揭示进化关系已经成为当今分子进化研究的热点之一，在一类物种中追溯某一基因的进化历史，就是分析基因的多样性，这不但能够推断出一个基因组中基因长期留存及物种间基因水平转移，而且能反映出种间遗传物质的转移，因此，系统发育分析也可以对了解基因组进化做出贡献（Mount，2003）。利用序列信息还可以寻找古老基因的踪迹，从推测进化树到利用序列来发现新物种（Barns et al.，1996）。

研究核酸或蛋白质序列家族的进化，首先要选择合适的基因或 DNA 序列来进行系统发育分析，这些基因或序列需要有足够但不是太多的变异，还应广泛存在于有机体中，并且是许多种中很容易标记的保守序列，理想的状况是，该基因不处于选择的压力之下，这意味着在有机体种群中出现变异，某些序列并不倾向于丢失更原始的变异（Mount，2003）。

考虑到上述要求，参考前人的工作和栽培种亚麻主要利用其纤维和油分的特点，本研究选择了纤维素合酶基因编码区片段（*CesA*）及硬脂酰基载体蛋白脱氢酶基因（*Sad2*）来分析部分亚麻属植物的进化关系。*CesA* 基因是一个庞大的基因家族，它广泛存在于各种植物体内，其编码区 DNA 的变化会带来很大的表型改变，因此，进化速度很慢，在一些编码区的保守区域的序列比较适于研究大类群如科、目甚至更高水平的系统与进化（樊守金，2007）。目前，在 GenBank 上能够查到在毛白杨、拟南芥、葡萄等多个物种上被鉴定的基因序列，已经证实，其序列间同源性为 53%~98%，内含子和外显子的排列都比较保守，基因结构的差异主要在于内含子的数量。

油分中的脂肪酸组分决定了油的品质和它的食用价值及工业用途（Kurt，1998），在植物体内，硬脂酰基载体蛋白脱氢酶基因（*Sad2*）主要作用是通过在硬脂酰-ACP 的 C9 位置引入双键而将硬脂酰-ACP 转化为油酰-ACP，从而增加植物中不饱和脂肪酸的含量（Ohlrogge and Jaworski，1997），它有两个相似的位点 *Sad1* 和 *Sad2*（Jain et al.，1999），在植物中二者表达量不同，*Sad2* 表达量更高。这个基因在主要作物的不饱和脂肪酸转化上具有很好的商业价值（Knutzon et al.，1992），因此，将其用于系统学研究是非常有意义的（Robin et al.，2005）。

#### 13.1.4.1 *CesA* 基因序列 PCR 扩增情况

对 GenBank 上 ID 号为 EF409998~EF410000、EF214742~EF472144 的 6 个纤维素合酶基因片段设计特异引物，随机选择 8 份亚麻材料进行 PCR 预扩增，从测序效果好的结果中选择两个片段 EF410000 和 EF214743，对 65 份材料进行 PCR 扩增和片段回收测序，PCR 效果见图 13-6。

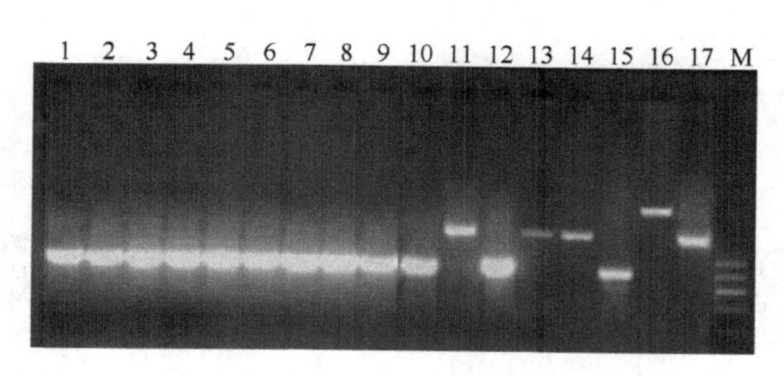


图 13-6 *CesA* 基因片段 PCR 扩增效果图

1~10 为栽培种，11~17 为野生种，M 是标准 DNA

#### 13.1.4.2 基因片段的同源性比对

由于野生材料与栽培材料间种的差异，其 *CesA* 片段大小不同，这是因为在野生种中 *CesA* 基因具有更多的重复序列，经 BLAST 比对，均为纤维素合酶基因片段，测序结果表明，EF410000 片段长度大多数在 490bp 左右，*Linum decumbens*、*Linum grandiflorum* 两个种在 710bp 左右。对 EF214743 的测序结果表明，大多数材料的扩增片段长度在 570bp 左右，而 *Linum decumbens*、*Linum grandiflorum* 两个种在 470bp 左右，*Linum tauricum*、*Linum flavum* 两个种在 450bp 左右。对多序列进行比对，结果表明，长度相近的序列一致度达到 94%~100%，EF214743 片段存在最大差异的是 *Linum tauricum*、*Linum flavum* 两个种，与该片段只有 25%的相似性，但 *Linum tauricum* 与油用品种 CN18996 的同源性为 37%，而 *Linum flavum* 中 T1464 与 CN18996 的同源性为 78%、CN19181 与 CN18996 为 89%，CN107275（*Linum tauricum*）与 T1464、CN19181 的同源性分别达到 98%、97%，由此可见，亚麻 *CesA* 片段在不同种间差异很大。

#### 13.1.4.3 基因系统进化树

**（1）EF410000 片段系统进化分析**

采用最大简约法对 EF410000 片段构建系统进化树（图 13-7），采用 bootstrap 法检验分支的可靠性。基于 EF410000 片段的结果表明，各种间的大致进化关系为：①*Linum austriacum*、*Linum altaicum*、*Linum perenne*、*Linum euxinum*、*Linum* *stelleroides* 之间及与其他种间最先分离，它们具有相同的进化根源；②其他种稍晚开始进化分离形成 *Linum narbonese*、*Linum decumbens*、*Linum grandiflorum* 等；③更晚才开始分离进化出 *Linum bienne*、栽培种及 *Linum tenuifolium*、*Linum angustifolium*，其中白亚麻 *Linum bienne* 又分离在外，而栽培种与 *Linum*

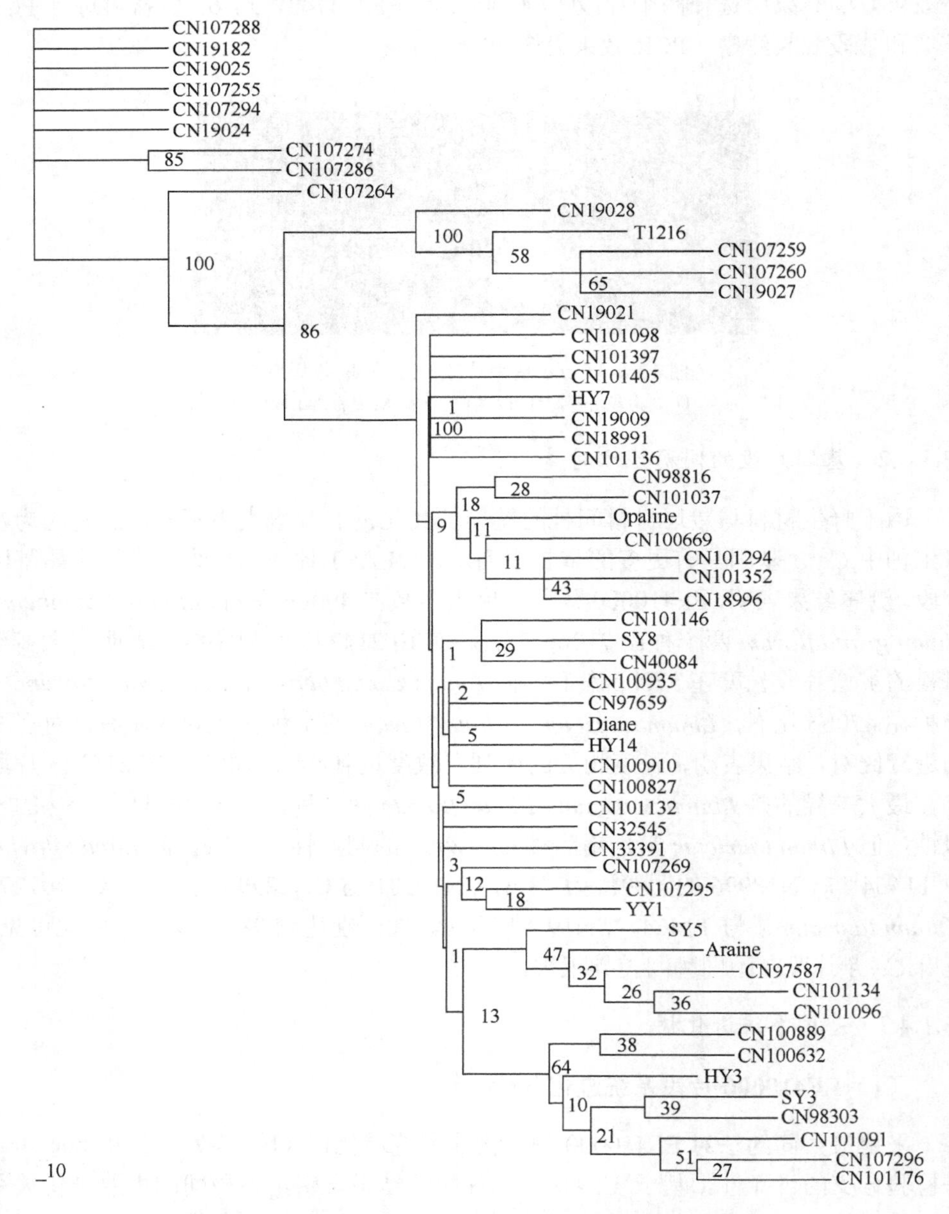


图 13-7　用最大简约法对 EF410000 构建的系统进化树

*tenuifolium*、*Linum angustifolium* 完全混在一起不能分离。由此可见，野生种 *Linum tenuifolium*、*Linum angustifolium*、*Linum bienne* 都是与栽培亚麻关系最近的种，从这个基因片段看，前 2 个与栽培种一样归为一类。这个结果与基于 SRAP 的结果基本一致。

**（2）EF214743 基因片段系统进化分析**

采用最大简约法对 EF214347 片段构建系统进化树，采用 bootstrap 法检验分支的可靠性。结果表明，各种间的大致进化关系为：①*Linum leonii* 和 *Linum komarovii* 首先与其他种分离进化独立；②*Linum stelleroides*、*Linum perenne* 和 *Linum altaicum* 分离进化独立出来；③*Linum narbonese*、*Linum decumbens*、*Linum tauricum*、*Linum strictum*、*Linum flavum* 和 *Linum grandiflorum* 分离进化独立；④*Linum usitatissimum*、*Linum bienne*、*Linum tenuifolium*、*Linum angustifolium* 进化，且 3 个野生种与栽培种混在一起（图 13-8）。与前一个片段结果一样，野生种 *Linum bienne*、*Linum tenuifolium*、*Linum angustifolium* 与栽培种聚在一起，说明这 3 个种与栽培种的亲缘关系非常近，甚至是一个种。用邻接法构建的系统进化树得到了基本一致的结果（图 13-9）。

### 13.1.5 基于硬脂酰基载体蛋白脱氢酶基因的分析

#### 13.1.5.1 *Sad2* 基因序列鉴定

对扩增片段进行 BLAST 同源性比对，其与已知序列同源性达到 96%~100%，证明所得到的片段为 *Sad2* 基因片段。

#### 13.1.5.2 部分材料 *Sad2* 下游基因系统发育分析

对野生种（CN19021、CN107295、CN107296、CN107269）及栽培种的两个类型（油用型：CN97587、CN98816、CN100632、CN32545、CN19009；纤用型：CN101405、CN101397、SY8）的亚麻 *Sad2* 基因位点的进化分析（图 13-10）发现，3 个野生近缘种 *Linum bienne*（CN19021）、*Linum angustifolium*（CN107295、CN107296）、*Linum tenuifolium*（CN107269）首先聚在一起，一方面这支持了 *Linum bienne* 与 *Linum angustifolium* 为同一物种的观点，另一方面也意味着 *Linum tenuifolium* 与二者很可能是同一物种。同时我们可以看到，栽培种间在 *Sad2* 基因下游区存在的差异更大，3 个野生种与栽培种完全混在一起，不能证明亚麻是单起源于野生种 *Linum bienne* 的观点（Robin et al.，2005），相反表明 *Linum bienne* 可能是一个独立进化的分支。

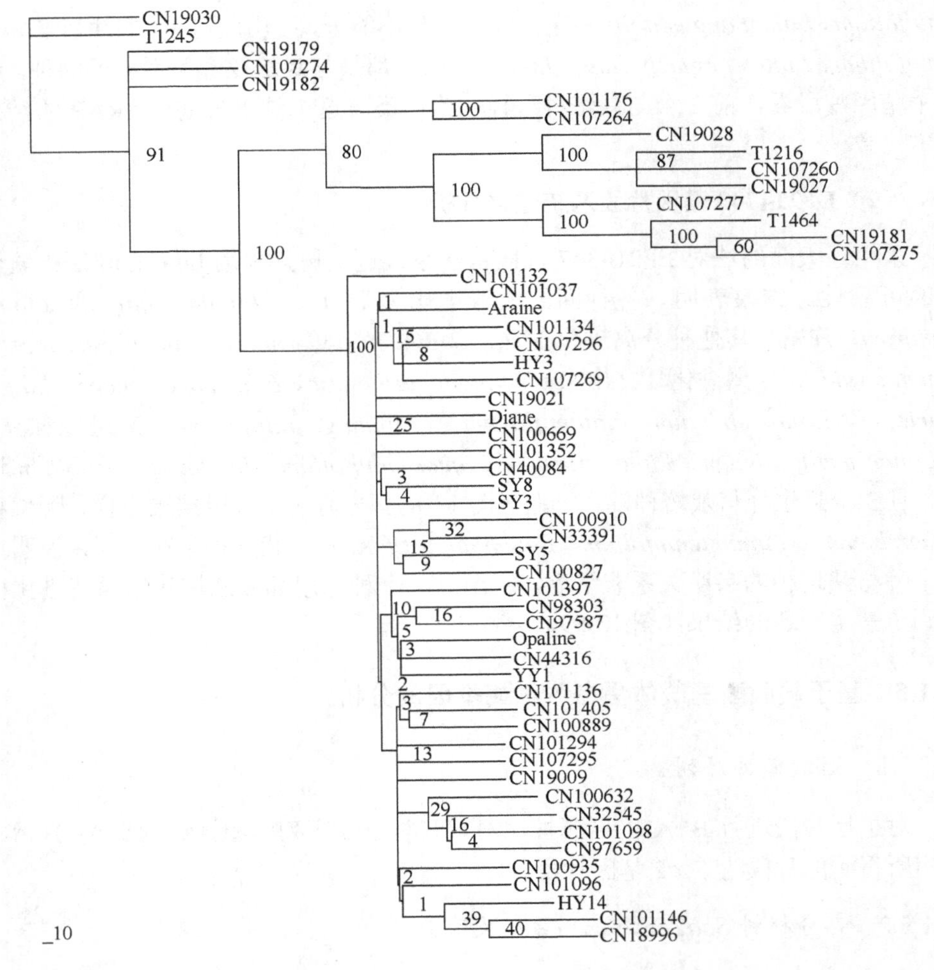


图 13-8 用最大简约法对 EF214743 片段构建的系统进化树

## 13.1.6 关于栽培亚麻的起源及两种栽培类型的进化

### 13.1.6.1 关于亚麻栽培种的起源

关于栽培亚麻的起源一直未有定论，Gill 和 Yermanos（1967a）认为栽培亚麻是染色体数为 $2n=30$ 的北非和欧亚种中的一个分类明确的类群，其中有 *L. africanum*（非洲亚麻）、*L. angustifolium*（窄叶亚麻）、*L. corymbiferum*、*L. decumbens*、*L. nervosum* 和 *L. pallescens*，而且可能是其中某一个种的变异体。而 Heer（1872）认为栽培亚麻最可能的祖先是 *Linum bienne*（同 *L. angustifolium*），它们有共同的染色体数 $2n=30$，典型的强壮分枝、小蓝花及裂果。这种类型的野生亚麻广泛分

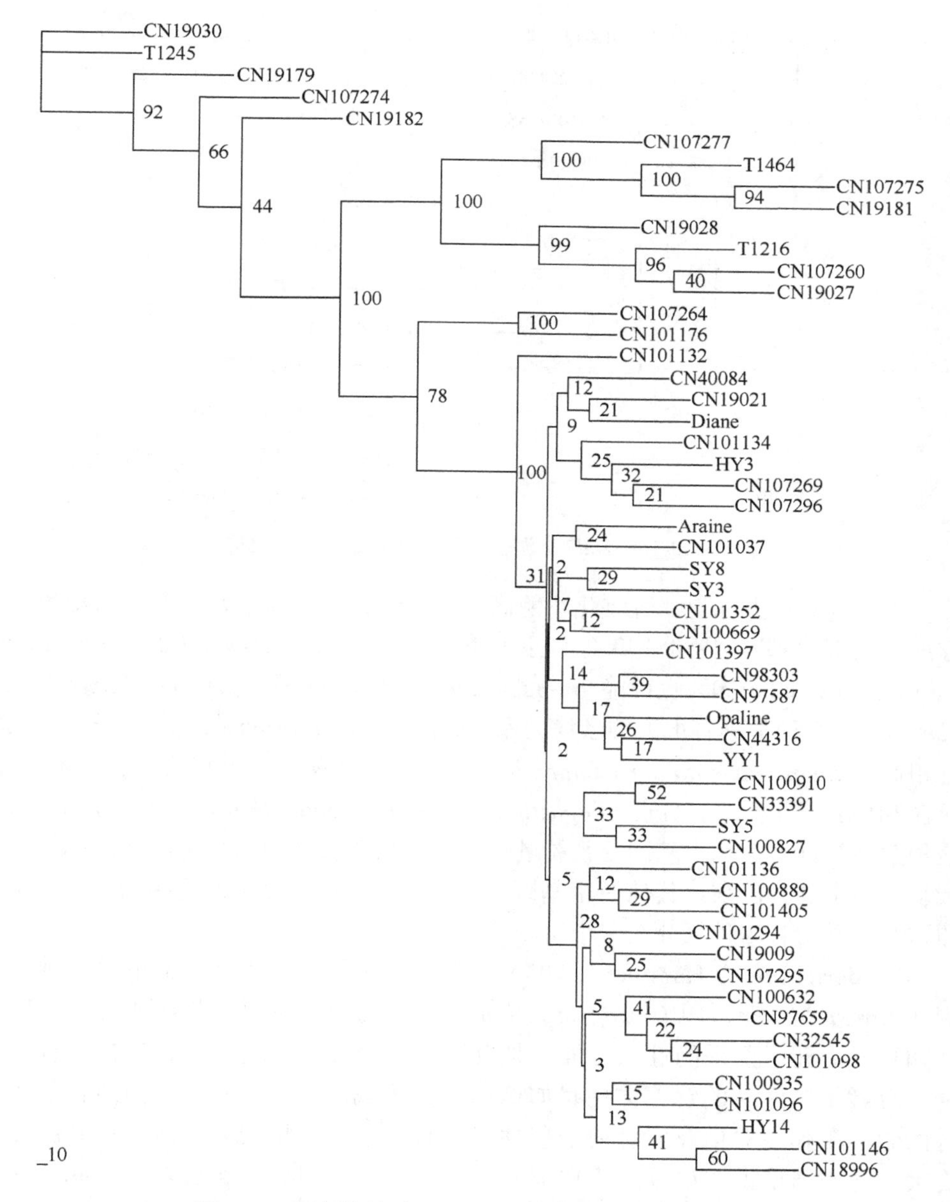


图 13-9　用邻接法对 EF214743 片段构建系统进化树

布于西欧、地中海盆地、北非和高加索，极易与亚麻杂交，由于有一次易位，因此在细胞学上不同于亚麻（西蒙，1987）。Zohary 和 Hopf（1993）、Zohary（1999）也支持这一说法，最近，Fu（2005）利用 RAPD 标记对 7 个亚麻种的分析也支持栽培亚麻可能是由 *Linum bienne*（同 *L. angustifolium*）驯化而来的。

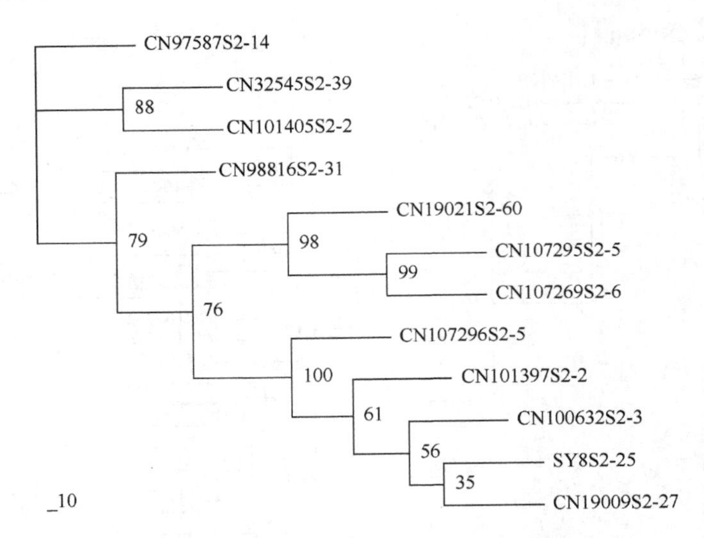


图 13-10　*Sad2* 下游基因简约法构建系统进化树

本研究对形态标记、过氧化物酶同工酶标记、分子标记和基因系统发育 4 个方面的分析表明，栽培亚麻与野生亚麻 *Linum grandiflorum*（2*n*=16）、*Linum angustifolium*（2*n*=30，也可能 2*n*=32）、*Linum tenuifolium*（2*n*=16）、*Linum bienne*（2*n*=30）4 个种都具有很近的亲缘关系。*Linum grandiflorum* 在形态水平上与栽培种相似；*Linum angustifolium*、*Linum bienne* 两个种在酶水平上与栽培种关系最近；而在 SRAP 分子水平，*Linum angustifolium*、*Linum tenuifolium*、*Linum bienne* 与栽培种关系最近；在两个基因的系统进化树上，只有 EF410000 将 *Linum bienne* 从栽培群体中划分出来，其他 3 个基因片段构建的系统进化树都得到相同的结论，即这几个种与栽培种划分在一个组。

Diederichsen 和 Hammer（1995）对栽培亚麻和他们认为的野生祖先种白亚麻（*Linum bienne*，同 *L. angustifolium*）的研究结果表明，栽培亚麻在生殖性状如种子、花、蒴果的性状方面，具有较高的变异，并超过了野生祖先种白亚麻，而野生白亚麻的营养体性状如株高要高于栽培种，同时，他们结合了印度方面做的工作，对白亚麻种内一些性状进行比较，结果表明，栽培亚麻的变异更大。这一结论说明如果野生白亚麻是栽培亚麻的祖先，那么栽培亚麻还应该有其他的种贡献基因，要么就是栽培亚麻群体中的个体并不都是野生白亚麻驯化而来的，所以才会产生比其祖先更大的变异。从这份研究中还可知道两个种在形态上相似性状很少，Diederichsen（2007）认为这是人工选择的结果，即人工驯化导致了栽培亚麻与其野生祖先相似性降低，根据这一结论，栽培亚麻应该具有更加狭窄的遗传基础，从而表现出更少的变异。Fu 等（2002a）利用 RAPD 技术对栽培种和农家种进行分析发现，人工驯化的栽培种在基因位点上退化率高于农家种，尤其是纤维亚麻，其位点退化率最高，超过油用类型栽培种。另外，Kurt（1998）分析了 8 个栽培亚麻 8 个性状的附加基因作用、显性效应、显性上位效应，发现大多数性状遗传变异程度是附加基因作用的结果，而不是显性效应造成的。2006 年，Diederichsen 等利用 RAPD 技术对 3101 份栽培亚麻材料（共 4 种类型：兼用型、纤维用型、大粒型、裂果型）的农艺-植物学性状进行了研究，数据显示，4 种类型在性状上存在很大的分化，达到极显著差异，而在类型内部分化很小。由此推测，栽培亚麻不是单一起源于野生白亚麻，尽管两个种都有 $2n$=30 的相同染色体数量，且染色体间存在一次易位，但 Fu 等（2002b）也发现了 *Linum decumbens*（$2n$=30）、*Linum grandiflorum*（$2n$=16）两个具有不同染色体的种聚为一类的现象。本研究中也存在这样的现象，加上亚麻本身就是自花授粉植物，不易产生天然杂交，而人工驯化只会使基因位点更加纯合，差异更小。因此，综合起来考虑，我们认为 *Linum bienne* 可能是与栽培种共同进化的一个分支，栽培亚麻更可能的进化方式为多起源。

#### 13.1.6.2　亚麻栽培种内部油用、纤用两种类型的进化途径

在本研究中，纤维亚麻的相似系数为 0.897~0.993，油用亚麻为 0.841~0.987，野生种之间的相似系数为 0.583~0.950，纤维亚麻比油用亚麻具有更加狭窄的遗传基础，从这一点上可以推测，纤维亚麻可能是从油用亚麻驯化而来的。按照 Fu 等（2002b）的研究结果，纤维亚麻比其他类型亚麻具有更高的基因位点退化率，可能是由于纤维亚麻是从油用亚麻驯化而来的，因此比油用亚麻具有更高的基因位点退化率。这些结果支持野生亚麻最初是以油用为目的进行驯化的（Helbaek，1969）。

## 13.2　黑龙江省纤维亚麻品种的亲缘关系

### 13.2.1　基于品种及其骨干系的系谱关系

1949 年以来，黑龙江省的亚麻育种工作取得了很大成绩，到 20 世纪 90 年代中期培育了 19 个品种及一批骨干系，实现了种子自给，对亚麻单产翻番及亚麻种植面积的扩大起到了巨大的推动作用。亚麻纺织加工业发展迅速，势头很好，但是亚麻原料生产却与之不相适应，表现在打成麻缺口达 50%（1994 年），纤维品质限制了纺织品质量的提高。出现这种现象的技术原因主要是品种质量差，栽培水平低，其中品种十分关键，只有推出优质高纤抗逆的品种，亚麻加工业才能获得较高的利润，并因此提高收购价格，保证种植业收益，进一步调动麻农的积极性，从而形成一个良性循环。

我国黑龙江省生产所用品种与国外优质亚麻相比，主要存在以下问题：①长麻产量低，主要是长麻率（11%~13%）低 5~6 个百分点；②纤维品质差，其中纤维强度（180~210N）低 70~80N，梳成率（45%）低 10~15 个百分点；③种子产量低 30%左右；④农艺性状差、晚熟、倒伏、病害等造成总产不稳定，因此导致近两年再次大量进口亚麻种子的状况。一个品种的产量性状、品质性状和农艺性状都是受多种因素影响的，从品种自身看，主要取决于其遗传特点。在杂交育种中，母本提供细胞质和一半核染色体，父本提供另一半核染色体；在辐射育种中，射线主要改变了染色体的部分碱基顺序，因此，通过系谱分析，有助于更好地总结过去的育种经验和教训，从而更好地开展今后的工作。

为了明确黑龙江省品种资源利用情况，对已育成的品种及列入《中国亚麻品种资源目录》中的有明确来源的 46 个纤维亚麻品种和骨干系进行了系谱分析。分析表明，其中 17 个品种（系）的细胞质来源于火炬，占总数的 37.0%，12 个品种（系）的细胞质来源于贝尔纳 1 号，占总数的 26.1%，两者合计为 63.1%，另有 4 个重要的细胞质来源，其中以来自法国的 Fibre（定名 7309）为母本培育了 2 个品种，还有 6 个具有各自独立的来源，其中 5 个因缺乏资料尚未确立其最终来源（表 13-7）。

表 13-7　黑龙江省育成纤维亚麻品种及骨干系的细胞质来源

| 细胞质来源 | 品种（系）数 | 品种（系）名称 |
|---|---|---|
| 火炬 | 17 | 黑亚 2 号、黑亚 3 号、黑亚 4 号、黑亚 5 号、黑亚 6 号、黑亚 7 号、黑亚 9 号、黑亚 10 号、呼系 620、6104-295、6409-640、r67-1-681、7005-26-1、7005-21-6-7、7009-12-5、7107-8、7102-12 |
| 贝尔纳 1 号 | 12 | 华光 1 号、华光 2 号、早熟 1 号、呼兰 2 号、克山、双亚 4 号、哈系 384、呼系 419、6209-720、6303-740、6503-559、7015-4 |
| Л-1120 | 4 | 黑亚 1 号、紫花、6304-713、6506-305 |
| 青柳 | 3 | 6411-669、6411-670-6、6411-671-2 |
| Fibre | 2 | 双亚 1 号、黑亚 8 号 |
| 呼系 292 | 2 | 6402-582、6402-569 |
| 其他 | 6 | 其中 5 个尚未找到最终来源 |

自 20 世纪 50 年代开始，育种者主要利用火炬、贝尔纳 1 号（包括华光 1 号）、Л-1120 和青柳等品种作为亲本，采用系选方式选育了一些品种，以后又以火炬为最终细胞质来源的骨干系为母本采用杂交和辐射育种等方式培育了一批品种。火炬和贝尔纳 1 号（华光 1 号）是细胞质的主要来源（图 13-11，图 13-12），而 Л-1120 及其衍生系主要作父本（图 13-13）。

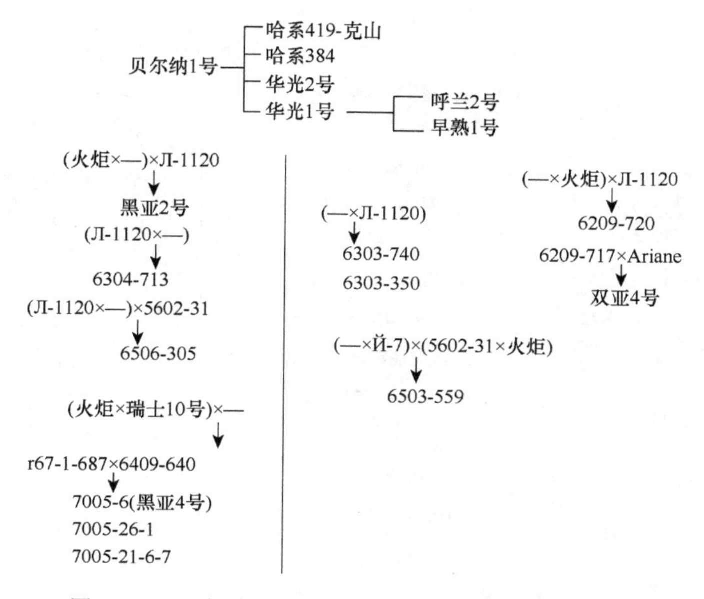


图 13-11　贝尔纳 1 号及华光 1 号的衍生品种和骨干系

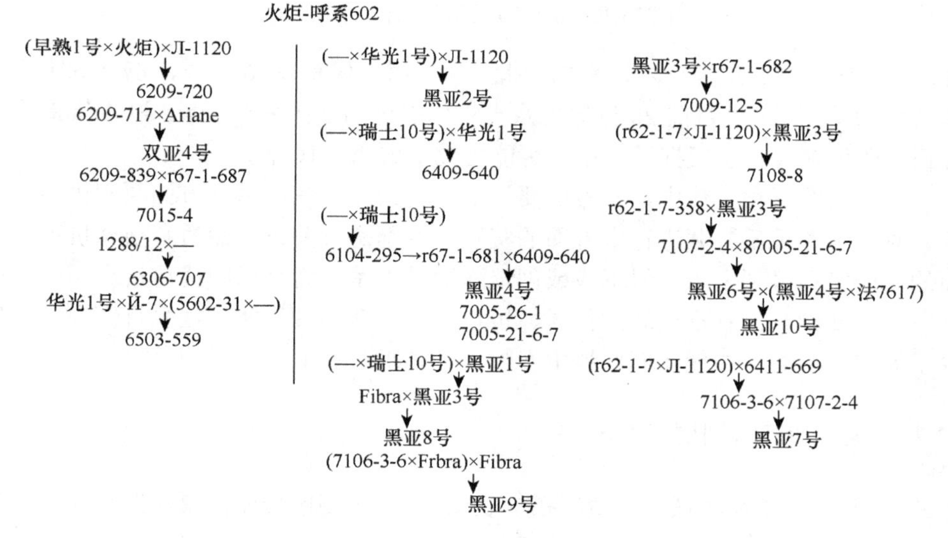


图 13-12　火炬的衍生品种和骨干系

所调查的 46 个品种，利用的种质资源不超过 17 个，即火炬、贝尔纳 1 号、Л-1120、瑞士 10 号、1288/12、青柳、呼育 292、Й-7、5602-31、罗马尼亚 1 号、Fibra、Ariane、7106-3-6、7303-117、78-215、78-77、7856F，其中后 5 个的最终来源不清楚，目前引进的品种资源有数百份，可见利用率是较低的。品种更换 2

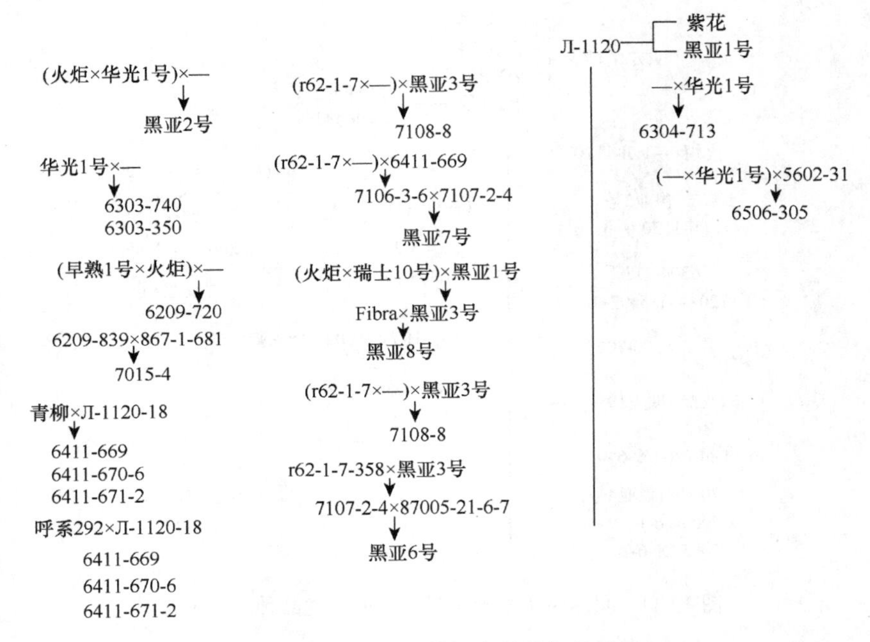


图 13-13　л-1120 的衍生品种与骨干系

代，第一代是以火炬为母本培育的一批品种，第二代是以 r62-1-7、r67-1-681 为母本培育的一批品种，目前 20 世纪七八十年代引进的法国品种 Fibra 和 Ariane 作为种质资源已在育种中发挥了作用，可能由此形成第三代种子。

在今后的育种工作中，一方面要发挥已有的骨干系，另一方面要积极引进资源并对已有的种质资源进行多方面的鉴别，特别是有关纤维品质和植株抗逆性方面的，以发掘可利用的材料形成或创造新的骨干系，为今后的优质抗逆高产育种打下坚实基础，只有推出新的优质、抗逆、高产新品种，才能摆脱目前大量进口种子的被动局面，并使亚麻原料生产加工、纺织业登上一个新的台阶。

### 13.2.2　基于农艺性状的聚类分析

利用 1996 年品种试验产量数据（表 13-8），采用欧氏距离最小距离法进行聚类分析。

**表 13-8　12 个品种的 4 个农艺性状**

| 序号 | 品种 | 纤维产量（g） | 原茎产量（g） | 种子产量（g） | 出麻率（%） |
|---|---|---|---|---|---|
| 1 | Viking | 119.3 | 410.5 | 109.1 | 35 |
| 2 | Ariane | 116.9 | 505.5 | 77.3 | 28.5 |
| 3 | 黑亚 10 号 | 126.3 | 656.8 | 85 | 23.8 |

续表

| 序号 | 品种 | 纤维产量（g） | 原茎产量（g） | 种子产量（g） | 出麻率（%） |
|---|---|---|---|---|---|
| 4 | 黑亚 7 号 | 116.5 | 626 | 61.4 | 22.7 |
| 5 | 双亚 1 号 | 116.4 | 650 | 94.7 | 21.7 |
| 6 | Opaline | 145.7 | 522 | 88.8 | 34.4 |
| 7 | 双亚 5 号 | 129.5 | 640.5 | 60 | 24.9 |
| 8 | Evelin | 122.2 | 452 | 58.3 | 324 |
| 9 | Argos | 138.8 | 482 | 96.7 | 33.9 |
| 10 | Marine | 155 | 606.5 | 98.3 | 33.5 |
| 11 | 黑亚 4 号 | 120.8 | 639 | 59.7 | 22.7 |
| 12 | Armos | 111.1 | 513.5 | 69.9 | 26.6 |

取 *D*=50 可以将 12 个品种分成 5 类。第一类是 7 号、11 号、4 号、3 号和 5 号；第二类是 10 号品种；第三类是 2 号、12 号、6 号和 9 号品种；第四类是 8 号品种；第五类是 1 号品种（图 13-14）。从中我们可以看出，第一类中的 5 个品种均是我国黑龙江省的品种，具有熟期长、株高较高、出麻率中等的特点，它们之间的亲缘关系很近。而另外的 7 个品种则来自距我国黑龙江较远的欧洲，最后并入的 Viking 的特点是熟期最早、株高最矮、出麻率最高。

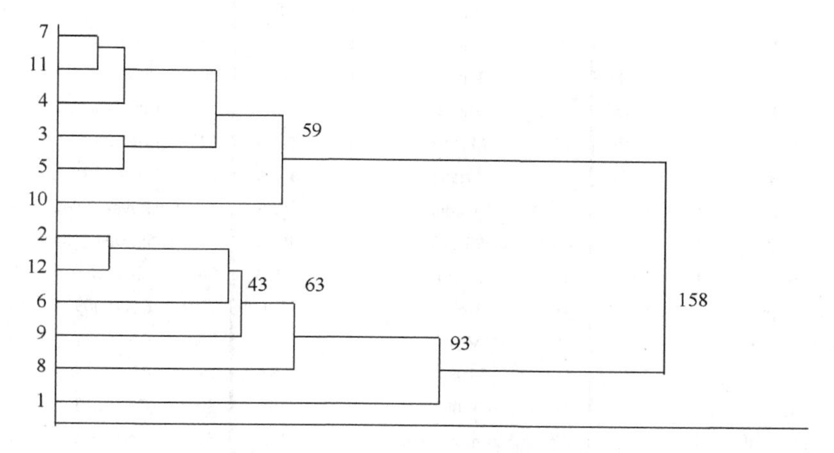


图 13-14 12 个亚麻品种的聚类图

计算出所有类间组合的平均距离为 *D*=120.58，并以此作为判断类间差异显著与否的一个标准。第一类（国内品种）与第四类（Evelin）、第五类（Viking）间的距离分别为 174.39*和 162.93*，显示它们之间的亲缘关系较远；第二类品种(Marine)与第四类(Evelin)、第五类(Viking)品种间距离分别为 221.08*和 199.52*，尽管都是西欧品种，但是相似度不高。

### 13.2.3 基于 AFLP 的亚麻亲缘关系

选用了我国培育的纤维亚麻材料 18 个（包括了 2005 年前培育的主要品种）和引自欧洲的 9 个品种，以及加拿大植物基因资源中心（PGRC）收集的 49 份来自世界各地的纤维亚麻、油用亚麻、兼用亚麻材料，6 个农家种和 3 个野生种（表 13-9）。由于参照了 PGRC 亚麻核心种质资源（特别是其中的纤维亚麻）及欧洲亚麻资源分类的代表性品种，所选的国外栽培种材料具有很好的代表性。

表 13-9　试验用品种来源及类型

| 序号 | 品种 | 类型 | 来源 | 序号 | 品种 | 类型 | 来源 | 序号 | 品种 | 类型 | 来源 |
|---|---|---|---|---|---|---|---|---|---|---|---|
| 1 | S1 | F | CHN | 30 | Regina | F | NLD | 59 | Armas | L | TUR |
| 2 | S3 | F | CHN | 31 | Nike | F | POL | 60 | Ethiopial | L | ETH |
| 3 | S5 | F | CHN | 32 | Elise | F | NLD | 61 | Antares | L | DEU |
| 4 | S6 | F | CHN | 33 | Natasja(eu) | F | NLD | 62 | Azur | L | BEL |
| 5 | S7 | F | CHN | 34 | K6 | F | RUS | 63 | CN101362 | L | RUS |
| 6 | S8 | F | CHN | 35 | Nynke | F | NLD | 64 | CN101363 | L | RUS |
| 7 | H3 | F | CHN | 36 | Natasja | f | NLD | 65 | Blue chip | L | HUN |
| 8 | H4 | F | CHN | 37 | Mogilevskij | F | RUS | 66 | Raja | L | CAN |
| 9 | H5 | F | CHN | 38 | Torok11 | D | HUN | 67 | Norlin | L | CAN |
| 10 | H6 | F | CHN | 39 | Fany | F | FRA | 68 | Vimy | L | CAN |
| 11 | H7 | F | CHN | 40 | Viking | F | FRA | 69 | Mikael | L | FRA |
| 12 | H8 | F | CHN | 41 | Belinka | F | NLD | 70 | Tajag | F | FRA |
| 13 | H9 | F | CHN | 42 | Raisa | F | NLD | 71 | Line548-01 | F | RUS |
| 14 | H10 | F | CHN | 43 | Marine | F | NLD | 72 | Line629-01 | F | RUS |
| 15 | H11 | F | CHN | 44 | Ariane | F | FRA | 73 | Line657-01 | F | RUS |
| 16 | H12 | F | CHN | 45 | Svetoch | D | RUS | 74 | Pskovski2976 | D | UKR |
| 17 | H13 | F | CHN | 46 | Line93 escalina | D | RUS | 75 | L-500004-2-84 | F | ROM |
| 18 | H14 | F | CHN | 47 | Evelin | F | NLD | 76 | Concurent | F | NLD |
| 19 | Light pink | F | CHN | 48 | Reina | F | NLD | 77 | CN19009 | Lr | CHN |
| 20 | Opaline | F | FRA | 49 | Mures | F | ROM | 78 | CN19011 | Lr | TUN |
| 21 | Argos | F | FRA | 50 | 310319 | F | USA | 79 | CN19012 | Lr | ETH |
| 22 | Armos | F | FRA | 51 | 32001 | F | USA | 80 | CN19013 | Lr | ETH |
| 23 | Estelle | F | BEL | 52 | Stormont goss | F | CAN | 81 | CN19014 | Lr | MAR |
| 24 | Hermes | F | FRA | 53 | Y86039-1 | D | CHN | 82 | CN19015 | Lr | IND |
| 25 | Ilona | F | NLD | 54 | Liflora | L | DEU | 83 | Yellow flax | w | |
| 26 | Venus | F | FRA | 55 | Flanders | L | CAN | 84 | Bienne | w | |
| 27 | Aurore | F | FRA | 56 | Ocean | L | FRA | 85 | T1235 | w | |
| 28 | Aorose | F | FRA | 57 | Omega | L | USA | | | | |
| 29 | Laura | F | NLD | 58 | Deep pink | L | USA | | | | |

注：F 为纤维亚麻 fibre flax；L 为油用亚麻 linseed；D 为兼用亚麻 dual-purpose flax；Lr 为农家种 landrace；W 为野生亚麻 wild flax

2006 年在加拿大农业与农业食品部萨斯卡通研究中心温室内每份材料种植 10~15 粒种子，生长 4~5 周后取幼嫩分枝，速冻于−80℃低温冰箱中，而后用冻干仪干燥 4~5 天。每份样品取 20mg 干样放入离心管中，加入玻璃球 3 个，利用球磨仪将样品粉碎，用于 DNA 提取。

样品的 DNA 提取采用 DNeasy Plant Mini Kit（Qiagen Inc.，Mississauga，ON，Canada），提取的 DNA 利用荧光法（Bio-Tek Instruments FLX-800 荧光仪，KC junior 软件）定量，并稀释到 25ng/μl 备用。AFLP 分析按照 Vos 等（1995）介绍的方法，利用 AFLP$^{TM}$ Analysis System 1（Life Technologies，Burlington，ON，Canada）进行。7 个 *Eco*RI:*Mse*I 引物对（E-AAG:M-CAC、E-ACT:M-CGC、E-AGG:M-CAC、E-AGG:M-CGC、E-AGG:M-CTC、E-AC:M-CA、E-AG:M-CT）用于本研究。

统计 90~650bp 谱带，亚麻基因型谱带分析的电泳结果按照有带记为“1”，无带记为“0”变成数据形式。将原始数据输入 NTSYSpc 软件进行数据标准化，用其中的 Qualitative Data 程序计算简单匹配系数，并获得矩阵，用 SAHN 程序和 UPGMA 方法进行聚类分析，并通过 Treeplot 模块生成聚类图。

13.2.3.1　结果与分析

7 个随机引物获得 168 个位点具有多态性，平均每个引物可扩增出 24 条多态带。其中最少的 8 条，最多的 43 条。后两对引物少一个碱基，其获得的多态性位点更多，效果更好。通过 NTSYSpc 软件建立聚类图（图 13-15），根据材料间的相似度进行分类，其中栽培种分成 5 个类群（A 和 B1~B4），其中 A 类可以进一步细分成 5 组。

黑亚系列品种（除 H13 外）首先聚成一类（A1-1），H13 与双亚 1 号（S1）先聚在一起（A1-3），反映黑亚系列品种的遗传同源性较大，差异性较小。而双亚系列品种相对前者遗传背景较宽，其中 S1 在 A1-3，S3 在 A1-4，S7 和 S8 在 A3，S5 和 S6 在 A5-1，分布分散。与黑亚系列品种关系较密切的主要是俄罗斯的材料，包括 K6、Mogilevskij、Line548-01 等（A1-2），这与历史上主要引进苏联品种有一定关系。A1 类群中国产品种具有相似的特点，如均为中、晚熟，植株高大，纤维含量不高，这个类群中国外品种纤维含量也不高，这是 A1 的共同特点。

以 Belinka 为代表的几个国外品种组成了 A2，Argos 与 Fany、Hermes、Ilona、Opaline 等高纤品种组成 A3，这个类群的显著特点是出麻率明显高于 A1 和 A2。Viking、Ariane 和 Marine 等高纤品种组成 A5-2，这个类群的出麻率与 A3 相似。总体来看，国内纤维亚麻品种的遗传背景仍有进一步拓展的空间，如没有国内品种出现在 A2 和 A5-2 组中。

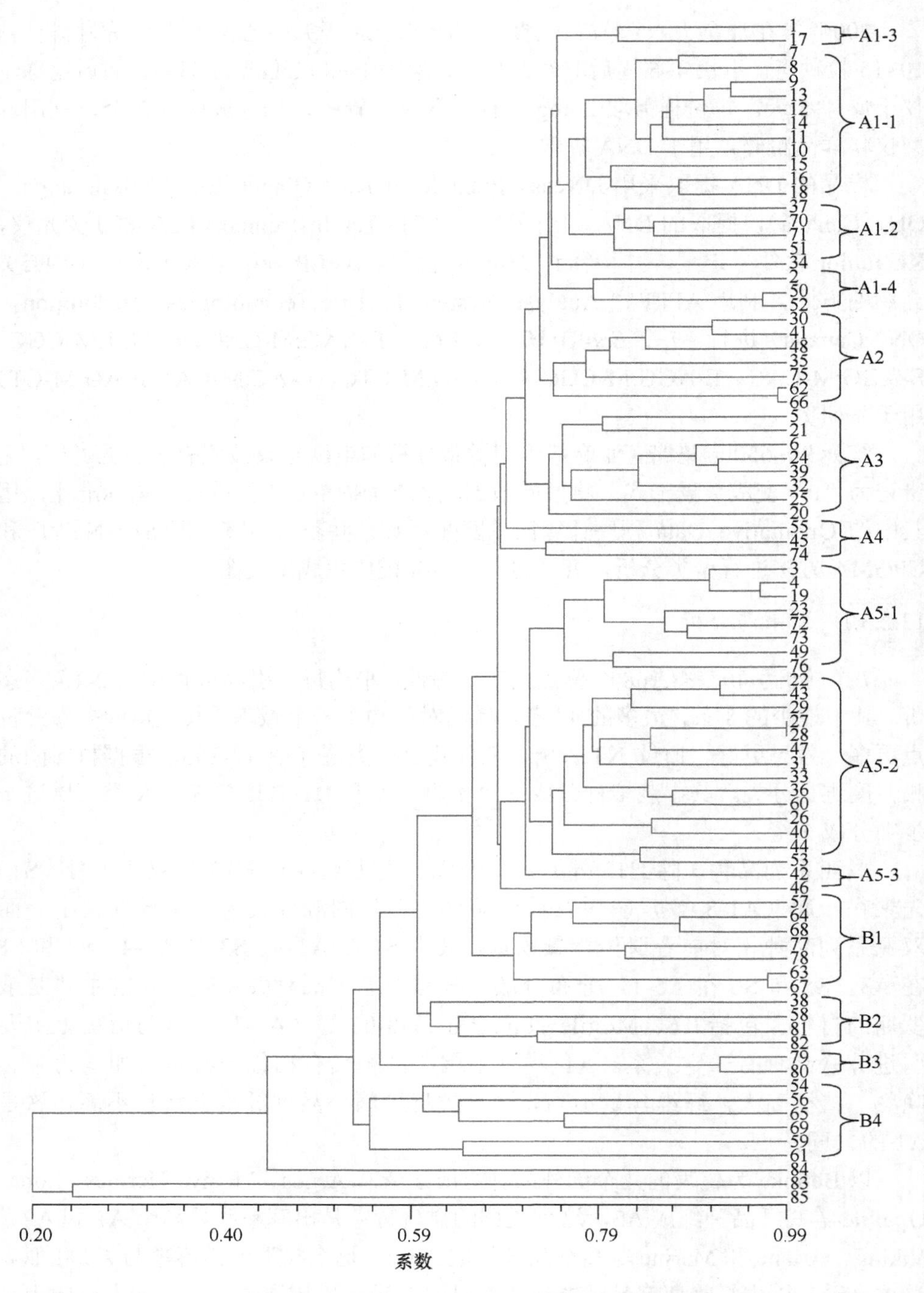


图 13-15　AFLP 分析 85 份亚麻材料的聚类图

图中各序号对应表 13-9 中的 85 个品种

本研究结果显示，利用 AFLP 分子标记基本上可以把纤维亚麻和油用亚麻区分开，兼用亚麻不能独立聚类而是分散到前两者中。在遗传相似系数 0.67 处可以将纤维亚麻划为 1 类（A），而绝大多数油用亚麻分成 4 类（B1~B4），但是有 4 个油用亚麻被划入 A2（Azur 和 Raja）、A4（Flanders）和 A5（Ethiopial）中，这可能与其纤维含量比一般油用亚麻高，而且这几个品种的千粒重接近纤维亚麻有关。油用亚麻中美国的 Omega 和加拿大的 Vimy、Norlin 等与 2 个农家种聚成 B1 组；匈牙利的 Torak11 和美国的 Deep pink 与另外 2 个农家种聚成 B2 组；还有 2 个农家种聚成 B3 组；以法国的 Ocean 为代表的几个品种聚成 B4 组。油用亚麻的株高明显偏矮，多数粒重几乎是纤维亚麻的一倍。这个结果表明纤维亚麻的遗传多样性较为狭窄，而油用亚麻的遗传背景更加复杂，多样性更丰富。

在遗传相似系数 0.53 处将所有材料分为 4 类，可以将栽培种（*Linum usitatissimum*）和 3 个野生种区分开来，亚麻栽培种与 3 个野生种中的 *Linum bienne* 的遗传关系最近，与其他两个野生种黄亚麻和 T1235 的遗传关系较远（0.24）。

13.2.3.2 讨论

**（1）关于国产纤维亚麻品种的遗传多样性形成与拓宽途径**

从本研究结果看，黑亚品种纤维亚麻的遗传关系密切，相似程度很高，这与此前对部分国产纤维亚麻品种与骨干系的系谱分析得出遗传背景狭窄的结论相一致。对过去 10 年推出黑亚品种的亲本调查显示，其涉及多个国外品种（如 Fibre、Fany、K6、法 7617 等），但是没有亲本与黑亚品种聚为一组（仅与 K6 较为接近），其中 H14 以 Fany 为父本，其特点（生育期、株高、纤维含量等）与之相距甚远，这反映了黑亚系列品种在育种目标和选择性状上侧重原茎产量而不是纤维含量。双亚系列品种涉及的国外亲本有 Fibre、Viking、Ariane、K6 等，这些杂种后代也没有与其亲本紧密地聚在一起[如 S8 选自（K6×Fr2）×Viking，且其熟期和纤维含量与 Viking 相似]，这表明品种的遗传特性与亲本有关，但也与育种目标和后代选择有关。

从不同来源得到两个材料奥罗尔（Aurore）和奥柔（Aorose），二者均来自法国，研究结果显示二者相似度达 0.99，显然是同一个品种，这一方面证实了这个方法的可靠和有效，另一方面提示我们有必要删除品种资源中的冗余。从本研究可以看出，拓宽亚麻品种资源：一是可以从不同类群的纤维亚麻中寻找；二是可以从油用亚麻中获得，因为油用亚麻的遗传多样性远超过纤维亚麻；三是可以从野生种中获取，像 *Linum bienne* 这样染色体数目相同的可以直接杂交，而染色体不同的野生种考虑利用转基因的办法来拓宽纤维亚麻的遗传背景。

（2）关于亚麻栽培种的进化途径

关于亚麻栽培种的进化途径尚未定论，Vavilov（1951）根据对欧洲和亚洲的1000多个乡土类型进行的表型研究，提出与众不同的假设，即苏联地区纤维亚麻可能是印度油用类型向北传播时自然选择的结果。本研究结果表明，纤维亚麻的遗传关系密切，而油用亚麻的遗传多样性更为丰富，这与Fu等(2002a)利用RAPD标记得到的结果相同，同时这一结果与我们利用SRAP标记进行研究的结果相同，支持了Vavilov亚麻栽培种进化途径首先是油用类型，再进化到纤维类型的观点。前人曾提出*Linum bienne*是亚麻栽培种的祖先种，也有人提出它与亚麻栽培种均是同一种的两个亚种，本研究表明，*Linum bienne*与亚麻栽培种的关系最密切，与利用RAPD和SRAP研究的结果相一致。

## 13.3 野亚麻的形态解剖研究

野亚麻(*Linum stelleroides*)采集自黑龙江省大庆市林甸县未开垦的盐碱草原，当地气候干旱，年降水量较少，草原植被稀疏，土壤含有较多的有机质，地表可见明显的碱斑。野亚麻样品采后移栽到校园内。栽培种（*Linum usitatissimum*）选择大田生产的Viking和黑亚14号作对照。

从采集到的野亚麻中挑选10株，对其株高、工艺长度用尺测量，对蒴果数、叶痕数、分枝数等目测，对茎粗、果实大小、种子大小用千分尺进行测量，记录下所得数据，栽培种亚麻（Viking、黑亚14号）做相同处理。野亚麻及栽培种亚麻的根、茎做徒手切片，选择完整及薄厚适宜的切片照相，用目镜测微尺测量根表皮、皮层、木质部厚度及根直径，测量茎直径、纤维细胞束数、纤维细胞个数、纤维细胞大小、壁厚、细胞腔径等。叶片做石蜡切片，照相（图13-16）。用DPS软件处理数据，利用Excel绘图。

### 13.3.1 野亚麻的形态学性状

野亚麻植株为直立型，与栽培种相同，茎秆基部一般没有分枝，上部开花的分枝很多，中上部叶片披针形，与栽培种相同。整体地上部外观与栽培种相似。

野亚麻的株高较矮，比早熟栽培品种Viking略高，3个材料间差异极显著；但是其工艺长度极显著低于栽培种，在3个材料中最短；野亚麻的茎粗较大，接近晚熟栽培种黑亚14号，3个材料间差异极显著；在分枝数和叶痕数上，野亚麻明显高于两个栽培种亚麻，差异极显著（表13-10）。叶痕数多与其两年生生活史有关，特别是下部叶痕密集。

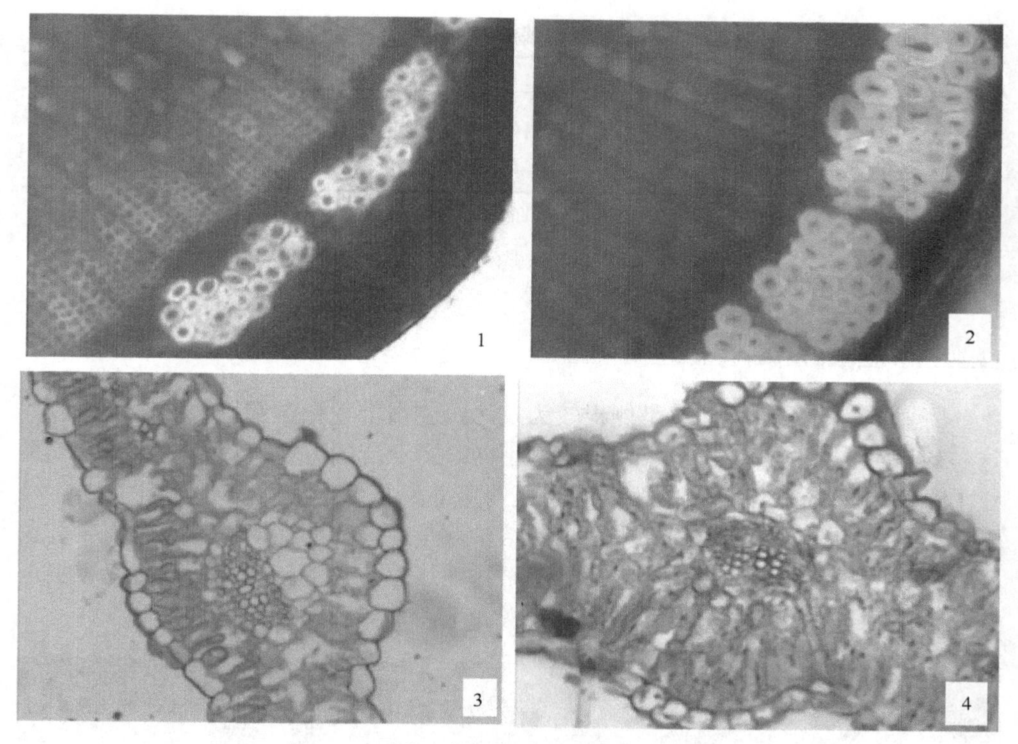


图 13-16　野亚麻与栽培亚麻解剖性状对比

1、2. 分别是野亚麻和栽培种中部茎的截面解剖照片（400×）；3、4. 分别是野亚麻和栽培种中部叶片主脉的解剖照片（400×）

**表 13-10　野亚麻主要形态指标**

| | 株高（cm） | 工艺长度（cm） | 茎粗（mm） | 分枝数（个） | 叶痕数（个） |
|---|---|---|---|---|---|
| 野亚麻 | 67.0bB | 38.5cC | 2.2bB | 29.4aA | 163.9aA |
| 黑亚 14 号 | 98aA | 69aA | 2.4aA | 5.8bB | 124.7bB |
| Viking | 61.0cC | 50.7bB | 1.75cC | 5.0bB | 94.8cC |

注：不同小写、大写字母分别表示在 0.05 水平和 0.01 水平差异显著

野亚麻 7 月开始开花，花期持续很长，花朵形状、结构与栽培种相同，但是花朵较小，颜色淡紫。蒴果成熟后自动开裂，有利于种子的扩散，以及在秋季的萌发和生长，以确保在冬季来临前积蓄必要的营养储备。

野亚麻的蒴果数，明显多于两个栽培种，差异极显著，这与其分枝数量多相一致，也与栽培密度小有关，还是野生性的表现。野亚麻的蒴果很小，极显著小于栽培种，其种子也很小，长、宽仅仅是栽培种的一半多一点，而厚度不到栽培种的 1/3，与两个栽培种相比，差异均达到极显著水平（表 13-11）。

表 13-11　野亚麻繁殖器官主要形态指标

| | 蒴果数（个） | 果实直径（cm） | 种子长度（cm） | 种子宽度（cm） | 种子厚度（cm） |
|---|---|---|---|---|---|
| 野亚麻 | 89.4aA | 0.40cC | 0.26bB | 0.13bB | 0.030bB |
| 黑亚 14 号 | 17.6bB | 0.70aA | 0.43aA | 0.22aA | 0.094aA |
| Viking | 5.8cC | 0.65bB | 0.39aA | 0.23aA | 0.108aA |

注：不同小写、大写字母分别表示在 0.05 水平和 0.01 水平差异显著

## 13.3.2　野亚麻的解剖性状

### 13.3.2.1　主根的解剖特点

野亚麻的主根短粗，但是侧根较为发达，侧根上须根与栽培种的侧根相似，这与栽培种主根发达、侧根不发达明显不同。野亚麻的主根表皮厚度明显厚于黑亚 14 号和 Viking 这两个栽培种，这可能与野亚麻是二年生植物有关（图 13-17）。野亚麻主根的皮层厚度同样厚于两个栽培种，是栽培种的几倍，差异达极显著水平。野亚麻的木质部厚度也显著厚于栽培种，这也与其二年生及生长环境恶劣有关，野亚麻与栽培种根直径差异极显著（表 13-12）。

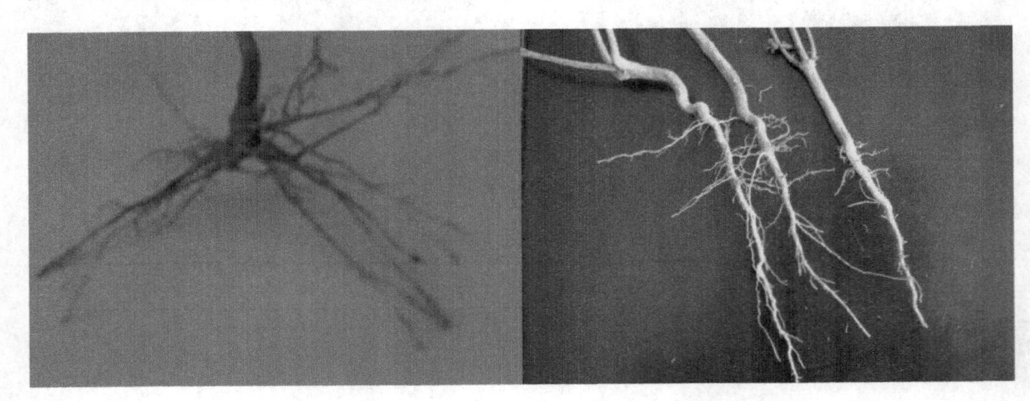

图 13-17　野亚麻和栽培种的根系

表 13-12　野亚麻主根各部分厚度和直径比较

| | 表皮厚度（μm） | 皮层厚度（μm） | 木质部厚度（μm） | 主根直径（μm） |
|---|---|---|---|---|
| 野亚麻 | 8.9aA | 54aA | 164aA | 454aA |
| 黑亚 14 号 | 6.0abA | 11.0bB | 123bAB | 286bB |
| Viking | 5.3bA | 6.7bB | 99bB | 222bB |

注：不同小写、大写字母分别表示在 0.05 水平和 0.01 水平差异显著

### 13.3.2.2　茎的解剖特点

为了全面反映野亚麻茎的特点，分别取 3 个材料的基部、中部和上部 3 个部

位进行调查。从图 13-18 中可以看出，野亚麻基部茎的直径超过栽培种亚麻，但是其纤维细胞数、纤维细胞大小和细胞壁厚度与栽培种接近。

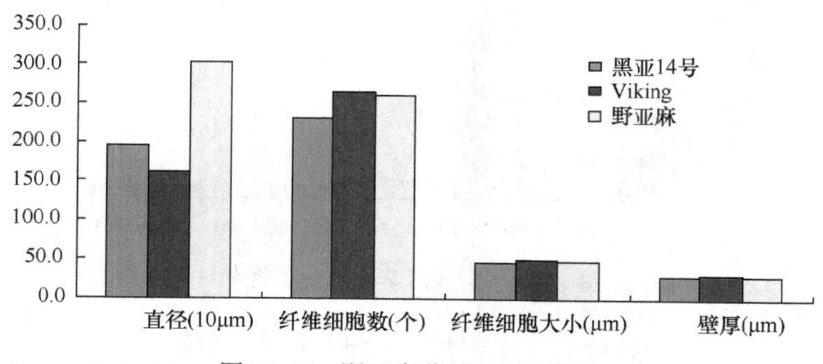


图 13-18　野亚麻茎基部解剖性状

野亚麻茎中部的直径与栽培种接近，介于两个品种间。两个栽培种茎中部截面纤维细胞数量远远超过基部数量，表现相同，但是野亚麻低于栽培种，这与基部情况不同。纤维细胞的大小和细胞壁厚度均小于栽培种，这也与基部情况相反（图 13-19）。

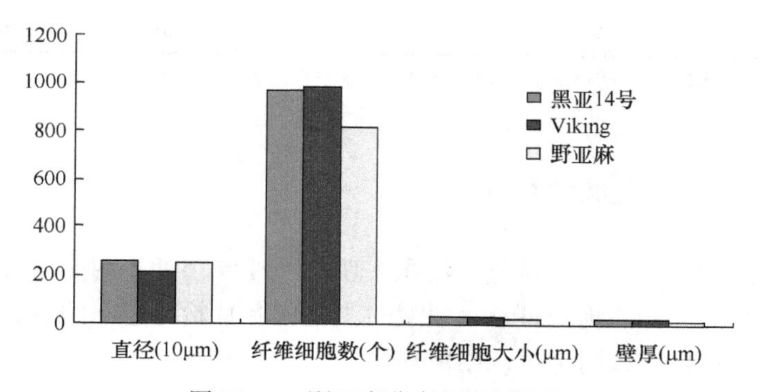


图 13-19　野亚麻茎中部解剖性状

从图 13-20 中可以看出，野亚麻茎上部的直径高于栽培种，纤维细胞数也居多，但纤维细胞大小和壁厚方面均小于两个栽培种，显示其纤维细胞个体较小。

#### 13.3.2.3　叶片的解剖特点

取 3 个材料的中部叶片进行比较分析，重点调查了其输导组织中导管的特点。大庆林甸野亚麻的导管直径明显小于两个栽培种，且差异达到极显著水平。而野亚麻的叶片导管壁厚明显大于两个栽培种，差异也达到极显著水平（表 13-13）。说明野亚麻的输导组织不如栽培种发达。

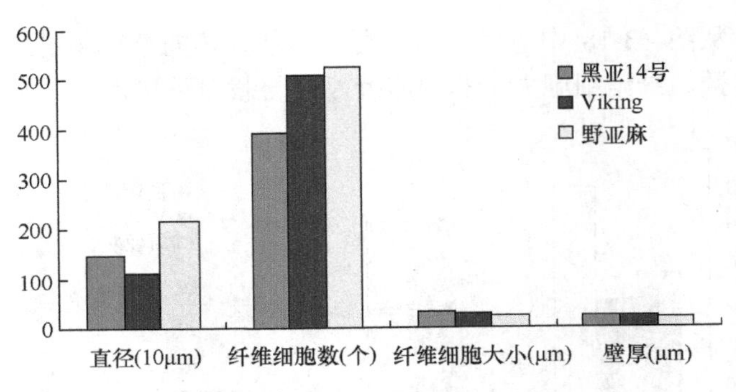


图 13-20 野亚麻茎上部解剖性状

表 13-13 叶片导管直径和导管壁厚比较

| | 品种 | 均值 | 显著水平 | 导管直径变异系数 |
|---|---|---|---|---|
| 导管直径（μm） | 黑亚 14 号 | 118.9 | a A | 0.152 |
| | viking | 117.2 | a A | 0.153 |
| | 野亚麻 | 56.1 | bB | 0.149 |
| 导管壁厚（μm） | 野亚麻 | 13.55 | aA | 0.149 |
| | 黑亚 14 号 | 8.90 | bB | 0.152 |
| | viking | 7.79 | bB | 0.153 |

注：不同小写、大写字母分别表示在 0.05 水平和 0.01 水平差异显著

### 13.3.3 野亚麻其他生物学特点

对采集的种子进行发芽试验，结果表明，野亚麻苗期不耐土壤湿度大，水多易枯死，结合对原栖息地的调查，以及对主根和叶片输导组织的调查，我们认为野亚麻（大庆林甸）较耐干旱，耐瘠薄。

秋季出苗的野亚麻植株第一年株高仅 5~10cm，茎粗 0.1~0.2cm，茎基部呈紫红色，上部绿色，长有 60~80 片叶，互生而密集，有肉质状根茎，长 3~5cm，粗 0.4~0.8cm。叶片和茎富含糖分，这使得它可以抵抗冬季的严寒和干旱。

另外，没有发现后期病害，如白粉病等，因此其抗病性可能较好，这方面还有待进一步研究，为发掘相关基因奠定基础。

尽管野亚麻没有基部分枝，但鉴于其株高和工艺长度偏短，因此很难直接利用其作纺织材料。我们对其不同部位茎的解剖研究显示，基部纤维细胞数量明显多于栽培种，这与其二年生的第一年秋季萌发生长株高有限叶片密集有关，中部数量略少于栽培种而上部数量略多于栽培种；基部纤维细胞直径、细胞壁厚度与栽培种相似并略大，而中部和上部均比栽培种略小，因此其纤维细胞发育总体良好。关于其细胞壁的化学组成和纤维含量等限于材料数量较少尚未研究。其种子的营养价值及药用价值限于材料有限尚未研究。

我国的野生亚麻属资源有限，目前仅仅知道有 8 种，但是分布较广，特别是本章研究的野亚麻 *Linum stelleroides*。过去 20 多年国内多次报道发现亚麻属植物，但是没有超出原有植物调查种类，应用研究十分薄弱，多数没有进一步的利用研究。因此有必要对中国亚麻属植物进行深入研究，为发掘有用基因资源、丰富我国亚麻种质资源基因库和进一步研究开发提供基础资料。

（李冬梅，李明）

# 参 考 文 献

## 本研究室发表的相关论文

付兴. 2004. 亚麻纤维发育规律以及PGRS调控机理与效果研究[D]. 东北农业大学硕士学位论文.

付兴, 李明, 李冬梅, 等. 2004. 亚麻纤维特点与产量品质关系研究进展[J]. 中国麻业, 26(2): 37-39.

贾新禹. 2006. 原茎特性及脱胶过程对亚麻纤维产量品质的影响[D]. 东北农业大学硕士学位论文.

贾新禹, 李明, 李冬梅, 等. 2007. 脱胶过程中亚麻纤维品质变化特点研究[J]. 东北农业大学学报, 38(5): 598-601.

姜硕. 2012. 基于 SRAP 的亚麻连锁图谱及 QTL 研究[D]. 东北农业大学硕士学位论文.

冷超. 2010. 亚麻纤维细胞壁加厚发育与品质形成机理研究[D]. 东北农业大学博士学位论文.

冷超, 王克臣, 周亚东, 等. 2010. 麻类韧皮纤维细胞骨架制备条件优化研究[J]. 东北农业大学学报, 41(3): 90-92.

李冬梅. 2005. 亚麻纤维产量品质形成规律研究[D]. 东北农业大学硕士学位论文.

李冬梅. 2009. 部分亚麻属植物遗传多样性及分子进化研究[D]. 东北农业大学博士学位论文.

李冬梅, 李明, 付兴. 2005. 黑龙江省亚麻化控栽培技术体系研究[J]. 中国麻业, 27(3): 157-159.

李明. 1996a. 黑龙江省亚麻育成品种及骨干系的系谱分析[J]. 种子世界, 4: 30.

李明. 1996b. 亚麻原茎及纤维产量与不同生育期氮磷钾吸收量的相关分析[J]. 中国麻作, 18(2): 37-39.

李明. 1999a. 关于黑龙江省亚麻育种的几个问题[J]. 中国麻作, 21(3): 12-15.

李明. 1999b. 亚麻花后干物质积累分配与纤维发育的关系[J]. 中国麻作, 21(4): 14-16.

李明. 2007. 亚麻进化与近缘种研究回顾与展望[J]. 中国麻业科学, 29(3): 113-117.

李明. 2011. 亚麻种质资源遗传多样性与亲缘关系的 AFLP 分析[J]. 作物学报, 37(4): 635-640.

李明, 卜丹, 李冬梅, 等. 2009. 脱胶过程中四个因素对亚麻纤维强度的影响[J]. 东北农业大学学报, 40(9): 16-20.

李明, 陈克农. 2000. 高纤亚麻品种茎的解剖特点研究[J]. 中国麻作, 22(1): 17-19.

李明, 姜硕, 郑东泽, 等. 2014. 亚麻SRAP标记连锁图谱的构建及3个数量性状的定位[J]. 东北农业大学学报, 45(2): 12-18.

李明, 李彩凤, 刘月辉, 等. 1997. 氮素水平对亚麻茎解剖构造及产量形成影响的研究[J]. 黑龙江农业科学, 4: 19-22.

李明, 李彩凤, 刘月辉, 等. 1996. 4 个引进亚麻品种的农艺性状分析[J]. 种子, 6: 46-47.

李明, 李冬梅, 于琳, 等. 2009. 环境条件对亚麻纤维产量形成的影响[J]. 东北农业大学学报, 40(5): 17-21.

李明, 王克荣. 1996. 关于亚麻纤维生长发育阶段划分的探讨[J]. 中国麻作, 18(1): 29.
李明, 王克荣, 杨学, 等. 1996. 亚麻纤维产量构成因素的相关与通径分析初报[J]. 东北农业大学学报, 27(1): 30-33.
李明, 杨学. 2001. 一种估测亚麻出麻率的简便方法[J]. 中国麻作, 23(2): 9-10.
李明, 于琳, 贾新禹, 等. 2007. 环境条件对亚麻纤维品质的影响[J]. 中国麻业科学, 29(1): 20-23.
李明, 张福修, 杨学. 2004. 亚麻优质高产栽培与加工技术[M]. 哈尔滨: 黑龙江科学技术出版社.
苏钰. 2011. 亚麻 EST-SSR 标记开发及遗传图谱构建[D]. 东北农业大学硕士学位论文.
苏钰, 李明, 姜硕, 等. 2012. 亚麻 EST-SSR 引物开发[J]. 东北农业大学学报, 43(4): 74-79.
王克臣. 2008. 亚麻离体再生及早期体细胞胚胎发生机理的研究[D]. 东北农业大学博士学位论文.
王克臣, 冷超, 黄文功, 等. 2008. 亚麻不同阶段愈伤组织的蛋白组分初探[J]. 东北农业大学学报, 39(11): 15-18.
王克臣, 冷超, 黄文功, 等. 2009. 黑亚 14 号不同类型愈伤组织结构的透射电镜观察[J]. 安徽农业科学, 37 (32): 15787-15788, 15859.
王克臣, 冷超, 李明. 2009. 亚麻愈伤组织、不定根及不定芽的超微结构研究[J]. 东北农业大学学报, 40(12): 9-12.
王克臣, 冷超, 李明. 2010a. 亚麻离体再生体系的建立及优化[J]. 安徽农业科学, 38(14): 7195-7199.
王克臣, 冷超, 李明. 2010b. 亚麻形态发生的生理生化特性[J]. 中国农学通报, 26(12): 30-34.
于琳. 2007. 氮磷钾对亚麻纤维产量品质的影响[D]. 东北农业大学硕士学位论文.
于琳, 李明, 李冬梅, 等. 2007. 不同施肥水平对亚麻氮磷钾积累量及生长动态的影响[J]. 东北农业大学学报, 38(6): 757-762.
周亚东. 2010. 黑龙江省油用亚麻产量品质形成规律研究[D]. 东北农业大学硕士学位论文.
周亚东, 李明. 2010. 世界油用亚麻生产发展回顾与展望[J]. 中国农学通报, 26(9): 151-154.
周亚东, 李明, 苏钰, 等. 2010. 亚麻品种资源的脂肪酸组分分析[J]. 东北农业大学学报, 41(9): 21-26.
Li D M, Zhou Y D, Leng C, et al. 2009. Optimization of SRAP-PCR amplification protocol and system in flax[J]. Journal of Northeast Agricultural University (English Edition), 16(2): 17-22.

## 本书中涉及的引文

徐朗然, 黄成就. 1998. 中国植物志 第四十三卷 第一分册. 北京: :科学出版社. 43(1): 98-106.
陈万秋, 叶新太, 李思光, 等. 2001. 猕猴桃酯酶同工酶和过氧化物酶同工酶分析及遗传多样性研究[J].南昌大学学报(理科版), 25(3): 269-272.
邓欣, 陈信波, 龙松华. 2007. 10 个亚麻品种亲缘关系的 RAPD 分析[J]. 中国麻业科学, 29(4): 10-14.
董一忱. 1957. 亚麻[M]. 北京: 科学出版社.
樊守金. 2007. 盐芥居群遗传多样性及分子进化研究[D]. 山东师范大学博士学位论文.
高原, 陈信波, 龙松华, 等. 2008. 亚麻纤维素合成酶及其类蛋白基因部分序列的克隆. 中国麻业科学, 30(6): 293-298.

葛颂. 1994. 酶电泳资料和系统与进化植物学研究综述[J]. 武汉植物学研究, 12(1): 71-84.
葛颂, 洪德元. 1994. 遗传多样性及其检测方法[M] // 钱迎倩. 生物多样性研究的原理与方法. 北京: 中国科学技术出版社.
劳家柽. 1988. 土壤农化分析手册[M]. 北京: 农业出版社.
李今兰, 金硕柞. 1986. 长白山一带延边野亚麻[J]. 中国麻作, 8(3): 37.
李延邦, 刘汝温. 1982. 油用亚麻史略[J]. 农业考古, 2: 86-88.
李宗道. 1980. 麻作的理论与技术[M]. 上海: 上海科学技术出版社.
刘汝温, 李延邦. 1982. 坝上野生亚麻[J]. 中国麻作, 4(3): 42.
刘三军, 孔庆山, 顾红, 等. 1998. 我国野生葡萄过氧化物酶同工酶研究[J]. 果树科学, 15(4): 322-326.
罗卡士 A P. 1967. 亚麻栽培[M] //卫德林译. 哈尔滨: 黑龙江亚麻原料工业研究所.
芒特 D W. 2003. 生物信息学[M] // 钟杨, 王莉, 张亮主译. 北京: 高等教育出版社.
米君, 钱和顺, 杨素梅, 等. 2003. 亚麻野生种——宿根亚麻的特征特性及评价[J]. 河北农业科学, 7(2): 72-73.
庞瑞媛, 韦一能. 2001. 荔枝过氧化物酶同工酶的分析比较[J]. 广西师范大学学报(自然科学版), 19(3): 75-78.
仇志军, 郑素秋, 王鸣. 1994. 西瓜品种资源亲缘关系的同工酶分析[J]. 湖南农学院学报, 20(3): 222-227.
孙玉亭, 曹英, 祖世亨, 等. 1986. 黑龙江省农业气候资源及其利用[M]. 北京: 气象出版社.
唐启义, 冯明光. 2002. 实用统计分析及其 DPS 数据处理系统[M]. 北京: 科学出版社.
王克荣, 于先宝. 1987. 亚麻优质高产栽培技术[M]. 哈尔滨: 黑龙江人民出版社.
王玉富, 王延周. 2005. 陕西七里川野生亚麻[J]. 中国麻业, 27(3): 160.
王兆木, 郝秀英. 1990. 新疆发现野生胡麻. 新疆农业科学, 6: 249.
王中仁. 1996. 植物等位酶分析[M]. 北京: 科学出版社.
西蒙 N M. 1987. 作物进化[M] //赵伟钧等译. 北京: 农业出版社.
肖运峰, 谢文忠, 李秉文. 1978. 宿根亚麻的生态——生物学特性及其驯化利用前途[J]. 植物学报, 20(3): 260- 265.
徐中儒. 1988. 农业试验最优回归设计[M]. 哈尔滨: 黑龙江科学技术出版社.
颜忠峰, 王玉富. 1993. 黑龙江省林甸野生亚麻[J]. 中国麻作, 15(4): 25.
曾寒冰. 1982. 亚麻[M] // 孙凤舞. 作物栽培学. 哈尔滨: 东北农学院.
张才煜, 张本刚, 杨秀伟. 2005. 亚麻子化学成分及其药理作用研究进展[J]. 中国新药杂志, 14(5): 525-530.
张正, 王振华, 海力其布. 2006. 新疆昭苏野生亚麻[J]. 中国麻业, 28(3): 125- 127.
周以贤. 1984. 纤维亚麻生长发育与干物质积累规律研究初报[J]. 中国麻作, (2): 35- 36.
Armbruster W S, Perez-Barrales R, Arroyo J, et al. 2006. Three-dimensional reciprocity of floral morphs in wild flax (*Linum suffruticosum*): a new twist on heterostyly[J]. New Phytologist, 171: 581-590.
Bartsev. 1973. Some characters of photosyuthetic activity in the standard and new cv. of fibre flax. Field Crop Abstract, 911.
Barns S M, Delwiche C F, Palmer J D, et al. 1996. Perspectives on archaeal diversity, thermophily and monophyly from enviromental rRNA sequences[J]. Proc Natl Acad Sci, 93: 9188-9193.

Budak H, Shearman R C, Gaussoin R E, et al. 2004a. Application of sequence-related amplified polymorphism makers for characterization of turfgrasss pecies[J]. Hortscience, 39(5): 955-958.

Budak H, Shearman R C, Parmaksiz I, et al. 2004b. Comparative analysis of seeded and vegetative biotype buffalograsses based on phytogenetic relationship using ISSRs, SSRs, RAPDs and SRAPs[J]. Theoretical and Applied Genetics, 109(2): 280-288.

Campbell C D, Procunier J D, Oomah B D, et al. 1995. Analysis of genetic relationships in flax (Linum usitatissimum) using RAPD markers. Flax Inst U S Proc. 56: 177-181.

Chennaveeraiah M S, Joshi K K. 1983. Karyotypes in cultivated and wild species of *Linum*[J]. Cytologia, 48(4): 833-842.

Cloutier S, Niu Z X, Datla R, et al. 2009. Development and analysis of EST-SSRs for flax (*Linum usitatissimum* L.) [J]. Theoretical and Applied Genetics, 119: 53-63.

Cullis C A, Swami S, Song Y. 1999. RAPD polymorphisms detected among the flax genotrophs[J]. Plant Molecular Biology, 41: 795-800.

Cunha A C, Ferreira M F. 1996. Somatic embryogenesis, organogenesis and callus growth kinetics of flax[J]. Plant Cell, Tissue and Organ Culture, 47: 1-8.

Day A, Addi M, Kim W, et al. 2005. ESTs from the fibre-bearing stem tissues of flax (*Linum usitatissimum* L.): expression analyses of sequences related to cell wall development[J]. Plant Biology, 7(1): 23-32.

Diederichsen A. 2007. *Ex situ* collection of cultivated flax (*Linum usitatissimum* L.) and other species of the genus *Linum* L[J]. Genet Resour Crop Evol, 54(3): 661-678.

Diederichsen A, Fu Y B. 2006. Phenotypic and molecular (RAPD) differentiation of four infraspecific groups of cultivated flax[J]. Genetic Resources and Crop Evolution, 53(1): 77-90.

Diederichsen A, Hammer K. 1995. Variation of cultivated flax (*Linum usitatissimum* L. subsp. *usitatissimum*) and its wild progenitor pale flax (subsp. *angustifolium* (Huds.) Thell.)[J]. Genetic Resources and Crop Evolution, 42: 263-272.

Durrant A. 1976. Flax and linseed (*L. usitatissimum* L.) [M] // Simmonds N W. Evolution of Crop Plants. New York: Longman Group Ltd.

Easson D L, Molloy R. 1996. Retting—A key process in the production of high value fibre from flax[J]. Outlook on Agriculture, 25(4): 235-242.

Fu Y B. 2005. Geographic patterns of RAPD variation in cultivated flax[J]. Crop Science, 45: 1084-1091.

Fu Y B. 2006. Redundancy and distinctness in flax germplasm as revealed by RAPD dissimilarity[J]. Plant Genetic Resources: Characterization and Utilization, 4(2):117- 124.

Fu Y B, Allaby R G. 2010. Phylogenetic network of *Linum* species as revealed by non-coding chloroplast DNA sequences[J]. Genetic Resource Crop Evolution, 57:667-677.

Fu Y B, Diederichsen A, Richards K W, et al. 2001. Genetic diversity of flax (*Linum usitatissimum* L.) cultivars and landraces as revealed by RAPD [J]. Crop Evolution, 47(5): 569-574.

Fu Y B, Diederichsen A, Richards K W, et al. 2002. Genetic diversity of flax cultivars and landraces as revealed by RAPDs[J]. Genetic Resource Crop Evol, 49: 167-174.

Fu Y B, PetersonG, Diederichsen A, et al. 2002. RAPD analysis of genetic relationships of seven flax species in the genus *Linum* L.[J]. Genetic Resource and Crop Evolution, 49: 253-259.

Gill K S, Yermanos D M. 1967a. Cytogenetic studies on the genus *Linum* I. Hybrids among taxa with 15 as the haploid chromosome number[J]. Crop Sci, 7: 623-627.

Gill K S, Yermanos D M. 1967b. Cytogenetic studies on the genus *Linum* I. Hybrids among taxa with 9 as the haploid chromosome number[J]. Crop Sci, 7: 627-631.

Gorman N B, Cullis C A, Aldridge N. 1993. Genetic and linkage analysis of isozyme polymorphism in flax[J]. Journal of Heredity, 84: 73-78.

Hamrick J L. 1989. Isozymes and the analysis of genetic structure in Plant populations[M] // Soltis D E, Soltis P S. Isozymes in Plant biology. Portland: Dioseorides Press: 87-105.

Hamrick J L, Godt M J W. 1990. Allozyme diversity in plant species // Brown A H D, Clegg M T, Kahler A L, et al. Plant population genetics,breeding and genetic resources: 43-63.

Heer O. 1872. Über den Flachs und die Flachskultur im Altertum[J]. Neujahrsblatt der Naturforschenden Gesellschaft Zurich, 74: 1-26.

Helbaek H. 1969. Plant collecting, dry-farming and irrigation agriculture in prehistoric Deh Luran[M]// Hile F, Flannery K V, Neely J F. Prehistory and Human Ecology of the Deh Lurah Plain, Memoirs of the Museum of Anthropology. Ann Arbor: University of Michigan: 386-426.

Hjelmquist H. 1950. The flax weeds and the origin of cultivated flax. Botaniska Notiser, 2: 257-298.

Jain R K, Thompson G, Taylor D C, et al. 1999. Isolation and characterization of two promoters from linseed for genetic engineering[J]. Crop Sci, 39: 1696-1701.

Karp A, Edwards K J,Bruford M, et al. 1997a. Molecular technologies for biodiversity evaluation: opportunities and challenges[J]. Nature biotechnology, 15(7):625-633

Karp A, Kresovich S, Bhat K V, et al. 1997b. Molecular tools in plant genetic resources conservation: a guide to the technologies [J]. International Plant Genetic Resources Institute. IPGRI Technical Bulletin No. 2.

Knutzon D S, Thompson G A, Radke S E, et al. 1992. Modification of *Brassica* oil by antisense expression of a stearoyl-acyl carrier protein desaturase gene[J]. Proc Natl Acad Sci USA, 89: 2624-2628.

Konuklugil B, Fuss E, Alfermann W. 2005. Isolation of the lignan 6-methoxypodophyllotoxin from *Linum boissieri* and biosynthesis of lignans in this species[J]. Pharmaceutical Biology, 43(9): 737- 739.

Kurt O, Evans G M. 1998. Genetic basis of variation in linseed (*Linum usitatissimum* L.) cultivars[J]. Turkish Journal of Agriculture and Forestry, 22: 373-379.

Kutuzova S N, Gavrilyuk I P, Uggi E E. 1999. Prospects of using protein markers to refine taxonomy and evolution of the genus Linum. Tr Bot Genet Selekts 156: 29-39.

Li D M, Zhou Y D, Leng C, et al. 2009. Optimization of SRAP-PCR amplification protocol and system in flax[J]. Journal of Northeast Agricultural University (English Edition), 16(2): 17-22.

Li G, Quiros C F. 2001. Sequence-related amplified polymorphism (SRAP), a new marker system based on a simple PCR reaction: its application to mapping and gene tagging in *Brassica*[J]. Theor Appl Genet, 103: 455-461.

Meyer S E, Kitchen S G. 1994. Life history variation in blue flax (*Linum perenne*: Linceae): seed germination phenology[J]. American Journal of Botany, 81(5): 528- 535.

Muir A D, Westcott N D. 2003. Flax: the Genus *Linum* [M]. London and NewYork: Taylor & Group Ltd.

Muravenko O V, Amosova A V, Samatadze T E, et al. 2004. Chromosomal localization of 5S and 45S ribosomal DNA in species of *Linum* L. section *Linum* (syn=*Protolinum* and *Adenolinum*)[J]. Genetika, 40(2): 256-260.

Muravenko O V, Samatadze T E, Popov K V, et al. 2001. Comparative study of genomes of two species of flax by C-banding of chromosomes[J]. Genetika, 37(3): 332-335.

Ockendon D J. 1971. Cytology and pollen morphology of natural and artificial tetraploids in the linum perneen group. New Phytol, 70: 599-605.

Ockendon D J, Walters S M. 1968. *Linum* L.[M] // Tutin T G, Heywood V H, Burges N A, et al. Flora Europaea. Vol. 2. Cambridge: Cambridge University Press: 206-211.

Ohlrogge J B, Jaworski J G. 1997. Regulation of fatty acid synthesis. Annual Review of Plant Physiology and Plant Molecular Biology, 48: 109-136.

Robin G, Allaby A E, Gregory W, et al. 2005. Evidence of the domestication history of flax (*Linum usitatissimum* L.) from genetic diversity of the *sad2* locus[J]. Theor Appl Genet, 112: 58-65.

Polyakov A V. 2000. *Biotekhnologiya v selektsii l'na* (Biotechnology in Flax Breeding), Tver.

Rogers C M. 1969. Relationships of the north American species of *Linum* (flax)[J]. Bulletin of the Torrey Botanical Club, 96(2): 176-190.

Schilling E. 1931. Zur Abstammungsgeschichte des Leins[J]. (On the origin of flax). Zu¨chter, 3: 8-15.

Seetharam A. 1972. Interspecific hybridization in *Linum*[J]. Euphytica, 21(3): 489-495.

Stegnii V N, Chudinova Y V, Salina E A. 2000. RAPD analysis of the flax (*Linum usitatissimum* L.) varieties and hybrids of various productivity[J]. Genetika, 36(10): 1370-1372.

Stevens C, Murphy C, Roberts R, et al. 2016. Between China and South Asia: A Middle Asian corridor of crop dispersal and agricultural innovation in the Bronze Age. Holocene, 26(10): 1541-1555.

Tejavathi D H, Sita G L, Sunita A T. 2000. Somatic embryogenesis in flax[J]. Plant Cell Tissue Organ Cult, 63: 155-159.

Tyson H. 1973. September, cytoplasmic effects on activity of individual anionic isoenzymes of peroxidase in crosses between two genotypes of flax (*Linum usitatissimum* L.)[J]. Biochemical Genetics, 10: 13-21.

van Treuren R, van Soest L J M, van Hintum Th J L. 2001. Marker-assisted rationalisation of genetic resource collections: a case study in flax using AFLPs[J]. Theor Appl Genet, 103: 144-152.

Vavilov N I. 1926. Studies in the Origin of Cultivated Plants[M]. Leningrad, Vsesoiuz. Inst. Priklad, Moscow, Russia.

Vavilov N I. 1951. The origin, variation, immunity and breeding of cultivated plants[J]. Chron Bot, 13: 20-43.

von Heimendahl C B I, Schäfer K M, Eklund P C, et al. 2005. Pinoresinol-lariciresinol reductases with different stereospecificity from *Linum album* and *Linum usitatissimum*[J]. Phytochemistry, 66: 1254-1263.

Vos P, Hogers R, Bleeker M, et al. 1995. AFLP: a new technique for DNA fingerprinting[J]. Nucleic Acids Research, 23: 4407-4414.

Yurenkova S I, Kubrak S V, Titok V V, et al. 2005. Flax species polymorphism for isozyme and metabolic markers[J]. Genetika, 41(3): 334-340.

Zohary D. 1999. Monophyletic and polyphyletic origin of the crops on which agriculture was formed in the Near East[J]. Genetic Resource Crop Evolution, 46: 133-142.

Zohary D, Hopf M. 1993. Oil and fibre crops[M] // Daniel Z, Maria H. Domestication of Plants in the Old World-the Origin and Spread of Cultivated Plants in West Asia, Europe, and the Nile Valley[M]. Oxford: Clarendon Press: 118-126.

Zohary D, Hopf M. 1993. Domestication of Plants in the Old World-the Origin and Spread of Cultivated Plants in West Asia, Europe, and the Nile Valley[M]. Oxford: Clarendon Press: 118-126.

Zohary D, Hopf M. 2000. Domestication of Plants in the Old World[M]. 3rd ed. Oxford: Oxford University Press.

# 后　记

第一次见到亚麻还是上大学的时候，同学们到校内试验地里做实验，有同学指着亚麻苗问是什么，结果被我猜中了。后来学习经济作物学，使用的教材是校编《作物栽培学》，亚麻一章由曾寒冰老师编写，由王克荣老师给我们讲授亚麻知识。留校工作几年后，在王克荣老师的引导下1989年对亚麻的开花习性进行了观察，这算是正式接触亚麻。1993年跟王老师读研究生才真正去大量查阅国内外的亚麻文献，到亚麻研究单位和加工厂调研，对亚麻有了更多的认识。

## 一、亚麻的价值与生产

亚麻是人类最早种植的作物之一，其种子因富含油分和蛋白质而被食用，其纤维可以编织衣物，古人还发现其具有多种医疗价值。在古埃及，亚麻油用于宗教祭祀，亚麻布用于服装，法老木乃伊就是由亚麻布包裹的。亚麻纤维在欧洲和中东地区曾经是重要的纺织原料，直到近代才被棉花逐渐替代，到了20世纪80年代，由于化纤制品的普及，纤维亚麻的重要性进一步降低。但是纤维亚麻并没有消失，据联合国粮食及农业组织（FAO）的统计（http://faostat.fao.org/），2014年还有近20个国家种植纤维亚麻，我国纤维亚麻种植面积为0.88万$hm^2$，位于法国（5.7万$hm^2$）、白俄罗斯（4.5万$hm^2$）、俄罗斯（4.1万$hm^2$）、比利时（1.2万$hm^2$）、英国（1.1万$hm^2$）、埃及（0.9万$hm^2$）之后。亚麻纤维具有化学纤维及棉花不可替代的一些优良品质，如吸湿性好、散湿快、抑菌保健、防污、抗静电等，在服装面料、装饰织物、桌布、床上用品和汽车用品等方面有很好的声誉，但是也存在成本高、价格贵的问题。

我国纤维亚麻播种面积在20世纪80年代仅次于苏联，名列第二，苏联解体后曾经名列第一。80年代以来我国纤维亚麻种植经历几起几伏，2005年播种面积最高达到15.8万$hm^2$，但是之后明显萎缩（图1），特别是2008年以后，由于国家扶持粮食生产，对水稻、小麦、玉米等粮食作物实行提价收储政策，粮食生产效益持续提高，严重挤压了经济作物的生产，纤维亚麻播种面积持续萎缩，2014年播种面积仅是历史高峰的1/19。种植业萎缩也连带影响了加工业，原有负责亚麻种植与初加工（温水沤麻）的亚麻厂纷纷倒闭，亚麻纺织厂只能依靠进口打成麻原料进行生产。现有一些小企业依靠雨露沤麻进行生产，自产自用。由于气候因素严重影响雨露打成麻的质量，低质打成麻很难用于纺纱针织生产，但不妨碍编织生产使用，可以用于生产亚麻凉席、车座套等。

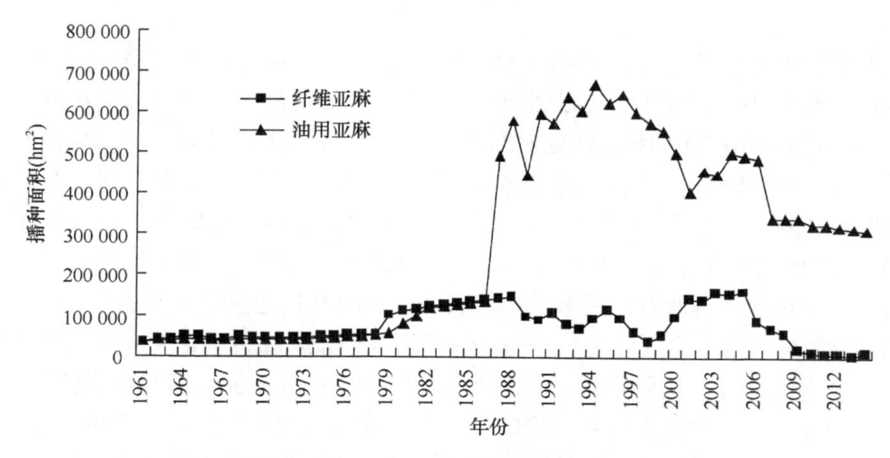


图 1　我国纤维亚麻和油用亚麻播种面积变化（1961~2014 年）

黑龙江省一直是我国的纤维亚麻生产基地，播种面积曾经占全国亚麻播种面积的 95%，有一种说法黑龙江省具有种植纤维亚麻的天然优势，但是这个优势只是相对于国内其他省份来说的，即较为冷凉，与世界上一些著名的亚麻产地相比，其在温度、降水和光照方面并没有优势。对纤维亚麻来说，黑龙江省气候中的 2 个主要不利条件是 6 月初的干旱和 7 月中下旬的降水。前者易导致快速生长期遇到“掐脖旱”，严重影响亚麻的生长和纤维的发育，进而影响产量和品质；后者易导致亚麻倒伏而大幅度减产。亚麻是早春作物，播期应早于大田作物，但黑龙江省实际播期与大田相同，其目的是降低出现“掐脖旱”的概率。但是晚播带来晚收，增加了倒伏的风险。从我们的研究结果看，早熟品种可以适当晚播，晚熟品种适当早播效果较好。未来黑龙江省发展纤维亚麻生产，需要解决一个问题就是灌溉，在有灌溉条件下，亚麻的播期可以提前半个月，当快速生长期遇到干旱时灌溉 1~2 次即可，同时由于收获期提前，避免了后期倒伏的问题，确保亚麻高产优质。同时，也可以充分利用后期雨季，选择适宜的时候安排雨露沤麻，提高雨露打成麻的质量。这个产业能否健康发展取决于国家政策是否扶持，生产条件是否改善，种植效益是否提高。

亚麻籽是重要的油料作物，排在大豆、油菜、花生、向日葵之后，我国在粮食产量取得“十二连增”（2004~2015 年）的同时，油料、棉麻、糖等越来越依靠进口。我国油用亚麻的播种面积和产量在 20 世纪 80~90 年代增长迅速，曾经名列世界第二，由于粮食价格的冲击，以及大量进口亚麻籽和亚麻油，2014 年我国的播种面积为 31 万 $hm^2$，比 1994 年高峰时候降低了一半多一点，位于加拿大（62.1 万 $hm^2$）、哈萨克斯坦（55.6 万 $hm^2$）、俄罗斯（44.1 万 $hm^2$）之后，高于印度（28.4 万 $hm^2$）和美国（12.2 万 $hm^2$）。相比纤维亚麻，油用亚麻受到的冲击较小。

亚麻籽油中含有丰富的α-亚麻酸，含量高达45%~66%，而大豆中仅含6.8%，其他油料作物中含量更少，因此亚麻籽可以作为亚麻酸的重要来源。α-亚麻酸可在人体肝脏内在去饱和酶和链延长酶的作用下生成二十碳五烯酸（EPA）和二十二碳六烯酸（DHA），二者是保证人体和大脑正常工作的重要不饱和脂肪酸，如果日常摄入不足，会导致抑郁症、注意力缺失症、阿尔茨海默病等。补充适量的DHA和EPA还可降低血压和胆固醇，大大降低患心脏病的概率。它还是天然的抗炎因子，可帮助缓解风湿性关节炎、银屑病、过敏及其他炎症引起的症状。亚麻籽外壳富含木酚（脂）素，它是一种植物雌激素类物质，摄入后能够调节与乳腺癌有关的雌激素的浓度，从而降低女性患乳腺癌的概率；还能够预防男性患前列腺癌，经常食用亚麻籽的男性患前列腺癌的概率大大降低。亚麻籽中还含有可溶性纤维，它们有利于肠道蠕动，可防治结肠癌和直肠癌，降低肥胖症的发病率。正是因为亚麻籽对威胁人类生命健康的几大癌症的特殊功效，美国把亚麻视为六大抗癌植物之一。最近发现它还具有抗溃疡的功效，对溃疡面具有恢复和保护的作用。

近年来的研究表明，用添加亚麻籽的饲料喂养家禽和牲畜，可使其更加健康，从而提高经济效益。用含亚麻籽的日粮饲喂产仔母鸡，能够增加雏鸡组织中的ω-3不饱和脂肪酸含量，改善幼雏健康状况，提高成活率。产蛋鸡日粮中添加亚麻籽可以大大提高蛋黄中的ω-3不饱和脂肪酸含量，增加鸡蛋的营养价值。亚麻籽饲料喂牛可提高牛犊的免疫力，增强其抗病性，提高奶牛的受孕率，还可以改善肉牛的肉质和奶牛的奶质。在羊和猪的研究中也有类似的结论。碾磨后的亚麻籽添加到宠物的口粮中也可改善其健康水平，预防肿瘤。

亚麻籽不仅可以食用和饲用，也是重要的工业原料，可生产优质油漆等。黑龙江省收获的纤维亚麻籽，除了留下年度的种子外，剩余部分主要是作为工业原料。黑龙江省历史上没有油用亚麻的生产，引进西北的品种由于熟期长和抗病性差而不能种植。我们从PGRC引进了多个油用亚麻的品种资源进行试验，结果表明，原产于加拿大或俄罗斯的品种中有熟期早、抗病性好、产量高的材料，可以在黑龙江省种植，因此黑龙江省今后可以发展油用亚麻生产。

## 二、亚麻研究与问题

自攻读研究生后陆续开展了有关的亚麻研究，先后3次得到黑龙江省教育厅科研项目的资助，尽管经费不多但使得工作得以持续。后来又先后获得黑龙江省人力资源和社会保障厅博士后项目及留省工作启动资金的2次资助，使得很多工作设想可以开展。2005年学校开展国外访学资助，借此机会我联系了美国和加拿大两位从事亚麻分子生物学研究的学者，当时美国Case Western Reserve University的Chris Cullis教授希望我在2006年9月以后去，因为他获得了富尔布赖特基金资助，正在他的家乡南非讲学。由于希望早点出去，我便选择了到加拿大农业与农业食品部的植物基因资源中心（PGRC）Fu yong-bi（符永碧）博士的遗传多样性实验室。选择到PGRC的另一个原因是那里有大量的亚麻资源，栽培种超过3000份，野生种有几十份。PGRC设在加拿大农业与农业食品部的萨斯卡通研究中心（SRC），该中心位于Saskatchewan University校园内。2006年4月我到了加拿大的萨斯卡通，开始了一年的分子生物技术学习研究。回国后获得了哈尔滨市科学技术局创新人才项目的资助，开展油用亚麻的研究。

有关不同类型亚麻生长发育规律、亚麻纤维发育特点、纤维亚麻产量形成、亚麻纤维品质形成等方面我们在栽培生理层面进行了深入研究，但是仍有很多未解的问题。纤维发育是纤维亚麻研究的核心，众多的国内外论文都用到茎截面上纤维细胞数量这个指标来说明一些问题，但是如何量化这个指标的来源并没有解决，换句话说，我们不知道纤维细胞分化数量的影响大还是纤维细胞伸长生长的影响大。再如纤维品质，尽管我们的研究证明了单纤维细胞的细胞壁厚度、结晶度等对品质有重要的影响，纤维的果胶和半纤维素含量与品质关系密切，但是结构与组成哪个是主要因素还不清楚。有关亚麻的组织培养和分子生物学研究刚刚破题，很多设想还没有实现。例如，亚麻的体胚发生研究没有突破，影响了后续利用组织培养创造变异的工作；限于鉴定的标准品缺乏，利用几个野生亚麻开展组织培养，探索药品开发的想法也没有继续；建立了多个群体，包括高纤×高产、高纤×高油，以及栽培种与白亚麻的后代群体，计划进行性状定位研究，由于经费等原因的限制没有开展。

20多年的亚麻研究工作，开始主要是自己做，部分调查带领本科生做，后来主要是指导研究生做。以亚麻为研究对象，先后毕业了7位硕士（付兴、李冬梅、贾新禹、于琳、周亚东、苏钰、姜硕）和3位博士（王克臣、李冬梅、冷超）。还有一些研究生（如高波、郑东泽、杨勇等）参与了亚麻的研究工作。参与研究工作的本科生更多，包括1996届的杨学、刘月辉，1997届的李军、祝翠梅，1998届的夏红梅、师风华，2004届的邢天秋、吴世域，2005届的杜社玲，2006届的冯帅、郭天放、关大喆，2008届的于艳红、王丽丽、刘志龙，2009届的卜丹、姜硕、李悦、于国来，2011届的朱有利、王慧姝、周翔，2012届的华强、赵明一，2013届的魏文。

## 三、致谢

感谢时任东北农业大学作物栽培学与耕作学的学科带头人李文雄教授和马凤

鸣教授对我的亚麻研究给予了很大的支持和帮助，现任学科带头人龚振平教授对本书出版的支持！感谢本书的责任编辑严谨细致的工作！

感谢加拿大农业与农业食品部植物基因资源中心的科学家 Fu yong-bi 博士和负责人 Axel Diederichsen 博士，以及遗传多样性实验室技术员 Gregory Peterson 先生和资源室负责人 Dallas Keller 先生的帮助！感谢黑龙江省农业科学院经济作物研究所的周以贤、张福修、关凤芝老师，原黑龙江省亚麻原料工业研究所的李学鹏、田玉杰老师，原黑龙江省亚麻公司的卫德林老师曾给予的帮助！感谢内蒙古农牧业科学院的张辉、高凤云老师，河北省张家口市农业科学院的米君老师，甘肃省张掖市农业科学研究院的刘秦老师，中国农业科学院麻类研究所的王玉富老师等的帮助！

王克荣老师引导我走向亚麻研究这条道路，本书的出版也是对王老师的回报，祝愿王老师健康长寿！李文雄老师和曾寒冰老师是我本科毕业论文的指导教师，李老师也是我的博士研究生导师，两位老师无论工作期间还是退休后始终关心和指导我，让我的研究少走弯路。“名利场上冷眼客，求索途中孺子牛”是李老师的座右铭，他淡泊名利、追求真理，坚持在生产问题中寻找研究方向，完善作物科学理论指导实践，鼓励学生“积极思考、勇于探索、实事求是、拼搏持恒”。5 年前李老师因病去世，我曾写过“您的睿智，风趣，学生学不到，您的严谨，严格，学生会努力实践，您的学术思想，学生会继承发扬”。本书的出版也是对李老师的告慰，也祝愿曾老师健康长寿！

最后我要把本书献给我的家人，家人的支持和帮助，让我能够集中精力去开展研究工作。一年前初稿完成后，慈母易秀仪因病离开了我。母亲对待他人真诚热情，让人如沐春风；对待年轻人和子女总是多鼓励少批评；对待工作勤勤恳恳，从不取巧耍滑；对待问题总是对事不对人。父母的言传身教，让我严于律己、宽以待人、清白做人、干净做事。最后祝愿年逾九秩的父亲健康长寿！

李　明

2018 年 12 月于哈尔滨

采集野亚麻及盆栽的成熟亚麻(2007年)

亚麻播期试验播种(2004年)

纤维亚麻田(2005年)

油用亚麻田(2009年)

亚麻盆栽试验(2005年)

亚麻黑亚14号开花期(2005年)

亚麻工艺成熟期(2010年)

亚麻试验小区收获(2004年)